高等院校互联网+新形态创新系列教材·计算机系列

# 人工智能基础及应用
## (微课版)

孙 平 唐 非 张 迪 主编

清华大学出版社
北京

## 内容简介

本书是作者讲授多年人工智能基础及研究人工智能算法后，针对当前的教学实际需要而编写的。全书系统阐述了人工智能发展概况及前沿应用，较详细地介绍了知识表示、搜索和推理技术，给出了人工智能优化方法，还介绍了神经网络、专家系统与机器学习相关的方法，并列举了与人工智能算法相关的应用案例，从而方便大学生掌握人工智能理论的应用方法。全书内容力求简明扼要，具体实用，并有研究实例，便于自学。同时，本书配套数字教学资源包括微视频、习题答案，针对教师还提供了电子课件、教学大纲等。

本书适合作为人工智能基础课程的教材，是高等院校师生掌握人工智能理论与应用方法的速成参考书，也是学习人工智能基础知识的必修教材。

本书封面贴有清华大学出版社防伪标签，无标签者不得销售。
版权所有，侵权必究。举报: 010-62782989, beiqinquan@tup.tsinghua.edu.cn。

图书在版编目(CIP)数据

人工智能基础及应用: 微课版 / 孙平，唐非，张迪主编. —北京: 清华大学出版社，2022.12（2024.1重印）
高等院校互联网+新形态创新系列教材. 计算机系列
ISBN 978-7-302-61495-1

Ⅰ.①人… Ⅱ.①孙… ②唐… ③张… Ⅲ.①人工智能—高等学校—教材 Ⅳ.①TP18

中国版本图书馆 CIP 数据核字(2022)第 137134 号

责任编辑: 桑任松
封面设计: 李 坤
责任校对: 徐彩虹
责任印制: 杨 艳

出版发行: 清华大学出版社
网　　址: https://www.tup.com.cn, https://www.wqxuetang.com
地　　址: 北京清华大学学研大厦A座　　邮　编: 100084
社 总 机: 010-83470000　　邮　购: 010-62786544
投稿与读者服务: 010-62776969, c-service@tup.tsinghua.edu.cn
质量反馈: 010-62772015, zhiliang@tup.tsinghua.edu.cn
课件下载: https://www.tup.com.cn, 010-62791865

印 装 者: 北京同文印刷有限责任公司
经　　销: 全国新华书店
开　　本: 185mm×260mm　　印　张: 20.5　　字　数: 477千字
版　　次: 2022年12月第1版　　印　次: 2024年1月第3次印刷
定　　价: 59.00元

产品编号: 096558-01

# 前　言

现在，人工智能正在引领新一轮的科技革命和产业革命，已经上升为国家科技发展战略，代表着一个国家的科技水平。人工智能技术的迅速发展不仅是新工科建设的重大机遇，同时也是建设创新型国家和科技强国的重要途径。在党的二十大报告中提出努力培养高技能人才，培育创新文化。因此，高等教育作为我国人工智能发展的重要阵地，肩负着人工智能人才培养、科技创新和服务社会的重要使命，而人工智能人才培养离不开与基础理论、算法开发、创新实践等相关知识的学习。

随着人工智能技术全球化的不断深入和扩大，如何让我国大学生具备一定的人工智能基础理论知识是我们面临的重要挑战，提高学生从事科学研究的积极性和能力，让学生掌握相关的算法设计，培养应用能力，继而进行实践和创新，对提高我国人工智能人才培养质量具有深远意义。

为了实现人工智能基础课程的教学目的，本教材以培养大学生的人工智能基础理论知识和方法为前提来构思教材结构及相应的教学内容，力求使之具有科学性、系统性和实用性。根据这门课程实践性强的特点，在内容编写过程中结合人工智能算法案例加以分析，清晰地阐述了人工智能技术的应用方法，从而增强学生学习人工智能相关知识的兴趣。人工智能基础既是一门理论科学，又是一门应用科学，通过本课程的学习和前沿科学研究的探索，使学生能够掌握基本的人工智能方法，提高从事人工智能算法开发的能力。本课程注重基础理论和实际应用紧密结合，以理论知识学习和能力培养为指导，实现人工智能创新应用型人才的培养，为使学生全面掌握人工智能基础知识，学以致用，起到有效的引导作用。

整体来说，本书具有以下几个特色。

(1) 实用性。本书紧密把握人工智能领域的发展前沿及实际应用，详细地讲解了人工智能基础理论知识，使学生能够学以致用。

(2) 实践性。本书围绕大学生人工智能基础的能力培养要求，以大量实际案例加深对人工智能方法的理解，提升学生的创新实践能力。

(3) 丰富性。本书融入了编者的科研成果，有利于学生掌握人工智能发展前沿；给出了微课设计，丰富了教学内容；挖掘了课程思政，有利于人才培养。

智慧奉献给勤奋，成功奉献给毅力，拿什么奉献给你，我的朋友！在你开始本课程学习之际，我们谨把此书奉献给你，为你提供一个从事创造创新的工具箱、一把打开智慧宝库的钥匙；我们期盼你从本课程的学习开始，努力进行人工智能算法研究和应用实践。相信学习和创造会给你带来无穷的乐趣和丰富的人生财富！

本书由沈阳工业大学孙平教授及唐非、张迪老师主编。全书共 9 章。其中第 1、8、9 章由孙平编写，第 4、5、7 章由唐非编写，第 2、3、6 章由张迪编写。全书由孙平统稿。

本书在编写过程中参阅了大量教材、文件、网站资料及有关参考文献，并引用一些论述和例文。部分参考书目附录于后，但由于篇幅有限，还有一些参考书目未能一一列出，在此谨向相关作者表示谢忱和歉意。

由于编写水平有限，书中不妥之处在所难免，诚望广大读者不吝赐教，提出宝贵意见。

编 者

习题答案下载

教学资源服务

# 目录

第1章　绪论 .................................................. 1
  1.1　人工智能的发展史 ................................... 2
    1.1.1　人工智能国外发展史 ........................... 2
    1.1.2　人工智能国内发展史 ........................... 3
    1.1.3　人工智能的三次浪潮 ........................... 5
  1.2　人工智能的基本概念 ................................. 8
    1.2.1　人工智能的定义 ................................. 8
    1.2.2　人工智能的内涵与外延 ......................... 9
  1.3　人工智能的主流学派 ................................ 11
    1.3.1　符号主义学派 .................................... 11
    1.3.2　联结主义学派 .................................... 12
    1.3.3　行为主义学派 .................................... 14
    1.3.4　三大学派的比较 ................................ 15
  1.4　人工智能的研究目标 ................................ 15
  1.5　人工智能的研究领域 ................................ 16
  习题 .......................................................... 17

第2章　知识表示 ............................................ 19
  2.1　知识和知识表示的基本概念 ...................... 20
  2.2　状态空间表示法 ..................................... 23
    2.2.1　问题状态描述 .................................... 23
    2.2.2　状态图示法 ....................................... 25
  2.3　问题归约法 ............................................ 26
    2.3.1　问题归约描述 .................................... 26
    2.3.2　与或图表示 ....................................... 28
  2.4　一阶谓词逻辑表示法 ................................ 30
    2.4.1　谓词 ................................................. 31
    2.4.2　谓词公式 .......................................... 32
    2.4.3　一阶谓词逻辑知识表示方法 ................. 37
  2.5　产生式表示法 ......................................... 39
    2.5.1　产生式 ............................................. 39
    2.5.2　产生式系统 ....................................... 40
    2.5.3　产生式系统的推理 ............................. 41
    2.5.4　产生式系统应用举例 .......................... 43

  2.6　语义网络表示法 ..................................... 44
    2.6.1　语义网络的概念及结构 ....................... 45
    2.6.2　语义网络的基本语义联系 ................... 46
    2.6.3　语义网络的知识表示方法 ................... 48
    2.6.4　语义网络的知识表示举例 ................... 53
    2.6.5　语义网络的推理过程 .......................... 54
  2.7　框架表示法 ............................................ 55
    2.7.1　框架的一般结构 ................................ 55
    2.7.2　框架知识表示举例 ............................. 56
  习题 .......................................................... 58

第3章　搜索及推理技术 .................................. 61
  3.1　图搜索策略 ............................................ 62
  3.2　盲目搜索 ............................................... 64
    3.2.1　宽度优先搜索 .................................... 64
    3.2.2　等代价搜索 ....................................... 66
    3.2.3　深度优先搜索 .................................... 68
  3.3　启发式搜索 ............................................ 70
    3.3.1　启发式搜索策略和估价函数 ................. 70
    3.3.2　有序搜索 .......................................... 71
    3.3.3　A*搜索算法 ...................................... 74
  3.4　推理的基本概念 ..................................... 77
    3.4.1　推理的定义 ....................................... 77
    3.4.2　推理方式及其分类 ............................. 77
    3.4.3　冲突消解策略 .................................... 80
  3.5　自然演绎推理 ......................................... 81
  3.6　归结演绎推理 ......................................... 82
    3.6.1　子句集及其化简 ................................ 83
    3.6.2　鲁滨逊归结原理 ................................ 86
    3.6.3　用归结原理求解问题 .......................... 89
  3.7　不确定推理 ............................................ 91
  3.8　概率推理 ............................................... 94
  3.9　主观贝叶斯表示方法 ................................ 96
    3.9.1　知识的不确定性的表示 ....................... 96
    3.9.2　证据的不确定性的表示 ....................... 97

3.9.3 不确定性的传递算法................98
3.9.4 结论不确定性的合成..............101
3.9.5 主观贝叶斯方法的特点..........103
3.10 可信度方法............................................103
3.10.1 基于可信度的不确定表示......103
3.10.2 可信度方法的推理算法.........105
3.11 证据理论................................................108
3.11.1 证据理论的形式化描述........109
3.11.2 证据理论的不确定性推理
模型..............................................114
习题..................................................................121

## 第4章 智能优化计算................................123

4.1 优化问题分类..........................................124
4.2 优化算法分类..........................................125
4.3 混沌优化..................................................126
    4.3.1 基本混沌优化算法....................126
    4.3.2 变尺寸混沌优化算法................127
    4.3.3 双混沌优化搜索算法................127
    4.3.4 幂函数载波的混沌优化
算法..............................................128
    4.3.5 并行混沌优化算法....................129
4.4 模拟退火算法..........................................129
4.5 遗传算法..................................................130
    4.5.1 遗传算法的基础知识................130
    4.5.2 遗传算法中的基本流程............138
    4.5.3 遗传算法的改进........................139
    4.5.4 遗传算法案例............................141
4.6 蚁群算法..................................................142
    4.6.1 蚁群算法简介............................143
    4.6.2 基本蚁群算法的工作原理........144
4.7 粒子群优化算法......................................146
    4.7.1 基本粒子群优化算法................146
    4.7.2 粒子群优化算法的拓扑
结构..............................................150
4.8 其他优化算法..........................................152
习题..................................................................154

## 第5章 神经网络........................................155

5.1 神经网络概述..........................................156

5.2 神经网络模型..........................................157
    5.2.1 生物神经元模型........................157
    5.2.2 人工神经元模型........................158
    5.2.3 人工神经网络的学习方式........161
5.3 BP 神经网络............................................162
    5.3.1 网络基本结构............................163
    5.3.2 学习算法....................................164
    5.3.3 网络的改进算法........................166
    5.3.4 BP 神经网络的特点..................167
    5.3.5 神经网络应用示例....................168
5.4 RBF 神经网络..........................................171
    5.4.1 径向基函数................................172
    5.4.2 径向基函数网络结构................173
    5.4.3 网络学习算法............................174
    5.4.4 RBF 网络与 BP 网络的
对比..............................................175
5.5 Hopfield 神经网络...................................176
    5.5.1 离散型 Hopfield 网络...............176
    5.5.2 连续型 Hopfield 网络...............178
5.6 Elman 神经网络......................................181
    5.6.1 Elman 神经网络的结构............181
    5.6.2 Elman 神经网络学习算法.......182
5.7 CMAC 神经网络.....................................182
    5.7.1 CMAC 网络结构.......................182
    5.7.2 网络学习算法............................183
    5.7.3 CMAC 网络的特点...................185
5.8 模糊神经网络..........................................185
    5.8.1 网络结构....................................186
    5.8.2 学习过程....................................188
5.9 深度学习..................................................189
    5.9.1 常见模型....................................189
    5.9.2 训练算法及优化策略................191
习题..................................................................193

## 第6章 专家系统........................................195

6.1 专家系统概述..........................................196
    6.1.1 专家系统的产生和发展............196
    6.1.2 专家系统的定义、特点
及类型..........................................197

  6.1.3 专家系统的结构和建造步骤 .................................. 200
6.2 基于规则的专家系统 .................... 203
  6.2.1 基于规则的专家系统的工作模型和结构 .................. 203
  6.2.2 基于规则的专家系统的特点 .................................. 204
6.3 基于框架的专家系统 .................... 206
  6.3.1 基于框架的专家系统的定义、结构和设计方法 ......... 206
  6.3.2 基于框架的专家系统的继承、槽和方法 ...................... 208
6.4 基于模型的专家系统 .................... 211
  6.4.1 基于模型的专家系统的提出 ...................................... 211
  6.4.2 基于神经网络的专家系统 ..... 212
6.5 新型专家系统 ................................ 214
  6.5.1 新型专家系统的特征 ............. 214
  6.5.2 分布式专家系统 ..................... 215
  6.5.3 协同式专家系统 ..................... 217
6.6 专家系统的实例 ............................ 218
  6.6.1 医学专家系统——MYCIN ..... 218
  6.6.2 地质勘探专家系统——PROSPECTOR ...................... 224
6.7 专家系统的设计过程 .................... 226
习题 ........................................................ 231

## 第7章 机器学习 ............................. 233

7.1 概述 ................................................ 234
  7.1.1 机器学习的定义 ..................... 234
  7.1.2 机器学习的发展史 ................. 235
  7.1.3 机器学习方法的分类 ............. 237
  7.1.4 机器学习的基本问题 ............. 239
7.2 机器学习的主要策略及基本结构 ..... 240
  7.2.1 机器学习的主要策略 ............. 240
  7.2.2 机器学习的基本结构 ............. 240
7.3 归纳学习 ........................................ 242
  7.3.1 归纳学习的模式及规则 ......... 243
  7.3.2 归纳学习方法 ......................... 244

7.4 类比学习 ........................................ 246
  7.4.1 类比学习的推理及学习形式 .................................. 246
  7.4.2 类比的学习过程及分类 ......... 247
7.5 解释学习 ........................................ 248
  7.5.1 解释学习的过程及算法 ......... 248
  7.5.2 解释学习案例 ......................... 249
7.6 贝叶斯学习 .................................... 250
  7.6.1 贝叶斯法则 ............................. 251
  7.6.2 朴素贝叶斯方法 ..................... 254
  7.6.3 贝叶斯网络 ............................. 255
  7.6.4 贝叶斯学习应用案例 ............. 256
7.7 决策树学习 .................................... 258
  7.7.1 决策树表示法 ......................... 259
  7.7.2 ID3算法 ................................... 260
  7.7.3 决策树学习的常见问题 ......... 262
  7.7.4 决策树学习应用案例 ............. 265
7.8 其他学习算法 ................................ 268
  7.8.1 $K$近邻算法 ............................. 268
  7.8.2 $K$均值算法 ............................. 269
  7.8.3 强化学习 ................................. 269
习题 ........................................................ 272

## 第8章 人工智能应用案例 ............. 273

8.1 模糊技术在坐垫服务机器人中的应用 .................................................. 274
  8.1.1 坐垫服务机器人 ..................... 274
  8.1.2 机器人的避障角度 ................. 274
  8.1.3 模糊轨迹规划 ......................... 276
8.2 随机配置网络在坐垫服务机器人中的应用 .......................................... 278
  8.2.1 具有系统偏移量的动力学模型 .................................. 278
  8.2.2 系统偏移量SCN辨识模型 ... 279
  8.2.3 机器人限时迭代学习跟踪控制 .................................. 280
8.3 强化学习在康复训练机器人中的应用 .................................................. 283
  8.3.1 康复训练机器人动力学模型 .................................. 283

8.3.2 机器人强化学习运动速度决策 ............ 284
8.3.3 人机运动速度协调跟踪控制 ............ 285
习题 ............ 286

## 第9章 人工智能的前沿 ............ 287

9.1 人工智能与智能助理 ............ 288
    9.1.1 智能助理的基本逻辑 ............ 288
    9.1.2 智能助理的未来 ............ 290
    9.1.3 常见的几种智能助理 ............ 290

9.2 人工智能与量子计算 ............ 292
    9.2.1 量子计算的概念 ............ 293
    9.2.2 量子计算与人工智能的结合 ............ 294

9.3 人工智能与自动驾驶 ............ 295
    9.3.1 感知系统 ............ 297
    9.3.2 决策系统 ............ 298
    9.3.3 控制系统 ............ 300
    9.3.4 其他关键技术 ............ 300

9.4 人工智能与智慧教育 ............ 302
    9.4.1 人工智能变革教育的潜力 ............ 302
    9.4.2 人工智能与教育的结合 ............ 303

9.5 人工智能与智能家居 ............ 305
    9.5.1 国内外智能家居的现状 ............ 305
    9.5.2 智能家居的主要系统 ............ 307
    9.5.3 人工智能在智能家居中的应用 ............ 308

9.6 机器学习的未来 ............ 310
    9.6.1 深度学习的新型网络结构 ............ 310
    9.6.2 强化学习 ............ 311
    9.6.3 3D打印 ............ 312
    9.6.4 VR 和 AR ............ 314

习题 ............ 317

## 参考文献 ............ 318

# 第1章

## 绪 论

人工智能自诞生之日起，就有着神奇的魅力，披着美丽的梦幻外衣，令人无限向往。很多以前只有在科幻小说或者电影中才会出现的场景，今天已经成为人们真实的生活经历。科技发展至今，人工智能作为人类科技前行的助力工具，就像蒸汽机的出现一样，引领着人类进入一个新纪元，不断开启一扇又一扇的智慧之门。目前，人工智能已经成为一门由计算机科学、控制论、信息论、语言学、神经生理学、心理学、数学、哲学等多门学科相互渗透而发展起来的综合性新学科。

人工智能的发展

## 1.1 人工智能的发展史

### 1.1.1 人工智能国外发展史

人工智能自 1956 年被提出以来，经历了 3 个阶段，这 3 个阶段同时也是算法和研究方法更迭的过程，其发展历史如图 1-1 所示。

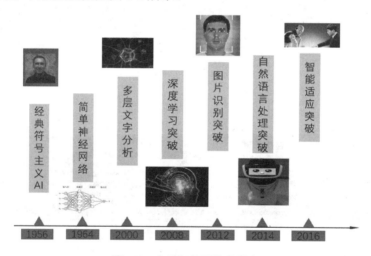

图 1-1 人工智能国外发展史

第一个阶段是 20 世纪 60—70 年代，人工智能迎来了黄金时期，以逻辑学为主导的研究方法成为主流。人工智能通过计算机来实现机器化的逻辑推理证明，但最终难以实现。

第二个阶段是 20 世纪 70—90 年代。其中，1974—1980 年，人工智能技术的不成熟和过誉的声望，使人工智能研究和投资大量减少。1980—1987 年，专家系统研究方法成为人工智能的研究热门，资本和研究热情再次燃起。1987—1993 年，计算机性能比之前已有了长足的进步，这时试图通过建立基于计算机的专家系统来解决问题，但是由于数据较少并且太局限于经验知识和规则，难以构筑有效的系统，资本和政府支持再次撤出，人工智能迎来了"寒冬"。

第三个阶段是 20 世纪 90 年代以后。1993 年至今，随着计算能力和数据量的大幅度提升，人工智能技术获得进一步优化，帮助人工智能在机器学习，特别是神经网络主导的深度学习领域得到了极大的突破，随着深度神经网络技术的发展，人工智能逐渐步入快速发展期。

## 1.1.2 人工智能国内发展史

与国外人工智能的发展情况相比，我国的人工智能研究不仅起步较晚，而且发展道路曲折坎坷，直到改革开放以后，我国的人工智能才逐渐走上正轨。主要经历了曲折认识、艰难探索、初有成果、快速发展和国之战略 5 个阶段，如图 1-2 所示。

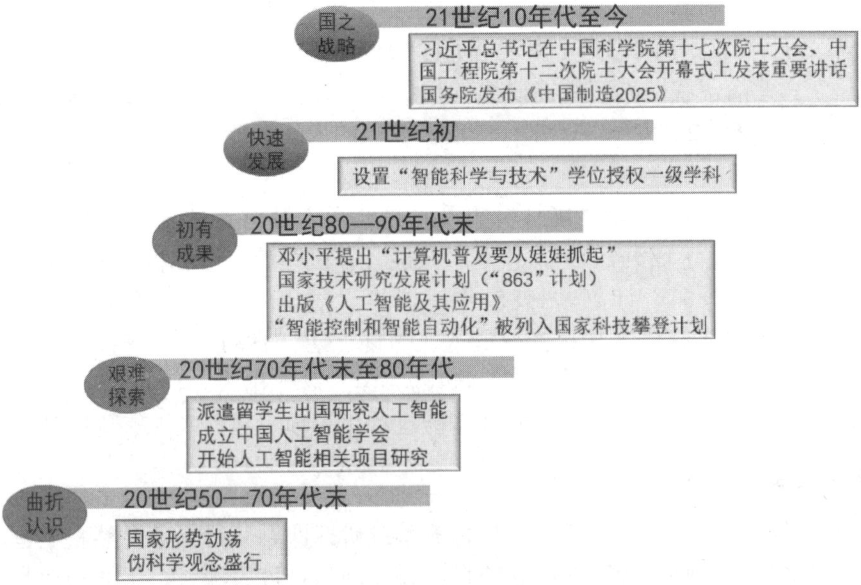

21世纪10年代至今
习近平总书记在中国科学院第十七次院士大会、中国工程院第十二次院士大会开幕式上发表重要讲话
国务院发布《中国制造2025》

21世纪初
设置"智能科学与技术"学位授权一级学科

20世纪80—90年代末
邓小平提出"计算机普及要从娃娃抓起"
国家技术研究发展计划（"863"计划）
出版《人工智能及其应用》
"智能控制和智能自动化"被列入国家科技攀登计划

20世纪70年代末至80年代
派遣留学生出国研究人工智能
成立中国人工智能学会
开始人工智能相关项目研究

20世纪50—70年代末
国家形势动荡
伪科学观念盛行

图 1-2 人工智能国内发展史

### 1. 曲折认识

20 世纪 50—60 年代，人工智能在西方国家得到重视和发展，而我国在苏联"人工智能是资产阶级反动伪科学"的影响下，20 世纪 50 年代几乎没有人工智能的研究。20 世纪 60 年代后期到 70 年代，虽然苏联解禁了控制论和人工智能的研究，但是因为中苏关系恶化，我国学术界将苏联的这种解禁斥为"修正主义"，人工智能研究继续停滞。

1978 年 3 月，全国科学大会在北京召开，邓小平同志提出了"科学技术是生产力"的重要论断，打开了解放思想的先河，促进了我国科学事业的发展，使我国科技事业迎来了春天，人工智能也在酝酿着进一步的解禁。标志性的事件是吴文俊提出的利用机器证明与发现几何定理的新方法——几何定理的机器证明，获得 1978 年全国科学大会重大科技成果奖。20 世纪 80 年代初期，钱学森等主张开展人工智能研究，使我国的人工智能进一步活跃起来。但是，由于当时人们把"人工智能"与"特异功能"混为一谈，使我国人工智能走了一段弯路。

### 2. 艰难探索

20 世纪 70 年代末至 80 年代，知识工程和专家系统在欧美发达国家得到迅速发展，并取得重大的经济效益。当时我国相关研究还处于艰难起步阶段，一些基础性的工作得以开展，包括选派留学生出国研究人工智能，成立中国人工智能学会和开始人工智能的相关项目研究等，一些与人工智能相关的项目已被纳入国家科研计划。标志性事件为：1978年召开了中国自动化学会年会，年会上报告了光学文字识别系统、手写体数字识别、生物控制论和模糊集合等研究成果，表明我国人工智能在生物控制和模式识别等方向的研究已开始起步。同时，"智能模拟"纳入国家研究计划，当时社会各界对人工智能的认识还不深，未能直接提到"人工智能"研究。

### 3. 初有成果

1984年2月，邓小平同志在上海观看儿童操作简易电子计算机，提出"计算机普及要从娃娃抓起"。此后，我国人工智能研究的境况有所好转，《人民日报》关于人工智能的报道也渐渐多了起来。20世纪80年代中期，我国的人工智能迎来曙光，开始走上比较正规的发展道路。

1984年，国防科工委全国智能计算机及其系统学术讨论会召开。1985年，全国首届第五代计算机学术研讨会召开。1986年起，智能计算机系统、智能机器人和智能信息处理等重大项目被列入"863"计划。1986年，清华大学出版社出版了《人工智能及其应用》，成为国内首部具有自主知识产权的人工智能专著。1987年，《模式识别与人工智能》杂志顺利创刊。1988年，我国首部《机器人学》著作出版。1990年，我国首部《智能控制》著作出版。1993年，智能控制和智能自动化等项目被列入国家科技攀登计划。

### 4. 快速发展

进入21世纪后，更多的人工智能与智能系统研究课题获得国家自然科学基金重点和重大项目、"863"计划和"973"计划项目、科技部科技攻关项目、工业和信息化部重大项目等各种国家基金计划支持，并与我国国民经济和科技发展的重大需求相结合，力求为国家做出更大贡献。代表性的研究主要有视听觉信息的认知计算、面向Agent的智能计算机系统、中文智能搜索引擎关键技术、智能化农业专家系统、虹膜识别、语音识别、人工心理与人工情感、基于仿真机器人的人机交互与合作、工程建设中的智能辅助决策系统、未知环境中移动机器人导航与控制等。

2009年，中国人工智能学会牵头组织，向国务院学位委员会和中华人民共和国教育部提出设置"智能科学与技术"学位授权一级学科的建议，这标志着我国人工智能人才的系统培养正式拉开帷幕。

### 5. 国之战略

2014年6月9日，习近平总书记在中国科学院第十七次院士大会、中国工程院第十二次院士大会开幕式上发表重要讲话，强调"由于大数据、云计算、移动互联网等新一代信息技术与机器人技术相互融合步伐加快，人工智能迅猛发展，制造机器人的软硬件技术日趋成熟，成本不断降低，性能不断提升，军用无人机、自动驾驶汽车、家政服务机器人已经成为现实，一些人工智能机器人已具有一定程度的自主思维和学习能力。我们要审时度势、全盘考虑、抓紧谋划、扎实推进"。这是党和国家最高领导人对人工智能和相关智能技术的高度评价，是对开展人工智能和智能机器人技术开发的庄严号召和大力推动。

2015年5月，国务院发布《中国制造2025》，部署全面推进实施制造强国战略，这是我国实施制造强国战略第一个十年的行动纲领。围绕实现制造强国的战略目标，《中国制造 2025》明确了各项战略任务和重点。这些战略任务，无论是提高国家制造业创新能力，还是推动重点领域快速发展，都离不开人工智能的参与，都与人工智能的发展密切相关，人工智能是智能制造不可或缺的核心技术。未来，人工智能技术将进一步推动关联技术和新兴科技、新兴产业的深度融合，推动新一轮的信息技术革命，势必成为我国经济结构转型升级的新支点。

2016 年 3 月，工业和信息化部、国家发展和改革委员会、财政部三部委联合印发了《机器人产业发展规划》(2016—2020 年)，为"十三五"期间我国机器人产业发展描绘了清晰的蓝图。该发展规划提出的大部分任务，例如智能生产、智能物流、智能工业机器人、人机协作机器人、消防救援机器人、手术机器人、智能型公共服务机器人、智能护理机器人等，都需要采用人工智能技术，人工智能也是智能机器人产业发展的关键核心技术。

2016 年 5 月，国家发展和改革委员会及科技部等四部门联合印发《"互联网+"人工智能三年行动实施方案》，明确未来三年智能产业的发展重点与具体扶持项目，进一步体现出人工智能已被提升至国家战略高度。2017 年 7 月，国务院印发《新一代人工智能发展规划》，这一规划的目的是抢抓人工智能发展的重大战略机遇，构筑我国人工智能发展的先发优势，加快建设创新型国家和世界科技强国。2018 年 4 月，教育部印发《高等学校人工智能创新行动计划》，目的是提升高校人工智能领域科技创新、人才培养和服务国家需求的能力。

现在，人工智能已经成为国家发展战略，我国已有数以十万计的科技人员和大学师生从事不同层次的人工智能相关领域研究、学习、开发与应用，人工智能研究与应用已在我国空前开展，必将为促进其他学科发展和我国现代化建设做出新的重大贡献。

### 1.1.3 人工智能的三次浪潮

要想了解人工智能向何处去，首先要知道人工智能从何处来。人工智能从 1956 年提出到今天，走过了 60 多年的路程，经历了计算驱动、知识驱动和数据驱动三次浪潮(见图 1-3)。

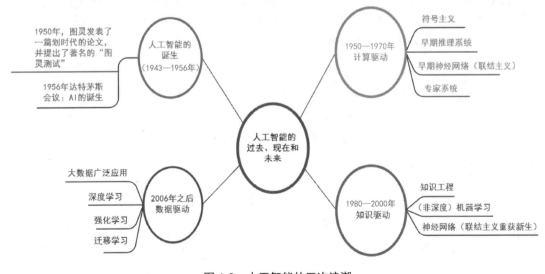

图 1-3 人工智能的三次浪潮

1. 计算驱动

(1) 达特茅斯会议。

1956 年 8 月，在美国汉诺斯小镇宁静的达特茅斯学院中，约翰·麦卡锡 (John McCarthy)、马文·明斯基(Marvin Minsky，人工智能与认知学专家)、克劳德·香农(Claude Shannon，信息论的创始人)、艾伦·纽厄尔(Allen Newell，计算机科学家)、赫伯特·西蒙(Herbert Simon，诺贝尔经济学奖得主)等科学家正聚在一起，讨论着一个主题：用机器来模仿人类学习以及其他方面的智能。会议足足开了两个月的时间，虽然大家没有达成普遍的共识，但是却为会议讨论的内容起了一个名字——人工智能。因此，1956 年也就成为人工智能元年。

(2) 人工智能计算驱动的基本思想。

从这次会议之后，人工智能迎来了它的春天。鉴于计算机一直被认为是只能进行数值计算的机器，所以，它稍微做一点儿智能的事情，人们都惊讶不已。这个时期诞生了世界上第一个聊天程序——ELIZA，它是由麻省理工学院的人工智能学院编写的，能够根据设定的规则，对用户的提问进行模式匹配，然后从预先编写好的答案库中选择合适的回答。这也是第一个尝试通过图灵测试的软件程序，ELIZA 曾模拟心理治疗医生和患者交谈，在首次使用的时候就骗过了很多人。

1959 年，塞缪尔的跳棋程序能对所有可能跳法进行搜索，并找到最佳方法。"推理就是搜索"是这个时期主要研究方向之一。人工智能发展初期的突破性进展大大提升了人们对人工智能的期望，开始尝试更有挑战性的任务，并提出了一些不切实际的研发目标。

1956 年，西蒙和纽厄尔曾预言"10 年之内，数字计算机将成为国际象棋世界冠军"。然而 10 年过去了，人工智能的发展远远滞后于当时的预测。

(3) 计算驱动导致人工智能的发展走入低谷。

在人工智能的第一个黄金时代，虽然创造了各种软件程序或硬件机器人，但是它们看起来都只是"玩具"，要迈进实用的工业产品，科学家们确实遇到了一些挑战。让科学家们最头痛的就是虽然很多难题理论上可以解决，看上去只是少量的规则和几个很少的棋子，但带来的计算量却是惊人的，实际上根本无法解决，计算驱动导致人工智能的发展走入低谷，主要表现为计算机能力有限。

2. 知识驱动

20 世纪 70 年代出现的专家系统，模拟人类专家的知识和经验解决特定领域的问题，实现了人工智能从理论研究走向实际应用，从一般推理策略探讨转向运用专门知识的重大突破。专家系统在医疗、化学及地质等领域取得成功，推动人工智能走入应用发展的新高潮。

(1) 专家系统。

专家系统的起源可以追溯到 1965 年，美国著名计算机学家费根鲍姆(Feigenbaum)带领学生开发了第一个专家系统——Dendral，这个系统可以根据化学仪器的读数自动鉴定化学成分。20 世纪 70 年代，费根鲍姆开发了另一个用于血液病诊断的专家程序——MYCIN(霉素)，这可能是最早的医疗辅助系统软件。

专家系统其实就是一套计算机软件，它往往聚焦于单个专业领域，模拟人类专家回答问题或提供知识，帮助工作人员做出决策。它一方面需要人类专家整理和录入庞大的知识库(专家规则)；另一方面需要计算机科学家编写程序，设定如何根据提问进行推理找到答案，也就是推理引擎。专家系统把自己限定在一个小的范围，避免了通用人工智能的各种难题，它充分利用现有专家的知识经验，务实地解决人类特定工作领域需要的任务，它不是创造机器生命，而是制造更有用的活字典、好工具。

1984 年，微电子与计算机技术公司(MCC)发起了人工智能历史上最大也是最有争议性的项目——Cyc，这个项目至今仍然在运作。Cyc 项目的目的是建造一个包含全人类全部知识的专家系统。截至 2017 年，它已经积累了超过 150 万个概念数据和超过 2000 万条常识规则，曾经在各个领域产生超过 100 个实际应用，它也被认为是当今最强的人工智能。

1982 年，日本国际贸易工业部发起了第五代计算机系统研究计划，投入 8.5 亿美元，创造具有划时代意义的超级人工智能计算机。这个项目在 10 年后基本以失败结束，然而，第五代计算机计划极大地推进了日本工业信息化进程，加速了日本工业的快速崛起。另外，这也开创了并行计算的先河，至今人们使用的多核处理器和神经网络芯片，都受到了这个计划的启发。

(2) 知识驱动导致人工智能的发展走入低谷。

20 世纪 80—90 年代，随着人工智能的应用规模不断扩大，专家系统存在的应用领域狭窄、缺乏常识性知识、知识获取困难、推理方法单一、缺乏分布式功能、难以与现有数据库兼容等问题逐渐暴露出来。曾经一度被非常看好的神经网络技术，过分依赖于计算力和经验数据量，因此长期没有取得实质性的进展。遭遇了知识获取和神经网络的局限，人工智能又一次处于低谷。

### 3. 数据驱动

数十年后，物联网、云计算及大数据技术的成熟，使神经网络成为当今人工智能的关键技术。2006 年，Hinton 出版了 *Learning Multiple Layers of Representation*，奠定了神经网络的全新架构，它是人工智能深度学习的核心技术，后人把 Hinton 称为"深度学习之父"(见图 1-4)。

2007 年，在斯坦福任教的华裔科学家李飞飞(见图 1-5)发起并创建了 ImageNet 项目。为了向人工智能研究机构提供足够数量可靠的图像资料，ImageNet 号召民众上传图像并标注图像内容。ImageNet 目前已经包含了 1400 万张图片数据，超过 2 万个类别。自 2010 年开始，ImageNet 每年举行大规模视觉识别挑战赛，全球开发者和研究机构都会参与贡献最好的人工智能图像识别算法进行评比。尤其是 2012 年由多伦多大学在挑战赛上设计的深度卷积神经网络算法，被业内认为是深度学习革命的开始。

华裔科学家吴恩达(Andrew Ng，见图 1-6)及其团队在 2009 年开始研究使用图形处理器(GPU)进行大规模无监督式机器学习工作，尝试让人工智能程序完全自主地识别图形中的内容。2012 年，吴恩达取得了惊人的成就，向世人展示了一个超强的神经网络，它能够在自主观看数千万张图片之后，识别那些包含小猫图像的内容，这是历史上在没有人工干预下，机器自主强化学习的里程碑式事件。

2014 年，伊恩·古德费罗提出生成对抗网络算法(Generative Adversarial Networks，GAN)，这是一种用于无监督学习的人工智能算法，这种算法由生成网络和评估网络构成,以左右互博的方式提升最终效果,该算法很快被人工智能很多技术领域采用。2016 年和 2017 年,谷歌发起了两场轰动世界的围棋人机之战,其人工智能程序 AlphaGo 连续战胜围棋世界冠军韩国的李世石以及中国的柯洁。

图 1-4　Hinton

图 1-5　李飞飞

图 1-6　吴恩达

## 1.2　人工智能的基本概念

人工智能(Artificial Intelligence,AI)是研究开发用于模拟、延伸和扩展人的智能的理论、方法、技术及应用系统的一门新技术的科学。

### 1.2.1　人工智能的定义

人工智能是一门前沿的交叉学科,像许多新兴学科一样,人工智能至今尚无统一的定义,要给人工智能下个准确的定义是困难的。人类的许多活动,例如计算题、猜谜语、进行讨论、编制计划和编写计算机程序,甚至驾驶汽车和骑自行车等,都需要"智能"。如果机器在各类环境中自主地或交互地执行各种拟人任务,就可以认为机器已具有某种性质的"人工智能",这是关于智能机器的定义,例如进行深海探测的潜水机器人(见图 1-7)、火星探测车(见图 1-8)。

图 1-7　潜水机器人

图 1-8　火星探测车

斯坦福大学 Nilsson 教授提出,人工智能是关于知识的科学,包括知识的表示、知识的获取、知识的运用,需要从学科和功能两个方面来定义。

1. 从学科角度定义

人工智能(学科)是计算机科学中涉及研究、设计和应用智能机器的一个分支。它的近期主要目标在于研究用机器来模仿和执行人脑的某些智能功能,并开发相关的理论和技术。

2. 从功能角度定义

人工智能(功能)是智能机器所执行的通常与人类智能有关的功能,如判断、推理、证明、识别、感知、理解、设计、思考、规划、学习和问题求解等思维活动。

另一种主流的定义是将人工智能分为两部分,即"人工"和"智能",用"四会"进行界定,人工智能=会运动+会看懂+会听懂+会思考(见图 1-9)。核心的理解是离不开"人",但此"人"非彼"人",是指人类制造出来的"机器人"。因此,对"人工"的理解并不难,需要机器人做工,称为"人工",而这种做工必然会导致某种物件或者事情发生乃至变化,要么是物理空间上的变化,要么是性质上出现变化,在哲学上称为运动,所以该种主流认为人工智能是涉及机器人运动的一门学科。"智能"部分认为机器人和人类一样能智慧地处理各种运动,也就是说,具有意识自发地来决策并执行的一个整体,不需要人类去干预。

图 1-9 人工智能"四会"

## 1.2.2 人工智能的内涵与外延

人工智能的内涵与外延如图 1-10 所示。

1. 图灵测试

对于图灵,大多数人对他了解并不多。你可能知道他发明了"图灵机"、破译了德国的密码等,但你可能不知道图灵是最早发现"人工智能"的人。到目前为止还没有任何人工智能程序通过图灵测试。

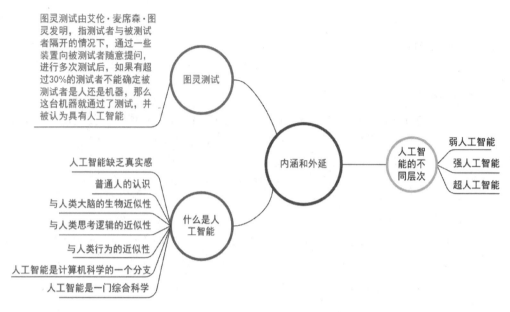

图 1-10 人工智能的内涵与外延

2. 从教育的角度理解人工智能

图 1-11 给出了人工智能和教育的关系。人教人就是教育，人教机器就是人工智能，机器教人就是智能教育。

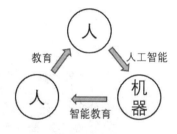

图 1-11 人工智能与教育的关系

3. 从人工智能的智力理解人工智能

人工智能的概念很宽泛，根据人工智能的智力可将它分成三大类。

(1) 弱人工智能。弱人工智能只专注于完成某个特别设定的任务，例如语音识别、图像识别和翻译。弱人工智能的目标是让计算机看起来会像人脑一样思考。

(2) 强人工智能。强人工智能包括学习、语言、认知、推理、创造和计划，使人工智能在非监督学习情况下处理前所未见的细节，并同时与人类开展交互式学习。强人工智能的目标是会自己思考的计算机。

(3) 超人工智能。超人工智能是指通过模拟人类的智慧，人工智能开始具备自主思维意识，形成新的智能群体，能够像人类一样独自地进行思维。目前在现实生活中，人工智能大多数都是"弱人工智能"，虽然不能理解信息，但都是优秀的信息处理者。

现在，人类已经掌握了弱人工智能。其实弱人工智能无处不在，人工智能革命是从弱人工智能开始，经过强人工智能，最终到达超人工智能的旅途。

4. 弱人工智能到强人工智能之路

建造一个能战胜世界象棋冠军的计算机已经成功了，但造一个能够读懂 6 岁小朋友的图片书中的文字，并且了解那些词汇意思的计算机，谷歌花了几十亿美元，但至今仍没做出来。一些人类觉得困难的事情，例如微积分、金融市场策略、翻译等，对于计算机来说都太简单了。人类觉得容易的事情，例如视觉、动态、移动、直觉，对计算机来说又太难了。用计算机科学家唐纳德·克努斯(Donald Knuth)的说法，"人工智能已经在几乎所有需要思考的领域超过了人类，但是在那些人类和其他动物不需要思考就能完成的事情上，还差得很远"。

## 1.3 人工智能的主流学派

近年来，对人类智能的理解形成了 3 个学派，分别为符号主义学派、联结主义学派和行为主义学派。

### 1.3.1 符号主义学派

符号主义又称为逻辑主义、心理学派或计算机主义，认为知识的基本元素是符号，智能的基础依赖于知识。该理论倡导以符号形式的知识和信息为基础，主要通过逻辑推理，运用知识进行问题求解。

该学派的代表人物有纽厄尔、西蒙、费根鲍姆、肖特里菲(Shortliffe)等。纽厄尔和西蒙提出了著名的物理符号系统假说，认为任何一个物理符号系统如果是有智能的，那么肯定能执行对符号的输入、输出、存储、复制、条件转移和建立符号结构这 6 种操作；反之，能执行这 6 种操作的任何系统，也就一定能够表现出智能。

人工智能的创始人之一约翰·麦卡锡是符号学派的典型代表，他曾经发表了"什么是人工智能"一文，按照符号学派的理解方式为大家进行了阐述。麦卡锡的观点是"人工智能是关于如何制造智能机器，特别是智能的计算机程序的科学和工程。它与使用机器来理解人类智能密切相关，但人工智能的研究并不需要局限于生物学上可观察到的那些方法"。麦卡锡特意强调人工智能研究并不一定局限于仿真真实的生物智能行为，而是更强调它的智能行为和表现方面，这一点和图灵测试的想法是一脉相承的。

另外，麦卡锡还突出了利用计算机程序来仿真智能的方法。他认为，智能是一种特殊的软件，与实现它的硬件并没有太大的关系。纽厄尔和西蒙则把这种观点概括为"物理符号系统假说"。该假说认为，任何能够将物理的某些模式或符号进行操作并转化成另一些模式或符号的系统，就有可能产生智能的行为。这种物理符号可以是通过高低电位的组成或者是灯泡的亮灭所形成的霓虹灯图案，当然也可以是人脑神经网络上的电脉冲信号，这也就是"符号学派"得名的由来。在"物理符号系统假说"的支持下，符号学派把焦点集中在人类智能的高级行为上，如推理、规划、知识表示等方面。

人机大战是符号学派的典型应用。1988 年，IBM 开始研发可以与人下国际象棋的智能程序——"深思"，这是一个可以以每秒 70 万步棋的速度进行思考的超级程序。到了 1991 年，"深思Ⅱ"已经可以战平澳大利亚国际象棋冠军达瑞尔·约翰森(Darryl Johansen)。1996 年，"深思"的升级版"深蓝"开始挑战著名的国际象棋世界冠军加里·卡斯帕罗夫(Garry Kasparov)，却以 2∶4 败下阵来。但是，一年后的 5 月 11 日，"深蓝"终以 3.5∶2.5 的成绩战胜了卡斯帕罗夫，成了人工智能发展史上的一座里程碑。

目前，符号主义遇到不少暂时无法解决的困难，例如仍然无法用数理逻辑建立一个人工智能的统一理论体系、专家系统，热衷于自成体系的封闭式研究，脱离了主流计算(软、硬件)环境等。知识工程学派的困境动摇了传统人工智能物理符号系统对于智能行为是必要的也是充分的基本假设，促进了联结主义学派和行为主义学派的兴起。尽管如此，科学界普遍认为，在联结主义学派和行为主义学派出现以后，符号主义仍然是人工智能的主流。

### 1.3.2 联结主义学派

联结主义学派又称为仿生学学派或生理学派，是基于生物进化论的人工智能学派，主张人工智能可以通过模拟人脑结构来实现，主要内容就是人工神经网络。联结主义学派认为人工智能源于仿生学，特别是对人脑模型的研究，认为人的思维单元是神经元，而不是符号处理过程，人脑不同于计算机，提出联结主义的大脑工作模式，否定基于符号操作的计算机工作模式。该学派的代表人物有罗森布莱特、威德罗和霍夫、鲁梅尔哈特、麦克莱兰、霍普菲尔德等。

联结主义学派认为，人类的智慧主要来源于大脑的活动，而大脑则是由上万亿个神经元细胞通过错综复杂的相互连接形成的，人们可以通过仿真大量神经元的集体活动来仿真大脑的智力，而这种错综复杂的连接被称为神经网络。与物理符号系统假说相比，人们不难发现，如果将智力活动比喻成一款软件，那么支撑这些活动的大脑神经网络就是相应的硬件。主张神经网络研究的科学家实际上在强调硬件的作用，认为高级的智能行为是从大量神经网络的连接中自发出现的。

神经网络具有麦卡洛克-匹兹模型、感知机和多层感知机3种模型。

#### 1. 麦卡洛克-匹兹模型

1943年，沃伦·麦卡洛克(Warren McCulloch)和沃尔特·匹兹(Walter Pitts)两人提出了单个神经元的计算模型(也叫麦卡洛克-匹兹模型)，如图1-12所示。

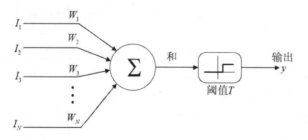

图1-12 麦卡洛克-匹兹模型

在这个模型中，左边的 $I_1, I_2, \cdots, I_N$ 为输入单元，可以接受其他神经元的输出，然后将这些信号经过加权传递给当前的神经元并完成汇总。如果汇总的输入信息强度超过了一定的阈值 $T$，那么该神经元就会发放一个信号 $y$ 给其他神经元或者直接输出。

#### 2. 感知机

1957年，弗兰克·罗森布拉特(Frank Rosenblatt)在麦卡洛克-匹兹模型的基础上加入了学习算法，该模型命名为感知机，感知机可以根据模型的输出 $y$ 与期望模型的输出 $y^*$ 之间的误差，调整权重$W_i$来完成学习。

可以形象地把感知机模型理解为一个装满了大大小小水龙头的水管网络，学习算法可以通过调节这些水龙头来控制最终输出的水流，并让它达到人们想要的流量，这就是学习的过程。

感知机的提出者认为，感知机无论遇到什么问题，只要明确了输入和输出之间的关系，都可以通过学习来解决。但 1969 年，人工智能界的权威人士马文·明斯基通过理论指出，感知机不可能学习任何问题，连一个最简单的问题"判断一个两位数的二进制数是否包含 0 或 1"都无法完成。

### 3. 多层感知机

为了解决弗兰克·罗森布拉特提出的感知机存在的问题，杰弗里·辛顿(Geoffrey Hinton)采用"多则不同"的方法，只要把多个感知机连接成一个分层的网络(见图 1-13)，就可以圆满地解决明斯基提出的"感知机不可能学习任何问题"。在多层感知机里有很多个神经元，在学习过程中有几百个甚至上千个参数需要调节。辛顿等人发现，采用阿瑟·布莱森(Arthur Bryson)提出的反向传播算法就可以解决"多层网络训练问题"，从而学习任何一个问题。

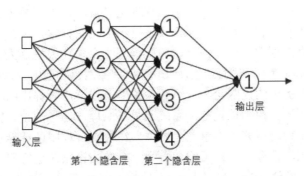

图 1-13  多层感知机

其中，反向传播是一种常用的传播算法。以水流管道为例进行说明，核心思想有两点：一是当网络执行决策时，水从左侧的输入节点往右流，直到输出节点将水吐出；二是在训练阶段，则需要从右往左一层一层地调节水龙头，要使水流量达到要求，只要让每一层的调节只对它右面一层负责就可以了，实现反向修正感知机的参数。

以多层感知机为原型，经过多年的研究，产生了人工智能学习算法，例如 CNN、RNN 等。联结主义的代表性成果是由麦卡洛克和匹兹提出的形式化神经元模型，即 M-P 模型，从此开创了神经计算的时代，为人工智能创造了用电子装置模仿人脑结构和功能的新途径。1982 年，美国物理学家约翰·霍普菲尔德(John Hopfield)提出了离散的神经网络模型，1984 年他又提出了连续的神经网络模型，使神经网络可以用电子线路来仿真，开拓了神经网络用于计算机的新途径。

ANN 在过去的 20 年间获得了重要进展，涉及该领域的专著、期刊和会议论文数量迅速增长，对推动这一思潮的进步起到了重要作用。但是必须看到，尽管对 ANN 的多数研究均集中于网络结构、学习算法、硬件实现和实际应用领域，并且在许多工程领域，如非线性系统方面取得了不错的研究成果，但 ANN 技术本身也有若干问题亟待解决。首先，网络达不到开发多种多样知识的要求，单靠联结机制方法很难解决人工智能中的全部问题。其次，Hebb 学习规则缺少降低权值的调整机制、Delta 学习规则具有容易陷入局部极小等严重缺陷，缺少可操作的理论来保证学习过程的收敛性。不过仍可以确信的是，ANN 是个很有希望的发展方向，计算机技术为其发展提供了坚实的技术基础，ANN 自身也有很多适合控制的突出特性，特别是大规模人工神经网络硬件也取得了较大的进展。

### 1.3.3 行为主义学派

行为主义又称为进化主义或控制论学派。目前，人工智能界对行为主义的研究方兴未艾。该学派源于控制论，倡导智能取决于感知和行为，不需要知识，不需要表示，也不需要推理，即智能行为只能通过现实世界与周围环境的交互作用表现出来。

该学派最早来源于 20 世纪初的一个心理学流派，认为行为是有机体用于适应环境变化的各种身体反应的组合，它的理论目标在于预见和控制行为。

该学派的代表人物是 MIT 的罗德尼·布鲁克斯(Rodney Brooks)，他于 1991 年和 1992 年分别提出了"没有表达的智能""没有推理的智能"，颠覆了符号→知识工程→专家系统，或节点→结构→神经网络的智能脉络。行为主义甚至认为符号主义和联结主义对真实世界客观事物的描述及其智能行为工作模式是过于简化的抽象，因此不能真实地反映客观存在。目前，布鲁克斯创建了一系列著名的机器人昆虫和类人机器人，不断诠释着反应式智能体的特性——对环境主动进行监视(所谓感知)，并做出必要的反应(所谓动作)。

维纳和麦洛克等提出的控制论和自组织系统以及钱学森等提出的工程控制论和生物控制论，影响了许多领域。控制论把神经系统的工作原理与信息理论、控制理论、逻辑以及计算机联系起来。早期的研究工作重点是模拟人在控制过程中的智能行为和作用，对自寻优、自适应、自校正、自镇定、自组织和自学习等控制论系统进行研究，并进行"控制动物"的研制。到 20 世纪 60—70 年代，上述控制论系统的研究取得一定的进展，并在 20 世纪 80 年代诞生了智能控制和智能机器人系统。

布鲁克斯根据如图 1-14 所示的原理制造出的六足行走机器人被推为行为主义学派的代表作，它被看作新一代的"控制论动物"，是一个基于"感知—动作"模式的模拟昆虫行为的控制系统。布鲁克斯认为，要求机器人像人一样去思维太困难了，在做一个像样的机器人之前，不如先做一个像样的机器虫，由机器虫慢慢进化，或许可以做出机器人。

布鲁克斯在美国麻省理工学院的人工智能实验室研制成功了一个由 150 个传感器和 23 个执行器构成的像蝗虫一样能实现六足行走的机器人试验系统，如图 1-15 所示。这个机器人虽然不具有像人那样的推理、规划能力，但其应付复杂环境的能力却大大超过了原有的机器人，在自然非结构化的环境下，具有灵活的防碰撞和漫游行为能力。

和其他学科的不同流派一样，符号主义、联结主义和行为主义在理论方法与技术路线等方面的争论从来也没有停止过。

在理论方法方面，符号主义着重于功能模拟，提倡用计算机模拟人类认知系统所具备的功能和机能；联结主义着重于结构模拟，通过模拟人的生理网络来实现智能；行为主义着重于行为模拟，依赖感知和行为来实现智能。

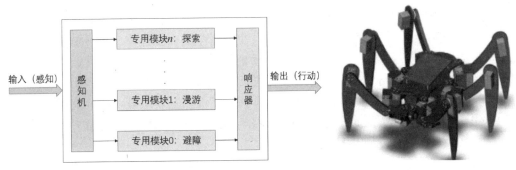

图 1-14 构造原理框图　　　　图 1-15 六足机器人

在技术路线方面，符号主义依赖于软件路线，通过启发性程序设计，实现知识工程和各种智能算法；联结主义依赖于硬件设计，如 VLSI(超大规模集成电路)、脑模型和智能机器人等；行为主义利用一些相对独立的功能单元，组成分层异步分布式网络，为机器人的研究开创了新的方法。

### 1.3.4 三大学派的比较

符号主义、联结主义和行为主义学派从不同的角度来智能地探索大自然，与人脑思维模型有着密切关系。符号主义学派研究抽象思维，联结主义学派研究形象思维，而行为主义学派研究感知思维，各有各的特点，这 3 个学派将长期共存。

人工智能界普遍认为，未来的发展应立足于各学派之间求同存异、相互融合。同时，还要有效地集成数学、生物学、心理学、哲学、计算机学、机器人学、控制科学以及信息学等，促进人工智能从软件到硬件、从理论分析到工程应用的完美统一。未来达到强人工智能需要三大学派互相融合，三大学派的演化过程如图 1-16 所示。

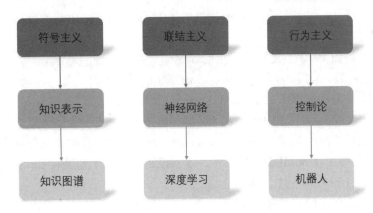

图 1-16 三大学派的演化

## 1.4 人工智能的研究目标

现阶段，人工智能的研究目标是研究机器智能，即研究如何使现有的计算机具备更高的智能，在一定的领域或在一定的程度上完成需要人的复杂脑力劳动才能完成的工作。主要方法是基于现有的计算机软、硬件系统,通过编制计算机程序来模拟、实现人的智能行为。在这种理解之下,人工智能确实被看作计算机科学的一个分支。到目前为止,已经出现了大量应用于各个领域的智能系统,如自动推理、智能控制、智能管理、智能决策、模式识别、智能检索系统等,上述目标仅仅是人工智能的一个近期、初级目标。

人工智能的远期目标是研究智能机器,即探索智能的基本机理,研究使用各种机器、各种方法模拟人的思维过程或智能行为,最终制造出和人有相似或相近智力水平及行为能力的综合智能系统。在这种理解之下,人工智能远不止是计算机科学的一个分支,它的研究将涉及自然和社会科学的所有学科。从人工智能过去几十年所走过的艰难、曲折的路程来看,人工智能要达到这个远期目标还有漫长而艰辛的路要走。但我们也没有必要"望洋兴叹",人工智能学科可以采用"一路播种,一路收获"的发展策略,一个个近期目标实现的"量变"必将带来远期目标实现的"质变"。

## 1.5 人工智能的研究领域

目前,人工智能的研究领域非常广泛,而且涉及的学科也很多,大部分是结合具体领域进行的。人工智能的主要研究领域包括分布式人工智能、知识工程和专家系统、自然语言处理、机器人、机器学习和人工神经网络、模式识别、自动定理证明、自动程序设计、智能数据库、智能检索等。

专家系统产生于 20 世纪 60 年代中期,是一个智能的计算机程序,它运用知识和推理步骤来解决只有专家才能解决的复杂问题。自然语言处理方面,构造能够理解自然语言的系统,通常分为书面语的理解、口语(又称声音)的理解、手写文字识别。

机器学习是人工智能最早研究的方向之一,对人工智能的其他分支产生重要的推动作用。自动定理证明基本上有以下几种方法。

(1) 自然演绎法,如纽厄尔等研制的 LT 程序和籍勒洛特研制的证明平面几何定理的程序都使用了自然演绎法。

(2) 判定法,如 1977 年吴文俊提出的证明初等几何定理的算法。

(3) 定理证明器,如 1965 年 J.A.Robinson 提出的消解原理为该方法奠定了理论基础。

(4) 人机交互定理证明,如 1976 年 K.Appel 证明了四色定理。

分布式人工智能出现于 20 世纪 70 年代后期,一般由多个智能体组成。机器人是一种可再编程序的多功能操作装置。1954 年,G.C.Devol 发表"通用重复型机器人"的专利和论文;1958 年,美国 Consolidated 发表"数字控制机器人"论文;20 世纪 60 年代初,AMF 公司制造的 Unimate 登上工业舞台。

模式识别是识别出给定的事物和哪一个标本相同或者相似,主要展开对图形和图像识别与语音识别两方面的研究。识别所采用的方法有模板匹配法、统计方法、句法方法和直接逻辑法。在计算机视觉方面,20 世纪 70 年代末 Marr 提出视觉计算理论。在人工神经网络方面有两个研究方向,即功能研究和仿真研究。1943 年,McCulloch 和 Pitts 提出第一个神经计算模型(MP 模型);1982 年,J.J.Hopfield 提出神经网络模型(Hopfield 模型)。

## 习 题

1. 简述人工智能计算驱动的基本思想。
2. 简述人工智能知识驱动的基本思想。
3. 简述人工智能数据驱动的基本思想。
4. 列举你身边的人工智能。
5. 简述你对人工智能内涵的理解。
6. 简述人工智能的三次浪潮。

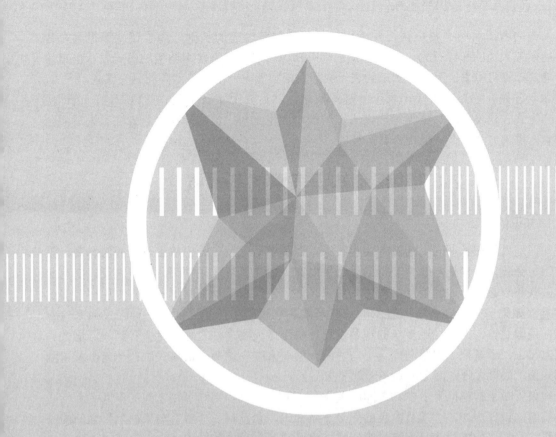

# 第 2 章

知识表示

人类的智能活动主要是获得并运用知识。知识是智能的基础。为了使计算机具有智能，能模拟人类的智能行为，就必须使它具有知识。但知识需要用适当的模式表示出来才能存储到计算机中去，因此，知识的表示成为人工智能中一个十分重要的研究课题。

本章首先介绍知识和知识表示的基本概念，然后介绍状态空间、问题归约、谓词逻辑、产生式、语义网络、框架等当前人工智能中应用比较广泛的知识表示方法，为后面介绍搜索、推理方法、专家系统等奠定基础。

## 2.1 知识和知识表示的基本概念

### 1. 知识的概念

知识是人们在长期的生活及社会实践中、在科学研究及实验中积累起来的对客观世界的认识与经验。人们把实践中获得的信息关联在一起，就形成了知识。一般来说，把有关信息关联在一起所形成的信息结构称为知识。信息之间有多种关联形式，其中用得最多的一种是"如果……，则……"表示的关联形式。它反映了信息之间的某种因果关系。例如，在我国北方，人们经过多年的观察发现，每当冬天要来临之际，就会看到一群群大雁向南方飞去，于是把"大雁向南飞"与"冬天就要来临"这两个信息关联在一起，就得到以下知识：如果大雁向南飞，则冬天就要来临了。

知识反映了客观世界中事物之间的关系，不同事物或者相同事物之间的不同关系形成了不同的知识。例如，"雪是白色的"是一条知识，它反映了"雪"与"白色"之间的一种关系。又如"如果头痛且流涕，则有可能患了感冒"是一条知识，它反映了"头痛且流涕"与"可能患了感冒"之间的一种因果关系。在人工智能中，把前一种知识称为"事实"，而把后一种知识，即用"如果……，则……"关联起来所形成的知识称为"规则"。下面将对它们作进一步介绍。

### 2. 知识的特点

(1) 相对正确性。

知识是人类对客观世界认识的结晶，并且受到长期实践的检验。因此，在一定的条件及环境下，知识一般是正确的。这里，"一定的条件及环境"是必不可少的，它是知识正确性的前提。因为任何知识都是在一定的条件及环境下产生的，因此也就只有在这种条件及环境下才是正确的。例如，牛顿力学在一定的条件下才是正确的。再如，1+1=2，这是一条妇孺皆知的正确知识，但它也只有在十进制的前提下才是正确的，如果是二进制，它就不正确了。

在人工智能中，知识的相对正确性更加突出。除了人类知识本身的相对正确性以外，在建造专家系统时，为了减小知识库的规模，通常将知识限制在所求解问题的范围内。也就是说，只要这些知识对所求解的问题是正确的就行。例如，在动物识别系统中，如果仅仅识别虎、金钱豹、斑马、长颈鹿、企鹅、鸵鸟、信天翁7种动物，那么，知识"IF 该动物是鸟 AND 善飞，THEN 该动物是信天翁"就是正确的。

(2) 不确定性。

由于现实世界的复杂性，信息可能是精确的，也可能是不精确的、模糊的；关联可能是确定的，也可能是不确定的。这就使知识并不总是只有"真"与"假"这两种状态，而是在"真"与"假"之间还存在许多中间状态，即存在"真"的程度问题。知识的这个特性称为不确定性。

造成知识具有不确定性的原因主要有以下几个方面。

① 由随机性引起的不确定性。由随机事件所形成的知识不能简单地用"真"或"假"来刻画，它是不确定的。就以前面所说的"如果头痛且流涕，则有可能患了感冒"这一条知识来说，其中的"有可能"实际上就反映了"头痛且流涕"与"患了感冒"之间的一种不确定的因果关系，因为具有"头痛且流涕"的人不一定都是"患了感冒"。因此它是一条具有不确定性的知识。

② 由模糊性引起的不确定性。由于某些事物客观上存在的模糊性，使人们无法把两个类似的事物严格地区分开来，不能明确地判定一个对象是否符合一个模糊概念。又由于某些事物之间存在着模糊关系，使人们不能准确地判定它们之间的关系究竟是"真"还是"假"。像这样由模糊概念、模糊关系所形成的知识显然是不确定的。

③ 由经验引起的不确定性。知识一般是由领域专家提供的，这种知识大都是领域专家在长期的实践及研究中积累起来的经验性知识。尽管领域专家能够得心应手地运用这些知识，正确地解决领域内的有关问题，但若让他们精确地表述出来却是相当困难的。这是引起知识不确定性的一个原因。另外，由于经验性自身就蕴含着不精确性及模糊性，这就形成了知识的不确定性。因此，在专家系统中大部分知识都具有不确定性。

④ 由不完全性引起的不确定性。人们对客观世界的认识是逐步提高的，只有在积累了大量的感性认识后才能升华到理性认识的高度，形成某种知识。因此，知识有一个逐步完善的过程。在此过程中，或者由于客观事物表露得不够充分，致使人们对它的认识不够全面；或者对充分表露的事物一时抓不住本质，使人们对它的认识不够准确。这种认识上的不完全、不准确必然导致相应的知识是不精确、不确定的。因此不完全性是使知识具有不确定性的一个重要原因。

(3) 可表示性与可利用性。

知识的可表示性是指知识可以用适当形式表示出来，如用语言、文字、图形、神经网络等表示，这样才能被存储、传播。知识的可利用性是指知识可以被利用。这是不言而喻的，人们每天都在利用自己掌握的知识解决所面临的各种问题。

### 3. 知识的分类

从不同的角度、不同的侧面对知识有着不同的分类方法。在此，根据知识表达的内容，将其简单地分为以下几类。

(1) 事实性知识。

事实性知识是知识的一般直接表示，如果事实性知识是批量的、有规律的，则往往以表格、图册甚至数据库等形式出现。这种知识描述一般性的事实，如上海有几千万人口、第29届奥运会在北京举行等。

(2) 过程性知识。

过程性知识主要描述做某件事的过程，使人或计算机可以照此去做，如电视机维修法、如何去救火等。标准程序库也是常见的过程性知识，而且是系列化、配套的。

(3) 行为性知识。

行为性知识不直接给出事实本身，只给出它在某方面的行为。行为性知识经常表示为某种数学模型，从某种意义上讲，行为性知识描述的是事物的内涵，而不是外延。例如，微分方程刻画了一个函数的行为，但是并没有给出这个函数本身。

(4) 实例性知识。

实例性知识只给出一些实例，关于事物的知识隐藏在这些实例中。人们感兴趣的不是实例本身，而是隐藏在大量实例中的规律性知识，如大批的观察数据是典型的实例性知识。

(5) 类比性知识。

类比性知识既不给出外延，也不给出内涵，只给出它与其他事物的某些相似之处。类比性知识一般不能完整地刻画事物，但它可以启发人们在不同的领域中做到知识的相似性共享，如比喻心如刀绞以及谜语等。

(6) 元知识。

元知识是有关知识的知识，最重要的元知识是如何使用知识的知识。例如，一个好的专家系统应该知道自己能回答什么问题、不能回答什么问题，这就是关于自己知识的知识。元知识是用于如何从知识库中找到想要的知识。

人工智能研究的目的就是要建立一个模拟人类智能行为的系统，为了达到这个目的就必须研究人类已经获得的知识在计算机上的表示形式，只有这样才能把知识存储到计算机中去，供求解实际问题时使用。

4．知识表示的定义

知识表示方法是研究用机器表示知识的可行性、有效性的一般方法，是一种数据结构与控制结构的统一体，既考虑知识的存储又考虑知识的使用。知识表示可看成一组事物的约定，以把人类知识表示成机器能处理的数据结构。对知识进行表示的过程就是把知识编码成某种数据结构的过程。

知识表示有以下三个特性。

(1) 知识表示是智能推理的部分理论。
(2) 知识表示是有效计算的载体。
(3) 知识表示是交流的媒介(如语义网络)。

5．知识表示的分类

知识表示方法种类繁多，而且分类的标准也不太相同。按照人们从不同角度进行探索和对问题的不同理解，知识表示方法可分为陈述性知识表示和过程性知识表示两大类。但两者的界限又不明显，很难分开。

(1) 陈述性知识表示。

这种表示方法主要用来描述事实性知识，它告诉人们，所描述的客观事物涉及的"对象"是什么，知识表示就是将对象的有关事实"陈述"出来，并以数据的形式表示。这种表示方法将知识表示与知识的运用分开处理，在表示知识时，并不涉及如何运用知识的问题，是一种静态的描述方法。陈述性知识表示的优点是灵活、简洁，每个有关事实仅需存储一次，演绎过程完整而确定，系统的模块性好。其缺点是工作效率低下，推理过程不透明，不易理解。

(2) 过程性知识表示。

这种表示方法主要用来描述规则性知识和控制结构知识，它告诉人们"怎么做"，知识表示的形式是一个"过程"，这个"过程"就是求解程序。它将知识表示与知识运用相结合，知识寓于程序中，是一种动态的描述方法。过程性知识表示的优点是推理过程直接、清晰，有利于模块化，易于表达启发性知识和默认推理知识，实现起来效率高。其缺点是不够严格，知识间有交叉重叠，灵活性差，知识的增、删不方便。

在上述两类表示方法中，包含了多种具体的方法，如一阶谓词逻辑表示法、产生式表示法、语义网络表示法、框架表示法及面向对象的表示方法等。

不论哪种知识表示法都有自己的特点和局限性。选取何种知识表示方法来表示知识更加合理和科学，主要应考虑以下几个因素：①能否充分表示相关领域的知识；②是否有利于对知识的利用；③是否便于知识的组织和管理；④是否便于理解和实现。

对同一知识，一般都可以用多种方法进行表示，但不同的方法对同一知识的表示效果是不一样的，因为不同领域中的知识一般都有不同的特点，影响因素也很多，而每一种表示方法也有各自的长处与不足，因此，有些领域的知识可能采用这种表示方法比较适合，而有些领域知识可能采用另一种表示方法比较合适，有时还需要把几种表示方法结合起来，作为一个整体来表示领域知识，达到取长补短的效果。下面介绍几种主要的知识表示方法。

## 2.2 状态空间表示法

问题求解是个大课题，它涉及归约、推断、决策、规划、常识推理、定理证明和相关过程等核心概念。在分析了人工智能研究中运用的问题求解方法之后，就会发现许多问题求解方法是采用试探搜索的方法。也就是说，这些方法是通过在某个可能的解空间内寻找一个解来求解问题的。这种基于解答空间的问题表示和求解方法就是状态空间法，它是以状态和算符为基础来表示与求解问题的。

### 2.2.1 问题状态描述

状态空间表示案例

首先对状态、算符和状态空间下个定义。

状态是为描述某类不同事物之间的差别而引入的一组最少变量 $q_0, q_1, \cdots, q_n$ 的有序集合，其矢量形式为：

$$\boldsymbol{Q} = [q_0, q_1, \cdots, q_n]^\mathrm{T} \tag{2-1}$$

式中，每个元素 $q_i(i=0,1,\cdots,n)$ 为集合的分量，称为状态变量。给定每个分量的一组值就得到一个具体的状态，如

$$\boldsymbol{Q}_k = [q_{0k}, q_{1k}, \cdots, q_{nk}]^\mathrm{T} \tag{2-2}$$

使问题从一种状态变化为另一种状态的手段称为操作符或算符。操作符可为走步、过程、规则、数学算子、运算符号或逻辑符号等。

问题的状态空间是一个表示该问题全部可能状态及其关系的图，它包含 3 种说明的集合，即所有可能的问题初始状态集合 $S$、操作符集合 $F$ 以及目标状态集合 $G$。因此，可把

状态空间记为三元组$(S,F,G)$。

用十五数码难题来说明状态空间表示的概念。十五数码难题由 15 个编有 1～15 并放在 4×4 方格棋盘上的可走动的棋子组成。棋盘上总有一格是空的，以便让空格周围的棋子走进空格，这也可以理解为移动空格。十五数码难题如图 2-1 所示。图中绘出了两种棋局，即初始棋局和目标棋局，它们对应于该问题的初始状态和目标状态。

| | | | |
|---|---|---|---|
| 11 | 9 | 4 | 15 |
| 1 | 3 | | 12 |
| 7 | 5 | 8 | 6 |
| 13 | 2 | 10 | 14 |

(a) 初始棋局

| | | | |
|---|---|---|---|
| 1 | 2 | 3 | 4 |
| 5 | 6 | 7 | 8 |
| 9 | 10 | 11 | 12 |
| 13 | 14 | 15 | |

(b) 目标棋局

图 2-1　十五数码难题

如何把初始棋局变换为目标棋局呢？问题的解答就是某个合适的棋子走步序列，如“左移棋子 12，下移棋子 15，右移棋子 4，……”。

十五数码难题最直接的求解方法是尝试各种不同的走步，直到偶然得到该目标棋局为止。这种尝试本质上涉及某种试探搜索。从初始棋局开始，试探由每一合法走步得到的各种新棋局，然后计算再走一步而得到的下一组棋局。这样继续下去，直至达到目标棋局为止。把初始状态可达到的各状态所组成的空间设想为一幅由各种状态对应的节点组成的图。这种图称为状态图或状态空间图。图 2-2 说明了十五数码难题状态空间图的一部分。图中每个节点标有它所代表的棋局。首先把适用的算符用于初始状态，以产生新的状态；然后，再把另一些适用算符用于这些新的状态；这样继续下去，直至产生目标状态为止。

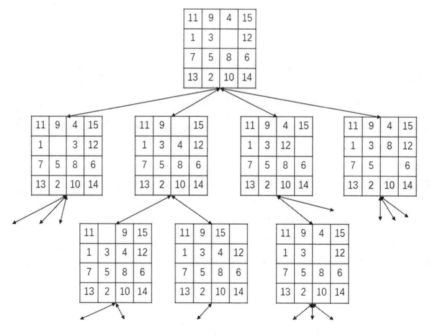

图 2-2　十五数码难题部分状态空间图

一般用状态空间法这个术语来表示下述方法：从某个初始状态开始，每次加一个操作符，递增地建立起操作符的试验序列，直至达到目标状态为止。

寻找状态空间的全部过程包括从旧的状态描述产生新的状态描述，以及此后检验这些新的状态描述，看其是否描述了该目标状态。这种检验往往只是查看某个状态是否与给定的目标状态描述相匹配。不过，有时还要进行较为复杂的目标测试。对于某些最优化问题，仅仅找到到达目标的任一路径是不够的，还必须找到按某个准则实现最优化的路径(例如下棋的走步最少)。

综上讨论可知，要完成某个问题的状态描述，必须确定3件事：①该状态描述方式，特别是初始状态描述；②操作符集合及其对状态描述的作用；③目标状态描述的特性。

## 2.2.2 状态图示法

为了对状态空间图有更深入的了解，下面介绍图论中的几个术语和图的正式表示法。

图由节点(不一定是有限的节点)的集合构成。一对节点用弧线连接起来，从一个节点指向另一个节点。这种图叫作有向图。如果某条弧线从节点 $n_i$ 指向节点 $n_j$，那么节点 $n_j$ 就叫作节点 $n_i$ 的后继节点或后裔，而节点 $n_i$ 叫作节点 $n_j$ 的父辈节点或祖先。一个节点一般只有有限个后继节点。一对节点可能互为后裔，这时，该对有向弧线就用一条棱线代替。当用一个图来表示某个状态空间时，图中各节点标上相应的状态描述，而有向弧线旁边标有算符。

某个节点序列 $(n_{i1}, n_{i2}, \cdots, n_{ik})$，当 $j = 2, 3, \cdots, k$ 时，如果对于每一个 $n_{i,j-1}$ 都有一个后继节点 $n_{ij}$ 存在，那么就把这个节点序列叫作从节点 $n_{i1}$ 至节点 $n_{ik}$ 的长度为 $k$ 的路径。如果从节点 $n_i$ 至节点 $n_j$ 存在一条路径，那么就称节点 $n_j$ 是从节点 $n_i$ 可达到的节点，或者称节点 $n_j$ 为节点 $n_i$ 的后裔，而且称节点 $n_i$ 为节点 $n_j$ 的祖先。不难发现，寻找从一种状态变换为另一种状态的某个算符序列问题等价于寻求图的某一路径问题。

给各弧线指定代价以表示加在相应算符上的代价。用 $c(n_i, n_j)$ 来表示从节点 $n_i$ 指向节点 $n_j$ 的那段弧线的代价。两节点间路径的代价等于连接该路径上各节点的所有弧线代价之和。对于最优化问题，要找到两节点之间具有最小代价的路径。

对于最简单的一类问题，需要求得某指定节点 $s$(表示初始状态)与另一节点 $t$(表示目标状态)之间的一条路径(可能具有最小代价)。

一个图可由显式说明也可由隐式说明。对于显式说明，各节点及其具有代价的弧线由一张表明确给出。此表可能列出该图中的每一节点、它的后继节点以及连接弧线的代价。显然，显式说明对于大型的图是不切实际的，而对于具有无限节点集合的图则是不可能的。

对于隐式说明，节点的无限集合 $\{s_i\}$ 作为起始节点是已知的。此外，引入后继节点算符的概念是方便的。后继节点算符 $\Gamma$ 也是已知的，它能作用于任一节点以产生该节点的全部后继节点和各连接弧线的代价。把后继算符应用于 $\{s_i\}$ 的成员和它们的后继节点以及这些后继节点的后继节点，如此无限地进行下去，最后使由 $\Gamma$ 和 $\{s_i\}$ 所规定的隐式图变为显式图。把后继算符应用于节点的过程，就是扩展一个节点的过程。因此，搜索某个状态空间以求得算符序列的一个解答的过程，就对应于使隐式图足够大，一部分变为显式以便包含目标节点的过程。这样的搜索图是状态空间问题求解的主要基础。

问题的表示对求解工作量有很大的影响。人们显然希望有较小的状态空间表示。许多似乎很难的问题，当表示适当时就可能具有小而简单的状态空间。

根据问题状态、操作(算)符和目标条件选择各种表示，是高效率问题求解所需要的。

首先需要表示问题，然后改进提出的表示。在问题求解过程中，会不断取得经验，获得一些简化的表示。例如，看出对称性或合并为宏规则等有效序列。对于十五数码难题的初始状态表示，可规定15×4＝60条规则，即左移棋子1，右移棋子1，上移棋子1，下移棋子1，左移棋子2，……，下移棋子15等。很快就会发现，只要左、右、上、下移动空格，就可用4条规则代替上述60条规则。可见，移动空格是一种较好的表示。

各种问题都可用状态空间加以表示，并用状态空间搜索法来求解。

## 2.3 问题归约法

问题归约是另一种基于状态空间的问题描述与求解方法。已知问题的描述，通过一系列变换把此问题最终变为一个本原问题集合；这些本原问题的解可以直接得到，从而解决了初始问题。

问题归约表示可由下列3部分组成。

(1) 一个初始问题描述。
(2) 一套把问题变换为子问题的操作符。
(3) 一套本原问题描述。

从目标(要解决的问题)出发逆向推理，建立子问题以及子问题的子问题，直至最后把初始问题归约为一个平凡的本原问题集合。这就是问题归约的实质。

### 2.3.1 问题归约描述

**1. 梵塔难题**

为了证明如何用问题归约法求解问题，考虑另一种难题——"梵塔难题"，其提法如下。

有3个柱子(1、2和3)和3个不同尺寸的圆盘(A、B和C)。在每个圆盘的中心有个孔，圆盘可以堆叠在柱子上。最初，全部3个圆盘都堆在柱子1上：最大的圆盘C在底部，最小的圆盘A在顶部。要求把所有圆盘都移到柱子3上，每次只许移动一个，而且只能先搬动柱子顶部的圆盘，还不许把尺寸较大的圆盘堆放在尺寸较小的圆盘上。这个问题的初始配置和目标配置如图2-3所示。

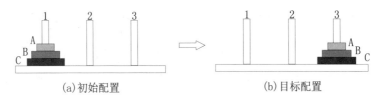

(a)初始配置　　　　　　　　　　(b)目标配置

图2-3　梵塔难题

如果采用状态空间法来求解这个问题，其状态空间图含有27个节点，每个节点代表柱子上圆盘的一种正当配置。

也可以用问题归约法来求解此问题。对图2-3所示的原始问题从目标出发逆向推理，其过程如下。

(1) 要把所有圆盘都移至柱子 3，必须首先把圆盘 C 移至柱子 3；而且在移动圆盘 C 至柱子 3 之前，要求柱子 3 必须是空的。

(2) 只有在移开圆盘 A 和 B 之后，才能移动圆盘 C；而且圆盘 A 和 B 最好不要移至柱子 3；否则就不能把圆盘 C 移至柱子 3。因此，首先应该把圆盘 A 和 B 移到柱子 2 上。

(3) 然后才能进行关键的一步，把圆盘 C 从柱子 1 移至柱子 3，并继续解决难题的其余部分。

上述论证允许把原始难题归约(简化)为下列 3 个子难题。

① 移动圆盘 A 和 B 至柱子 2 的双圆盘难题，如图 2-4(a)所示。
② 移动圆盘 C 至柱子 3 的单圆盘难题，如图 2-4(b)所示。
③ 移动圆盘 A 和 B 至柱子 3 的双圆盘难题，如图 2-4(c)所示。

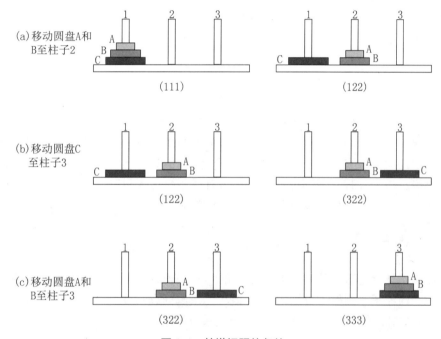

图 2-4 梵塔问题的归约

由于 3 个简化了的难题中的每一个都是较小的，所以都比原始难题容易解决。子问题 2 可作为本原问题考虑，因为它的解只包含一步移动。应用一系列相似的推理，子问题 1 和子问题 3 也可被归约为本原问题，如图 2-5 所示。这种图式结构叫作**与或图**。它能有效地说明如何由问题归约法求得问题的解答。

**2. 问题归约描述**

问题归约方法应用算符来把问题描述变换为子问题描述。问题描述可以有各种数据结构形式，如表列、树、字符串、矢量、数组和其他形式都曾被采用过。对于梵塔难题，其子问题可用一个包含两个数列的表列来描述。于是，问题描述 [(113),(333)] 就意味着"把配置 (113) 变换为配置 (333)"。其中，数列中的项表示圆盘编号，每一项的值表示圆盘所在的柱子的编号。

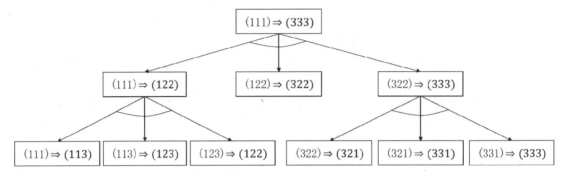

图 2-5 梵塔问题归约图

可以用状态空间表示的三元组 $(S, F, G)$ 来规定与描述问题。子问题可描述为两个状态空间之间寻找路径的问题。梵塔问题归约为子问题 $[(111) \Rightarrow (122)]$ 和 $[(122) \Rightarrow (322)]$ 及 $[(322) \Rightarrow (333)]$，可以看出该问题的关键中间状态是 (122) 和 (322)。

问题归约方法可以应用状态、算符和目标这些表示法来描述问题，这并不意味着问题归约法和状态空间法是一样的。

把一个问题描述变换为一个归约或后继问题描述的集合，这是由问题归约算符进行的。变换得到的所有后继问题的解就是父辈问题的一个解。

所有问题归约的目的是最终产生具有明显解答的本原问题。这些问题可能是能够由状态空间搜索中走动一步来解决的问题，或者可能是其他具有已知解答的更复杂问题。本原问题除了对终止搜索过程起着明显的作用外，有时还被用来限制归约过程中产生后继问题的替换集合。当一个或多个后继问题属于某个本原问题的指定子集时，就出现这种限制。

### 2.3.2 与或图表示

**与或图表示**能够方便地用一个类似于图的结构来表示把问题归约为后继问题的替换集合，画出归约问题图。例如，设想问题 $A$ 既可由求解问题 $B$ 和 $C$，也可由求解问题 $D$、$E$ 和 $F$，或者由单独求解问题 $H$ 来解决。这一关系可由图 2-6 所示的结构来表示，图中节点表示问题。

问题 $B$ 和 $C$ 构成后继问题的一个集合；问题 $D$、$E$ 和 $F$ 构成另一后继问题集合；而问题 $H$ 则为第三个集合。对应于某个给定集合的各节点，用一个连接它们的弧线的特别标记来指明。

通常把某些附加节点引入此结构图，以便使含有一个以上后继问题的集合能够聚集在它们各自的父辈节点之下。根据这一约定，图 2-6 所示的结构变为图 2-7 所示的结构。其中，标记为 $N$ 和 $M$ 的附加节点分别作为集合 $\{B,C\}$ 和 $\{D,E,F\}$ 的唯一父辈节点。如果 $N$ 和 $M$ 理解为具有问题描述的作用，那么可以看出，问题 $A$ 被归约为单一替换子问题 $N$、$M$ 和 $H$。因此，把节点 $N$、$M$ 和 $H$ 叫作**或**节点。然而，问题 $N$ 被归约为子问题 $B$ 和 $C$ 的单一集合，要求解 $N$ 就必须求解所有的子问题。因此，把节点 $B$ 和 $C$ 叫作与节点。同理，把节点 $D$、$E$ 和 $F$ 也叫作与节点。各个与节点用跨接指向它们后继节点的弧线的小段圆弧加以标记。把这种结构图叫作**与或**图。

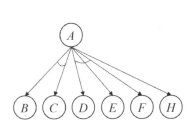
图 2-6　子问题替换集合结构图

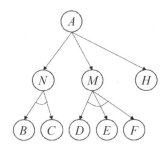
图 2-7　一个与或图

在与或图中，如果一个节点具有任何后继节点，那么这些后继节点既可全为或节点，也可全为与节点(当某个节点只含有单个后继节点时，这个后继节点当然既可看作或节点，也可看作与节点)。

在状态空间搜索中，应用的普通图不会出现与节点。由于在与或图中出现了与节点，其结构便与普通图的结构大为不同。与或图需要有其特有的搜索技术，而且是否存在与节点也就成为区别两种问题求解方法的主要依据。

在描述与或图时，将继续采用如父辈节点、后继节点和连接两节点的弧线之类的术语，给予它们以明确的意义。

通过与或图，把某个单一问题归约算符具体应用于某个问题描述，依次产生一个中间或节点及其与节点后裔(例外的情况是当子问题集合只含有单项时，在这种情况下只产生或节点)。

与或图中的起始节点对应于原始问题描述，而对应于本原问题的节点叫作终叶节点。

在与或图上执行的搜索过程，其目的在于表明起始节点是有解的。与或图中一个可解节点的一般定义可以归纳如下。

(1) 终叶节点是可解节点。

(2) 如果某个非终叶节点含有或后继节点，那么只要当其后继节点至少有一个是可解的，此非终叶节点才是可解的。

(3) 如果某个非终叶节点含有与后继节点，那么只有当其后继节点全部为可解的，此非终叶节点才是可解的。

于是，一个解图被定义为那些可解节点的子图，这些节点能够证明其起始节点是可解的。

图 2-8 给出了与或图的一些例子。图中，终叶节点用字母 $t$ 表示，有解节点用小圆点表示。

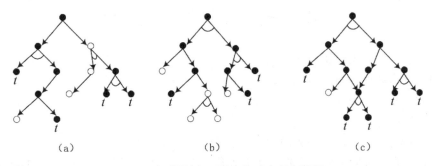

图 2-8　与或图例子[图(c)有一个以上的解]

当**与**或图中某些非终叶节点完全没有后继节点时，就说它是不可解的。这种不可解节点的出现可能意味着图中另外一些节点(甚至起始节点)也是不可解的。不可解节点的一般定义归纳如下。

(1) 没有后裔的非终叶节点为不可解节点。

(2) 如果某个非终叶节点含有**或**后继节点，那么只有当其全部后裔节点为不可解节点时，此非终叶节点才是不可解的。

(3) 如果某个非终叶节点含有与后继节点，那么只要当其后裔至少有一个为不可解节点时，此非终叶节点才是不可解的。

在图 2-8 中，不可解节点用小圆圈表示。

图 2-8 所示的**与或**图为显式图。与状态空间问题求解一样，很少使用显式图来搜索，而是用由初始问题描述和消解算符所定义的隐式图来搜索。这样，一个问题求解过程是由生成**与或**图的足够部分，并证明起始节点是有解而得以完成的。

综上所述，可把**与或**图的构成规则概括如下。

(1) **与或**图中的每个节点代表一个要解决的单一问题或问题集合。图中所含起始节点对应于原始问题。

(2) 对应于本原问题的节点，叫作终叶节点，它没有后裔。

(3) 对于把算符应用于问题 $A$ 的每种可能情况，都把问题变换为一个子问题集合；有向弧线自 $A$ 指向后继节点，表示所求得的子问题集合。

(4) 对于代表两个或两个以上子问题集合的每个节点，有向弧线从此节点指向此子问题集合中的各个节点。由于只有当集合中所有的项都有解时，这个子问题的集合才能获得解答，所以这些子问题节点叫作与节点。为了区别于**或**节点，把具有共同父辈的与节点后裔的所有弧线用另一段小弧线连接起来。

(5) 在特殊情况下，当只有一个算符可应用于问题，而且这个算符产生具有一个以上子问题的某个集合时，由规则(3)和规则(4)所产生的图可以得到简化。因此，代表子问题集合的中间**或**节点可以省略，如图 2-9 所示。

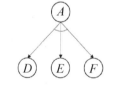

图 2-9 单算符与或树

在上述图形中，每个节点代表一个明显的问题或问题集合。除了起始节点外，每个节点只有一个父辈节点。因此，实际上这些图是**与或**树。

## 2.4 一阶谓词逻辑表示法

人工智能中用到的逻辑可划分为两大类。一类是经典命题逻辑和一阶谓词逻辑，其特点是任何一个命题的真值或者为"真"，或者为"假"，两者必居其一。因为它只有两个真值，因此又称为二值逻辑。另一类是泛指经典逻辑外的那些逻辑，主要包括三值逻辑、多值逻辑、模糊逻辑等，统称为非经典逻辑。

命题逻辑与谓词逻辑是最先应用于人工智能的两种逻辑，在知识的形式化表示方面，特别是定理的自动证明方面，发挥了重要作用，在人工智能的发展史中占有重要地位。

## 2.4.1 谓词

谓词逻辑是在命题逻辑基础上发展起来的，命题逻辑可看作谓词逻辑的一种特殊形式。下面首先讨论命题的概念。

**定义 2.1** 命题是一个非真即假的陈述句。

判断一个句子是否为命题，首先应该判断它是否为陈述句，再判断它是否有唯一的真值。没有真假意义的语句(如感叹句、疑问句等)不是命题。

若命题的意义为真，称它的真值为真，记为 T(True)；若命题的意义为假，称它的真值为假，记为 F(False)。例如，"北京是中华人民共和国的首都""3<5"都是真值为 T 的命题；"太阳从西边升起""煤球是白色的"都是真值为 F 的命题。

一个命题不能同时既为真又为假，但可以在一种条件下为真，在另一种条件下为假。例如，"1+1=10"在二进制情况下是真值为 T 的命题，但在十进制情况下是真值为 F 的命题。同样，对于命题"今天是晴天"，也要看当天的实际情况才能决定其真值。

在命题逻辑中，命题通常用大写英文字母表示，例如可用英文字母 $P$ 表示"西安是个古老的城市"这个命题。

英文字母表示的命题既可以是一个特定的命题，称为命题常量，也可以是一个抽象的命题，称为命题变元。对于命题变元而言，只有把确定的命题代入后，它才可能有明确的真值。

简单陈述句表达的命题称为简单命题或原子命题。引入否定、合取、析取、条件、双条件等连接词，可以将原子命题构成复合命题。可以定义命题的推理规则和蕴含式，从而进行简单的逻辑证明。这些内容和谓词逻辑类似，可以参见有关书籍。

命题逻辑表示法有较大的局限性，它无法把其所描述的事物的结构及逻辑特征反映出来，也不能把不同事物间的共同特征表述出来。例如，对于"老李是小李的父亲"这一命题，若用英文字母表示，如用字母 $P$，则无论如何也看不出老李与小李的父子关系。又如对于"李白是诗人""杜甫也是诗人"这两个命题，用命题逻辑表示时，也无法把两者的共同特征(都是诗人)形式化地表示出来。由于这些原因，在命题逻辑的基础上发展出了谓词逻辑。

谓词逻辑是基于命题中谓词分析的一种逻辑。一个谓词可分为谓词名与个体两个部分。个体表示某个独立存在的事物或者某个抽象的概念；谓词名用于刻画个体的性质、状态或个体间的关系。

谓词的一般形式为

$$P(x_1, x_2, \cdots, x_n)$$

式中，$P$ 为谓词名，$x_1, x_2, \cdots, x_n$ 为个体。

谓词中包含的个体数目称为谓词的元数。$P(x)$ 是一元谓词，$P(x, y)$ 是二元谓词，$P(x_1, x_2, \cdots, x_n)$ 是 $n$ 元谓词。

谓词名是由使用者根据需要人为定义的，一般用具有相应意义的英文单词表示，或者用大写英文字母表示，也可以用其他符号甚至中文表示。个体通常用小写英文字母表示。例如，对于谓词 $S(x)$，既可以定义它为"$x$ 是一个学生"，也可以定义它为"$x$ 是一艘船"。

在谓词中，个体可以是常量，也可以是变元，还可以是一个函数。个体常量、个体变元、函数统称为"项"。

个体是常量，表示一个或者一组指定的个体。例如，"老张是一个教师"这个命题，可表示为一元谓词 Teacher(Zhang)。其中，Teacher 是谓词名，Zhang 是个体，Teacher 刻画了 Zhang 的职业是教师这一特征。

"5>3"这个不等式命题，可表示为二元谓词 Greater(5, 3)。其中，Greater 是谓词名，5 和 3 是个体，Greater 刻画了 5 与 3 之间的"大于"关系。

"Smith 作为一个工程师为 IBM 工作"这个命题，可表示为三元谓词 Works(Smith, IBM, Engineer)。

一个命题的谓词表示也不是唯一的。例如，"老张是一个教师"这个命题，也可表示为二元谓词 Is-a(Zhang，Teacher)。

个体是变元，表示没有指定的一个或者一组个体。例如，"$x<5$"这个命题，可表示为 Less($x$，5)。其中，$x$ 是变元。

当变量用一个具体的个体的名字代替时，则变量被常量化。当谓词中的变元都用特定的个体取代时，谓词就具有一个确定的真值，即 T 或 F。

个体变元的取值范围称为个体域。个体域可以是有限的，也可以是无限的。例如，若用 $I(x)$ 表示 "$x$ 是整数"，则个体域是所有整数，它是无限的。

个体是函数，表示一个个体到另一个个体的映射。例如，"小李的父亲是教师"，可表示为一元谓词 Teacher(father(Li))；"小李的妹妹与小张的哥哥结婚"，可表示为二元谓词 Married(sister(Li), brother(Zhang))。其中，sister(Li)，brother(Zhang)是函数。

函数可以递归调用。例如，"小李的祖父"可以表示为 father(father(Li))。

函数与谓词表面上很相似，容易混淆，其实这是两个完全不同的概念。谓词的真值是"真"或"假"，而函数的值是个体域中的某个个体，函数无真值可言，它只是在个体域中从一个个体到另一个个体的映射。

在谓词 $P(x_1,x_2,\cdots,x_n)$ 中，若 $x_i(i=1,2,\cdots,n)$ 都是个体常量、变元或函数，称它为一阶谓词。如果某个 $x_i$ 本身又是一个一阶谓词，则称它为二阶谓词，依此类推。例如，"Smith 作为一个工程师为 IBM 工作"这个命题，可表示为二阶谓词 Works(Engineer(Smith), IBM)，因为其中个体 Engineer(Smith)也是一个一阶谓词。本书讨论的都是一阶谓词。

### 2.4.2 谓词公式

无论是命题逻辑还是谓词逻辑，均可用下列连接词把一些简单命题连接起来构成一个复合命题，以表示一个比较复杂的含义。

1．连词

① ¬：称为"否定"或者"非"。它表示否定位于其后的命题。当命题 $P$ 为真时，¬$P$ 为假；当 $P$ 为假时，¬$P$ 为真。

例如，"机器人不在 2 号房间内"，表示为 ¬INROOM(Robot, R$_2$)。

② ∨：称为"析取"。它表示被其连接的两个命题具有"或"关系。例如，"李明打篮球或踢足球"，表示为

$$\text{Plays(LiMing, Basketball)} \lor \text{Plays(LiMing, Football)}$$

③ ∧：称为"合取"。它表示其连接的两个命题具有"与"关系。例如，"我喜爱音乐和绘画"，表示为

$$\text{Like(I, Music)} \land \text{Like(I, Painting)}$$

某些较简单的句子也可以用 ∧ 构成复合形式。例如，"李住在一幢黄色的房子里"，表示为

$$\text{Lives(Li, House-1)} \land \text{Color(House-1, Yellow)}$$

④ →：称为"蕴含"或者"条件"。$P \rightarrow Q$，表示"$P$ 蕴含 $Q$"，即表示"如果 $P$，则 $Q$"。其中，$P$ 称为条件的前件，$Q$ 称为条件的后件。

例如，"如果刘华跑得最快，那么他取得冠军"表示为

$$\text{Runs(Liuhua, Fastest)} \rightarrow \text{Wins(Liuhua, Champion)}$$

"如果该书是李明的，那么它是蓝色的"表示为

$$\text{Owns(Liming, Book-1)} \rightarrow \text{Color(Book-1, Blue)}$$

如果后项取值 T (不管其前项的值如何)，或者前项取值 F (不管后项的值如何)，则蕴含取值 T；否则蕴含取值 F。注意，只有前项为真，后项为假时，蕴含才为假，其余均为真，如表 2-1 所示。

表 2-1　谓词逻辑真值表

| $P$ | $Q$ | ¬$P$ | $P \lor Q$ | $P \land Q$ | $P \rightarrow Q$ | $P \leftrightarrow Q$ |
| --- | --- | --- | --- | --- | --- | --- |
| T | T | F | T | T | T | T |
| T | F | F | T | F | F | F |
| F | T | T | T | F | T | F |
| F | F | T | F | F | T | T |

"蕴含"与汉语中的"如果……则……"有区别，汉语中前后要有联系，而命题中可以毫无关系。例如，如果"太阳从西边出来"，则"雪是白的"，是一个真值为 T 的命题。

⑤ ↔：称为"等价"或"双条件"。$P \leftrightarrow Q$，表示"$P$ 当且仅当 $Q$"。以上连词的真值由表 2-1 给出。

**2. 量词**

为刻画谓词与个体间的关系，在谓词逻辑中引入了两个量词，即全称量词和存在量词。

① 全称量词($\forall x$)：表示"对个体域中的所有(或任一个)个体 $x$"。例如，"所有的机器人都是灰色的"可表示为

$$(\forall x)[\text{Robot}(x) \rightarrow \text{Color}(x, \text{Gray})]$$

② 存在量词($\exists x$)：表示"在个体域中存在个体 $x$"。例如，"1 号房间有个物体"可表示为

$$(\exists x)\text{INROOM}(x, r_1)$$

全称量词和存在量词可以出现在同一个命题中。例如，设谓词 $F(x,y)$ 表示 $x$ 与 $y$ 是朋友，则：

$(\forall x)(\exists y)F(x,y)$ 表示对于个体域中的任何个体 $x$ 都存在个体 $y$，$x$ 与 $y$ 是朋友；

$(\exists x)(\forall y)F(x,y)$ 表示在个体域中存在个体 $x$，与个体域中的任何个体 $y$ 都是朋友；

$(\exists x)(\exists y)F(x,y)$ 表示在个体域中存在个体 $x$ 与个体 $y$，$x$ 与 $y$ 是朋友；

$(\forall x)(\forall y)F(x,y)$ 表示对于个体域中的任何两个个体 $x$ 和 $y$，$x$ 与 $y$ 都是朋友。

当全称量词和存在量词出现在同一个命题中时，这时量词的次序将影响命题的意思。例如：

$(\forall x)(\exists y)(\text{Employee}(x) \to \text{Manager}(y,x))$ 表示"每个雇员都有一个经理"；而

$(\exists y)(\forall x)(\text{Employee}(x) \to \text{Manager}(y,x))$ 表示"有一个人是所有雇员的经理"。

### 3. 谓词公式

**定义 2.2** 可按下述规则得到谓词公式。

① 单个谓词是谓词公式，称为原子谓词公式。

② 若 $A$ 是谓词公式，则 $\neg A$ 也是谓词公式。

③ 若 $A$、$B$ 都是谓词公式，则 $A \land B$、$A \lor B$、$A \to B$、$A \leftrightarrow B$ 也都是谓词公式。

④ 若 $A$ 是谓词公式，则 $(\forall x)A$、$(\exists x)A$ 也都是谓词公式。

⑤ 有限步应用①～④生成的公式也是谓词公式。

谓词公式的概念：由谓词符号、常量符号、变量符号、函数符号以及括号、逗号等按照一定的语法规则组成的字符串的表达式。

在谓词公式中，连接词的优先级别从高到低排列是 $\neg$、$\land$、$\lor$、$\to$、$\leftrightarrow$。

### 4. 量词的辖域

位于量词后面的单个谓词或者用括号括起来的谓词公式称为量词的辖域，辖域内与量词中同名的变元称为约束变元，不受约束的变元称为自由变元。

例如：

$$\exists x(P(x,y) \to Q(x,y)) \lor R(x,y)$$

其中，$(P(x,y) \to Q(x,y))$ 是 $(\exists x)$ 的辖域，辖域内的变元 $x$ 是受 $(\exists x)$ 约束的变元，而 $R(x,y)$ 中的 $x$ 是自由变元。公式中的所有 $y$ 都是自由变元。

在谓词公式中，变元的名字是无关紧要的，可以把一个名字换成另一个名字。但必须注意，当对量词辖域内的约束变元更名时，必须把同名的约束变元都统一改成相同的名字，且不能与辖域内的自由变元同名；当对辖域内的自由变元改名时，不能改成与约束变元相同的名字。例如，对于公式 $(\forall x)P(x,y)$，可改名为 $(\forall z)P(z,t)$，这里把约束变元 $x$ 改成了 $z$，把自由变元 $y$ 改成了 $t$。

### 5. 谓词公式的性质

在命题逻辑中，对命题公式中各个命题变元的一次真值指派称为命题公式的一个解释。一旦命题确定后，根据各连词的定义就可以求出命题公式的真值(T 或 F)。

在谓词逻辑中，由于公式中可能有个体变元以及函数，因此不能像命题公式那样直接通过真值指派给出解释，必须首先考虑个体变元和函数在个体域中的取值，然后才能针对变元与函数的具体取值为谓词分别指派真值。由于存在多种组合情况，所以一个谓词公式的解释可能有很多个。对于每一个解释，谓词公式都可求出一个真值(T或F)。

**(1) 谓词公式的永真性、可满足性、不可满足性。**

**定义 2.3** 如果谓词公式 $P$ 对个体域 $D$ 上的任何一个解释都取得真值 T，则称 $P$ 在 $D$ 上是永真的；如果 $P$ 在每个非空个体域上均永真，则称 $P$ 永真。

**定义 2.4** 如果谓词公式 $P$ 对个体域 $D$ 上的任何一个解释都取得真值 F，则称 $P$ 在 $D$ 上是永假的；如果 $P$ 在每个非空个体域上均永假，则称 $P$ 永假。

可见，为了判定某个公式永真，必须对每个个体域上的所有解释逐个判定。当解释的个数为无限时，公式的永真性就很难判定了。

**定义 2.5** 对于谓词公式 $P$，如果至少存在一个解释使公式 $P$ 在此解释下的真值为 T，则称公式 $P$ 是可满足的；否则，则称公式 $P$ 是不可满足的。

**(2) 谓词公式的等价性。**

**定义 2.6** 设 $P$ 与 $Q$ 是两个谓词公式，$D$ 是它们共同的个体域，若对 $D$ 上的任何一个解释，$P$ 与 $Q$ 都有相同的真值，则称公式 $P$ 和 $Q$ 在 $D$ 上是等价的。如果 $D$ 是任意个体域，则称 $P$ 和 $Q$ 是等价的，记为 $P \Leftrightarrow Q$。

下面列出今后要用到的一些主要等价式。

① 交换律，即

$$P \vee Q \Leftrightarrow Q \vee P$$
$$P \wedge Q \Leftrightarrow Q \wedge P$$

② 结合律，即

$$(P \vee Q) \vee R \Leftrightarrow P \vee (Q \vee R)$$
$$(P \wedge Q) \wedge R \Leftrightarrow P \wedge (Q \wedge R)$$

③ 分配律，即

$$P \vee (Q \wedge R) \Leftrightarrow (P \vee Q) \wedge (P \vee R)$$
$$P \wedge (Q \vee R) \Leftrightarrow (P \wedge Q) \vee (P \wedge R)$$

④ 德·摩根律，即

$$\neg(P \vee Q) \Leftrightarrow \neg P \wedge \neg Q$$
$$\neg(P \wedge Q) \Leftrightarrow \neg P \vee \neg Q$$

⑤ 双重否定律(对合律)，即

$$\neg\neg P \Leftrightarrow P$$

⑥ 吸收律，即

$$P \vee (P \wedge Q) \Leftrightarrow P$$
$$P \wedge (P \vee Q) \Leftrightarrow P$$

⑦ 补余律(否定律)，即

$$P \vee \neg P \Leftrightarrow T$$
$$P \wedge \neg P \Leftrightarrow F$$

⑧ 连词化归律，即

$$P \to Q \Leftrightarrow \neg P \vee Q$$

⑨ 逆否律，即

$$P \to Q \Leftrightarrow \neg Q \to \neg P$$

⑩ 量词转换律，即

$$\neg(\exists x)P \Leftrightarrow (\forall x)(\neg P)$$
$$\neg(\forall x)P \Leftrightarrow (\exists x)(\neg P)$$

⑪ 量词分配律，即

$$(\forall x)(P \wedge Q) \Leftrightarrow (\forall x)P \wedge (\forall x)Q$$
$$(\exists x)(P \vee Q) \Leftrightarrow (\exists x)P \vee (\exists x)Q$$

**(3) 谓词公式的永真蕴含。**

**定义 2.7** 对于谓词公式 $P$ 与 $Q$，如果 $P \to Q$ 永真，则称公式 $P$ 永真蕴含 $Q$，记为 $P \Rightarrow Q$，且称 $Q$ 为 $P$ 的逻辑结论，$P$ 为 $Q$ 的前提。

下面列出今后要用到的一些主要永真蕴含式。

① 假言推理，即

$$P, P \to Q \Rightarrow Q$$

即由 $P$ 为真及 $P \to Q$ 为真，可推出 $Q$ 为真。

② 拒取式推理，即

$$\neg Q, P \to Q \Rightarrow \neg P$$

即由 $Q$ 为假及 $P \to Q$ 为真，可推出 $P$ 为假。

③ 假言三段论，即

$$P \to Q, Q \to R \Rightarrow P \to R$$

即由 $P \to Q$、$Q \to R$ 为真，可推出 $P \to R$ 为真。

④ 全称固化，即

$$(\forall x)P(x) \Rightarrow P(y)$$

式中，$y$ 为个体域中的任一个体。利用此永真蕴含式可消去公式中的全称量词。

⑤ 存在固化，即

$$(\exists x)P(x) \Rightarrow P(y)$$

式中，$y$ 为个体域中某一个可使 $P(y)$ 为真的个体。利用此永真蕴含式可消去公式中的存在量词。

⑥ 反证法。

**定理 2.1** $Q$ 为 $P_1, P_2, \cdots, P_n$ 的逻辑结论，当且仅当 $(P_1 \wedge P_2 \wedge \cdots \wedge P_n) \wedge \neg Q$ 是不可满足的。

该定理是归结反演的理论依据。

上面列出的等价式及永真蕴含式是进行演绎推理的重要依据，因此这些公式又称为推理规则。

## 2.4.3 一阶谓词逻辑知识表示方法

谓词逻辑知识表示方法案例

从前面介绍的谓词逻辑的例子可见，用谓词公式表示知识的一般步骤如下。

① 定义谓词及个体，确定每个谓词及个体的确切定义。
② 根据要表达的事物或概念，为谓词中的变元赋予特定的值。
③ 根据语义用适当的连接符号将各个谓词连接起来，形成谓词公式。

**例 2.1** 用一阶谓词逻辑表示"每个储蓄钱的人都得到利息"。

**解** 定义谓词：save($x$) 表示 $x$ 储蓄钱；interest($x$) 表示 $x$ 获得利息。则"每个储蓄钱的人都得到利息"可以表示为

$$(\forall x)(\text{save}(x) \to \text{interest}(x))$$

一阶谓词逻辑表示并不是唯一的。例如，例 2.1 也可以按以下方法表示。

定义谓词：save($x,y$) 表示 $x$ 储蓄 $y$，money($y$) 表示 $y$ 是钱，interest($y$) 表示 $y$ 是利息，obtain($x,y$) 表示 $x$ 获得 $y$。则"每个储蓄钱的人都得到利息"可以表示为

$$(\forall x)((\exists y)(\text{money}(y) \land \text{save}(x,y)) \to (\exists u)(\text{interest}(u) \land \text{obtain}(x,u)))$$

**例 2.2** 用谓词逻辑表示下列知识：
① 武汉是一个美丽的城市，但它不是一个沿海城市。
② 张红比她父亲出名，所以她的父亲很自豪。

**解** 按照知识表示的步骤，用谓词公式表示上述知识。

第一步：定义谓词如下。

BCity($x$)：$x$ 是一个美丽的城市
HCity($x$)：$x$ 是一个沿海城市
Famous($x,y$)：$x$ 比 $y$ 出名

Proud($x$)：$x$ 很自豪

这里涉及的个体有武汉(Wuhan)、张红(Zhangh)、父亲 Father(Zhangh)。

第二步：将这些个体代入谓语中，得到

BCity(Wuhan)，HCity(Wuhan)，Famous(Zhangh, Father(Zhangh))，Proud(Father(Zhangh))

第三步：根据语义，用逻辑连接符将它们连接起来，就得到表示上述知识的谓词公式，即

$$\text{BCity(Wuhan)} \land \neg\text{HCity(Wuhan)}$$
$$\text{Famous(Zhangh, Father(Zhangh))} \to \text{Proud(Father(Zhangh))}$$

**例 2.3** 用谓词逻辑表示下列知识：
① 所有学生都穿彩色制服。
② 任何整数或者为正数或者为负数。
③ 自然数都是大于零的整数。

**解** 首先定义谓词如下。

Student($x$)：$x$ 是学生

Uniform($x,y$)： $x$ 穿 $y$
$N(x)$： $x$ 是自然数
$I(x)$： $x$ 是整数
$P(x)$： $x$ 是正数
$Q(x)$： $x$ 是负数
$L(x)$： $x$ 大于零

Color 表示彩色制服。按照第②步和第③步的要求，上述知识可以用谓词公式分别表示为

$$(\forall x)(\text{Student}(x)) \rightarrow \text{Uniform}(x, \text{Color})$$
$$(\forall x)(I(x) \rightarrow P(x) \vee Q(x))$$
$$(\forall x)(N(x) \rightarrow L(x) \wedge I(x))$$

下面给出谓词逻辑知识表示方法的优点和缺点。

### 1. 谓词逻辑表示法的优点

(1) 自然性。

谓词逻辑是一种接近自然语言的形式语言，用它表示的知识比较容易理解。

(2) 精确性。

谓词逻辑是二值逻辑，其谓词公式的真值只有"真"与"假"，因此可用它表示精确的知识，并可保证演绎推理所得结论的精确性。

(3) 严密性。

谓词逻辑具有严格的形式定义及推理规则，利用这些推理规则及有关定理证明技术可从已知事实推出新的事实，或证明所做的假设。

(4) 容易实现。

用谓词逻辑表示的知识可以比较容易地转换为计算机的内部形式，易于模块化，便于对知识进行增加、删除及修改。

### 2. 谓词逻辑表示法的缺点

(1) 不能表示不确定的知识。

谓词逻辑只能表示精确性的知识，不能表示不精确、模糊性的知识，但人类的知识不同程度地具有不确定性，这就使它表示知识的范围受到了限制。

(2) 组合爆炸。

在其推理过程中，随着事实数目的增大及盲目地使用推理规则，有可能形成组合爆炸。目前人们在这一方面做了大量的研究工作，出现了一些比较有效的方法，如定义一个过程或启发式控制策略来选取合适的规则等。

(3) 效率低。

用谓词逻辑表示知识时，其推理是根据形式逻辑进行的，把推理与知识的语义割裂开来，会使推理过程冗长，降低了系统的效率。

## 2.5 产生式表示法

产生式知识表示方法由美国数学家 E.Post 于 1943 年提出，他设计的 Post 系统其目的是构造一种形式化的计算模型，模型中的每一条规则称为一个产生式。所以，产生式表示法又称为产生式规则表示法，它和图灵机有相同的计算能力。目前产生式表示法已成为人工智能中应用最多的一种知识表示方法，许多成功的智能软件都采用产生式系统的典型结构，机器翻译的一些基础部分模块分析也使用产生式规则，因此本节将论述产生式表示方法。

### 2.5.1 产生式

产生式通常用于表示具有因果关系的知识，其基本形式为

$$P \to Q$$

或者

$$\text{If } P \text{ Then } Q$$

式中，$P$ 为产生式的前提或条件，用于指出该产生式是否是可用的条件；$Q$ 为一组结论或动作，用于指出该产生式的前提条件 $P$ 被满足时，应该得出的结论或应该执行的操作。$P$ 和 $Q$ 都可以是一个或一组数学表达式或自然语言。

从上面的论述可以看出，产生式的基本形式和谓词逻辑中的蕴含式具有相同的形式，但蕴含式是产生式的一种特例，它们的区别如下。

(1) 蕴含式只能表示精确的知识，其真值或为真或为假；而产生式不仅可以表示精确的知识，还可以表示不精确的知识。

(2) 在用产生式表示知识的智能系统中，决定一条知识是否可用的方法是检查当前是否有已知事实可与前提中所规定的条件匹配，而且匹配既可以是精确的，也可以是不精确的，只要按照某种算法求出前提条件与已知事实的相似度达到某个指定的范围，就认为是可匹配的。但在谓词逻辑中，蕴含式前提条件的匹配总要求是精确的。

产生式表示方法是一种比较好的表示法，容易描述事实、规则以及它们的不确定性度量，目前应用较为广泛。它适合表示事实性知识和规则性知识，在表示知识时，还可以根据知识是确定性的还是不确定性的分别进行表示。下面讨论如何用产生式表示各种类型的知识。

**1. 确定性和不确定性规则知识的产生式表示**

确定性规则知识可用前面介绍的产生式的基本形式表示即可。不确定性规则知识是对基本形式进行一定的扩充，可用以下形式表示，即

$$P \to Q \text{ (可信度)}$$

或者

$$\text{If } P \text{ Then } Q \text{ (可信度)}$$

式中，$P$ 为产生式的前提或条件，用于指出该产生式是否是可用的条件；$Q$ 为一组结论或

动作，用于指出该产生式的前提条件 $P$ 被满足时，应该得出的结论或应该执行的操作。这一表示形式主要在不确定推理中，当已知事实与前提中的条件不能精确匹配时，只要按照"可信度"的要求达到一定的相似度，就认为已知事实与前提条件匹配，再按照一定的算法将这种可能性(或不确定性)传递到结论。这里"可信度"的表示方法及意义会由于不确定推理算法的不同而不同。

### 2．确定性和不确定性事实性知识的产生式表示

事实性知识可看成断言一个语言变量的值或是多个语言变量间关系的陈述句，语言变量的值或语言变量间的关系可以是一个词，不一定是数字。例如，"雪是白色的"，其中雪是语言变量，其值是白色的；约翰喜欢玛丽，其中约翰、玛丽是两个语言变量，两者的关系值是喜欢。

确定性事实性知识一般使用三元组(对象，属性，值)或(关系，对象1，对象2)来表示，其中对象就是语言变量，这种表示的机器内部实现就是一个表。例如，事实"老李年龄是 35 岁"，便可以表示成(Lee, Age, 35)。其中，Lee 是事实性知识涉及的对象；Age 是该对象的属性，而 35 岁是该对象属性的值。而老李、老张是朋友，可表示成(Friend, Lee, Zhang)。而有些事实性知识带有不确定性和模糊性，若考虑不确定性，则这种知识就可以用四元组的形式表示为

(对象，属性，值，不确定度量值)或(关系，对象1，对象2，不确定度量值)

例如，不确定性事实性知识"老李年龄可能是 35 岁"，这里老李是 35 岁的可能性取 90%，便可以表示成(Lee, Age, 35, 0.9)；而老李、老张是朋友的可能性不大，这里老李、老张是朋友的可能性取 20%，可表示成(Friend, Lee, Zhang, 0.2)。

一般情况下，为求解过程查找的方便，在知识库中可将某类有关事实以网状、树状结构组织连在一起，提高查找的效率。

## 2.5.2 产生式系统

把一组领域相关的产生式(或称规则)放在一起，让它们互相配合、协同动作，一个产生式生成的结论一般可供另一个(或一些)产生式作为前提(前件)或前提的一部分来使用，以这种方式求得问题的解，这样的一组产生式称为产生式系统。

产生式系统通常由规则库、数据库和推理机这 3 个基本部分组成。它们之间的关系如图 2-10 所示。

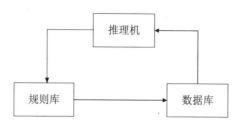

图 2-10 产生式系统的基本结构

**1．规则库**

规则库是用于描述某领域内知识的产生式集合，是某领域知识(规则)的存储器，其中规则是以产生式表示的，规则库中包含着将问题从初始状态转换到解状态的那些变换规则。规则库是专家系统的核心，也是一般产生式系统赖以进行问题求解的基础，其中知识的完整性和一致性、知识表达的准确性和灵活性以及组织的合理性，都对产生式系统的性能和运行效率产生直接的影响。

**2．数据库**

数据库又称为事实库、上下文、黑板、综合数据库、总数据库等，它是一个用于存放问题求解过程中各种当前信息的数据结构，如问题的初始状态、事实或证据、推理中得到的中间结论及最终结论等。当规则库中的某条产生式的前提可与数据库中的某些已知事实匹配时，该产生式就被激活，并把它推导出的结论存放到数据库中，作为后面推理的已知事实。显然，数据库中的内容是处在不断变化的动态当中的。

**3．推理机**

推理机又称为控制系统，它由一组程序组成，负责整个产生式系统的运行，决定问题求解过程的推理线路，实现对问题的求解。粗略地说，推理机要做以下几项工作。

(1) 按一定的策略从规则库中选择与数据库中的已知事实进行匹配。所谓匹配是指把规则的前提条件与数据库中的已知事实进行比较，如果两者一致，或者近似一致且满足预先规定的条件，则称匹配成功，相应的规则可被使用；否则称为匹配不成功。

(2) 冲突消解。匹配成功的规则可能不止一条，这称为发生了冲突。此时，推理机必须调用相应的解决冲突策略进行消解，以便从匹配成功的规则中选出一条执行。

(3) 执行规则。如果某一规则的右部是一个或多个结论，则把这些结论加入到综合数据库中；如果规则的右部是一个或多个操作，则执行这些操作。对于不确定性知识，在执行每一条规则时还要按一定的算法计算结论的不确定性。

(4) 检查推理终止条件。检查数据库中是否包含了最终结论，决定是否停止系统的运行。

### 2.5.3 产生式系统的推理

产生式系统推理机的推理方式有正向推理、反向推理和双向推理 3 种。

**1．正向推理**

正向推理是从已知事实出发，通过规则求得结论。或称数据驱动方式，也称为自底向上的方式。推理过程如下。

(1) 规则库中的规则与数据库中的事实进行匹配，得到匹配的规则集合。
(2) 使用冲突解决算法，从匹配规则集合中选择一条规则作为启用规则。
(3) 执行启用规则的后件。将该使用规则的后件送入数据库。

重复这个过程直至达到目标。

具体地说，如果数据库中含有事实 $A$，而规则库中有规则 $A \rightarrow B$，那么这条规则便是匹配规则，进而将后件 $B$ 送入数据库。这样可不断扩大数据库直至包含目标便成功结束。如果有多条匹配规则需从中选一条作为启用规则，不同的选择方法直接影响着求解效率，选用规则的问题称为控制策略。

正向推理的缺点是会得出一些与目标无直接关系的事实，是有浪费的。

### 2．反向推理

反向推理是从目标(作为假设)出发，反向使用规则，求得已知事实。这种推理方式也称为目标驱动方式或称自顶向下的方式，推理过程如下。

(1) 规则库中的规则后件与目标事实进行匹配，得到匹配的规则集合。

(2) 使用冲突解决算法，从匹配规则集合中选择一条规则作为启用规则。

(3) 将启用规则的前件作为子目标。

重复这个过程直至各子目标均为已知事实成功结束。

反向推理的优点是，如果目标明确，使用反向推理方式效率较高，因此常为人们所使用。

### 3．双向推理

双向推理是一种既自顶向下又自底向上的推理方式，推理从两个方向同时进行，直至某个中间界面上两方向结果相符便成功结束。不难想象，这种双向推理较正向推理或反向推理所形成的推理网络来得小，从而有更高的推理效率。

下面给出产生式表示法的特点，产生式表示法具有以下特点。

(1) 清晰性。

产生式表示格式固定、形式单一，规则(知识单位)间相互较为独立，没有直接关系，使知识库的建立较为容易，处理较为简单的问题时是可取的。

(2) 模块化。

知识库与推理机是分离的，这种结构给知识库的修改带来方便，无须修改程序，对系统的推理路径也容易做出解释。基于这些原因，产生式表示知识常作为建造专家系统的第一选择的知识表示方法。

(3) 自然性。

产生式的 If-Then 结构比较接近于人类思维和会话的自然形式，是人们常用的一种表示因果关系的知识表示形式，既直观自然，又便于推理。

(4) 可信度因子。

产生式表示法可附上可信度因子，可实现不精确推理。

(5) 组合爆炸问题。

执行产生式系统最浪费时间的是模式匹配，匹配时间与产生式规则数目及工作存储器中的元素数目的乘积成正比。当产生式规则数目很大时，匹配时间可能超过人们的忍耐程度。

(6) 控制饱和问题。

在产生式系统中存在竞争问题，实际上很难设计一个能适合各种情况下的竞争消除策略。

### 2.5.4 产生式系统应用举例

**例 2.4** 下面以一个动物识别系统为例，介绍产生式系统求解问题的过程。这个动物识别系统是识别虎、金钱豹、斑马、长颈鹿、企鹅、鸵鸟、信天翁 7 种动物的产生式系统。

首先根据这些动物识别的专家知识，建立以下规则库。

$r_1$：　If　该动物有毛发　　Then　该动物是哺乳动物
$r_2$：　If　该动物有奶　　Then　该动物是哺乳动物
$r_3$：　If　该动物有羽毛　　Then　该动物是鸟
$r_4$：　If　该动物会飞　AND　会下蛋　　Then　该动物是鸟
$r_5$：　If　该动物吃肉　　Then　该动物是食肉动物
$r_6$：　If　该动物有犬齿　AND　有爪　AND　眼盯前方　Then　该动物是食肉动物
$r_7$：　If　该动物是哺乳动物　AND　有蹄　　Then　该动物是有蹄类动物
$r_8$：　If　该动物是哺乳动物　AND　是反刍动物　　Then　该动物是有蹄类动物
$r_9$：　If　该动物是哺乳动物　AND　是食肉动物　AND　是黄褐色
　　　　AND　身上有暗斑点
　　Then　该动物是金钱豹
$r_{10}$：　If　该动物是哺乳动物　AND　是食肉动物　AND　是黄褐色
　　　　AND　身上有黑色条纹
　　Then　该动物是虎
$r_{11}$：　If　该动物是有蹄类动物　AND　有长脖子　AND　有长腿
　　　　AND　身上有暗斑点
　　Then　该动物是长颈鹿
$r_{12}$：　If　该动物是有蹄类动物　AND　身上有黑色条纹　　Then　该动物是斑马
$r_{13}$：　If　该动物是鸟　AND　有长脖子　AND　有长腿　AND　不会飞
　　　　AND　有黑白两色
　　Then　该动物是鸵鸟
$r_{14}$：　If　该动物是鸟　AND　会游泳　AND　不会飞　AND　有黑白两色
　　Then　该动物是企鹅
$r_{15}$：　If　该动物是鸟　AND　善飞　　Then　该动物是信天翁

由上述产生式规则可以看出，虽然系统是用来识别 7 种动物的，但它并不是简单地只设计 7 条规则，而是设计了 15 条。其基本想法是：首先根据一些比较简单的条件，如"有毛发""有羽毛""会飞"等对动物进行比较粗的分类，如"哺乳动物""鸟"等，然后随着条件的增加，逐步缩小分类范围，最后给出识别七种动物的规则。这样做至少有两个好处：一是当已知的事实不完全时，虽不能推出最终结论，但可以得到分类结果；二是当需要增加对其他动物(如牛、马等)的识别时，规则库中只需增加关于这些动物个性方面的知识，如 $r_9$~$r_{15}$ 那样，而对 $r_1$~$r_8$ 可直接利用，这样增加的规则就不会太多。$r_1$，$r_2$，…，$r_{15}$ 分别是对各产生式规则所做的编号，以便于对它们的引用。

设在综合数据库中存放有下列已知事实，即

该动物特征有暗斑点，长脖子，长腿，奶，蹄

并假设综合数据库中的已知事实与规则库中的知识是从第一条(即 $r_1$)开始逐条进行匹配的，则当推理开始时，推理机构的工作过程如下。

① 从规则库中取出第一条规则 $r_1$，检查其前提是否可与综合数据库中的已知事实匹配成功。由于综合数据库中没有"该动物有毛发"这一事实，所以匹配不成功，$r_1$ 不能被用于推理。然后取第二条规则 $r_2$ 进行同样的工作。显然，$r_2$ 的前提"该动物有奶"可与综合数据库中的已知事实"该动物有奶"匹配。再检查 $r_3$~$r_{15}$，结果均不能匹配。因为只有 $r_2$ 一条规则被匹配，所以 $r_2$ 被执行，并将其结论部分"该动物是哺乳动物"加入综合数据库中。并且将 $r_2$ 标注已经被选用过的记号，避免下次再被匹配。

此时综合数据库中的内容变为

该动物特征有暗斑点，长脖子，长腿，奶，蹄，哺乳动物

检查综合数据库中的内容，没有发现要识别的任何一种动物，所以要继续进行推理。

② 分别用 $r_1$、$r_3$、$r_4$、$r_5$、$r_6$ 与综合数据库中的已知事实进行匹配，均不成功。但当用 $r_7$ 与之匹配时，获得了成功。再检查 $r_8$~$r_{15}$ 均不能匹配。因为只有 $r_7$ 一条规则被匹配，所以执行 $r_7$ 并将其结论部分"该动物是有蹄类动物"加入综合数据库中，并且将 $r_7$ 标注已经被选用过的记号，避免下次再被匹配。

此时综合数据库中的内容变为

该动物特征有暗斑点，长脖子，长腿，奶，蹄，哺乳动物，有蹄类动物

检查综合数据库中的内容，没有发现要识别的任何一种动物，所以还要继续进行推理。

③ 在此之后，除已经匹配过的 $r_2$、$r_7$ 外，只有 $r_{11}$ 可与综合数据库中的已知事实匹配成功，所以将 $r_{11}$ 的结论加入综合数据库，此时综合数据库中的内容变为

该动物特征有暗斑点，长脖子，长腿，奶，蹄，哺乳动物，有蹄类动物，长颈鹿

检查综合数据库中的内容，发现要识别的动物长颈鹿包含在综合数据库中，所以推出了"该动物是长颈鹿"这一最终结论。至此，问题的求解过程就结束了。

上述问题的求解过程是一个不断从规则库中选择可用规则与综合数据库中的已知事实进行匹配的过程，规则的每一次成功匹配都使综合数据库增加了新的内容，并朝着问题的解决方向前进了一步。这一过程称为推理，是专家系统中的核心内容。当然，上述过程只是一个简单的推理过程，后面将对推理的有关问题展开全面介绍。

## 2.6 语义网络表示法

语义网络是 J.R.Quillian 于 1968 年在研究人类联想记忆时提出的一种心理学模型，他认为记忆是由概念间的联系实现的。随后在他设计的可教式语言理解器中又把它用作知识表示方法。1972 年，西蒙在他的自然语言理解系统中也采用了语义网络知识表示法。1975 年，亨德里克(G. G. Hendrix)又对全称量词的表示提出了语义网络分区技术。目前，语义网络已经成为人工智能中应用较多的一种知识表示方法，尤其是在自然语言处理方面的应用。

## 2.6.1 语义网络的概念及结构

语义网络是一种通过节点及其语义联系(或语义关系)来表示知识的有向图，节点和弧必须带有标注。其中有向图的各节点用来表示各种事物、概念、情况、属性、状态、事件和动作等，节点上的标注用来区分各节点所表示的不同对象，每个节点可以带有多个属性，以表征其所代表对象的特性。在语义网络中，节点还可以是一个语义子网络；弧是有方向和有标注的，方向表示节点间的主次关系且方向不能随意调换。标注用来表示各种语义联系，指明它所连接的节点间的某种语义关系。

从结构上来看，语义网络一般由一些最基本的语义单元组成。这些最基本的语义单元称为语义基元，可用以下三元组来表示：

(节点1，弧，节点2)

可用如图 2-11 所示的有向图来表示。其中 $A$ 和 $B$ 分别代表节点，而 $R$ 则表示 $A$ 和 $B$ 之间的某种语义联系。

当把多个语义基元用相应的语义联系并关联在一起时，就形成了一个语义网络，如图 2-12 所示。

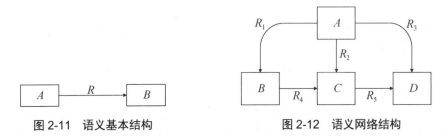

图 2-11　语义基本结构　　　　图 2-12　语义网络结构

语义网络表示法便于表示一个事物与其各个部分间的分类知识，而前面章节讲述的一阶谓词逻辑表示法和产生式表示法常用于表示有关论域中各个不同状态间的关系，不方便表示这种分类知识。但是语义网络表示法和产生式表示法及谓词逻辑表示法之间有着对应的表示能力。

从谓词逻辑表示法来看，一个语义网络相当于一组二元谓词。因为三元组(节点 1，弧，节点 2)可写成 $P$(个体 1，个体 2)，其中个体 1 和个体 2 对应节点 1 和节点 2，而弧及其上标注的节点 1 和节点 2 的关系由谓词 $P$ 来体现。

例如，知识"王芳和李明是好朋友"可以用三元组表示为(王芳，好朋友，李明)，而用一阶谓词逻辑表示法则可写成 $P$(王芳，李明)，谓词 $P$ 表示王芳和李明是好朋友的关系。

产生式表示法是以一条产生式规则作为知识的单位，而各条产生式规则没有直接的联系。而语义网络不仅将语义基元看作一种知识的单位，而且各个语义基元之间又是相互联系的，人脑的记忆是由存储的大量语义网络来体现的。

但是每条产生式都可以表示成语义网络的形式。比如"如果 $A$，那么 $B$"是一条表示 $A$ 和 $B$ 之间因果关系的产生式规则，则它对应的语义网络如图 2-13 所示。

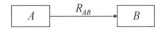

图 2-13　产生式的语义网络表示

这里 $R_{AB}$ 表示 A 和 B 之间的语义联系，即"如果……那么……"。

### 2.6.2 语义网络的基本语义联系

语义网络除了可以描述事物本身外，还可以描述事物之间错综复杂的关系。从功能上说，语义网络可以描述任何事物间的任意复杂关系。基本语义联系是构成复杂语义联系的基本单元，也是语义网络表示知识的基础，因此从一些基本的语义联系组合成任意复杂的语义联系是可以实现的。但是由于语义联系很复杂，语义联系的种类也是多种多样，在实际使用中，人们可以根据自己的实际需要进行定义。这里只给出一些经常使用的最基本的语义关系。

#### 1. 类属关系

类属关系是指具体有共同属性的不同事物间的分类关系、成员关系或实例关系，它体现的是"具体与抽象""个体与集体"的层次分类。其直观意义为"是一个""是一种""是一只"……在类属关系中，具体层节点位于抽象层节点的下层，其一个最主要特征是属性的继承性，处在具体层的节点可以继承抽象层节点的所有属性。常用的类属关系有以下 3 种。

(1) AKO(A-Kind-Of)：表示一个事物是另一个事物的一种类型。
(2) AMO(A-Member-Of)：表示一个事物是另一个事物的成员。
(3) ISA(Is-A)：表示一个事物是另一个事物的实例。

例如，"鸟是一种动物"是一种分类关系，它表明鸟是动物的一种类型，鸟可以继承动物的所有特性，其语义联系可用 AKO 表示。"王芳是一个中共党员"表示的是一种成员关系，王芳可以继承中共党员的所有属性，其语义联系可用 AMO 表示。"鲫鱼是一种好吃的鱼"表示的是一种实例关系，鲫鱼可以继承鱼类的所有属性，其语义联系可用 ISA 表示。其对应的语义网络如图 2-14 所示。

图 2-14 类属关系实例

在类属关系中，具体层节点除了可以继承抽象层节点的所有属性之外，还可以增加一些自己的个性，甚至还可以对抽象层节点的某些属性进行修改。例如，动物具有吃食物、需要呼吸等属性，鸟类是一类具体的动物，从而鸟类也吃食物、需要呼吸；反过来鸟类会飞、有羽毛，而有的动物就不具有这种属性。

#### 2. 包含关系

包含关系也称为聚类关系，是指具有组织或结构特征的"部分与整体"之间的关系，它和类属关系的最主要区别是包含关系一般不具备属性的继承性。常用的包含关系如下。

Part_of 表示一个事物是另一个事物的一部分，或者说是部分与整体的关系。用它连接的上下层节点的属性很可能是不相同的，即 Part_of 联系不具备属性的继承性。例如，

"轮胎是汽车的一部分"。其对应的语义网络表示如图 2-15 所示。

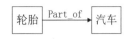

图 2-15 包含关系实例

**3. 从属关系**

从属关系是指事物及其属性之间的关系。常用的从属关系如下。

(1) Have：表示一个节点具有另一个节点所描述的属性。

(2) Can：表示一个节点能做另一个节点的事情。

例如，"鸟有翅膀""电视机可以放电视节目"。其对应的语义网络表示如图 2-16 所示。

图 2-16 从属关系实例

**4. 时间关系**

时间关系是指不同事件在其发生时间方面的先后关系，节点间不具备属性继承性。常用的时间关系如下。

(1) Before：表示一种事件在另一种事件之前发生。

(2) After：表示一种事件在另一种事件之后发生。

例如，"香港回归之后，澳门也回归了"，"王芳在黎明之前毕业"。其对应的语义网络表示如图 2-17 所示。

图 2-17 时间关系实例

**5. 位置关系**

位置关系是指不同事物在位置方面的关系。节点间不具备属性继承性。常用的位置关系如下。

(1) Located-on：表示一个物体在另一个物体之上。

(2) Located-at：表示一个物体在某一个位置。

(3) Located-under：表示一个物体在另一个物体之下。

(4) Located-inside：表示一个物体在另一个物体之中。

(5) Located-outside：表示一个物体在另一个物体之外。

例如，"华中师范大学坐落于桂子山上"。其对应的语义网络表示如图 2-18 所示。

图 2-18 位置关系实例

#### 6. 相近关系

相近关系是指不同事物在形状、内容等方面相似和接近。常用的相近关系如下。

(1) Similar-to：表示一种事物与另一种事物相似。

(2) Near-to：表示一种事物与另一种事物接近。

例如，"狗长得像狼"。其对应的语义网络表示如图 2-19 所示。

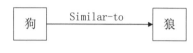

图 2-19　相近关系实例

#### 7. 因果关系

因果关系是指由于某个事件的发生而导致另一个事件的发生，适合表示规则性知识。通常用 If-Then 联系表示两个节点之间的因果关系，其含义是"如果……那么……"。例如，"如果天晴，那么小明骑自行车上班"。其对应的语义网络如图 2-20 所示。

图 2-20　因果关系实例

#### 8. 组成关系

组成关系是一种一对多的联系，用于表示某种事物由其他一些事物构成，通常用 Composed-of 联系表示。Composed-of 联系所连接的节点间不具备属性继承性。例如，"整数由正整数、负整数和零组成"。其对应的语义网络表示如图 2-21 所示。

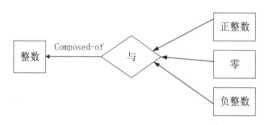

图 2-21　组成关系实例

以上只给出了几种语义联系，其实在使用语义网络进行知识表示时，可根据实际需要随时对事物之间的各种语义联系进行定义。

### 2.6.3　语义网络的知识表示方法

客观世界中的事物是错综复杂的，事物之间存在着各种各样的联系。语义网络的引入主要是为了表示各种事物、概念、情况、属性、状态、事件和动作等以及它们之间的语义联系。事物、概念和属性实际上是一种事实性知识。情况、状态、事件和动作等是一种控制性知识。下面分别对这几种知识的语义网络表示方法进行讨论。

## 1. 事实性知识的表示

对于一些简单的事实,例如"鸟有翅膀""轮胎是汽车的一部分",这里要描述这些事实需要两个节点,用前面给出的基本语义联系或自定义的基本语义联系就可以表示了。对于稍微复杂一点儿的事实,比如在一个事实中涉及多个事物时,如果语义网络只被用来表示一个特定的事物或概念,那么当有更多的实例时,就需要更多的语义网络,这样就使问题复杂化了。

通常把有关一个事物或一组相关事物的知识用一个语义网络来表示;否则,会造成更多的语义网络,使问题复杂化。与此相关的问题就是"选择语义基元"的问题,选择语义基元就是试图用一组语义基元来表示知识。这些语义基元描述简单的基础知识,并以图解的形式相互联系。用这种方法,可以通过简单的知识来表示更复杂的知识。例如,用一个语义网络来表示事实"苹果树是一种果树,果树又是树的一种,树有根、有叶而且树是一种植物"。"苹果树"节点,为了进一步说明苹果树是一种果树,增加一个"果树"节点,并用 AKO 联系连接两个节点。为了说明果树是树的一种,增加一个"树"节点,并用 AKO 联系连接两个节点。为了进一步描述树"有根""有叶"的属性,引入"根"节点和"叶"节点,并分别用 Have 联系与"树"节点连接。这个事实可用如图 2-22 所示的语义网络表示。

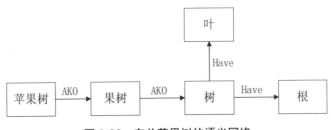

图 2-22 有关苹果树的语义网络

## 2. 情况、动作和事件的表示

为了描述那些复杂的知识,在语义网络的知识表示法中,通常采用引进附加节点的方法来解决。西蒙在提出的表示方法中增加了情况节点、动作节点和事件节点,允许用一个节点来表示情况、动作和事件。

(1) 情况的表示。

在用语义网络表示那些不及物动词表示的语句或没有间接宾语的及物动词表示的语句时,如果该语句的动作表示了一些其他情况,例如动作作用时间等,则需要增加一个情况节点用于指出各种不同的情况。例如,用语义网络表示知识"请在 2006 年 6 月前归还图书"。这条知识只涉及一个对象就是"图书",它表示了在 2006 年 6 月前"归还"图书这一种情况。为了表示归还的时间,可以增加一个"归还"节点和一个"情况"节点,这样不仅说明了归还的对象是图书,而且很好地表示了归还图书的时间,其语义网络表示如图 2-23 所示。

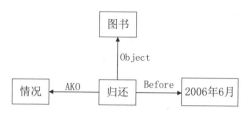

图 2-23 带有情况节点的语义网络

(2) 动作的表示。

有些表示知识的语句既有发出动作的主体，又有接受动作的客体。在用语义网络表示这样的知识时，可以增加一个动作节点用于指出动作的主体和客体。例如，用语义网络表示知识"校长送给李老师一本书"。这条知识只涉及两个对象，就是"书"和"校长"，为了表示这个事实，增加一个"送给"节点。其语义网络表示如图 2-24 所示。

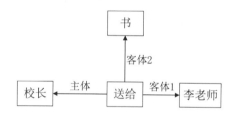

图 2-24 带有动作节点的语义网络

(3) 事件的表示。

如果要表示的知识可以看成是发生的一个事件，那么可以增加一个事件节点来描述这条知识。例如，用语义网络表示知识"中国与日本两国的国家足球队在中国进行一场比赛，结局的比分是 3∶2"。其语义网络表示如图 2-25 所示。

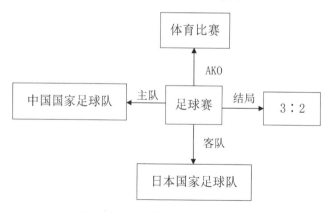

图 2-25 带有事件节点的语义网络

3. 连词和量词的表示

在稍微复杂一点儿的知识中，经常用到像"并且""或者""所有的"及"有一些"等这样的连词或量词，在谓词逻辑表示法中，很容易就可以表示这类知识。而谓词逻辑中的连词和量词可以用语义网络来表示。因此，语义网络也能表示这类知识。

(1) 合取与析取的表示。

当用语义网络来表示知识时，为了能表示知识中体现出来的"合取与析取"的语义联系，可通过增加合取节点与析取节点来表示。只是在使用时要注意其语义，不应出现不合理的组合情况。例如，对事实"参观者有男有女，有年老的，有年轻的"，可用图 2-26 所示的语义网络表示。其中，A、B、C、D 分别代表 4 种情况的参观者。

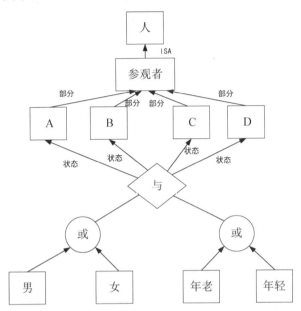

图 2-26  具有合取与析取关系的语义网络

(2) 存在量词与全称量词的表示。

在用语义网络表示知识时，对存在量词可以直接用"是一种""是一个"等语义关系来表示。对全称量词可以采用亨德里克提出的语义网络分区技术来表示，该技术的基本思想是：把一个复杂的命题划分成若干个子命题，每个子命题用一个简单的语义网络来表示，称为一个子空间，多个子空间构成一个大空间。每个子空间看作大空间中的一个节点，称为超节点。空间可以逐层嵌套，子空间之间用弧相互连接。

例如，对事实"每个学生都学习了一门外语"，可用图 2-27 所示的语义网络表示。图中 GS 是一个概念节点，它表示整个概念空间；节点 $g$ 是一个实例节点，它代表 GS 中的某个具体的子空间；$s$ 是一个全称变量，表示任意一个学生；$r$ 是一个存在变量，表示某一次学习；$p$ 也是存在变量，表示某一门外语。这样 $s$、$r$、$p$ 中及其语义就构成了一个子空间，它表示对每个学生 $s$ 都存在一次学习事件 $r$ 和一门外语 $p$。在从节点 $g$ 引出的 3 条弧中，弧"是一个"表示节点 $g$ 是 GS 中的一个实例；弧"$F$"表示它代表的子空间及其具体形式；弧"$\forall$"指出 $s$ 是一个全称变量，每一个全称变量都需要一条这样的弧，在 $g$ 所代表的子空间中有多少个全称变量，就需要从 $g$ 引出多少条这样的弧。在这种表示法中，要求子空间中的所有非全称变量的节点都是全称变量的函数；否则应该放在子空间的外面。例如，对事实"每个学生都学习了英语这一门外语"，由于"英语"是一门具体的外语，不是全称变量的函数，所以应该把它放在子空间的外面，如图 2-28 所示。

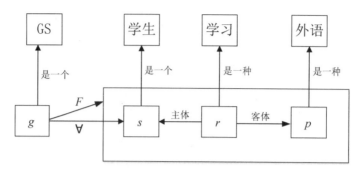

图 2-27 具有全局变量的语义网络

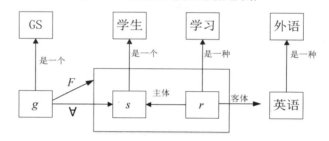

图 2-28 具有非全称变量的节点不为全称变量的函数的语义网络

一般地,用语义网络表示知识的步骤如下。

(1) 确定问题中所有对象和各对象的属性。

(2) 确定所讨论对象间的关系。

(3) 根据语义网络中所涉及的关系,对语义网络中的节点及弧进行整理,包括增加节点、弧和归并节点等。

① 在语义网络中,如果节点中的联系是 ISA、AKO 及 AMO 等类属关系,则下层节点对上层节点具有属性继承性。整理同一层节点的共同属性,并抽出这些属性,加入上层节点中,以免造成信息冗余。

② 如果要表示的知识中含有因果关系,则增加情况节点,并从该节点引出多条弧将原因节点和结果节点连接起来。

③ 如果要表示的知识中含有动作关系,则增加动作节点,并从该节点引出多条弧将动作的主体节点和客体节点连接起来。

④ 如果要表示的知识中含有"与"和"或"关系时,可在语义网络中增加"与"节点和"或"节点,并用弧将这些"与""或"与其他节点连接起来表示知识中的语义关系。

⑤ 如果要表示的知识是含有全称量词和存在量词的复杂问题,则采用前面介绍的亨德里克提出的语义网络分区技术来表示。

⑥ 如果要表示的知识是规则性的知识,则应仔细分析问题中的条件与结论,并将它们作为语义网络中的两个节点,然后用 If-Then 弧将它们连接起来。

(4) 将各对象作为语义网络的一个节点,而各对象间的关系作为网络中各节点的弧,连接形成语义网络。

## 2.6.4 语义网络的知识表示举例

为了加深对语义网络表示知识方法和步骤的理解，下面再举两个例子。

**例 2.5** 用语义网络表示下列命题。
① 猪和羊都是动物。
② 猪和羊都是哺乳动物。
③ 野猪是猪，但生长在森林中。
④ 山羊是羊，头上长着角。
⑤ 绵羊是一种羊，它能生产羊毛。

**解题分析：**

问题涉及的对象有猪、羊、动物、哺乳动物、野猪、山羊、绵羊、森林、羊毛和角等。

然后分析它们之间的语义关系，"动物"和"哺乳动物"，"哺乳动物"和"猪"，"哺乳动物"和"羊"，"羊"和"山羊"及"绵羊"，以及"野猪"和"猪"之间的关系是"是一种"的关系，可用 AKO 来表示。"山羊"和"头上有角"之间是一种属性关系，可用 IS 来描述；"绵羊"和"羊毛"之间是一种属性关系，可用 Have 来描述；"野猪"和"森林"之间是位置关系，可用 Locate-at 来表示，其语义网络如图 2-29 所示。

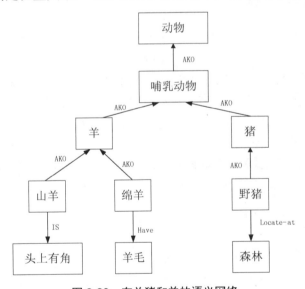

图 2-29 有关猪和羊的语义网络

**例 2.6** 用语义网络表示下列知识。

教师张明在本年度第二学期给计算机应用专业的学生讲授"人工智能"这门课程。

**解题分析：**

问题涉及的对象包括教师、张明、学生、计算机应用、人工智能和本年度第二学期等。各对象的属性均没有给出。

然后确定各对象间的关系。"张明"与"教师"之间是一种类属关系，可用 ISA 表示;"学生"和"计算机应用"间的关系是一种属性关系,可以用 Major 表示。"张明""学生"和"人工智能"则通过"讲课"这个动作联系在一起。

从上面的分析可知,必须增加一个动作节点"讲课","张明"是这个动作的主体,而"学生"和"人工智能"是这个动作的两个客体。"本年度第二学期"则是这个动作的作用时间,属于一种时间关系。因此,通过增加这个动作节点"讲课"将网络中的各节点联系起来。由"讲课"节点引出的弧不仅指出了讲课的主体和客体,还指出了讲课的时间。

通过分析可得其对应的语义网络如图 2-30 所示。

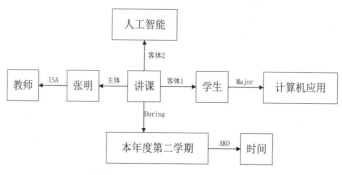

图 2-30 讲课的语义网络

### 2.6.5 语义网络的推理过程

关于语义网络的推理,研究者提出了很多思路。有人在语义网络中引入逻辑含义,表示出"与""或""非"等逻辑关系,利用归结推理法进行推理;1975 年亨德里克提出了语义网络分区技术,将复杂问题分解成许多子问题,每个子问题以一个语义网络表示,降低了推理求解的复杂度。还有人将语义网络中的节点看成有限自动机,通过寻找自动机中的汇合点来达到问题求解的目的。但是总体而言,语义网络作为一种主要的知识表示方法,相应的推理方法还不完善。

用语义网络表示知识的问题求解系统主要由两大部分组成:一部分是由语义网络构成的知识库;另一部分是用于问题求解的推理机。语义网络的推理过程主要有两种:一种是继承;另一种是匹配。

**1. 继承推理**

继承是指把对事物的描述从抽象节点传递到具体节点。通过继承可以得到所需节点的一些属性值,它通常是沿着 ISA、AKO 和 AMO 等继承弧进行的。继承的一般过程如下。

(1) 建立节点表,存放待求节点和所有以 ISA、AKO 和 AMO 等继承弧与此节点相连的那些节点。初始情况下,只有待求解的节点。

(2) 检查表中的第一个节点是否有继承弧。如果有,就将该弧所指的所有节点放入节点表的末尾,记录这些节点的所有属性,并从节点表中删除第一个节点。如果没有,仅从节点表中删除第一个节点。

(3) 重复检查表中的第一个节点是否有继承弧,直到节点表为空。记录下来的属性就是待求节点的所有属性。

## 2. 匹配推理

语义网络问题的求解一般是通过匹配来实现的。匹配就是在知识库的语义网络中寻找与待求问题相符的语义网络模式。其主要过程如下。

(1) 根据问题的要求构造网络片段，该网络片段中有些节点或弧为空，标记待求解的问题(询问处)。

(2) 根据该语义网络片段在知识库中寻找相应的信息。

(3) 当待求解的语义网络片段和知识库中的语义网络片段相匹配时，则与询问处(也就是待求解的地方)相匹配的事实就是问题的解。

在语义网络知识表达方法中，没有形式语义，也就是说，和谓词逻辑不同，对所给定的表达式表示什么语义没有统一的表示法。赋予网络结构的含义完全取决于管理这个网络的过程特性。在已经设计出来的以语义网络为基础的系统中，它们各自采用不同的推理过程。但推理的核心思想无非是继承和匹配。

下面给出语义网络表示法的特点。

(1) 结构性。语义网络把事物的属性以及事物间的各种语义联系显式地表现出来，是一种结构化的知识表示法。在这种方法中，下层节点可以继承、新增和修改上层节点的属性，从而实现信息共享。

(2) 联想性。着重强调事物间的语义联系，体现了人类思维的联想过程。

(3) 自索引性。语义网络表示把各节点之间的联系以明确、简洁的方式表示出来，通过与某一节点连接的弧很容易找出相关信息，而不必查找整个知识库。可以有效地避免搜索时的组合爆炸问题。

(4) 自然性。这是一种直观的知识表示方法，符合人们表达事物间关系的习惯，而且把自然语言转换成语义网络也较为容易。

(5) 非严格性。语义网络没有公认的形式表示体系，它没有给其节点和弧赋予确切的含义。在推理过程中有时不能区分物体的"类"和"实例"的特点。因此，通过语义网络实现的推理不能保证其推理结果的正确性。

另外，语义网络表示法的推理规则不十分明了，其表达范围也受到一定的限制，当语义网络中节点个数比较多时，使网络结构复杂，推理就难以进行了。

## 2.7 框架表示法

1975 年，美国著名的人工智能学者明斯基提出了框架理论。该理论认为，人们对现实世界中各种事物的认识都是以一种类似于框架的结构存储在记忆中的。当面临一个新事物时，就从记忆中找出一个合适的框架，并根据实际情况对其细节加以修改、补充，从而形成对当前事物的认识。

框架表示法是一种结构化的知识表示方法，现已在多种系统中得到应用。

### 2.7.1 框架的一般结构

框架是一种描述所论述对象(一个事物、事件或概念)属性的数据结构。

一个框架由若干个被称为"槽"的结构组成,每一个槽又可根据实际情况划分为若干个"侧面"。一个槽用于描述所论述对象某个方面的属性。一个侧面用于描述相应属性的一个方面。槽和侧面所具有的属性值分别称为槽值和侧面值。在一个用框架表示知识的系统中一般都含有多个框架,一个框架一般都含有多个不同槽、不同侧面,分别用不同的框架名、槽名及侧面名表示。无论是对框架、槽还是侧面,都可以为其附加上一些说明性的信息,一般是一些约束条件,用于指出什么样的值才能填入槽和侧面中去。

下面给出框架的一般表示形式。

| <框架名> | | |
|---|---|---|
| 槽名 1: | 侧面名 $_{11}$ | 侧面值 $_{111}$,侧面值 $_{112}$,…,侧面值 $_{11p1}$ |
| | 侧面名 $_{12}$ | 侧面值 $_{121}$,侧面值 $_{122}$,…,侧面值 $_{12p2}$ |
| | …… | |
| | 侧面名 $_{1m}$ | 侧面值 $_{1m1}$,侧面值 $_{1m2}$,…,侧面值 $_{1mpm}$ |
| 槽名 2: | 侧面名 $_{21}$ | 侧面值 $_{211}$,侧面值 $_{212}$,…,侧面值 $_{21p1}$ |
| | 侧面名 $_{22}$ | 侧面值 $_{221}$,侧面值 $_{222}$,…,侧面值 $_{22p2}$ |
| | …… | |
| | 侧面名 $_{2m}$ | 侧面值 $_{2m1}$,侧面值 $_{2m2}$,…,侧面值 $_{2mpm}$ |
| … | | |
| 槽名 $n$: | 侧面名 $_{n1}$ | 侧面值 $_{n11}$,侧面值 $_{n12}$,…,侧面值 $_{n1p1}$ |
| | 侧面名 $_{n2}$ | 侧面值 $_{n21}$,侧面值 $_{n22}$,…,侧面值 $_{n2p2}$ |
| | …… | |
| | 侧面名 $_{nm}$ | 侧面值 $_{nm1}$,侧面值 $_{nm2}$,…,侧面值 $_{nmpm}$ |
| 约束: | 约束条件 $_1$ | |
| | 约束条件 $_2$ | |
| | …… | |
| | 约束条件 $_n$ | |

由上述表示形式可以看出,一个框架可以有任意有限数目的槽,一个槽可以有任意有限数目的侧面,一个侧面可以有任意有限数目的侧面值。槽值或侧面值既可以是数值、字符串、布尔值,也可以是一个满足某个给定条件时要执行的动作或过程,还可以是另一个框架的名字,从而实现一个框架对另一个框架的调用,表示出框架之间的横向联系。约束条件是任选的,当不指出约束条件时,表示没有约束。

## 2.7.2 框架知识表示举例

下面举一些例子,说明框架的建立方法。

**例 2.7**　教师框架

---
框架名：<教师>

　　姓名：单位(姓、名)

　　年龄：单位(岁)

　　性别：范围(男、女)

　　　　　默认：男

　　职称：范围(教授，副教授，讲师，助教)

　　　　　默认：讲师

　　部门：单位(系，教研室)

　　住址：<住址框架>

　　工资：<工资框架>

　　开始工作时间：单位(年、月)

　　截止时间：单位(年、月)

　　　　　默认：现在

---

该框架共有 9 个槽，分别描述了"教师" 9 个方面的情况，或者说关于"教师"的 9 个属性。在每个槽里都指出了一些说明性的信息，用于对槽的填值给出某些限制。"范围"指出槽的值只能在指定的范围内挑选。例如，对"职称"槽，其槽值只能是"教授""副教授""讲师""助教"中的某一个，不能是别的，如"工程师"等；"默认"表示当相应槽不填入槽值时，就以默认值作为槽值，这样可以节省一些填槽的工作。例如，对"性别"槽，当不填入"男"或"女"时，就默认是"男"，这样对男性教师就可以不填这个槽的槽值。

对于例 2.7 所示框架，当把具体的信息填入槽或侧面后，就得到相应框架的一个实例框架。例如，把某教师的一组信息填入"教师"框架的各个槽，就可得到

---
框架名：<教师-1>

　　姓名：夏冰

　　年龄：36

　　性别：女

　　职称：副教授

　　部门：计算机系软件教研室

　　地址：<adr-1>

　　工资：<sal-1>

　　开始工作时间：1988.9

　　截止时间：1996.7

---

产生式规则也可以用框架表示。例如，产生式"如果头痛且发烧，则患感冒"，用框架表示为

```
框架名:<诊断 1>
    前提:条件 1  头痛
         条件 2  发烧
    结论:感冒
```

下面给出框架表示法的特点。

(1) 结构性。框架表示法最突出的特点是便于表达结构性知识,能够将知识的内部结构关系及知识间的联系表示出来,因此它是一种结构化的知识表达方法。这是产生式不具备的,产生式系统中的知识单位是产生式规则,这种知识单位太小而难以处理复杂问题,也不能将知识间的结构关系表示出来。产生式规则只能表示因果关系,而框架表示法不仅可以通过 Infer 槽或者 Possible-reason 槽表示因果关系,还可以通过其他槽表示更复杂的关系。

(2) 继承性。框架表示法通过使槽值为另一个框架的名字实现框架间的联系,建立表示复杂知识的框架网络。在框架网络中,下层框架可以继承上层框架的槽值,也可以进行补充和修改,这样不仅减少了知识的冗余,而且较好地保证了知识的一致性。

(3) 自然性。框架表示法与人在观察事物时的思维活动是一致的,比较自然。

# 习　　题

1. 什么是知识?它有哪些特性?有哪几种分类方法?
2. 何谓知识表示?陈述性知识表示与过程性知识表示的区别是什么?
3. 在选择知识的表示方法时应该考虑哪些主要因素?
4. 设有 3 个传教士和 3 个野人来到河边,打算乘一条船从右岸渡到左岸去。该船的负载能力为两个人。在任何时候,如果野人人数超过传教士人数,那么野人就会把传教士吃掉。如何用状态空间法来表示该问题?给出具体的状态表示和算法,并进行求解。
5. 设有下列语句,请用相应的谓词公式把它们表示出来。
(1) 有的人喜欢梅花,有的人喜欢菊花,有的人既喜欢梅花又喜欢菊花。
(2) 新型计算机速度又快,存储量又大。
(3) 她每天下午都去踢足球。
(4) 所有人都有饭吃。
6. 试用谓词逻辑表达描述下列推理。
(1) 如果张三比李四大,那么李四比张三小。
(2) 甲和乙结婚了,则或者甲为男,乙为女;或者甲为女,乙为男。
(3) 若一个人是老实人,他就不会说谎;张三说谎了,所以张三不是一个老实人。
7. 产生式的基本形式是什么?什么是产生式系统?它由哪几部分组成?
8. 用语义网络表示下列知识。
(1) 树和草都是植物。
(2) 树和草都有根、有叶。

(3) 水草是草，且长在水中。

(4) 果树是树，且会结果。

(5) 苹果树是果树中的一种，它结苹果。

9. 用语义网络表示下列知识。

(1) 知更鸟是一种鸟。

(2) 鸵鸟是一种鸟。

(3) 知更鸟是会飞的。

(4) 鸵鸟不会飞。

(5) Clyde 是一只知更鸟。

(6) Clyde 从春天到秋天占一个巢。

10. 用语义网络表示下列知识。

海浪把军舰轻轻地摇。

11. 把下列语句表示成语义网络描述。

(1) All men are moral.

(2) Every cloud has a silver lining.

(3) All branch managers of DEC participate in a profit-sharing plan.

12. 何谓框架？框架的一般表示形式是什么？框架表示法有什么特点？

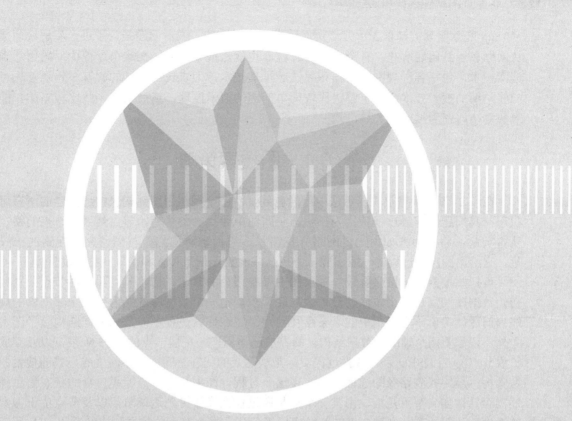

# 第 3 章

搜索及推理技术

第 2 章研究的知识表示方法是问题求解所必需的。表示问题是为了进一步解决问题。从问题表示到问题解决，有个求解的过程，也就是搜索过程。在这个过程中，采用适当的搜索技术，包括各种规则、过程和算法等推理技术，力求找到问题的解答。本章首先讨论一些早期的搜索技术或用于解决比较简单问题的搜索原理，然后研究一些比较新的、能够求解复杂问题的推理技术。

## 3.1 图搜索策略

在 2.2 节的状态空间表示法中已经看到，状态空间法用图结构来描述问题的所有可能状态，其问题的求解过程转化为在状态空间图中寻找一条从初始节点到目标节点的路径。从本节起，将要研究如何通过网络寻找路径，进而求解问题。首先研究图搜索的一般策略，它给出图搜索过程的一般步骤，并可从中看出无信息搜索和启发式搜索的区别。

可把图搜索控制策略看成一种在图中寻找路径的方法。初始节点和目标节点分别代表初始数据库和满足终止条件的目标数据库。求得把一个数据库变换为另一个数据库的规则序列问题就等价于求得图中的一条路径问题。在图搜索过程中涉及的数据结构除了图本身之外，还需要两个辅助的数据结构，即存放已访问但未扩展节点的 OPEN 表，以及存放已扩展节点的 CLOSED 表。搜索过程实际是从隐式的状态空间图中不断生成显式的搜索图和搜索树，最终找到路径的过程。为实现这一过程，图中每个节点除了自身的状态信息外，还需存储诸如父节点是谁、由其父节点是通过什么操作可到达该节点以及节点位于搜索树的深度、从起始节点到该节点的路径代价等信息。每个节点的数据结构参考图 3-1 所示结构，图中一个节点的数据结构包含 5 个域，即：STATE——节点所表示状态的基本信息；PARENT NODE——指针域，指向当前节点的父节点；ACTION——从父节点表示的状态转换为当前节点状态所使用的操作；DEPTH——当前节点在搜索树中的深度；PATH COST——从起始节点到当前节点的路径代价。

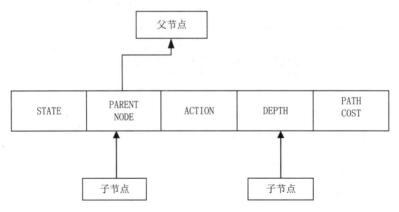

图 3-1 节点数据结构

图搜索(Graph Search)的一般过程如下。
(1) 建立一个只含有起始节点 $S$ 的搜索图 $G$，把 $S$ 放到一个 OPEN 表中。
(2) 初始化 CLOSED 表为空表。
(3) LOOP：若 OPEN 表是空表，则失败退出。

(4) 选择 OPEN 表上的第一个节点，把它从 OPEN 表移出并放进 CLOSED 表中。称此节点为节点 $n$。

(5) 若 $n$ 为一目标节点，则有解并成功退出，此解是追踪图 $G$ 中沿着指针从 $n$ 到 $S$ 这条路径而得到的(指针将在第(7)步中设置)。

(6) 扩展节点 $n$，生成后继节点集合 $M$。

(7) 对那些未曾在 $G$ 中出现过的(既未曾在 OPEN 表上，也未在 CLOSED 表上出现过的)$M$ 成员设置其父节点指针指向 $n$ 并加入 OPEN 表。对已经在 OPEN 或 CLOSED 表中出现过的每一个 $M$ 成员，确定是否需要将其原来的父节点更改为 $n$。对已在 CLOSED 表上的每个 $M$ 成员，若修改了其父节点，则将该节点从 CLOSED 表中移出，重新加入 OPEN 表中。

(8) 按某一任意方式或按某个试探值，重排 OPEN 表。

(9) 循环。

以上搜索过程可用图 3-2 所示的程序框图来表示。

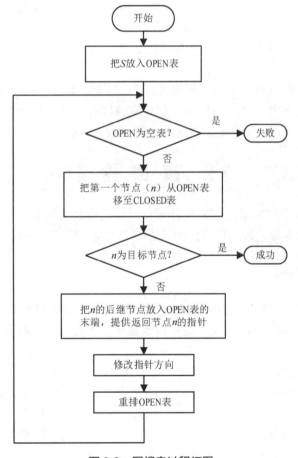

图 3-2　图搜索过程框图

这个过程一般包括各种各样的具体图搜索算法。此过程生成一个显式的图 $G$(称为搜索图)和 $G$ 的一个子集 $T$(称为搜索树)，树 $T$ 上的每个节点也在图 $G$ 中。搜索树是由第(7)步中设置的指针来确定的。由于在搜索过程中每次都会根据需要来确定是否修改当前节点指向其父节点的指针,所以已经被扩展出来的 G 中的每个节点(除 S 外)都有且仅有唯一一个父节点,即形成了一棵树,也就是搜索树 T。由于在树结构中,任意两点间只存在唯一一条路径,所以可以从 T 中找到到达任意节点的唯一路径。搜索过程中使用的 OPEN 表存储的都是当前搜索树的叶子节点,因此也被称为前沿表。较确切地说,在过程的第(3)步,OPEN 表中的节点都是搜索树上未被扩展的那些节点;在 CLOSED 表中的节点,或者是几个已被扩展但是在搜索树中没有生成后继节点的叶子节点,或者是搜索树的非叶子节点。

过程的第(8)步对 OPEN 表中的节点进行排序,以便能够从中选出一个"最好"的节点作为第(4)步扩展使用。这种排序可以是任意的(即盲目的,属于盲目搜索),也可以用以后要讨论的各种启发思想或其他准则为依据(属于启发式搜索)。每当被选作扩展的节点为目标节点时,这一过程就宣告成功结束。这时,能够重现从起始节点到目标节点的这条成功路径,其办法是从目标节点按指针向 S 返回追溯。当搜索树不再剩有未被扩展的叶子节点时,过程就以失败告终(某些节点最终可能没有后继节点,所以 OPEN 表可能最后变成空表)。在失败终止的情况下,从起始节点出发,一定达不到目标节点。

图搜索算法同时生成一个节点的所有后继节点。为了说明图搜索过程的某些通用性质,将继续使用同时生成所有后继节点的算法,而不采用修正算法。在修正算法中,一次只生成一个后继节点。

从图搜索过程可以看出,是否重新安排 OPEN 表,即是否按照某个试探值(或准则、启发信息等)重新对未扩展节点进行排序,将决定该图搜索过程是无信息搜索还是启发式搜索。本章后续各节将依次讨论无信息搜索和启发式搜索策略。

## 3.2 盲目搜索

不需要重新安排 OPEN 表的搜索叫作无信息搜索或盲目搜索,它包括宽度优先搜索、等代价搜索和深度优先搜索等。盲目搜索只适用于求解比较简单的问题。

### 3.2.1 宽度优先搜索

如果搜索是以接近起始节点的程度依次扩展节点的,那么这种搜索就叫作宽度优先搜索,如图 3-3 所示。从图 3-3 可见,这种搜索是逐层进行的;在对下一层的任一节点进行搜索之前,必须搜索完本层的所有节点。

宽度优先搜索算法如下。

(1) 把起始节点放到 OPEN 表中(如果该起始节点为一目标节点,则求得一个解答)。
(2) 如果 OPEN 是个空表,则没有解,以失败退出;否则继续。
(3) 把第一个节点(节点 $n$)从 OPEN 表中移出,并把它放入 CLOSED 的扩展节点表中。
(4) 扩展节点 $n$。如果没有后继节点,则转向第(2)步。
(5) 把 $n$ 的所有后继节点放到 OPEN 表的末端,并提供从这些后继节点回到 $n$ 的指针。
(6) 如果 $n$ 的任一个后继节点是个目标节点,则找到一个解答,以成功退出;否则转向第(2)步。

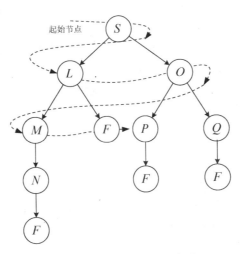

图 3-3 宽度优先搜索示意图

上述宽度优先算法如图 3-4 所示。

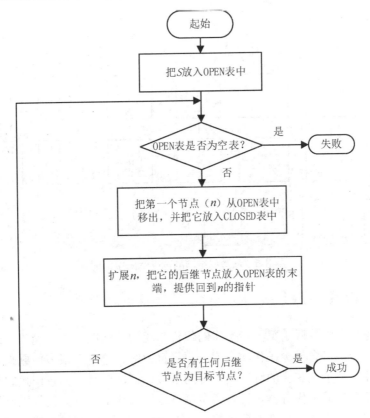

图 3-4 宽度优先算法框图

这一算法假定起始节点本身不是目标节点。要检验起始节点是目标节点的可能性，只要在步骤(1)的最后加上一句"如果起始节点为一目标节点，则求得一个解答"即可做到，正如算法步骤(1)括号内所写的。

显而易见，宽度优先搜索方法在假定每一次操作的代价相等的情况下，能够保证在搜索树中找到一条通向目标节点的最短路径；在宽度优先搜索中，节点进出 OPEN 表的顺序是先进先出，因此其 OPEN 表是一个队列结构。

图 3-5 绘出把宽度优先搜索应用于八数码难题时所生成的搜索树。这个问题就是要把初始棋局变为以下目标棋局的问题：

$$
\begin{array}{ccc}
1 & 2 & 3 \\
8 & & 4 \\
7 & 6 & 5
\end{array}
$$

搜索树上的所有节点都标记它们所对应的状态描述，每个节点旁边的数字表示节点扩展的顺序(按顺时针方向移动空格)。图 3-5 中的第 26 个节点是目标节点。

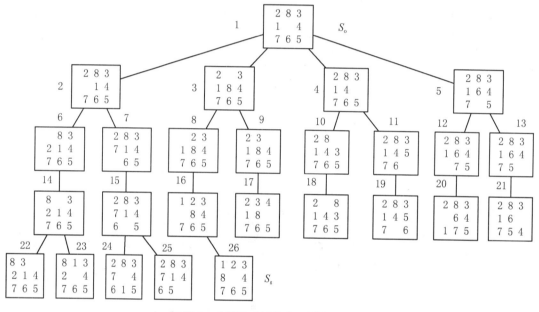

图 3-5 八数码难题的宽度优先搜索树

## 3.2.2 等代价搜索

在宽度优先搜索中，假定每一步操作的代价都相同的情况下，它能找到最短路径，这条路径实际就是一条包含最少操作次数或应用算符的解。但对于很多问题来说，应用算符序列最少的解往往并不是想要的解，也不等同于最优解，通常人们希望找的是问题具有某些特性的解，尤其是最小代价解。搜索树中每条连接弧线上的有关代价以及随之而求得的具有最小代价的解答路径，与许多这样的广义准则相符合。宽度优先搜索可被推广用来解决这种寻找从起始状态至目标状态的具有最小代价的路径问题，这种推广了的宽度优先搜索算法叫作等代价搜索算法。如果所有的连接弧线具有相等的代价，那么等代价算法就简化为宽度优先搜索算法。在等代价搜索算法中，不是描述沿着等长度路径断层进行的扩展，而是描述沿着等代价路径断层进行的扩展。

在等代价搜索算法中，把从节点 $i$ 到它的后继节点 $j$ 的连接弧线代价记为 $c(i, j)$，把从起始节点 $S$ 到任一节点 $i$ 的路径代价记为 $g(i)$。在搜索树上，假设 $g(i)$ 也是从起始节点 $S$ 到节点 $i$ 的最少代价路径上的代价，因为它是唯一的路径。等代价搜索方法以 $g(i)$ 的递增顺序扩展其节点，其算法如下。

(1) 把起始节点 $S$ 放到未扩展节点 OPEN 表中。如果此起始节点为一目标节点，则求得一个解；否则令 $g(S)=0$。

(2) 如果 OPEN 是个空表，则没有解，以失败退出；否则继续。

(3) 从 OPEN 表中选择一个节点 $i$，使其 $g(i)$ 为最小。如果有几个节点都合格，就要选择一个目标节点作为节点 $i$(要是有目标节点的话)；否则，就从中选择一个作为节点 $i$。把节点 $i$ 从 OPEN 表中移至扩展节点 CLOSED 表中。

(4) 如果节点 $i$ 为目标节点，则求得一个解。

(5) 扩展节点 $i$。如果没有后继节点，则转向(2)。

(6) 对于节点 $i$ 的每个后继节点 $j$，计算 $g(j)=g(i)+c(i, j)$，并把所有后继节点 $j$ 放进 OPEN 表中。提供回到节点 $i$ 的指针。

(7) 转向(2)。

等代价搜索算法框图如图 3-6 所示。

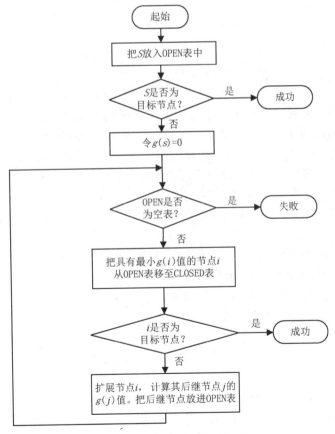

图 3-6　等代价搜索算法框图

### 3.2.3 深度优先搜索

另一种盲目(无信息)搜索叫作深度优先搜索。在深度优先搜索中，首先扩展最新产生的(即最深的)节点，如图 3-7 所示。深度相等的节点可以任意排列。定义节点的深度如下。

(1) 起始节点(即根节点)的深度为 0。
(2) 任何其他节点的深度等于其父节点深度加 1。

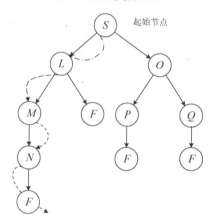

图 3-7　深度优先搜索示意图

首先，扩展最深的节点的结果，使搜索沿着状态空间某条单一的路径从起始节点向下进行。其次，只有当搜索到达一个没有后裔的状态时，它才考虑另一条替代的路径。替代路径与前面已经试过的路径的不同之处仅仅在于改变最后 $n$ 步，而且保持 $n$ 尽可能小。

对于许多问题，其状态空间搜索树的深度 $d$ 可能为无限深，或者可能至少要比某个可接受的解答序列的已知深度上限还要深。为了避免考虑太长的路径(防止搜索过程沿着无益的路径扩展下去)，往往给出一个节点扩展的最大深度——深度界限 $d_m$。任何节点，如果达到了深度界限，都将把它们作为没有后继节点处理。

含有深度界限的深度优先搜索算法如下。

(1) 把起始节点 $S$ 放到未扩展节点 OPEN 表中。如果此节点为一目标节点，则得到一个解。

(2) 如果 OPEN 为一空表，则没有解，以失败退出；否则继续。

(3) 把第一个节点(节点 $n$)从 OPEN 表移到 CLOSED 表。

(4) 如果节点 $n$ 的深度 $d(n)$ 等于深度界限 $d_m$，则转向(2)。

(5) 扩展节点 $n$，产生其全部后裔，并把它们放入 OPEN 表的前端。如果没有后裔，则转向(2)。

(6) 如果后继节点中有任一个后继节点是目标节点，则找到一个解答，成功退出；否则，转向(2)有界深度优先搜索算法的程序框图，如图 3-8 所示。很显然，深度优先算法中节点进出 OPEN 表的顺序是后进先出，OPEN 表是一个栈。

图 3-9 绘出按深度优先搜索生成的八数码难题搜索树，其中，设置深度界限为 $d_m=5$。从图可见，深度优先搜索过程是沿着一条路径进行下去，直到深度界限为止，然后再考虑只有最后一步有差别的相同深度或较浅深度可供选择的路径，接着再考虑最后两步有差别

的那些路径等。

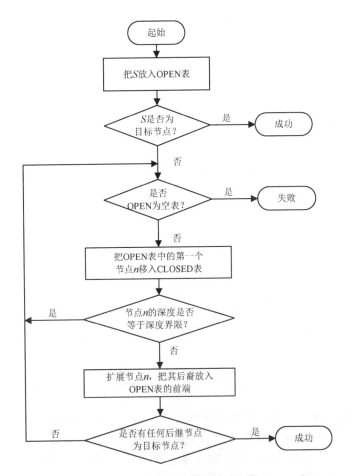

图 3-8　有界深度优先搜索算法框图

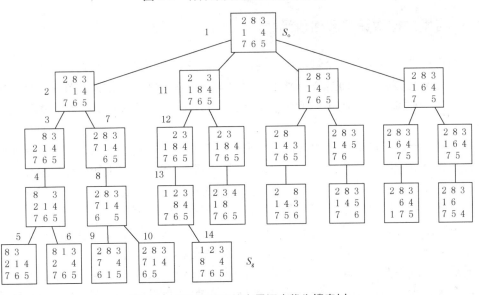

图 3-9　八数码难题的有界深度优先搜索树

对于有界深度搜索策略，需要说明以下几点。

① 深度界限 $d_m$ 很重要。当问题有解，且解的路径长度不大于 $d_m$ 时，则搜索过程一定能够找到解，但是这并不能保证最先找到的是最优解，即这时有界深度搜索是完备的但不是最优的。但是当 $d_m$ 取得太小，解的路径长度大于 $d_m$ 时，则搜索过程中就找不到解，即这时搜索过程甚至是不完备的。

② 深度界限 $d_m$ 不能太大。当 $d_m$ 太大时，搜索过程会产生过多的无用节点，既浪费了计算机资源，又降低了搜索效率。

③ 有界深度搜索的主要问题是深度界限值 $d_m$ 的选取。该值也被称为状态空间的直径，如果该值设置得比较合适，则会得到比较有效的有界深度搜索。但是对很多问题，我们并不知道该值到底为多少，直到该问题求解完成才可以确定出深度界限值 $d_m$。为了解决上述问题，可采用以下改进方法：先任意给定一个较小的数作为 $d_m$，然后按有界深度算法搜索，若在此深度界限内找到了解，则算法结束；如在此界限内没有找到问题的解，则增大深度界限 $d_m$，继续搜索。这就是迭代加深搜索的基本思想。

迭代加深搜索是一种回避选择最优深度界限问题的策略，它试图尝试所有可能的深度界限：首先深度为 0，其次深度为 1，然后深度为 2，………，一直进行下去。如果初始深度为 0，则该算法只生成根节点并检测它。如果根节点不是目标，则深度加 1，通过典型的深度优先算法，生成深度为 1 的树。同样，当深度界限为 $m$ 时，树的深度也为 $m$。

## 3.3 启发式搜索

盲目搜索的效率低，耗费过多的计算空间与时间。如果能够找到一种方法用于排列待扩展节点的顺序，即选择最有希望的节点加以扩展，那么搜索效率将会大为提高。在许多情况下，能够通过检测来确定合理的顺序。本节所介绍的搜索方法就是优先考虑这类检测。称这类搜索为启发式搜索或有信息搜索。

### 3.3.1 启发式搜索策略和估价函数

要在盲目搜索中找到一个解，所需要扩展的节点数目可能是很大的，因为这些节点的扩展次序完全是随意的，而且没有利用已解决问题的任何特性。因此，除了那些最简单的问题之外，一般都要占用很多时间或空间(或者两者均有)。这种结果是组合爆炸的一种表现形式。

有关具体问题领域的信息常常可以用来简化搜索。假设初始状态、算符和目标状态的定义都是完全确定的，然后决定一个搜索空间。因此，问题就在于如何有效地搜索这个给定空间。进行这种搜索的技术一般需要某些有关具体问题领域特性的信息。把此种信息称为启发信息，并把利用启发信息的搜索方法叫作启发式搜索方法。

利用启发信息来决定哪个是下一步要扩展的节点。这种搜索总是选择"最有希望"的节点作为下一个被扩展的节点。这种搜索叫作有序搜索，也称为最佳优先搜索。

通常对于图的搜索问题总希望能够使解路径的代价与求得此路径所需要的搜索代价的某些综合指标为最小，一个比较灵活(但代价也较大)的利用启发信息的方法是应用某些准则来重新排列每一步 OPEN 表中所有节点的顺序,然后搜索就可能沿着某个被认为是最有希望的边缘区段向外扩展。应用这种排序过程,需要某些估算节点"希望"的量度,这种量度叫作估价函数。估价函数的值越小,意味着该节点位于最优解路径上的"希望"越大,最后找到的最优路径即平均综合指标为最小的路径。

实际上,确定一种搜索方法是否比另一种搜索方法具有更强的启发能力的问题,往往就变成在实际应用这些方法的经验中获取有关信息的直观知识问题。

估价函数能够提供一个评定候选扩展节点的方法,以确定哪个节点最有可能在通向目标的最佳路径上。启发信息可用在图搜索第(8)步中来排列 OPEN 表上的节点,使搜索沿着那些被认为最有希望的区段扩展。一个估量某个节点"希望"程度的重要方法是对各个节点使用估价函数的实值函数。估价函数的定义方法有很多,比如:试图确定一个处在最佳路径上的节点的概率;提出任意节点与目标集之间的距离量度或差别量度;或者在棋盘式的博弈和难题中根据棋局的某些特点来决定棋局的得分数。这些特点被认为与向目标节点前进一步的希望程度有关。

用符号 $f$ 来标记估价函数,用 $f(n)$ 表示节点 $n$ 的估价函数值。暂时令 $f$ 为任意函数,以后将会提出 $f$ 是从起始节点约束地通过节点 $n$ 而到达目标节点的最小代价路径上的一个估算代价。

用函数 $f$ 来排列图搜索第(8)步中 OPEN 表上的节点。根据习惯,OPEN 表上的节点按照它们 $f$ 函数值的递增顺序排列。根据推测,某个具有小的估价值的节点较有可能处在最佳路径上。应用某个算法(例如等代价算法)选择 OPEN 表上具有最小 $f$ 值的节点作为下一个要扩展的节点。这种搜索方法叫作有序搜索或最佳优先搜索,而其算法就叫作有序搜索算法或最佳优先算法。

### 3.3.2 有序搜索

有序搜索又称为最佳优先搜索,它总是选择最有希望的节点作为下一个要扩展的节点。

尼尔逊(Nilsson)曾提出一个有序搜索的基本算法,该算法可以看成启发式图搜索算法的一般策略。估价函数 $f$ 是这样确定的:一个节点的希望程度越大,其 $f$ 值就越小。被选为扩展的节点,是估价函数最小的节点。

有序状态空间搜索算法如下。

(1) 把起始节点 $S$ 放到 OPEN 表中,计算 $f(S)$ 并把其值与节点 $S$ 联系起来。
(2) 如果 OPEN 是个空表,则没有解,以失败退出;否则继续。
(3) 从 OPEN 表中选择一个 $f$ 值最小的节点 $i$。如果有几个节点合格,当其中有一个为目标节点时,则选择此目标节点;否则就选择其中任一个节点作为节点 $i$。
(4) 把节点 $i$ 从 OPEN 表中移出,并把它放入 CLOSED 的扩展节点表中。
(5) 如果 $i$ 是一个目标节点,则成功退出,求得一个解;否则继续。
(6) 扩展节点 $i$,生成其全部后继节点 $j$。对于 $i$ 的每一个后继节点 $j$:
① 计算 $f(j)$;
② 如果 $j$ 既不在 OPEN 表中又不在 CLOSED 表中,则利用估价函数 $f$ 把它添入

OPEN 表。从 $j$ 加一个指向其父辈节点 $i$ 的指针，以便一旦找到目标节点时记住一个解答路径；

③ 如果 $j$ 已在 OPEN 表或 CLOSED 表中，则比较刚刚对 $j$ 计算过的 $f$ 值和前面计算过的该节点在表中的 $f$ 值。如果新的 $f$ 值较小，则：

   a. 以此新值取代旧值；
   b. 从 $j$ 指向 $i$，而不是指向它的父节点；
   c. 如果节点 $j$ 在 CLOSED 表中，则把它移回 OPEN 表。

(7) 转向(2)。

步骤(6)中的③是一般搜索图所需要的，该图中可能有一个以上的父辈节点。具有最小估价函数值 $f(j)$ 的节点被选为父辈节点。但是，对于树搜索来说，它最多只有一个父辈节点，所以步骤(6)中的③可以略去。值得指出的是，即使搜索空间是一般的搜索图，其显式子搜索图总是一棵树，因为节点 $j$ 从来没有同时记录过一个以上的父辈节点。

有序搜索算法框图示于图 3-10 中。

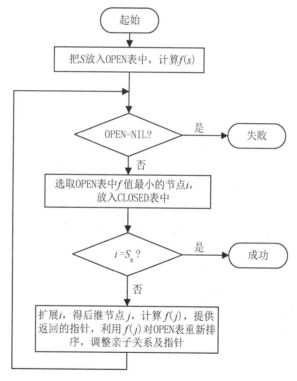

图 3-10 有序搜索算法框图

宽度优先搜索、等代价搜索和深度优先搜索都是有序搜索技术的特例。对于宽度优先搜索，选择 $f(i)$ 作为节点 $i$ 的深度。对于等代价搜索，$f(i)$ 是从起始节点至节点 $i$ 这段路径的代价。

当然，与盲目搜索方法比较，有序搜索的目的在于减少被扩展的节点数。有序搜索的有效性直接取决于 $f$ 的选择，这将敏锐地辨别出有希望的节点和没有希望的节点。不过，如果这种辨别不准确，那么有序搜索可能失去一个最好的解甚至全部的解。如果没有适用的、准确的"希望"量度，那么 $f$ 的选择将涉及两方面的内容：一方面是一个时间和空间之间的折中方案；另一方面是保证有一个最优的解或任意解。

节点"希望"量度以及某个具体估价函数的合适程度取决于手头的问题情况。根据所要求的解答类型，可以把问题分为下列 3 种情况。

第一种情况，假设该状态空间含有几条不同代价的解答路径，其问题是要求得最优(即最小代价)解答。这种情况的代表性例子为算法 A*。

第二种情况，与第一种情况相似，但有一个附加条件：此类问题是比较难的，如果按第一种情况加以处理，则搜索过程很可能在找到解答之前就超过了时间和空间界限。在这种情况下，关键问题是：①如何通过适当的搜索试验找到好的(但不是最优的)解答；②如何限制搜索试验的范围和所产生的解答与最优解答的差异程度。

第三种情况，是不考虑解答的最优化；或者只存在一个解，或者任何一个解与其他的解一样好。这时，问题是如何使搜索试验的次数最少，而不像第二种情况那样试图使某些搜索试验和解答代价的综合指标最小。

常见的第三类问题的例子是定理证明问题。第二类问题的一个例子是推销员旅行问题。在这个问题中，寻求一些经过一个城市集合的旅行路线是很烦琐的，其困难也是很大的。这个困难在于寻找一条最短的或接近于最短的路径，同时要求路径上的点不重复。不过，在大多数情况下很难清楚地区别这两种类型。一个通俗的试验问题——八数码难题可以作为任何一类问题来处理。

下面再次用八数码难题的例子来说明有序搜索是如何应用估价函数排列节点的。采用了简单的估价函数

$$f(n) = d(n) + W(n)$$

式中，$d(n)$ 为搜索树中节点 $n$ 的深度，这个深度实际就等同于初始节点到节点 $n$ 所需要进行的操作次数；$W(n)$ 为计算节点 $n$ 相对于目标棋局错放的棋子个数，一般来说，错放的棋子数量越少越接近于目标状态，因此这个值相当于描述了当前节点 $n$ 与目标节点之间的距离。在这种估价函数定义下，起始节点棋局

```
2   8   3
1       4
7   6   5
```

的 $f$ 值等于 0+3=3。

图 3-11 表示了利用这个估价函数把有序搜索应用于八数码难题的结果。图中圆圈内的数字表示该节点的 $f$ 值。从图 3-11 中可见，这里所求得的解答路径和用其他搜索方法找到的解答路径相同。不过，估价函数的应用显著地减少了被扩展的节点数(如果只用估价函数 $f(n)=d(n)$，就得到宽度优先搜索过程)。

正确地选择估价函数对确定搜索结果具有决定性作用。使用不能识别某些节点真实希望的估价函数会形成非最小代价路径；而使用一个过多地估计了全部节点希望的估价函数(就像宽度优先搜索方法得到的估价函数一样)又会扩展过多的节点。实际上，不同的估价函数定义会直接导致搜索算法具有完全不同的性能。

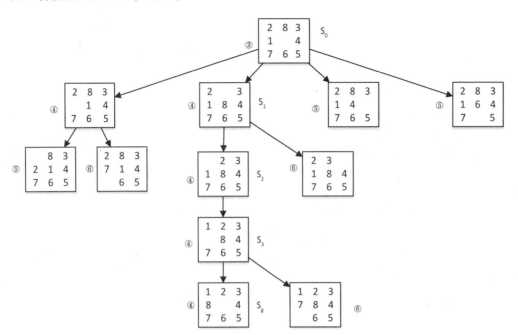

图 3-11 八数码难题的有序搜索树

### 3.3.3 A*搜索算法

令估价函数 $f$ 在任意节点上其函数值 $f(n)$ 能估算出,从节点 $S$ 到节点 $n$ 的最小代价路径的代价与从节点 $n$ 到某个目标节点的最小代价路径的代价的总和,也就是说,$f(n)$ 是约束通过节点 $n$ 的一条最小代价路径的代价的一个估计。因此,OPEN 表上具有最小 $f$ 值的那个节点就是所估计的加有最少严格约束条件的节点,而且下一步要扩展这个节点是合适的。

在正式讨论 A*算法之前,先介绍几个有用的记号。令 $k(n_i, n_j)$ 表示任意两个节点 $n_i$ 和 $n_j$ 之间最小代价路径的实际代价(对于两节点间没有通路的节点,函数 $k$ 没有定义)。于是,从节点 $n$ 到某个具体的目标节点 $t_i$,某一条最小代价路径的代价可由 $k(n, t_i)$ 给出。令 $h^*(n)$ 表示整个目标节点集合 $\{t_i\}$ 上所有 $k(n, t_i)$ 中最小的一个,因此,$h^*(n)$ 就是从 $n$ 到目标节点最小代价路径的代价,而且从 $n$ 到目标节点的代价为 $h^*(n)$ 的任一路径就是一条从 $n$ 到某个目标节点的最佳路径(对于任何不能到达目标节点的节点 $n$,函数 $h^*$ 没有定义)。

通常感兴趣的是想知道从已知起始节点 $S$ 到任意节点 $n$ 的一条最佳路径的代价 $k(S, n)$。为此,引进一个新函数 $g^*$,这将使记号得到某些简化。对所有从 $S$ 开始可达到 $n$ 的路径来说,函数 $g^*$ 定义为

$$g^*(n) = k(S, n)$$

其次,定义函数 $f^*$,使在任一节点 $n$ 上其函数值 $f^*(n)$ 就是从节点 $S$ 到节点 $n$ 的一条最佳路径的实际代价,加上从节点 $n$ 到某目标节点的一条最佳路径的代价之和,即

$$f^*(n) = g^*(n) + h^*(n)$$

因此 $f^*(n)$ 值就是从 $S$ 开始约束通过节点 $n$ 的一条最佳路径的代价,而 $f^*(S)=h^*(S)$ 是一条从 $S$ 到某个目标节点中间无约束的一条最佳路径的代价。估价函数 $f$ 是 $f^*$ 的一个估计,

此估计可由下式给出，即
$$f(n) = g(n) + h(n)$$
式中，$g$ 为 $g^*$ 的估计；$h$ 为 $h^*$ 的估计。对于 $g(n)$ 来说，一个明显的选择就是搜索树中从 $S$ 到 $n$ 这段路径的代价，这个代价可以由从 $n$ 到 $S$ 寻找指针时，把所遇到的各段弧线的代价加起来给出(这条路径就是到目前为止用搜索算法找到的从 $S$ 到 $n$ 的最小代价路径)。这个定义包含了 $g(n) \geqslant g^*(n)$。$h^*(n)$ 的估计 $h(n)$ 依赖于有关问题领域的启发信息。这种信息可能与八数码难题中的函数 $W(n)$ 所用的那种信息相似。把 $h$ 叫作启发函数。

A*算法是一种有序搜索算法，其特点在于对估价函数的定义上。对于一般的有序搜索，总是选择 $f$ 值最小的节点作为扩展节点。因此，$f$ 是根据需要找到一条最小代价路径的观点来估算节点的。可考虑每个节点 $n$ 的估价函数值为两个分量：从起始节点到节点 $n$ 的代价以及从节点 $n$ 到达目标节点的代价。

在讨论 A*算法前，先作出下列定义。

**定义 3.1** 在图搜索过程中，如果第(8)步的重排 OPEN 表是依据
$$f(x) = g(x) + h(x)$$
进行的，则称该过程为 A 算法。

**定义 3.2** 在 A 算法中，如果对所有的 $x$ 存在 $h(x) \leqslant h^*(x)$，则称 $h(x)$ 为 $h^*(x)$ 的下界，它表示某种偏于保守的估计。

**定义 3.3** 采用 $h^*(x)$ 的下界 $h(x)$ 为启发函数的 A 算法，称为 A*算法。当 $h=0$ 时，A*算法就变为等代价搜索算法。

A*算法步骤如下。

(1) 把 $S$ 放入 OPEN 表中，记 $f=h$，令 CLOSED 为空表。

(2) 重复下列过程，直至找到目标节点为止。若 OPEN 为空表，则宣告失败。

(3) 选取 OPEN 表中未设置过的具有最小 $f$ 值的节点为最佳节点 BESTNODE，并把它移入 CLOSED 表中。

(4) 若 BESTNODE 为一目标节点，则成功求得一解。

(5) 若 BESTNODE 不是目标节点，则扩展之，产生后继节点 SUCCESSOR。

(6) 对每个 SUCCESSOR，进行下列过程。

① 建立从 SUCCESSOR 返回 BESTNODE 的指针。

② 计算 $g(SUC)=g(BES)+g(BES，SUC)$。

③ 如果 SUCCESSOR∈OPEN，则称此节点为 OLD，并把它添加到 BESTNODE 的后继节点表中。

④ 比较新旧路径代价。如果 $g(SUC)<g(OLD)$，则重新确定 OLD 的父辈节点为 BESTNODE，记下较小代价 $g(OLD)$，并修正 $f(OLD)$ 值。

⑤ 若至 OLD 节点的代价较低或一样，则停止扩展节点。

⑥ 若 SUCCESSOR 不在 OPEN 表中，则看其是否在 CLOSED 表中。

⑦ 若 SUCCESSOR 在 CLOSED 表中，比较新、旧路径代价。如果 $g(SUC)$ 小于 $g(OLD)$，则重新确定 OLD 的父辈节点为 BESTNODE，记下较小代价 $g(OLD)$，修正 $f(OLD)$ 值，并将 OLD 从 CLOSED 表中移出，移入 OPEN 表。

⑧ 若 SUCCESSOR 既不在 OPEN 表中，又不在 CLOSED 表中，则把它放入 OPEN

表中,并添入 BESTNODE 后裔表,然后转向(7)。

(7) 计算 $f$ 值。

(8) 循环。

A*算法参考框图如图 3-12 所示。

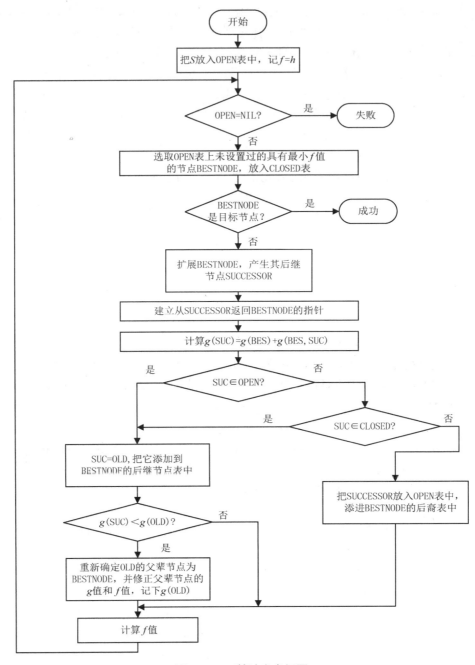

图 3-12 A*算法参考框图

前面已经提到过,A*算法中估价函数的定义是非常重要的,尤其是其中的启发函数

$h(n)$，由于启发信息在算法中就是通过 $h(n)$ 体现，如果在估价函数的定义中恰好令 $h(n) = h^*(n)$，则可以看到搜索树将只扩展出最佳路径，也就是最理想的情况，但一般情况下必须满足 $h(n)$ 不超过 $h^*(n)$ 算法才能保证找到最优解，$h(n)$ 的这种特性称为可纳性，即 $h(n)$ 的定义必须满足可纳性才能保证算法的最优性。对于同一个问题，如果有两种不同的启发函数定义均能满足可纳性，且对于所有节点 $x$ 来说，都有 $h_1(x) \leq h_2(x)$，则称 $h_2$ 比 $h_1$ 占优，采用 $h_2$ 的算法将比采用 $h_1$ 的算法更加高效。例如，3.3.2 小节中用有序搜索求解问题的例子中，放错的棋子数 $W(n)$ 相当于启发函数 $h(n)$，显然该定义可满足可纳性要求。在上述问题中，若将 $h(n)$ 定义为所有棋子距离目标位置的曼哈顿距离(与目标位置的水平距离和垂直距离)之和，则该定义会比放错的棋子数占优，在这种估价函数定义下起始节点棋局

```
2 8 3
1   4
7 6 5
```

的 $h$ 值等于 1+1+2=4，显然该定义也能满足可纳性要求。利用该函数计算 $f$ 值，搜索效率更高。读者可以试着画出搜索树，比较两种不同估价函数对算法的影响。

## 3.4 推理的基本概念

### 3.4.1 推理的定义

人们在对各种事物进行分析综合并最后做出决策时，通常是从已知的事实出发，通过运用已掌握的知识，找出其中蕴含的事实，或归纳出新的事实。这个过程通常称为推理，即从初始证据出发，按某种策略不断运用知识库中的已知知识，逐步推出结论的过程称为推理。

在人工智能系统中，推理是由程序实现的，称为推理机。已知事实和知识是构成推理的两个基本要素。已知事实又称为证据，用以指出推理的出发点及推理时应该使用的知识；而知识是使推理得以向前推进，并逐步达到最终目标的依据。例如，在医疗诊断专家系统中，专家的经验及医学常识以某种表示形式存储于知识库中。为患者诊治疾病时，推理机就是从存储在综合数据库中的患者症状及化验结果等初始证据出发，按某种搜索策略在知识库中搜寻可与之匹配的知识，推出某些中间结论，然后再以这些中间结论为证据，在知识库中搜索与之匹配的知识，推出进一步的中间结论，如此反复进行，直到最终推出结论，即患者的病因与治疗方案为止。

### 3.4.2 推理方式及其分类

人类的智能活动有多种思维方式。人工智能作为对人类智能的模拟，相应地也有多种推理方式。下面分别从不同的角度对它们进行分类。

#### 1. 演绎推理、归纳推理、默认推理

若从推出结论的途径来划分，推理可分为演绎推理、归纳推理和默认推理。

(1) 演绎推理是从全称判断推导出单称判断的过程，即由一般性知识推出适合于某个具体情况的结论。这是一种从一般到个别的推理。

演绎推理是人工智能中的一种重要的推理方式。许多智能系统中采用了演绎推理。演绎推理有多种形式，常用的是三段论式。它包括以下几项。

① 大前提：已知的一般性知识或假设。
② 小前提：关于所研究的具体情况或个别事实的判断。
③ 结论：由大前提推出的适合前提所示情况的新判断。

下面是一个三段论推理的例子。

① 大前提：足球运动员的身体都是强壮的。
② 小前提：高波是一名足球运动员。
③ 结论：高波的身体是强壮的。

(2) 归纳推理是从足够多的事例中归纳出一般性结论的推理过程，是一种从个别到一般的推理。

若从归纳时所选的事例的广泛性来划分，归纳推理又可分为完全归纳推理和不完全归纳推理两种。

① 所谓完全归纳推理是指在进行归纳时考察了相应事物的全部对象，并根据这些对象是否都具有某种属性，从而推出这个事物是否具有这个属性。例如，某厂进行产品质量检查，如果对每一件产品都进行了严格检查，并且都是合格的，则推导出结论"该厂生产的产品是合格的"。

② 所谓不完全归纳推理是指考察了相应事物的部分对象，就得出了结论。例如，检查产品质量时，只是随机抽查了部分产品，只要它们都合格，就得出了"该厂生产的产品是合格"的结论。不完全归纳推理推出的结论不具有必然性，属于非必然性推理，而完全归纳推理是必然性推理。但由于要考察事物的所有对象通常都比较困难，因此大多数归纳推理都是不完全归纳推理。归纳推理是人类思维活动中最基本、最常用的一种推理形式。人们在由个别到一般的思维过程中经常要用到它。

(3) 默认推理又称为缺省推理，是在知识不完全的情况下假设某些条件已经具备所进行的推理。

例如，在条件 $A$ 已成立的情况下，如果没有足够的证据能证明条件 $B$ 不成立，则默认 $B$ 是成立的，并在此默认的前提下进行推理，推导出某个结论。例如，要设计一种鸟笼，但不知道要放的鸟是否会飞，则默认这只鸟会飞，因此，推出这个鸟笼要有盖子的结论。

由于这种推理允许默认某些条件是成立的，所以在知识不完全的情况下也能进行。在默认推理的过程中，如果到某一时刻发现原先所做的默认不正确，则要撤销所做的默认以及由此默认推出的所有结论，重新按新情况进行推理。

**2. 确定性推理、不确定性推理**

若按推理时所用知识的确定性来划分，推理可分为确定性推理与不确定性推理。所谓确定性推理是指推理时所用的知识与证据都是确定的，推出的结论也是确定的，其真值或者为真或者为假，没有第三种情况出现。

本章将讨论的经典逻辑推理就属于这一类。经典逻辑推理是最先提出的一类推理方法，是根据经典逻辑(命题逻辑及一阶谓词逻辑)规则进行的一种推理，主要有自然演绎推理、归结演绎推理及与/或形演绎推理等。由于这种推理是基于经典逻辑的，其真值只有"真"和"假"两种，因此它是一种确定性推理。

所谓不确定性推理是指推理时所用的知识与证据不都是确定的，推出的结论也是不确定的。现实世界中的事物和现象大都是不确定的或者模糊的，很难用精确的数学模型来表示与处理。不确定性推理又分为似然推理与近似推理或模糊推理，前者是基于概率论的推理，后者是基于模糊逻辑的推理。人们经常在知识不完全、不精确的情况下进行推理，因此，要使计算机能模拟人类的思维活动，就必须使它具有不确定性推理的能力。

### 3. 单调推理、非单调推理

若按推理过程中推出的结论是否越来越接近最终目标来划分，推理又分为单调推理与非单调推理。

单调推理是在推理过程中随着推理向前推进及新知识的加入，推出的结论越来越接近最终目标。

单调推理的推理过程中不会出现反复的情况，即不会由于新知识的加入否定前面推出的结论，从而使推理又退回到前面的某一步。本章将要介绍的基于经典逻辑的演绎推理属于单调性推理。

非单调推理是在推理过程中由于新知识的加入，不仅没有加强已推出的结论，反而要否定它，使推理退回到前面的某一步，然后重新开始。

非单调推理一般是在知识不完全情况下发生的。由于知识不完全，为使推理进行下去，就要先作某些假设，并在假设基础上进行推理。当以后由于新知识的加入发现原先的假设不正确时，就需要推翻该假设以及由此假设推出的所有结论，再用新知识重新进行推理。显然，默认推理是一种非单调推理。

在人们的日常生活及社会实践中，很多情况下进行的推理都是非单调推理。明斯基举了一个非单调推理的例子：当知道 $X$ 是一只鸟时，一般认为 $X$ 会飞，但之后又知道 $X$ 是企鹅，而企鹅是不会飞的，则取消先前加入的 $X$ 能飞的结论，而加入 $X$ 是不会飞的结论。

### 4. 启发式推理、非启发式推理

若按推理中是否运用与推理有关的启发性知识来划分，推理可分为启发式推理与非启发式推理。

如果推理过程中运用与推理有关的启发性知识，则称为启发式推理；否则称为非启发式推理。

所谓启发性知识是指与问题有关且能加快推理过程、求得问题最优解的知识。例如，推理的目标是要在脑膜炎、肺炎、流感这 3 种疾病中选择一个，又设有 $r_1$、$r_2$、$r_3$ 这 3 条产生式规则可供使用，其中 $r_1$ 推出的是脑膜炎，$r_2$ 推出的是肺炎，$r_3$ 推出的是流感。如果希望尽早排除脑膜炎这种危险疾病，应该先选用 $r_1$；如果本地区目前正在盛行流感，则应考虑首先选择 $r_3$。这里，"脑膜炎危险"及"目前正在盛行流感"是与问题求解有关的启发性信息。

### 3.4.3 冲突消解策略

在推理过程中，是不断将综合数据库中的知识与知识库中的知识相匹配的过程。对正向推理而言，如果有多条产生式规则的前提条件都与已知事实匹配成功，多个(组)已知事实与同一条规则匹配成功，或者多个(组)已知事实与综合数据库中的多条知识匹配冲突，则产生冲突。对逆向推理而言，如果多条产生式的结论都与同一假设匹配成功，或者多条产生式规则的结论与多个假设匹配成功，会产生冲突。冲突消解策略就是发生冲突时，如何消解冲突的方法。

冲突消解策略的主要任务是从多条匹配规则中选择出一条规则作为推理规则，用于当前的推理。对正向推理来说，选择一组已知事实和一条产生式规则进行匹配，用于推理，并产生推理的结论或执行相应的操作。对逆向推理而言，确定一个假设和一条产生式的结论部分相匹配，进行推理，推出相应的前提条件，将推出的新条件作为新的假设目标。

目前冲突消解策略的基本思想是对匹配成功的规则按某一标准进行排序，用以决定规则的优先级别，优先级高的规则较先被选择进行推理。常用的冲突消解策略如下。

(1) 按就近原则排序。

该策略把最近被使用过的规则赋予较高的优先级。这符合人类的行为规范，如果某知识或经验最近常被使用，则人们往往会优先考虑这个知识。

(2) 按已知事实的新鲜性排序。

在推理过程中，由于新事实的产生，综合数据库会不断改变。数据库中后生成的事实称为新鲜事实。一般认为，新鲜事实是对旧知识的更新和改进，比老知识更有效，即后生成的事实比先生成的事实具有较大的优先性。

(3) 按匹配度排序。

在不确定推理时，为了考察一条知识是否可用，通常需计算已知事实与规则前提条件的匹配程度。若匹配度大于某一阈值，则规则可用。匹配度不仅可确定两个知识模式是否可匹配，还可用于冲突消解。根据匹配程度来决定哪一个产生式规则优先被应用。

(4) 按领域问题特点排序。

该方法按照求解问题领域的特点将知识排成固定的次序。当领域问题有固定求解次序时，按该次序排列相应的知识，排在前面的知识优先被应用。当某些启发性知识被应用后明显地会有利于求解问题时，这些规则优先被应用。

(5) 按上下文限制排序。

该策略将知识按照所描述的上下文分成若干组，在推理过程中根据当前数据库中的已知事实与上下文的匹配情况，确定选择某组中的某条知识。匹配较好的知识相应就具有较高的优先级。该方法不仅能减少冲突的发生，而且也提高了推理效率。

(6) 按条件个数排序。

在多条规则生成结论相同的情况下，由于条件个数较少的规则匹配所花费的时间较少而且容易实现，所以将条件少的规则赋予较高的优先级，优先被启用。

(7) 按规则的次序排序。

该策略是以知识库中预先存入规则的排列顺序作为知识排序的依据，排在前面的规则具有较高的优先级。该方法在机器上实现比较容易。

除了以上介绍的几种冲突消解方法外，在实际系统中还有许多策略可使用，如按针对性排序、按特殊性排序等。在解决实际问题时，需根据实际问题领域的特点，选择一种策略或几种策略相组合来解决匹配冲突。选择策略的目标是提高求解效率、尽量避免冲突。

## 3.5 自然演绎推理

自然演绎推理是指从一组已知的事实出发，直接运用命题逻辑或谓词逻辑中的推理规则推出结论的过程。在这种推理中，最基本的规则是三段论推理，它包括假言推理、拒取式推理和假言三段论等。

在推理的过程中，用到了 $P$ 规则、$T$ 规则、CP 规则等。下面对这些规则进行一个简要的回顾。

(1) $P$ 规则。在推理的任何步骤都可引入前提。

(2) $T$ 规则。推理时，如果前面步骤中有一个或多个公式永真蕴含公式 $S$，则可把 $S$ 引入推理过程中。

(3) CP 规则。如果能从 $R$ 和前提集合中推导出 $S$，则可从前提集合推导出 $R \rightarrow S$。

假言推理的一般形式为

$$P, P \rightarrow Q \Rightarrow Q$$

假言推理表示如果谓词公式 $P$ 和 $P \rightarrow Q$ 为真，则可推导出结论 $Q$ 为真。

例如，已知"如果某个数能被 2 整除则该数是偶数"和"6 能被 2 整除"两条知识，则可推导出结论"6 是偶数"。

拒取式的一般形式为

$$P \rightarrow Q, \neg Q \Rightarrow \neg P$$

拒取式表示如果谓词公式 $P \rightarrow Q$ 和 $\neg Q$ 为真，则可导出结论 $\neg P$ 为真。

例如，已知"任何人违反了交通规则"，则"要受到罚款"和"我没有受到罚款"两条知识，则可推导出结论"我没有违反交通规则"。

在使用自然演绎推理方法进行推理时，一定要注意避免两类错误。一类为肯定后件错误。肯定后件的错误是指当 $P \rightarrow Q$ 为真，希望通过肯定后件 $Q$ 来推导出前件 $P$ 为真。例如，已知"如果 $S$ 是音乐系的学生，则 $S$ 至少会弹奏一种乐器"和肯定后件"张艺至少会弹奏一种乐器"，希望得到结论张艺是音乐系的学生。此时发生了肯定后件错误。因为张艺是其他院系的学生也可能会弹奏多种乐器。另一类为否定前件错误。否定前件的错误是指当 $P \rightarrow Q$ 为真，希望通过否定前件 $\neg P$ 来推导出后件 $\neg Q$ 为真。例如，已知"如果天下雨，则地上是湿的"和否定前件"如果天不下雨"，希望得到结论地上不湿。此时发生了否定前件错误。因为即使天不下雨，但是由于其他的原因有可能地上还是湿的，例如洒水车洒过水。

自然演绎推理是在已知领域内的一般性知识下，推导出适合某个具体情况的结论。这类推理只要小前提的判断正确，使用了正确的规则，推出的结论一定正确。

**例 3.1** 设已知以下事实

$$A, B, A \rightarrow C, \ B \wedge C \rightarrow D, \ D \rightarrow Q$$

求证：$Q$ 为真。

证明：$A, A \rightarrow C \Rightarrow C$　　　　假言推理

　　　　$B, C \Rightarrow B \wedge C$

　　　　$B \wedge C, B \wedge C \rightarrow D \Rightarrow D$　　假言推理

　　　　$D, D \rightarrow Q \Rightarrow Q$　　　　假言推理

所以，$Q$ 为真。

**例 3.2**　设已知事实：

(1)　只有勤学苦练的人，才会成为技术能手。

(2)　学习积极分子都是勤学苦练的人。

(3)　李明是学习积极分子。

求证：李明会成为技术能手。

证明：

(1)　定义谓词和常量。

Diligent($x$)　表示 $x$ 是勤学苦练的人

Master($x$)　表示 $x$ 是技术能手

Study($x$)　表示 $x$ 是学习积极分子

Liming　　　表示李明

(2)　将已知事实及待求解问题用谓词公式表示。

①　Diligent($x$)→Master($x$)

②　($\forall x$)(Study($x$)→Diligent($x$))

③　Study(Liming)

④　Master(Liming)

(3)　应用推理规则进行推理。

因为($\forall x$)(Study($x$)→Diligent($x$))

所以 Study($y$)→ Diligent($y$)

　　　　Study(Liming)，　Study($y$)→Diligent($y$) $\Rightarrow$　Diligent(Liming)

　　　　Diligent(Liming)，　Diligent($x$)→Master($x$) $\Rightarrow$ Master(Liming)

得证：李明会成为技术能手。

一般来说，由已知事实推出的结论可能有多个，只要其中包括待证明的结论，就认为问题得到了解决。

自然演绎推理的优点是推理过程自然，易于理解，拥有丰富的推理规则，推理过程灵活。其主要缺点是容易产生知识或规则的组合爆炸，推理过程中得到的中间结论一般呈指数式递增，对于大规模问题的推理这点是非常不利的。

## 3.6　归结演绎推理

1930 年，Herbrand 提出的 Herbrand 定理为定理证明提供了一种重要的解决途径。1965 年，鲁滨逊在 Herbrand 理论的基础上提出了一种基于逻辑反证法的机械化定理证明方法。

自动定理证明不仅能使许多数学问题的定理证明得到解决,而且可以使许多非数学问题(例如机器人、专家系统)等问题得到解决。定理证明即证明前提 $P$ 永真蕴含结论 $Q(P \Rightarrow Q)$。证明 $P \rightarrow Q$ 永真的一种途径是证明任何一个非空个体域上都是永真的,这种方法是很难实现的。鲁滨逊原理使定理证明的机械化变为现实。公式 $P \rightarrow Q$ 等价于 $\neg(P \land \neg Q)$,因此该问题的证明等价于证明 $P \land \neg Q$ 永假,即 $P \land \neg Q$ 是不可满足的。

本节首先讨论子句和子句集的概念,其次介绍鲁滨逊的归结原理,最后讲述如何用归结原理求解问题。

## 3.6.1 子句集及其化简

由于鲁滨逊归结原理是在子句集的基础上进行求解证明的,下面先介绍子句集的有关概念。

**1. 子句和子句集**

**定义 3.4** 不含有任何连接词的谓词公式称为原子谓词公式。

**定义 3.5** 原子谓词公式及其否定统称为文字。

例如,$P(x)$、$Q(x)$、$\neg P(x)$、$\neg Q(x)$ 都为文字。

**定义 3.6** 任何文字的析取式称为子句。

例如,$P(x) \lor Q(y)$、$P(x, f(x)) \lor Q(x, g(x))$ 都为子句。

**定义 3.7** 不包含任何文字的子句称为空子句。

由于空子句不含有任何文字,它不能被任何解释满足,所以空子句是永假式,是不可满足的。空子句一般可记为 □ 或 NIL。

**定义 3.8** 由子句或空子句构成的集合称为子句集。

**2. 子句集的化简**

在谓词逻辑中,任何一个谓词公式都可以通过应用等价关系及推理规则化成相应的子句集,从而能够比较容易地判定谓词公式的不可满足性。下面结合一个具体的例子说明把谓词公式化为子句集的步骤。

**例 3.3** 将下列谓词公式化为子句集:
$$(\forall x)((\forall y)P(x, y) \rightarrow \neg(\forall y)(Q(x, y) \rightarrow R(x, y)))$$

**解**

(1) 消去谓词公式中的"$\rightarrow$"和"$\leftrightarrow$"。

利用谓词公式的等价关系:
$$P \rightarrow Q \Leftrightarrow \neg P \lor Q$$
$$P \leftrightarrow Q \Leftrightarrow (P \land Q) \lor (\neg P \land \neg Q)$$

上例等价变换为
$$(\forall x)(\neg(\forall y)P(x, y) \lor \neg(\forall y)(\neg Q(x, y) \lor R(x, y)))$$

(2) "$\neg$"紧靠谓词。

利用下列等价关系把"$\neg$"移到紧靠谓词的位置上。

双重否定律     $\neg(\neg P) \Leftrightarrow P$

| | |
|---|---|
| 德·摩根律 | $\neg(P \wedge Q) \Leftrightarrow \neg P \vee \neg Q$ |
| | $\neg(P \vee Q) \Leftrightarrow \neg P \wedge \neg Q$ |
| 量词转化律 | $\neg(\exists x)P \Leftrightarrow (\forall x)\neg P$ |
| | $\neg(\forall x)P \Leftrightarrow (\exists x)\neg P$ |

将每个否定符号"¬"移到仅靠谓词的位置，使得每个否定符号最多只作用于一个谓词上。

上例等价变换为

$$(\forall x)((\exists y)\neg P(x,y) \vee (\exists y)(Q(x,y) \wedge \neg R(x,y)))$$

(3) 变量标准化。

所谓变量标准化就是重新命名变元，使每个量词采用不同的变元，从而使不同量词的约束变元有不同的名字。这是因为在任一量词辖域内，受到该量词约束的变元为一哑元(虚构变量)，它可以在该辖域内被另一个没有出现过的任意变元统一替代，而不改变谓词公式的值。

$$(\forall x)P(x) \equiv (\forall y)P(y)$$
$$(\exists x)P(x) \equiv (\exists y)P(y)$$

上例等价变换为

$$(\forall x)((\exists y)\neg P(x,y) \vee (\exists z)(Q(x,z) \wedge \neg R(x,z)))$$

(4) 消去存在量词。

消去存在分量词可以分两种情况：

① 若存在量词不出现在全称量词的辖域内，则用一个新的个体常量去取代。因为如原谓词公式为真，则总能找到一个个体常量，替换后仍然使谓词公式为真。这里的个体常量就是不含变量的Skolem函数。

② 若存在量词出现在全称量词的辖域内，此时要用 Skolem 函数替换受该存在量词约束的变元，从而消去存在量词。这里认为所存在的 $y$ 依赖于 $x$ 值，它们的依赖关系由Skolem函数所定义。

对于一般情况

$$(\forall x_1)(\forall x_2)\cdots(\forall x_n)(\exists y)P(x_1,x_2,\cdots,x_n,y)$$

存在量词 y 的 Skolem 函数记为

$$y = f(x_1, x_2, \cdots, x_n)$$

可见，Skolem 函数把每个 $x_1, x_2, \cdots, x_n$ 值，映射到存在的那个 $y$。

用 Skolem 函数代替每个存在量词量化的变量的过程称为 Skolem 化。Skolem 函数所使用的函数符号必须是新的。

对于上面的例子，存在量词 $\exists y$ 及 $\exists z$ 都位于全称量词 $(\forall x)$ 的辖域内，所以都需要用 Skolem 函数代替。设 $y$ 和 $z$ 的 Skolem 函数分别记为 $f(x)$ 和 $g(x)$，则替换后得到

$$(\forall x)(\neg P(x, f(x)) \vee (Q(x, g(x)) \wedge \neg R(x, g(x))))$$

(5) 化为前束形。

所谓前束形，就是把所有的全称量词都移到公式的前面，使每个量词的辖域都包括公式后的整个部分，即

$$\text{前束形}=(\text{前缀})\{\text{母式}\}$$

式中，(前缀)是全称量词串，{母式}是不含量词的谓词公式。

对于上面的例子，因为只有一个全称量词，而且已经位于公式的最左边，所以，这一步不需要做任何工作。

(6) 化为 Skolem 标准形。

Skolem 标准形的一般形式为

$$(\forall x_1)(\forall x_2)\cdots(\forall x_n)M$$

式中，$M$ 是句子的合取式，称为 Skolem 标准型的母式。

一般利用

$$P \vee (Q \wedge R) \Leftrightarrow (P \vee Q) \wedge (P \vee R)$$

或

$$P \wedge (Q \vee R) \Leftrightarrow (P \wedge Q) \vee (P \wedge R)$$

把谓词公式化为 Slolem 标准形。

对于上面例子，有

$$(\forall x)((\neg P(x,f(x)) \vee Q(x,g(x))) \wedge (\neg P(x,f(x)) \vee \neg R(x,g(x))))$$

(7) 消去全称量词。

由于公式中所有变量都是全称量词量化的变量，因此，可以省略全称量词。母式中的变量仍然认为是全称量词化的变量。

对于上面的例子，有

$$(\neg P(x,f(x)) \vee Q(x,g(x))) \wedge (\neg P(x,f(x)) \vee \neg R(x,g(x)))$$

(8) 消去合取词，把母式用子句集表示。

对于上面的例子有

$$\{\neg P(x,f(x)) \vee Q(x,g(x)), \neg P(x,f(x)) \vee \neg R(x,g(x))\}$$

(9) 子句变量标准化，即使每个子句中的变量符号不同。

由谓词公式的性质，有

$$(\forall x)(P(x) \wedge Q(x)) \equiv (\forall x)P(x) \wedge (\forall y)Q(y)$$

对于上面的例子，有

$$\{\neg P(x,f(x)) \vee Q(x,g(x)), \neg P(y,f(y)) \vee \neg R(y,g(y))\}$$

显然，在子句集中各子句之间是合取关系。

上面介绍了将谓词公式化为子句集的步骤。下面再举个例子进一步说明。

**例 3.4** 将下列谓词公式化为子句集，即

$$(\forall x)\{[\neg P(x) \vee \neg Q(x)] \rightarrow (\exists y)[S(x,y) \wedge Q(x)]\} \wedge (\forall x)[P(x) \vee B(x)]$$

**解**

(1) 消去蕴含符号，即

$$(\forall x)\{\neg[\neg P(x) \vee \neg Q(x)] \vee (\exists y)[S(x,y) \wedge Q(x)]\} \wedge (\forall x)[P(x) \vee B(x)]$$

(2) 把否定符号移到每个谓词前面，即

$$(\forall x)\{[P(x) \wedge Q(x)] \vee (\exists y)[S(x,y) \wedge Q(x)]\} \wedge (\forall x)[P(x) \vee B(x)]$$

(3) 变量标准化，即

$$(\forall x)\{[P(x) \wedge Q(x)] \vee (\exists y)[S(x,y) \wedge Q(x)]\} \wedge (\forall w)[P(w) \vee B(w)]$$

(4) 消去存在量词。

设 $y$ 的 Skolem 函数是 $f(x)$，则
$$(\forall x)\{[P(x) \wedge Q(x)] \vee [S(x, f(x)) \wedge Q(x)]\} \wedge (\forall w)[P(w) \vee B(w)]$$

(5) 化为前束型，即
$$(\forall x)(\forall w)\{\{[P(x) \wedge Q(x)] \vee [S(x, f(x)) \wedge Q(x)]\} \wedge [P(w) \vee B(w)]\}$$

(6) 化为 Skolem 标准型，即
$$(\forall x)(\forall w)\{\{[Q(x) \wedge P(x)] \vee [Q(x) \wedge S(x, f(x))]\} \wedge [P(w) \vee B(w)]\}$$
$$(\forall x)(\forall w)\{Q(x) \wedge [P(x) \vee S(x, f(x))] \wedge [P(w) \vee B(w)]\}$$

(7) 消去全称量词，即
$$Q(x) \wedge [P(x) \vee S(x, f(x))] \wedge [P(w) \vee B(w)]$$

(8) 消去合取词，把母式用子句集表示，即
$$\{Q(x), P(x) \vee S(x, f(x)), P(w) \vee B(w)\}$$

(9) 子句变量标准化，即使每个子句中的变量符号不同，有
$$\{Q(x), P(y) \vee S(y, f(y)), P(w) \vee B(w)\}$$

### 3.6.2 鲁滨逊归结原理

谓词公式 $F$，其对应的子句集为 $S$，公式 $F$ 不可满足的充要条件是 $S$ 不可满足。在子句集中，子句与子句之间的关系是合取的，若其中一个子句是不可满足的，则该子句集是不可满足的。由空子句的定义可知空子句是不可满足的，若一个子句集包含空子句，则该子句集一定是不可满足的。

鲁滨逊归结原理的基本思想：检查子句集 $S$ 中是否包含空子句，若包含，则 $S$ 不可满足；若不包含，就在子句集中选择合适的子句进行归结，一旦通过归结得到空子句，就说明 $S$ 是不可满足的。

下面分别给出命题逻辑及谓词逻辑中的归结原理。

**1. 命题逻辑中的归结原理**

**定义 3.9** 若 $P$ 是原子谓词公式，则称 $P$ 和 $\neg P$ 为互补文字。

**定义 3.10** 设 $C_1$ 与 $C_2$ 是子句集中的任意两个子句，如果 $C_1$ 的文字 $L_1$ 与 $C_2$ 中的文字 $L_2$ 互补，那么从 $C_1$ 和 $C_2$ 中分别消去 $L_1$ 和 $L_2$，并将两个子句中余下的部分析取，构成新子句 $C_{12}$，则称这个过程为归结，称 $C_{12}$ 为 $C_1$ 和 $C_2$ 的归结式，称 $C_1$ 和 $C_2$ 为 $C_{12}$ 的亲本子句。

**例 3.5** 设 $C_1 = P \vee R$ 和 $C_2 = \neg P \vee Q$，求其归结式 $C_{12}$。

**解** 由 $C_1$ 和 $C_2$ 中分别删除互补文字 $P$ 和 $\neg P$，得到归结式 $C_{12} = R \vee Q$。

$C_1$ 和 $C_2$ 两个被归结的子句可以写成：$\neg R \to P$，$P \to Q$，由三段论定理可得到 $\neg R \to Q$，即 $R \vee Q$。由此可看出三段论是归结的一个特例。

**例 3.6** 设 $C_1 = P$ 和 $C_2 = \neg P \vee Q$，求其归结式 $C_{12}$。

**解** 由 $C_1$ 和 $C_2$ 中分别删除互补文字 $P$ 和 $\neg P$，得到归结式 $C_{12} = Q$。

$C_1$ 和 $C_2$ 两个被归结的子句可以写成：$P$，$P \to Q$，由假言推理定理可得到 $Q$。由此可看出假言推理也是归结的一个特例。

**例 3.7** 设 $C_1 = P$ 和 $C_2 = \neg P$，求其归结式 $C_{12}$。

**解** 由 $C_1$ 和 $C_2$ 中分别删除互补文字 $P$ 和 $\neg P$，得到归结式 $C_{12} = \text{NIL}$。

**例 3.8** 设 $C_1 = \neg P \vee Q$，$C_2 = P \vee Q$，$C_3 = \neg Q \vee R$，求其归结式 $C_{123}$。

**解** 由 $C_1$ 和 $C_2$ 得 $C_{12} = Q$；由 $C_{12}$ 和 $C_3$ 得 $C_{123} = R$。

**定理 3.1** 归结式 $C_{12}$ 是其亲本子句 $C_1$ 和 $C_2$ 的逻辑结论。即如果 $C_1$ 和 $C_2$ 为真，则 $C_{12}$ 为真。

证明：设 $C_1 = L \vee C_1'$，$C_2 = \neg L \vee C_2'$，其中 $C_1'$ 和 $C_2'$ 是文字的析取式。

$$C_1 = L \vee C_1' \Leftrightarrow \neg C_1' \rightarrow L$$
$$C_2 = \neg L \vee C_2' \Leftrightarrow L \rightarrow C_2'$$
$$C_1 \wedge C_2 \Leftrightarrow \neg C_1' \rightarrow L \wedge L \rightarrow C_2' \Rightarrow \neg C_1' \rightarrow C_2' \Leftrightarrow C_1' \vee C_2' = C_{12}$$

所以 $C_1 \wedge C_2 \Rightarrow C_{12}$。

上述定理是归结原理中的一个重要定理，有它可得到以下两个推论。

**推论 3.1** 设 $C_1$ 与 $C_2$ 是子句集 $S$ 中的两个子句，$C_{12}$ 是它们的归结式，若用 $C_{12}$ 代替 $C_1$ 和 $C_2$ 后得到新子句集 $S_1$，则由 $S_1$ 的不可满足性可推出原子句集 $S$ 的不可满足性，即

$$S_1 \text{ 的不可满足性} \Rightarrow S \text{ 的不满足性}$$

**推论 3.2** 设 $C_1$ 与 $C_2$ 是子句集 $S$ 中的两个子句，$C_{12}$ 是它们的归结式，若 $C_{12}$ 加入 $S$ 后得到新子句集 $S_2$，则 $S$ 与 $S_2$ 在不可满足的意义上是等价的，即

$$S_2 \text{ 的不可满足性} \Leftrightarrow S \text{ 的不满足性}$$

以上两个推论表明，在证明子句集 $S$ 的不可满足性时，只要选择子句进行归结，并将归结式加入子句集 $S$，或者用归结式替代它的亲本子句，然后对新的子句集 $S'$ 进行归结。若经过归结能够归结出空子句，则说明原子句集 $S$ 不可满足。

**例 3.9** 设有子句集 $S = \{P, \neg P \vee R, \neg R \vee Q, \neg Q\}$。求证该子句集是不可满足的。

证明：

① $P$
② $\neg P \vee R$
③ $\neg R \vee Q$
④ $\neg Q$
⑤ $R$         ①与②归结
⑥ $\neg R$       ③与④归结
⑦ NIL     ⑤与⑥归结

### 2. 谓词逻辑中的归结原理

在命题逻辑中可以直接消去互补的文字，但在谓词逻辑中由于子句中含有变元，因此归结过程要复杂一些，需要对变元进行合一和置换后才能进行归结。例如，有子句 $C_1 = P(x) \vee Q(x)$ 和 $C_2 = \neg P(a) \vee R(y)$，若用最一般合一 $\sigma = \{a/x\}$ 进行置换后 $C_{1\sigma} = P(a) \vee Q(a)$、$C_{2\sigma} = \neg P(a) \vee R(y)$，$C_{1\sigma}$ 和 $C_{2\sigma}$ 中出现互补文字 $P(a)$ 和 $\neg P(a)$，消去互补文字可得到归结式 $Q(a) \vee R(y)$。

下面给出谓词逻辑中关于归结的定义。

**定义 3.11** 设 $C_1$ 和 $C_2$ 是两个没有相同变元的子句，$L_1$ 与 $L_2$ 分别是 $C_1$ 和 $C_2$ 中的文

字，若 $\sigma$ 是 $L_1$ 和 $\neg L_2$ 的最一般合一，则称
$$C_{12} = (C_{1\sigma} - \{L_{1\sigma}\}) \cup (C_{2\sigma} - \{L_{2\sigma}\})$$
为 $C_1$ 和 $C_2$ 的二元归结式，$L_1$ 和 $L_2$ 称为归结式上的文字。

**例 3.10** $C_1 = P(x) \vee Q(x)$，$C_2 = \neg P(a) \vee R(y)$，求其归结式 $C_{12}$。

**解** $L_1 = P(x)$，$L_2 = \neg P(a)$，则 $\sigma = \{a/x\}$ 是 $L_1$ 与 $\neg L_2$ 的最一般合一。

$C_{12} = (C_{1\sigma} - \{L_{1\sigma}\}) \cup (C_{2\sigma} - \{L_{2\sigma}\})$
$\quad = (\{P(a), Q(a)\} - \{P(a)\}) \cup (\{\neg P(a), R(y)\} - \{\neg P(a)\})$
$\quad = \{Q(a), R(y)\}$
$\quad = Q(a) \vee R(y)$

在上例中，把 $C_{1\sigma}$ 称为 $C_1$ 的因子。一般来说，若子句 $C$ 中有两个或两个以上的文字具有最一般的合一 $\sigma$，则称 $C_\sigma$ 为子句 $C$ 的因子。如果 $C_\sigma$ 是一个单文字，则称它为 $C$ 的单元因子。

应用因子概念，可对谓词逻辑中的归结原理给出以下定义。

**定义 3.12** 子句 $C_1$ 与 $C_2$ 的归结式是下列二元归结式之一。

① $C_1$ 与 $C_2$ 的二元归结式。
② $C_1$ 与 $C_2$ 的因子 $C_{2\sigma_2}$ 的二元归结式。
③ $C_1$ 的因子 $C_{1\sigma_1}$ 与 $C_2$ 的二元归结式。
④ $C_1$ 的因子 $C_{1\sigma_1}$ 与 $C_2$ 的因子 $C_{2\sigma_2}$ 的二元归结式。

与命题逻辑中的归结原理相同，对于谓词逻辑，归结式是它的亲本子句的逻辑结论。用归结式取代子句集的亲本子句所得到的新子句仍然保持着原子句集的不可满足性。

在归结的过程中，特别需要注意以下问题。

(1) 确保每个子句有不同的变元名，以免在归结的过程中产生不便或错误。

**例 3.11** $C_1 = P(a) \vee Q(x)$，$C_2 = \neg P(x) \vee R(b)$，求其归结式 $C_{12}$。

**解** 由于 $C_1$ 和 $C_2$ 有相同的变元 $x$，需要修改 $C_2$ 中的变元名字，令 $C_2 = \neg P(y) \vee R(b)$。
此时 $L_1 = P(a)$，$L_2 = \neg P(y)$，则 $\sigma = \{a/y\}$ 是 $L_1$ 与 $\neg L_2$ 的最一般合一。

$C_{12} = (C_{1\sigma} - \{L_{1\sigma}\}) \cup (C_{2\sigma} - \{L_{2\sigma}\})$
$\quad = (\{P(a), Q(x)\} - \{P(a)\}) \cup (\{\neg P(a), R(b)\} - \{\neg P(a)\})$
$\quad = \{Q(x), R(b)\}$
$\quad = Q(x) \vee R(b)$

(2) 如果参加归结的子句内部含有可合一的文字，则在进行归结之前先对这些文字进行合一。

**例 3.12** 有两个子句 $C_1 = P(x) \vee P(f(a)) \vee Q(x)$ 和 $C_2 = \neg P(y) \vee R(y)$，求其归结式 $C_{12}$。

**解** 由于 $C_1$ 中有可合一的文字 $P(x)$ 和 $P(f(a))$，它们的最一般合一为 $\sigma_1 = \{f(a)/x\}$，则
$$C_{1\sigma_1} = P(f(a)) \vee Q(f(a))$$

$C_{1\sigma_1}$ 中的文字 $L_1 = P(f(a))$ 和 $C_2$ 中的文字 $L_2 = \neg P(y)$ 是经代换可互补的文字。$L_1$ 与 $\neg L_2$ 的最一般合一是 $\sigma_2 = \{f(a)/y\}$。所以
$$C_{2\sigma_2} = P(f(a)) \vee R(f(a))$$

因此归结式 $C_{12} = Q(f(a)) \vee R(f(a))$。

(3) 在求归结式时，若两个子句中有两对可互补的文字，不能同时消去；否则会产生错误。

**例 3.13**  $C_1 = P(x) \vee \neg Q(b)$ 和 $C_2 = \neg P(a) \vee Q(y) \vee R(b)$，求其归结式 $C_{12}$。

**解**  $C_1$ 和 $C_2$ 通过最一般合一可以得到两对互补文字。但是，求归结式时不同时消去两个互补对。若同时消去两个互补对得到的结果不是二元归结式。令 $L_1 = P(x)$，$L_2 = \neg P(a)$，则 $\sigma = \{a/x\}$ 是 $L_1$ 和 $\neg L_2$ 的最一般合一。

$$C_{12} = (C_{1\sigma} - \{L_{1\sigma}\}) \cup (C_{2\sigma} - \{L_{2\sigma}\})$$
$$= (\{P(a), \neg Q(b)\} - \{P(a)\}) \cup (\{\neg P(a), Q(y), R(b)\} - \{\neg P(a)\})$$
$$= \{\neg Q(b), Q(y), R(b)\}$$
$$= \neg Q(b) \vee Q(y) \vee R(b)$$

### 3.6.3 用归结原理求解问题

归结原理给出了证明子句集不可满足的理论基础，其基本思想与数学中的反证法类似。对于给定的一个谓词公式集 $F$，要证明谓词公式集 $F$ 能导出目标公式 $G$。应用归结原理证明谓词公式的步骤如下。

(1) 否定结论 $G$，得到 $\neg G$。

(2) 将前提条件 $F$ 和 $\neg G$ 化为子句集 $S$。

(3) 应用归结原理，反复对子句集 $S$ 进行归结，若能归结出空子句，则证明子句集 $S$ 的不可满足性。从而证明了公式 $F \rightarrow G$ 为真。

应用归结原理证明定理的过程称为归结反演。

**例 3.14**  已知前提条件：$(\exists x)(R(x) \wedge (\forall y)(D(y) \rightarrow L(x,y)))$
$(\forall x)(R(x) \wedge (\forall y)(S(y) \rightarrow \neg L(x,y)))$

试证明可推导出结论：$(\forall x)(D(x) \rightarrow \neg S(x))$

**证明**  首先将前提条件和结论的否定式化为子句集：

① $R(a)$
② $\neg D(y) \vee L(a,y)$
③ $\neg R(x) \vee \neg S(u) \vee \neg L(x,u)$
④ $D(b)$
⑤ $S(b)$

应用归结原理进行归结：

⑥ $\neg S(u) \vee \neg L(a,u)$  ①与③归结 $\{a/x\}$
⑦ $L(a,b)$  ②与④归结 $\{b/y\}$
⑧ $\neg L(a,b)$  ⑤与⑥归结 $\{b/u\}$
⑨ NIL  ⑦与⑧归结

**例 3.15**  每个使用 Internet 的人都想从网络中获取信息。求证：如果网络没有信息就不会有人使用 Internet。

**证明**  (1) 定义谓词。

$U(x)$ 表示 $x$ 使用 Internet。

$G(u, v)$ 表示 $u$ 获取 $v$。

$I(y)$ 表示 $y$ 是信息。

(2) 将已知事实和结论用谓词表示法表示。

已知：$(\forall x)(U(x) \to (\exists y)(G(x,y) \land I(y)))$

结论：$\neg(\exists z)I(z) \to (\forall x)\neg U(x)$

(3) 将已知事实和结论的否定式化为子句集。

① $\neg U(x) \lor G(x, f(x))$

② $\neg U(u) \lor I(f(u))$

③ $\neg I(z)$

④ $U(a)$

(4) 将子句集进行归结。

⑤ $I(f(a))$      ②与④进行归结 $\{a/u\}$

⑥ NIL           ③与⑤进行归结 $\{f(a)/z\}$

归结原理不仅可以用于定理证明，而且也可以用来求取问题的答案。方法是定义一个新的谓词 ANSWER，加到目标公式的否定中，把新形成的子句加入子句集中进行归结，具体步骤如下。

(1) 把已知前提条件用谓词公式表示出来，并且化为子句集 $S$。

(2) 把待求解的问题用谓词公式表示出来，然后将其否定，并与谓词公式 ANSWER 构成析取式。ANSWER 是一个为了求解问题而专设的谓词，并且其变元必须与谓词公式中的变元一致。

(3) 将(2)中的析取式化为子句集，并且将该子句集并入到子句集 $S$ 中。得到子句集 $S'$。

(4) 对子句集 $S'$ 应用归结原理进行归结。

(5) 若得到归结式 ANSWER，则答案就在 ANSWER 中。

**例 3.16** 已知小张和小李是同班同学，如果 $x$ 和 $y$ 是同班同学，则 $x$ 上课的教室也是 $y$ 上课的教室。现在小张在 301 教室上课，请问小李在哪个教室上课？

**解**

(1) 定义谓词和个体。

$C(x, y)$ 表示 $x$ 和 $y$ 是同班同学

$A(x, z)$ 表示 $x$ 在 $z$ 教室上课

Zhang 表示个体小张

Li 表示个体小李

(2) 将已知事实和结论用谓词表示法表示。

已知： $C(\text{Zhang}, \text{Li})$

$(\forall x)(\forall y)(\forall z)(C(x,y) \land A(x,z) \to A(y,z))$

$A(\text{Zhang}, 301)$

求解：$\neg(\exists v)A(\text{Li}, v) \lor \text{ANSWER}(v)$

(3) 将已知事实和结论的否定式化为子句集。

① $C(\text{Zhang}, \text{Li})$

② $\neg C(x,y) \vee \neg A(x,z) \vee A(y,z)$
③ $A(\text{Zhang}, 301)$
④ $\neg A(\text{Li}, v) \vee \text{ANSWER}(v)$

(4) 将子句集进行归结。

⑤ $\neg A(\text{Zhang},z) \vee A(\text{Li},z)$  ①与②式归结 $\{\text{Zhang}/x, \text{Li}/y\}$
⑥ $A(\text{Li}, 301)$   ③与⑤式归结 $\{301/z\}$
⑦ $\text{ANSWER}(301)$   ④与⑥式归结 $\{301/v\}$

求得：小李在 301 教室上课。

由上面的例子可以看出，在归结过程中，一个子句可以多次被用来进行归结，也可以不被用来归结。在归结时并不一定要把子句集的全部子句都用到，只要在定理证明时能归结出空子句，在求解问题答案时能归结出 ANSWER 就可以了。

在归结过程中，需要解决的关键问题是如何在子句集中选择可归结的子句对进行归结。由于在归结之前不知按何种方案选择可归结子句对能够尽快地得到空子句。在一般情况下，只有对所有的子句逐个进行比较，直至得到空子句。但是上述的归结方法不仅耗时，而且会归结出许多无用的子句，造成时空的浪费，从而降低了求解效率。为此，人们提出了许多归结策略。这些归结策略大致可分为两大类：一类是删除策略；另一类是限制策略。前一类通过删除某些无用的句子来缩小归结范围，后一类通过对参数归结的句子进行种种限制，尽可能地减小归结的盲目性，使其尽可能地归结出空子句。关于归结策略可参见相关书籍。

## 3.7 不确定推理

前面几节讨论了建立在经典逻辑基础上的确定性推理。这是一种运用确定性知识，从确定的事实或证据进行精确推理得到确定性结论的推理方法。但现实世界中的事物以及事物之间的关系是极其复杂的。由于客观上存在的随机性、模糊性以及某些事物或现象暴露得不充分，导致人们对它们的认识往往是不精确、不完全的，具有一定程度的不确定性。这种认识上的不确定性反映到知识以及由观察所得到的证据上来，就分别形成了不确定性的知识及不确定性的证据。人们通常是在信息不完善、不精确的情况下运用不确定性知识进行思维、求解问题的，推出的结论也是不确定的。因此还必须对不确定性知识的表示及推理进行研究，这就是接下来将要讨论的不确定性推理。

下面首先讨论不确定性推理中的基本问题，然后在后面几节着重介绍基于概率论的有关理论发展起来的不确定性推理方法，主要介绍概率推理、主观贝叶斯方法、可信度方法和证据理论。

不确定性推理是从不确定性的初始证据出发，通过运用不确定性的知识，最终推出具有一定程度的不确定性，但却是合理或者近乎合理结论的思维过程。

在不确定性推理中，知识和证据都具有某种程度的不确定性，这就为推理机的设计与实现增加了复杂性和难度。它除了必须解决推理方向、推理方法、控制策略等基本问题外，一般还需要解决不确定性的表示与度量、不确定性匹配、不确定性的传递算法以及不确定性的合成等重要问题。

### 1. 不确定性的表示与度量

在不确定性推理中，"不确定性"一般分为两类：一是知识的不确定性；二是证据的不确定性。它们都要求有相应的表示方式和度量标准。

(1) 知识不确定性的表示。

知识的表示与推理是密切相关的两个方面，不同的推理方法要求有相应的知识表示模式与之对应。在不确定性推理中，由于要进行不确定性的计算，因而必须用适当的方法把不确定性及不确定的程度表示出来。

在确立不确定性的表示方法时，有两个直接相关的因素需要考虑：一是要能根据领域问题的特征把其不确定性比较准确地描述出来，满足问题求解的需要；二是要便于推理过程中对不确定性的推算。只有把这两个因素结合起来统筹考虑，相应的表示方法才是实用的。

目前，在专家系统中知识的不确定性一般是由领域专家给出的，通常是一个数值，它表示相应知识的不确定性程度，称为知识的静态强度。

静态强度可以是相应知识在应用中成功的概率，也可以是该条知识的可信程度或其他，其值的大小范围因其意义与使用方法的不同而不同。今后在讨论各种不确定性推理模型时，将具体地给出静态强度的表示方法及其含义。

(2) 证据不确定性的表示。

在推理中，有两种来源不同的证据：一种是用户在求解问题时提供的初始证据，例如患者的症状、化验结果等；另一种是在推理中用前面推出的结论作为当前推理的证据。对于前一种情况，即用户提供的初始证据，由于这种证据多来源于观察，因此通常是不精确、不完全的，即具有不确定性。对于后一种情况，由于所使用的知识及证据都具有不确定性，因此推出的结论当然也具有不确定性，当把它用作后面推理的证据时，它也是不确定性的证据。

一般来说，证据不确定性的表示方法应与知识不确定性的表示方法保持一致，以便于推理过程中对不确定性进行统一的处理。在有些系统中，为了便于用户的使用，对初始证据的不确定性与知识的不确定性采取了不同的表示方法，但这只是形式上的，在系统内部也作了相应的转换处理。

证据的不确定性通常也用一个数值表示。它代表相应证据的不确定性程度，称之为动态强度。对于初始证据，其值由用户给出；对于用前面推理所得结论作为当前推理的证据，其值由推理中不确定性的传递算法计算得到。

(3) 不确定性的度量。

对于不同的知识及不同的证据，其不确定性的程度一般是不相同的，需要用不同的数据表示其不确定性的程度，同时还需要事先规定它的取值范围，只有这样每个数据才会有确定的意义。例如，在专家系统 MYCIN 中，用可信度表示知识及证据的不确定性，取值范围为$[-1, 1]$。当可信度取大于零的数值时，其值越大表示相应的知识或证据越接近于"真"；当可信度的取值小于零时，其值越小表示相应的知识或证据越接近于"假"。

在确定一种度量方法及其范围时，应注意以下几点。

① 度量要能充分表达相应知识及证据不确定性的程度。

② 度量范围的指定应便于领域专家及用户对不确定性的估计。

③ 度量要便于对不确定性的传递进行计算，而且对结论算出的不确定性度量不能超

出度量规定的范围。

④ 度量的确定应当是直观的,同时应有相应的理论依据。

### 2. 不确定性匹配算法及阈值

推理是一个不断运用知识的过程。在这个过程中,为了找到所需的知识,需要用知识的前提条件与数据库中已知的证据进行匹配,只有匹配成功的知识才有可能被应用。

对于不确定性推理,由于知识和证据都具有不确定性,而且知识所要求的不确定性程度与证据实际具有的不确定性程度不一定相同,因此就出现了"怎么才算匹配成功"的问题。对于这个问题,目前常用的解决方法是,设计一个算法用来计算匹配双方相似的程度,另外再指定一个相似的"限度",用来衡量匹配双方相似的程度是否落在指定的限度内。如果落在指定的限度内,就称它们是可匹配的,相应知识可被应用;否则就称它们是不可匹配的,相应知识不可应用。上述用来计算匹配双方相似程度的算法称为不确定性匹配算法,用来指出相似的"限度"称为阈值。

### 3. 组合证据不确定性的算法

在基于产生式规则的系统中,知识的前提条件既可以是简单条件,也可以是用 AND 或 OR 把多个简单条件连接起来构成的复合条件。进行匹配时,一个简单条件对应于一个单一的证据,一个复合条件对应于一组证据,这一组证据称为组合证据。在不确定性推理中,由于结论的不确定性通常是通过对证据及知识的不确定性进行某种运算得到的,因而需要有合适的算法计算组合证据的不确定性。

即已知证据 $E_1$ 和 $E_2$ 的不确定性度量 $C(E_1)$ 和 $C(E_2)$,求证据 $E_1$ 和 $E_2$ 析取及合取的不确定性,即定义函数 $f_1$ 和 $f_2$ 使

$$C(E_1 \wedge E_2) = f_1(C(E_1), C(E_2))$$
$$C(E_1 \vee E_2) = f_4(C(E_1), C(E_2))$$

目前,关于组合证据不确定性的计算已经提出了多种方法,例如最大最小方法、Hamacher 方法、概率方法、有界方法和 Einstein 方法等。每种方法都有相应的适应范围和使用条件,例如概率方法只能在事件之间完全独立时使用。

最大最小法,有

$$C(E_1 \wedge E_2) = \min\{C(E_1), C(E_2)\}$$
$$C(E_1 \vee E_2) = \max\{C(E_1), C(E_2)\}$$

### 4. 不确定性的传递算法

不确定性推理的根本目的是根据用户提供的初始证据,通过运用不确定性知识,最终推出不确定性的结论,并推算出结论的不确定性程度。因此,需要解决下面两个问题。

(1) 在每一步推理中,如何把证据及知识的不确定性传递给结论。

(2) 在多步推理中,如何把初始证据的不确定性传递给最终结论。

也就是说,已知规则的前提 $E$ 的不确定性 $C(E)$ 和强度 $f(H,E)$,求假设 $H$ 的不确定性 $CF(H)$,即定义函数 $f_3$,使

$$C(H) = f_3(C(E), f(H,E))$$

对于第一个问题，在不同的不确定性推理方法中所采用的处理方法各不相同，这将在下面的几节中分别进行讨论。

对于第二个问题，各种方法所采用的处理方法基本相同，即把当前推出的结论及其不确定性度量作为证据放入数据库中，供以后推理使用。由于最初那一步推理的结论是用初始证据推出的，其不确定性包含初始证据的不确定性对它所产生的影响，因此当它又用作证据推出进一步的结论时，其结论的不确定性仍然会受到初始证据的影响。由此一步一步地进行推理，必然会把初始证据的不确定性传递给最终结论。

**5. 结论不确定性的合成**

推理中有时会出现这样一种情况：用不同知识进行推理得到了相同的结论，但不确定性的程度却不相同。此时，需要用合适的算法对它们进行合成。在不同的不确定性推理方法中所采用的合成方法各不相同。

即已知由两个独立的证据 $E_1$ 和 $E_2$ 求得的假设 $H$ 的不确定性度量 $C_1(H)$ 和 $C_2(H)$，求证据 $E_1$ 和 $E_2$ 的组合导致的假设 $H$ 的不确定性 $C(H)$，即定义函数 $f_4$，使

$$C(H) = f_4(C_1(H), C_2(H))$$

以上简要地列出了不确定性推理中一般应该考虑的一些基本问题，但这并不是说任何一个不确定性推理都必须包括上述各项内容。

长期以来，概率论的有关理论和方法都被用作度量不确定性的重要手段，因为它不仅有完善的理论，而且还为不确定性的合成与传递提供了现成的公式，因而它被最早用于不确定性知识的表示与处理，像这样纯粹用概率模型来表示和处理不确定此的方法称为纯概率方法或概率方法。

纯概率方法虽然有严密的理论依据，但它通常要求给出事件的先验概率和条件概率，而这些数据又不易获得，因此其应用受到了限制。为了解决这个问题，人们在概率理论的基础上发展起一些新的方法及理论，主要有主观贝叶斯方法、可信度方法、证据理论等。下面详细讨论几种简单且实用的不确定性推理方法。

## 3.8 概 率 推 理

设有以下产生式规则，即

If  E  Then  H

则证据(或前提条件)$E$ 不确定性的概率为 $P(E)$，概率方法不精确推理的目的就是求出在证据 $E$ 下结论 $H$ 发生的概率 $P(H|E)$。

把贝叶斯方法用于不精确推理的一个原始条件是：已知前提 $E$ 的概率 $P(E)$ 和 $H$ 的先验概率 $P(H)$，并已知 $H$ 成立时 $E$ 出现的条件概率 $P(E|H)$。如果只使用这一条规则作进一步推理，则使用以下最简形式的贝叶斯公式便可以从 $H$ 的先验概率 $P(H)$ 推得 $H$ 的后验概率，即

$$P(H|E) = \frac{P(E|H)P(H)}{P(E)} \tag{3-1}$$

若一个证据 $E$ 支持多个假设 $H_1$, $H_2$, $\cdots$, $H_n$，即

概率推理案例

$$\text{If } E \text{ Then } H_i, \quad i=1,2,\cdots,n$$

则可得以下贝叶斯公式，即

$$P(H_i \mid E) = \frac{P(H_i)P(E|H_i)}{\sum_{j=1}^{n} P(H_j)P(E \mid H_j)}, i=1,2,\cdots,n \tag{3-2}$$

若有多个证据 $E_1, E_2, \cdots, E_m$ 和多个结论 $H_1, H_2, \cdots, H_n$，并且每个证据都以一定的程度支持结论，则

$$P(H_i \mid E_1 E_2 \cdots E_m) = \frac{P(E_1 \mid H_i)P(E_2|H_i)\cdots P(E_m \mid H_i)P(H_i)}{\sum_{j=1}^{n} P(E_1 \mid H_j)P(E_2 \mid H_j)\cdots P(E_m \mid H_j)P(H_j)} \tag{3-3}$$

这时，只要已知 $H_i$ 的先验概率 $P(H_i)$ 及 $H_i$ 成立时证据 $E_1, E_2, \cdots, E_m$ 出现的条件概率 $P(E_1|H_i), P(E_2|H_i), \cdots, P(E_m|H_i)$，就可利用上述公式计算出在 $E_1, E_2, \cdots, E_m$ 出现情况下的 $H_i$ 条件概率 $P(H_i|E_1 E_2 \cdots E_m)$。

**例 3.17** 设 $H_1$、$H_2$、$H_3$ 为 3 个结论，$E$ 是支持这些结论的证据，且已知：

$P(H_1)=0.3, \quad P(H_2)=0.4, \quad P(H_3)=0.5$

$P(E|H_1)=0.5, \quad P(E|H_2)=0.3, \quad P(E|H_3)=0.4$

求：$P(H_1|E)$、$P(H_2|E)$ 及 $P(H_3|E)$ 的值。

**解**

$$P(H_1 \mid E) = \frac{P(H_1) \times P(E \mid H_1)}{P(H_1) \times P(E \mid H_1) + P(H_2) \times P(E \mid H_2) + P(H_3) \times P(E \mid H_3)}$$

$$= \frac{0.15}{0.15 + 0.12 + 0.2}$$

$$= 0.32$$

根据同一公式可求得

$$P(H_2|E)=0.26$$
$$P(H_3|E)=0.43$$

计算结果表明，由于证据 $E$ 的出现，$H_1$ 成立的可能性略有增加，而 $H_2$、$H_3$ 成立的可能性却有不同程度的下降。

**例 3.18** 已知：

$P(H_1)=0.4, \quad P(H_2)=0.3, \quad P(H_3)=0.3$

$P(E_1|H_1)=0.5, \quad P(E_1|H_2)=0.6, \quad P(E_1|H_3)=0.3$

$P(E_2|H_1)=0.7, \quad P(E_2|H_2)=0.9, \quad P(E_2|H_3)=0.1$

求：$P(H_1|E_1 E_2)$，$P(H_2|E_1 E_2)$ 及 $P(H_3|E_1 E_2)$ 的值。

**解** 根据式(3-3)可得

$P(H_1 \mid E_1 E_2) =$

$$\frac{P(E_1 \mid H_1)P(E_2|H_1)P(H_1)}{P(E_1 \mid H_1)P(E_2 \mid H_1)P(H_1) + P(E_1 \mid H_2)P(E_2 \mid H_2)P(H_2) + P(E_1 \mid H_3)P(E_2 \mid H_3)P(H_3)}$$

$=0.45$

同法计算可得

$$P(H_2|E_1E_2)=0.52$$
$$P(H_3|E_1E_2)=0.03$$

从以上计算可以看出，由于证据 $E_1$ 和 $E_2$ 的出现，使 $H_1$ 和 $H_2$ 成立的可能性有不同程度的增加，而 $H_3$ 成立的可能性下降了。

概率推理方法的优点是具有较强的理论基础和较好的数学描述，当证据和结论彼此独立时，计算不太复杂。其缺点是要求给出结论 $H_i$ 的先验概率 $P(H_i)$ 及证据 $E_j$ 的条件概率 $P(E_j|H_i)$，尽管有些时候 $P(E_j|H_i)$ 比 $P(H_i|E_j)$ 容易得到，但总体来说，要想获得这些概率数据却是相当困难的。此外，贝叶斯公式的应用条件相当严格，即要求各事件彼此独立。如果证据间存在依赖关系，就不能直接采用这种方法。

## 3.9 主观贝叶斯表示方法

直接用贝叶斯公式求 $H_i$ 在存在证据 $E$ 时的概率 $P(H_i|E)$，需要给出结论 $H$ 的先验概率 $P(H_i)$ 及证据 $E$ 的条件概率 $P(E|H_i)$。对于实际应用，这是不易做到的。R.O.Duda 等在贝叶斯公式的基础上，于 1976 年提出了主观贝叶斯方法，建立了不确定性推理模型，并成功地将这种方法应用于地矿勘测系统 PROSPECTOR 中。在这种方法中，引入了两个数值(LS，LN)，前者体现规则成立的充分性，后者则表现了规则成立的必要性，这种表示既考虑了事件 $A$ 的出现对其结果 $B$ 的支持，又考虑了 $A$ 的不出现对 $B$ 的影响。

### 3.9.1 知识的不确定性的表示

在主观贝叶斯方法中，知识是用产生式规则表示的，具体形式为

If　　$E$　　Then　(LS，LN)　$H$

式中，$E$ 为该知识的前提条件(证据)，它既可以是一个简单条件，也可以是复合条件；$H$ 为结论，$H$ 的先验概率是 $P(H)$，它指出在没有任何证据情况下结论 $H$ 为真的概率，即 $H$ 的一般可能性。其值由领域专家根据以往的实践及经验给出；(LS，LN)为规则强度。其值由领域专家给出。LS、LN 相当于知识的静态强度。其中 LS 称为规则成立的充分性量度(充分性因子)，用于指出 $E$ 对 $H$ 的支持程度，取值范围为[0, +∞)，其定义为

$$LS = \frac{P(E|H)}{P(E|\neg H)}$$

LN 为规则成立的必要性度量(必要性因子)，用于指出¬$E$ 对 $H$ 的支持程度，即 $E$ 对 $H$ 为真的必要性程度，取值范围为[0, +∞)，其定义为

$$LN = \frac{P(\neg E|H)}{P(\neg E|\neg H)} = \frac{1-P(E|H)}{1-P(E|\neg H)}$$

(LS，LN)既考虑了证据 $E$ 的出现对其结论 $H$ 的支持，又考虑了证据 $E$ 的不出现对其结论 $H$ 的影响。

主观贝叶斯方法的不精确推理过程就是根据前提 $E$ 的概率 $P(E)$，利用规则的 LS 和 LN，把结论 $H$ 的先验概率 $P(H)$ 更新为后验概率 $P(H|E)$ 的过程。

为了简单起见，引入几率函数 $O(X)$，它与概率函数 $P(X)$ 的关系为

$$O(X) = \frac{P(X)}{1-P(X)} \qquad P(X) = \frac{O(X)}{1+O(X)}$$

几率函数是证据 $X$ 出现概率与不出现概率之比，显然，$P(X)$ 与 $O(X)$ 有相同的单调性。即若 $P(X_1)<P(X_2)$，则 $O(X_1)<O(X_2)$，只是 $P(X) \in [0, 1]$，$O(X) \in [0, +\infty)$，而且，当 $P(X)=0$ 时，$O(X)=0$；当 $P(X)=1$ 时，$O(X)=\infty$；这样相当于将取值为 $[0, 1]$ 的 $P(X)$ 放大为取值为 $[0, +\infty)$ 的 $O(X)$。

由 LS 的定义，以及 $P(X)$ 和 $O(X)$ 的关系式，可得到
$$O(H/E) = \text{LS} \times O(H)$$
$$O(H/\neg E) = \text{LN} \times O(H)$$

上两式就是修改的贝叶斯公式。由这两个公式可以看出，LS 表示 $E$ 为真时，对 $H$ 为真的影响程度，表示规则 $E \rightarrow H$ 成立充分性。LN 表示 $E$ 为假时，对 $H$ 为真的影响程度，表示规则 $E \rightarrow H$ 的必要性。当 $E$ 为真时，可利用 LS 将 $H$ 的先验几率 $O(H)$ 更新为后验几率 $O(H|E)$；当 $E$ 为假时，可利用 LN 将 $H$ 的先验几率 $O(H)$ 更新为后验几率 $O(H/\neg E)$。

表 3-1 给出 LS 和 LN 的几个特殊值，有助于进一步理解它们的含义。

由 LS、LN 的定义知，LS、LN 均不小于 0，而且 LS 和 LN 不是独立取值的；不可以 $E$ 支持 $H$ 的同时 $\neg E$ 也支持 $H$，即不允许 LS 和 LN 两者同时大于 1，类似地，也不允许 LS 和 LN 两者同时小于 1。

在实际系统中，LS 和 LN 的值是由专家凭经验以及上述原则给出的，而不是依 LS 和 LN 的定义来计算的，见表 3.1。

**表 3.1　LS 和 LN 的取值**

| | | |
|---|---|---|
| LS | =1 | 当 $O(H/E)=O(H)$ 时，表明 $E$ 的出现对 $H$ 没有影响 |
| | >1 | 当 $O(H/E)>O(H)$，即 $E$ 支持 $H$，而且 LS 越大，$P(H/E)$ 就越大，即 $E$ 对 $H$ 为真的支持越强，当 LS→∞ 时，$O(H/E)$→∞，即 $P(H/E)$→1，表明由于证据 $E$ 的存在，将导致 $H$ 为真，由此可见，$E$ 的存在对 $H$ 为真是充分的，故称 LS 为充分性量度 |
| | <1 | 当 $O(H/E)<O(H)$，即 $E$ 不支持 $H$，将导致 $H$ 为真的可能性下降 |
| | =0 | 由于证据 $E$ 的存在，将使 $H$ 为假 |
| LN | =1 | 当 $O(H/\neg E)=O(H)$ 时，表明 $\neg E$ 的出现对 $H$ 没有影响 |
| | >1 | 当 $O(H/\neg E)>O(H)$，即 $\neg E$ 支持 $H$，表明由于证据 $E$ 不存在，将增大结论 $H$ 为真的概率，而且 LN 越大，$P(H/\neg E)$ 就越大，即 $\neg E$ 对 $H$ 为真的支持越强。当 LN→∞，$O(H/\neg E)$→∞，即 $P(H/\neg E)$→1，表明由于证据 $E$ 不存在，将导致 $H$ 为真 |
| | <1 | 当 $O(H/\neg E)<O(H)$，即 $\neg E$ 不支持 $H$，表明由于证据 $E$ 不存在，将使 $H$ 为真的可能性下降，或者说由于证据 $E$ 不存在，将完全不支持 $H$ 为真。由此可以看出 $E$ 对 $H$ 为真的必要性 |
| | =0 | 由于证据 $\neg E$ 的存在，将使 $H$ 为假 |

### 3.9.2　证据的不确定性的表示

在主观贝叶斯方法中，证据的不确定性也是用概率表示的。例如，对于初始证据 $E$，

由用户根据观察 $S$ 给出 $P(E/S)$，它相当于动态强度。由于 $P(E/S)$ 的给出相当困难，因此在具体的应用系统中往往采用适当的变通方法。例如，在专家系统中引进可信度的概念，让用户在-5~5 之间的 11 个整数中根据实际情况选一个数作为初始证据的可信度，表示他对所提供的证据可以相信的程度。可信度 $C(E/S)$ 与概率 $P(E/S)$ 的对应关系如下。

$C(E/S)=-5$，表示在观察 $S$ 下证据 $E$ 肯定不存在，即 $P(E/S)=0$。

$C(E/S)=0$，表示 $S$ 与 $E$ 无关，即 $P(E/S)=P(E)$。

$C(E/S)=5$，表示在观察 $S$ 下证据 $E$ 肯定存在，即 $P(E/S)=1$。

$C(E/S)$ 为其他数时与 $P(E/S)$ 的对应关系，可通过对上述 3 点进行分段线性插值得到，如图 3-13 所示。

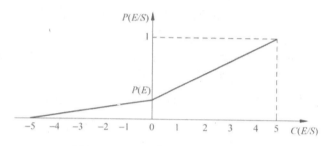

图 3-13  $C(E/S)$ 与 $P(E/S)$ 的对应关系

由图 3-13 可得到以下 $C(E/S)$ 与 $P(E/S)$ 的关系式，即

$$P(E/S) = \begin{cases} \dfrac{C(E/S) + P(E) \times (5 - C(E/S))}{5} & 0 \leqslant C(E/S) \leqslant 5 \\ \dfrac{P(E) \times (C(E/S) + 5)}{5} & -5 \leqslant C(E/S) < 0 \end{cases}$$

这样，用户只要对初始证据给出相应的可信度 $C(E/S)$，就可由系统将它转换为相应的 $P(E/S)$。

### 3.9.3  不确定性的传递算法

在主观贝叶斯方法的知识表示中，$P(H)$ 是专家对结论 $H$ 给出的先验概率，它是在没有考虑任何证据情况下根据经验给出的。随着新证据的获得，对 $H$ 的信任程度应该有所改变。主观贝叶斯方法推理的任务就是根据证据 $E$ 的概率 $P(E)$ 及 LS、LN 的值，把 $H$ 的先验概率 $P(H)$ 更新为后验概率 $P(H/E)$ 或 $P(H/\neg E)$。

由于一条知识所对应的证据是肯定存在的，或者是肯定不存在的，或者是不确定的，而且在不同情况下确定后验概率的方法不同，所以下面分别进行讨论。

#### 1. 证据肯定存在的情况

在证据 $E$ 肯定存在时，把先验几率 $O(H)$ 更新为后验几率 $O(H/E)$ 的计算公式为

$$O(H/E) = \text{LS} \times O(H) \tag{3-4}$$

如果将式(3-4)换成概率，就可以得到

$$P(H/E) = \frac{\text{LS} \times P(H)}{(\text{LS}-1) \times P(H) + 1} \tag{3-5}$$

这是把先验概率 $P(H)$ 更新为后验概率 $P(H/E)$ 的计算公式。

例如，设有规则 If $E$ Then (10，1) $H$，已知 $P(H)$=0.03，并且证据 $E$ 肯定存在，可以计算得到 $P(H/E)$=0.24。

### 2. 证据肯定不存在的情况

在证据 $E$ 肯定不存在时，把先验几率 $O(H)$ 更新为后验几率 $O(H/\neg E)$ 的计算公式为

$$O(H/\neg E) = \text{LN} \times O(H) \tag{3-6}$$

如果将式(3-6)换成概率，就可以得到

$$P(H/\neg E) = \frac{\text{LN} \times P(H)}{(\text{LN}-1) \times P(H) + 1} \tag{3-7}$$

这是把先验概率 $P(H)$ 更新为后验概率 $P(H/\neg E)$ 的计算公式。

例如，设有规则 If $E$ Then (1，0.002) $H$，已知 $P(H)$=0.3，并且证据 $E$ 肯定不存在，则 $P(H/\neg E)$=0.00086。

### 3. 证据不确定的情况

上面讨论了在证据肯定存在和肯定不存在的情况下把 $H$ 的先验概率更新为后验概率的方法。在现实中，这种证据肯定存在和肯定不存在的极端情况是不多的，更多的是介于两者之间的不确定情况。因为对初始证据来说，由于用户对客观事物或现象的观察是不精确的，因此所提供的证据是不确定的，另外，一条知识的证据往往来源于由另一条知识推出的结论，一般也具有某种程度的不确定性。例如，用户告知只有 60%的把握说明证据是真的，这就表示初始证据为真的程度为 0.6，即 $P(E/S)$=0.6，这里 $S$ 是对 $E$ 的有关观察。现在要在 $0<P(E/S)<1$ 的情况下确定 $H$ 的后验概率 $P(H/S)$。

在证据不确定的情况下，不能再用上面的公式计算后验概率，而要用杜达等于 1976年证明的下列公式计算后验概率，即

$$P(H/S) = P(H/E) \times P(E/S) + P(H/\neg E) \times P(\neg E/S)$$

下面分 4 种情况讨论这个公式。

(1) 当 $P(E/S)$=1 时，$P(\neg E/S)$=0，此时

$$P(H/S) = P(H/E) = \frac{\text{LS} \times P(H)}{(\text{LS}-1) \times P(H) + 1}$$

这就是证据肯定存在的情况。

(2) 当 $P(E/S)$=0 时，$P(\neg E/S)$=1，此时

$$P(H/S) = P(H/\neg E) = \frac{\text{LN} \times P(H)}{(\text{LN}-1) \times P(H) + 1}$$

这就是证据肯定不存在的情况。

(3) 当 $P(E/S)$=$P(E)$ 时，表示 $E$ 与 $S$ 无关，利用全概率公式可得

$$P(H/S) = P(H/E) \times P(E) + P(H/\neg E) \times P(\neg E) = P(H)$$

(4) 当 $P(E/S)$ 为其他值时，通过分段线性插值就可得计算 $P(H/S)$ 的公式，如图 3-14 所示。

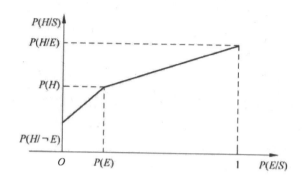

图 3-14　EH 公式的分段线性插值

$$P(H/S)=\begin{cases}P(H/\neg E)+\dfrac{P(H)-P(H/\neg E)}{P(E)}\times P(E/S) & 0\leqslant P(E/S)<P(E)\\ P(H)+\dfrac{P(H/E)-P(H)}{1-P(E)}\times[P(E/S)-P(E)] & P(E)<P(E/S)\leqslant 1\end{cases}$$

该公式称为 EH 公式。

对于初始证据，由于其不确定性是用可信度 $C(E/S)$ 给出的，此时只要把 $P(E/S)$ 与 $C(E/S)$ 的对应关系转换公式代入 EH 公式，就可得到用可信度 $C(E/S)$ 计算 $P(E/S)$ 的公式

$$P(H/S)=\begin{cases}P(H/\neg E)+[P(H)-P(H/\neg E)]\times\left[\dfrac{1}{5}C(E/S+1)\right] & C(E/S)\leqslant 0\\ P(H)+[P(H/E)-P(H)]\times\dfrac{1}{5}C(E/S) & C(E/S)>0\end{cases}$$

该公式称为 CP 公式。

这样，当用初始证据进行推理时，根据用户告知的 $C(E/S)$，通过运用 CP 公式就可以求出 $P(E/S)$；当用推理过程中得到的中间结论作为证据进行推理时，通过运用 EH 公式就可求出 $P(E/S)$。

**4. 组合证明的情况**

当组合证据是多个单一证据的合取时，即

$$E=E_1 \text{ and } E_2 \text{ and } \cdots \text{ and } E_n$$

时，如果已知 $P(E_1/S)$，$P(E_2/S)$，$\cdots$，$P(E_n/S)$，则

$$P(E/S)=\min\{P(E_1/S), P(E_2/S), \cdots, P(E_n/S)\}$$

当组合证据 $E$ 是多个单一证据的析取时，即

$$E=E_1 \text{ or } E_2 \text{ or } \cdots \text{ or } E_n$$

时，如果已知 $P(E_1/S)$，$P(E_2/S)$，$\cdots$，$P(E_n/S)$，则

$$P(E/S)=\max\{P(E_1/S), P(E_2/S), \cdots, P(E_n/S)\}$$

"非"运算用下式计算，即

$$P(\neg E/S)=1-P(E/S)$$

## 3.9.4 结论不确定性的合成

若有 $n$ 条知识都支持相同的结论,而且每条知识的前提条件分别是 $n$ 个相互独立的证据 $E_i(i=1,2,\cdots,n)$,而这些证据又分别都有相应的观察 $S_i$ 与之对应,此时只要先对每条知识分别求出 $H$ 的后验几率 $O(H/S_i)$,然后就可运用下述公式求出 $O(H/S_1, S_2, \cdots, S_n)$

$$O(H/S_1, S_2, \cdots, S_n) = \frac{O(H/S_1)}{O(H)} \times \frac{O(H/S_2)}{O(H)} \times \cdots \times \frac{O(H/S_n)}{O(H)} \times O(H) \tag{3-8}$$

$$P(H/S_1, S_2, \cdots, S_n) = \frac{O(H/S_1, S_2, \cdots, S_n)}{1 + O(H/S_1, S_2, \cdots, S_n)} \tag{3-9}$$

下面通过一个例子来进一步说明主观贝叶斯方法的推理过程。

**例 3.19** 设有如下知识,即

$R_1$: IF $E_1$ THEN (2, 0.001) $H_1$
$R_2$: IF $E_2$ THEN (100, 0.001) $H_1$
$R_3$: IF $H_1$ THEN (200, 0.01) $H_2$

已知 $O(H_1) = 0.1$,$O(H_2) = 0.01$,$C(E_1/S_1) = 2$,$C(E_2/S_2) = 1$。

求出 $O(H_2/S_1, S_2)$。

**解** 根据题意建立如图 3-15 所示的推理网络。

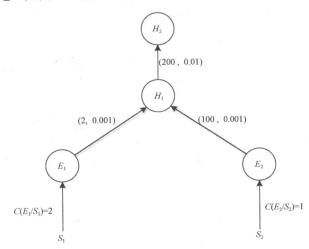

图 3-15 例 3.19 的推理网络

(1) 计算 $O(H_1/S_1)$,有

$$P(H_1) = \frac{O(H_1)}{1 + O(H_1)} = \frac{0.1}{1 + 0.1} \approx 0.09$$

$$P(H_1/E_1) = \frac{O(H_1/E_1)}{1 + O(H_1/E_1)} = \frac{LS_1 \times O(H_1)}{1 + LS_1 \times O(H_1)} = \frac{2 \times 0.1}{1 + 2 \times 0.1} \approx 0.17$$

因为

$$C(E_1/S_1) = 2 > 0$$

所以使用 CP 公式的后半部计算 $P(H_1/S_1)$。

$$P(H_1/S_1) = P(H_1) + [P(H_1/E_1) - P(H_1)] \times \frac{1}{5} C(E_2/S_1)$$

$$= 0.09 + [0.17 - 0.09] \times \frac{2}{5} = 0.122$$

$$O(H_1/S_1) = \frac{P(H_1/S_1)}{1 - P(H_1/S_1)} = \frac{0.122}{0.878} \approx 0.14$$

(2) 计算 $O(H_1/S_2)$。

由上面的计算得知 $P(H_1) = 0.09$。

$$P(H_1/E_2) = \frac{O(H_1/E_2)}{1 + O(H_1/E_2)} = \frac{LS_2 \times O(H_1)}{1 + LS_2 \times O(H_1)} = \frac{100 \times 0.1}{1 + 100 \times 0.1} \approx 0.91$$

因为

$$C(E_2/S_2) = 1 > 0$$

所以使用 CP 公式的后半部计算 $P(H_1/S_2)$。

$$P(H_1/S_2) = P(H_1) + [P(H_1/E_2) - P(H_1)] \times \frac{1}{5} C(E_2/S_2)$$

$$= 0.09 + [0.91 - 0.09] \times \frac{1}{5} = 0.254$$

$$O(H_1/S_2) = \frac{P(H_1/S_2)}{1 - P(H_1/S_2)} = \frac{0.254}{1 - 0.254} \approx 0.34$$

(3) 计算 $O(H_1/S_1, S_2)$。

$$O(H_1/S_1, S_2) = \frac{O(H_1/S_1)}{O(H_1)} \times \frac{O(H_1/S_2)}{O(H_1)} \times O(H_1) = \frac{0.14}{0.1} \times \frac{0.34}{0.1} \times 0.1 = 0.476$$

(4) 计算 $P(H_2/S_1, S_2)$ 及 $O(H_2/S_1, S_2)$。

为了确定应用 EH 公式的哪一部分,需要判断 $P(H_1)$ 与 $P(H_1/S_1, S_2)$ 的大小关系。

因为

$$O(H_1/S_1, S_2) = 0.476 \quad O(H_1) = 0.1$$

显然, $\quad O(H_1/S_1, S_2) > O(H_1)$

所以选用 EH 公式的后半部分,即有

因为

$$P(H_2) = \frac{O(H_2)}{1 + O(H_2)} = \frac{0.01}{1 + 0.01} \approx 0.01$$

$$P(H_1/S_1, S_2) = \frac{O(H_1/S_1, S_2)}{1 + O(H_1/S_1, S_2)} = \frac{0.476}{1.476} \approx 0.32$$

$$P(H_2/H_1) = \frac{O(H_2/H_1)}{1 + O(H_2/H_1)} = \frac{LS_3 \times O(H_2)}{1 + LS_3 \times O(H_2)} = \frac{200 \times 0.01}{1 + 200 \times 0.01} \approx 0.67$$

所以

$$P(H_2/S_1, S_2) = 0.01 + \frac{0.32 - 0.09}{1 - 0.09} \times (0.67 - 0.01) \approx 0.01 + 0.165 = 0.175$$

$$O(H_2/S_1,S_2) = \frac{P(H_2/S_1,S_2)}{1+P(H_2/S_1,S_2)} = \frac{0.175}{1-0.175} \approx 0.212$$

$H_2$ 原先的几率是 0.01，通过运用知识 $R_1$，$R_2$，$R_3$ 及初始证据的可信度 $C(E/S_1)$，$C(E/S_2)$ 进行推理，最后算出 $H_2$ 的几率是 0.212，相当于几率增加了 20 多倍。

### 3.9.5 主观贝叶斯方法的特点

#### 1. 主观贝叶斯方法的主要优点

(1) 主观贝叶斯方法中的计算公式大多数是在概率论的基础上推导出来的，具有较坚实的理论基础。

(2) 知识的静态强度 LS 及 LN 是由领域专家根据实践经验给出的，这就避免了大量的数据统计工作。另外，它既用 LS 指出了证据 $E$ 对结论 $H$ 的支持程度，又用 LN 指出了 $E$ 对 $H$ 的必要性程度，这就比较全面地反映了证据与结论间的因果关系，符合现实世界中某些领域的实际情况，使推出的结论有较准确的确定性。

(3) 主观贝叶斯方法不仅给出了在证据肯定存在或肯定不存在情况下由 $H$ 的先验概率更新为后验概率的方法，而且还给出了在证据不确定情况下更新先验概率为后验概率的方法。另外，由其推理过程可以看出，它确实实现了不确定性的逐级传递。因此，可以说主观贝叶斯方法是一种比较实用且较灵活的不确定性推理方法。

#### 2. 主观贝叶斯方法的主要缺点

(1) 要求领域专家在给出知识的同时给出 $H$ 的先验概率 $P(H)$，这是比较困难的。

(2) 贝叶斯方法中关于事件间独立性的要求使主观贝叶斯方法的应用受到了一定的限制。

## 3.10 可信度方法

可信度方法是肖特里菲(Shortliffe)等在确定性理论基础上结合概率论等理论提出的一种不精确推理模型，它对许多实际应用都是一个合理而有效的推理模式。它首先在专家系统 MYCIN 中得到了成功的应用。由于该方法比较直观、简单，而且效果也比较好，因此受到人们的重视。目前，许多专家系统都是基于这个方法建造起来的。

### 3.10.1 基于可信度的不确定表示

根据经验对一个事物或现象为真的(相信)程度称为可信度。可信度也称为确定性因子。在 MYCIN 专家系统中，不确定性用可信度表示，知识用产生式规则表示。每条规则和每个证据都具有一个可信度。

显然，可信度具有较大的主观性和经验性。其准确性是难以把握的。但是，对于某个具体领域而言，由于该领域的专家具有丰富的专业知识和实践经验，要给出该领域知识的可信度还是完全有可能的。另外，人工智能所面临的问题，通常都较难用精确的数学模型进行描述，而且先验概率及条件概率的确定也比较困难，因此，用可信度来表示知识及证据的不确定性仍然不失为一种可行的方法。

### 1. 知识不确定性的表示

在可信度方法中，不精确推理规则的一般形式为

$$\text{If } E \text{ Then } H \ (CF(H, E)) \tag{3-10}$$

式中，$CF(H,E)$ 为该规则的可信度，称为可信度因子或规则强度。$CF(H,E)$ 的取值范围为 $[-1，1]$，它指出当前提条件 $E$ 所对应的证据为真时，它对结论 $H$ 为真的支持程度，$CF(H,E)$ 的值越大，就越支持结论 $H$ 为真。

$CF(H,E)>0$，则表示该证据增加了结论为真的程度。若 $CF(H,E)=1$，则表示该证据使结论为真，$CF(H,E)$ 的值越大，就越支持结论 $H$ 为真。反之，若 $CF(H,E)<0$，则表示该证据增加了结论为假的程度，且 $CF(H,E)$ 的值越小，结论 $H$ 越假。$CF(H,E)=-1$ 表示该证据使结论为假。$CF(H,E)=0$，表示证据 $E$ 和结论 $H$ 没有关系。

**定义 3.13**

$$CF(H,E) = MB(H,E) - MD(H,E) \tag{3-11}$$

式中，MB(Measure Belief)称为信任增长度，表示因为前提 $E$ 匹配的证据出现，使结论 $H$ 为真的信任增加程度，即当 $MB(H, E)>0$ 时，有 $P(H|E)>P(H)$。MD(Measure Disbelief)为不信任增长度，表示因为前提 $E$ 匹配的证据出现，对结论 $H$ 为假的信任增加的程度，即当 $MD(H,E) > 0$ 时，有 $P(H|E) < P(H)$。

**定义 3.14**

$$MB(H,E) = \begin{cases} 1 & \text{若}P(H) = 1 \\ \dfrac{\max\{P(H|E), P(H)\} - P(H)}{1 - P(H)} & \text{其他} \end{cases} \tag{3-12}$$

**定义 3.15**

$$MD(H,E) = \begin{cases} 1 & \text{若}P(H) = 0 \\ \dfrac{\min\{P(H|E), P(H)\} - P(H)}{-P(H)} & \text{其他} \end{cases} \tag{3-13}$$

下面讨论 MB，MD 和 CF 的性质。

(1) $0 \leqslant MB(H，E) \leqslant 1$
$0 \leqslant MD(H，E) \leqslant 1$
$-1 \leqslant CF(H，E) \leqslant 1$

(2) 若 $MB(H,E) > 0$，$MD(H,E) = 0$，则 $CF(H,E) = MB(H,E)$。
若 $MD(H,E) > 0$，$MB(H,E) = 0$，则 $CF(H,E) = -MD(H,E)$。

称这种性质为 MB 和 MD 的互斥性。根据互斥性和 CF 的定义，可得 $CF(H,E)$ 的以下计算公式，即

$$CF(H,E) = \begin{cases} \dfrac{P(H|E) - P(H)}{1 - P(H)} & \text{若}P(H|E) > P(H) \\ 0 & \text{若}P(H|E) = P(H) \\ \dfrac{P(H|E) - P(H)}{1 - P(H)} & \text{若}P(H|E) < P(H) \end{cases} \tag{3-14}$$

(3) 若 $P(H|E)=1$，即 $E$ 为真则 $H$ 为真时，则 $\text{MB}(H,E)=1$，$\text{MD}(H,E)=0$，$\text{CF}(H,E)=1$。

若 $P(H|E)=0$，即 $E$ 为真则 $H$ 为假时，则 $\text{MD}(H,E)=1$，$\text{MB}(H,E)=0$，$\text{CF}(H,E)=-1$。

若 $P(H|E)=P(H)$，即 $E$ 对 $H$ 没有影响时，则 $\text{MD}(H,E)=0$，$\text{MB}(H,E)=0$，$\text{CF}(H,E)=0$。

(4) 对于同一个证据 $E$，若存在 $n$ 个互不相容的假设 $H_i(i=1,2,\cdots,n)$，则

$$\sum_{i=1}^{n} CF(H_i,H) \leq 1 \tag{3-15}$$

据此，假若发现专家给出的可信度 $\text{CF}(H_1,E)=0.6$，$\text{CF}(H_2,E)=0.7$，即出现 $H_1$ 和 $H_2$ 互不相容，则说明规则的可信度是不合理的，应该进行适当调整。

(5) 从定义可见，可信度 CF 与概率 $P$ 有一定的对应关系，但又有所区别。对于概率有

$$P(H|E)+P(\neg H|E)=1$$

而对 CF，有

$$\text{CF}(H|E)+\text{CF}(\neg H|E)=0$$

由可信度的定义，上式可表明如果一个证据对某个假设的成立有利，就必然对该假设的不成立不利，而且对两者的影响程度相同。

根据式(3-14)，可由先验概率 $P(H)$ 和后验概率 $P(H|E)$ 求出 $\text{CF}(H,E)$。但是，在实际应用中，$P(H)$ 和 $P(H|E)$ 的值是难以获得的，因此 $\text{CF}(H,E)$ 的值要由领域专家直接给出。其原则是：若由于相应证据的出现增加了结论 $H$ 为真的可信度，则使 $\text{CF}(H,E)>0$；证据的出现越是支持 $H$ 为真，就使 $\text{CF}(H,E)$ 的值越大；反之，则使 $\text{CF}(H,E)<0$；证据的出现越是支持 $H$ 为假，就使 $\text{CF}(H,E)$ 的值越小。若证据的出现与 $H$ 无关，则使 $\text{CF}(H,E)=0$。

**2. 证据不确定性的表示**

在可信度方法中，证据 $E$ 的不确定性用证据的可信度 $\text{CF}(E)$ 表示。初始证据的可信度由用户在系统运行时提供，中间结果的可信度由不精确推理算法求得。

证据 $E$ 的可信度 $\text{CF}(E)$ 的取值范围与 $\text{CF}(H,E)$ 相同，即 $-1 \leq \text{CF}(E) \leq 1$。当证据以某种程度为真时，$\text{CF}(E)>0$；当证据肯定为真时，$\text{CF}(E)=1$；当证据以某种程度为假时，$\text{CF}(E)<0$；当证据肯定为假时，$\text{CF}(E)=-1$；当证据一无所知时，$\text{CF}(E)=0$。

### 3.10.2 可信度方法的推理算法

下面给出可信度方法推理的一些基本算法。

**1. 组合证明的不确定性算法**

如果支持结论的证据有多条，那么这多个证据的关系有可能是合取的关系，也可能是析取的关系，下面分别讨论。

(1) 合取证据。

当组合证据为多个单一证据的合取时，有

$$E = E_1 \text{ AND } E_2 \text{ AND } \cdots \text{ AND } E_n$$

若已知 $CF(E_1), CF(E_2), \cdots, CF(E_n)$，则有

$$C(E) = \min\{CF(E_1), CF(E_2), \cdots, CF(E_n)\} \tag{3-16}$$

即对于多个证据合取的可信度，取其可信度最小的那个证据的 CF 值作为组合证据的可信度。

(2) 析取证据。

当组合证据是多个单一证据的析取时，有

$$E = E_1 \text{ OR } E_2 \text{ OR } \cdots \text{ OR } E_n$$

若已知 $CF(E_1), CF(E_2), \cdots, CF(E_n)$，则有

$$CF(E) = \max\{CF(E_1), CF(E_2), \cdots, CF(E_n)\} \tag{3-17}$$

即对于多个证据的析取可信度，取其可信度最大的那个证据的 CF 值作为组合证据的可信度。

### 2. 不确定性的传递算法

不确定性的传递算法就是根据证据和规则的可信度求其结论的可信度。若已知规则为

$$\text{If } E \text{ Then } H \quad (CF(H,E))$$

且证据 $E$ 的可信度为 $CF(E)$，则结论 $H$ 的可信度 $CF(H)$ 为

$$CF(H) = CF(H,E) \times \max\{0, CF(E)\} \tag{3-18}$$

当 $CF(E) > 0$，即证据以某种程度为真时，则 $CF(H) = CF(H,E) \times CF(E)$。若 $CF(E) = 1$，即证据为真，则 $CF(H) = CF(H,E)$。这说明，当证据 $E$ 为真时，结论 $H$ 的可信度为规则的可信度。当 $CF(E) < 0$，即证据以某种程度为假，规则不能使用时，则 $CF(H) = 0$。可见，在可信度方法的不精确推理中，并没有考虑证据为假对结论 $H$ 所产生的影响。

### 3. 多个独立证据推出同一假设的合成算法

如果两条不同规则推出同一结论，但可信度各不相同，则可用合成算法计算综合可信度。

已知以下两条规则，即

$$\text{If } E_1 \text{ Then } H \quad (CF(H,E_1))$$
$$\text{If } E_2 \text{ Then } H \quad (CF(H,E_2))$$

其结论 $H$ 的综合可信度可按以下步骤求得。

(1) 根据式(3-18)分别求出

$$CF_1(H) = CF(H,E_1) \times \max\{0, CF(E_1)\}$$
$$CF_2(H) = CF(H,E_2) \times \max\{0, CF(E_2)\}$$

(2) 求出 $E_1$ 和 $E_2$ 对 $H$ 的综合影响所形成的可信度 $CF_{1,2}(H)$，即

$$CF_{1,2}(H) = \begin{cases} CF_1(H) + CF_2(H) - CF_1(H) \times CF_2(H) & CF_1(H) \geq 0, CF_2(H) \geq 0 \\ CF_1(H) + CF_2(H) + CF_1(H) \times CF_2(H) & CF_1(H) < 0, CF_2(H) < 0 \\ CF_1(H) + CF_2(H) & CF_1(H) \times CF_2(H) < 0 \end{cases} \tag{3-19}$$

在 MYCIN 系统的基础上形成的专家系统工具 EMYCIN 中，对式(3-19)做了以下修改，即

$$\mathrm{CF}_{1,2}(H) = \begin{cases} \mathrm{CF}_1(H) + \mathrm{CF}_2(H) - \mathrm{CF}_1(H) \times \mathrm{CF}_2(H) & \mathrm{CF}_1(H) \geqslant 0, \mathrm{CF}_2(H) \geqslant 0 \\ \mathrm{CF}_1(H) + \mathrm{CF}_2(H) + \mathrm{CF}_1(H) \times \mathrm{CF}_2(H) & \mathrm{CF}_1(H) < 0, \mathrm{CF}_2(H) < 0 \\ \dfrac{\mathrm{CF}_1(H) + \mathrm{CF}_2(H)}{1 - \min\{|\mathrm{CF}_1(H)|, |\mathrm{CF}_2(H)|\}} & \mathrm{CF}_1(H) \times \mathrm{CF}_2(H) < 0 \end{cases} \quad (3\text{-}20)$$

当组合两个以上的独立证据时，可首先组合其中的两个，再将其组合结果与第三个证据进行组合，如此继续进行组合，直至组合完成为止。

下面举一个简单例子，说明基于可信度的不精确推理的推理过程。

**例 3.20** 已知以下规则。

$R_1$: If $E_1$ Then $H$ (0.8)

$R_2$: If $E_2$ Then $H$ (0.6)

$R_3$: If $E_3$ Then $H$ (−0.5)

$R_4$: If $E_4$ AND $E_5$ OR $E_6$ Then $E_1$ (0.7)

$R_5$: If $E_7$ AND $E_8$ Then $E_3$ (0.9)

从用户处得知：

$\mathrm{CF}(E_2)=0.8 \quad \mathrm{CF}(E_4)=0.5 \quad \mathrm{CF}(E_5)=0.6$

$\mathrm{CF}(E_6)=0.7 \quad \mathrm{CF}(E_7)=0.6 \quad \mathrm{CF}(E_8)=0.9$

求：$H$ 的综合可信度 $\mathrm{CF}(H)$。

**解** 由已知规则形成的推理网络如图 3-16 所示。

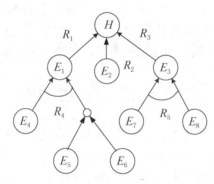

图 3-16 例 3.20 的推理网络

其推理过程如下。

(1) 求证据 $E_4$、$E_5$、$E_6$ 逻辑组合的可信度为

$\mathrm{CF}(E_4\ \mathrm{AND}\ (E_5\ \mathrm{OR}\ E_6)) = \min\{\mathrm{CF}(E_4),\ \max\{\mathrm{CF}(E_5),\ \mathrm{CF}(E_6)\}\}$
$= \min\{0.5,\ \max\{0.6,\ 0.7\}\} = 0.5$

(2) 根据规则 $R_4$ 求 $\mathrm{CF}(E_1)$

$\mathrm{CF}(E_1) = 0.7 \times \max\{0,\ \mathrm{CF}(E_4\ \mathrm{AND}\ (E_5\ \mathrm{OR}\ E_6))\} = 0.7 \times 0.5 = 0.35$

(3) 求证据 $E_7$、$E_8$ 逻辑组合的可信度为

$\mathrm{CF}(E_7\ \mathrm{AND}\ E_8) = \min\{\mathrm{CF}(E_7),\ \mathrm{CF}(E_8)\}$
$= \min\{0.6,\ 0.9\} = 0.6$

(4) 根据规则 $R_5$ 求 $CF(E_3)$，即
$$CF(E_3)= 0.9 \times \max\{0, CF(E_7 \text{ AND } E_8)\}= 0.9 \times 0.6=0.54$$

(5) 根据规则 $R_1$ 求 $CF_1(H)$，即
$$CF_1(H)=0.8 \times \max\{0, CF(E_1)\}=0.8 \times 0.35= 0.28$$

(6) 根据规则 $R_2$ 求 $CF_2(H)$，即
$$CF_2(H)=0.6 \times \max\{0, CF(E_2)\}=0.6 \times \max\{0, 0.8\}=0.6 \times 0.8=0.48$$

(7) 根据规则 $R_3$ 求 $CF_3(H)$，即
$$CF_3(H)=-0.5\max\{0, CF(E_3)\}=-0.5 \times \max\{0, 0.54\}$$
$$=-0.5 \times 0.54 =-0.27$$

(8) 由独立证据导出的假设 $H$ 的可信度求得 $H$ 的综合可信度为
$$CF_{1,2}(H)=CF_1(H)+CF_2(H)-CF_1(H)CF_2(H)$$
$$=0.28+0.48-0.28 \times 0.48=0.63$$
$$CF_{1,2,3}(H)=CF_{1,2}(H)+ CF_3(H)=0.63-0.27=0.36$$

也可用 EMYCIN 的公式计算 $H$ 的综合可信度，即
$$CF_{1,2,3}(H) = \frac{CF_{1,2}(H) + CF_3(H)}{1 - \min\{|CF_{1,2}(H)|,|CF_3(H)|\}}$$
$$= \frac{0.63 - 0.27}{1 - 0.27} = 0.49$$

从此例可以看出，基于可信度的不精确推理的最大特点是计算简单，因此在 MYCIN 系统中得到了成功的应用。不过，现实世界中的问题是复杂多样的，任何一种方法都有它的局限性，只适用于特定的情况和范围。为了用可信度方法求解更多的问题，人们在上述方法的基础上提出了带有阈值限度的不精确推理，即改进的可信度方法。

## 3.11 证据理论

证据理论是一种不确定性推理方法，它首先由德普斯特(Dempster)提出，并由沙佛(Shafer)进一步发展起来，因此又称为 D-S 理论。1981 年，巴纳特(Barnett)把该理论引入专家系统，同年，卡威(Garvey)等用它实现了不确定性推理。

证据理论是经典概率论的一种扩充形式，在其表达式中，德普斯特把证据的信任函数与概率的上下限值相联系，从而提出了一个构造不确定推理模型的一般框架。该理论不仅在人工智能、专家系统的不精确推理中已得到广泛的应用，同时也很好地应用于模式识别领域中。主要用于处理那些不确定、不精确以及间或不准确的信息。在证据理论中引入了信任函数，它满足概率论弱公理。在概率论中，当先验概率很难获得，但又要被迫给出时，用证据理论能区分不确定性和不知道的差别。所以，它比概率论更适合专家系统推理方法。当概率值已知时，证据理论就成了概率论。因此，概率论是证据理论的一个特例，有时也称证据理论为广义概率论。

本节首先讨论证据理论的基础理论，然后研究一个应用该理论进行不确定性推理的模型。

## 3.11.1 证据理论的形式化描述

证据理论是用集合表示命题的。

设 $D$ 是变量 $x$ 所有取值的集合,且 $D$ 中各元素是互斥的。在任一时刻 $x$ 都取且仅能取 $D$ 中的某一个元素为值,则称 $D$ 为 $x$ 的样本空间。

在证据理论中,$D$ 的任何一个子集 $A$ 都对应于一个关于 $x$ 的命题,称该命题为"$x$ 的值在 $A$ 中"。例如,用 $x$ 代表所能看到的颜色,$D=\{$红,黄,绿$\}$,则 $A=\{$红$\}$ 表示"$x$ 是红色";若 $A=\{$红,绿$\}$,则它表示"$x$ 或者是红色,或者是绿色"。又如,用 $x$ 代表打靶时所击中的环数,$D=\{0,1,2,\cdots,10\}$,则 $A=\{5\}$ 表示"$x$ 的值是 5",即击中的环数为 5;$A=\{5,6,7,8\}$ 表示"击中的环数是 5、6、7、8 中的某一个"。

在证据理论中,为了描述和处理不确定性,引入了概率分配函数、信任函数和似然函数等概念。

**1. 概率分配函数**

设 $D$ 为样本空间,领域内的命题都由 $D$ 的子集表示,则概率分配函数定义如下。

**定义 3.16** 设函数

$$M: 2^D \to [0,1] \tag{3-21}$$

而且满足

$$M(\varnothing) = 0$$
$$\sum_{A \subseteq D} M(A) = 1$$

则称 $M$ 是 $2^D$ 上的概率分配函数,$M(A)$ 为 $A$ 的基本概率数,即对于样本空间 $D$ 的任一子集都分配一个概率值。

对概率分配函数有以下几点说明。

(1) 设样本空间 $D$ 中有 $n$ 个元素,则 $D$ 中子集的个数为 $2^n$,定义中的 $2^D$ 就是表示这些子集的。例如,设

$$D=\{红,黄,绿\}$$

则它的子集为

$$A_1=\{红\},\ A_2=\{黄\},\ A_3=\{绿\},\ A_4=\{红,黄\},\ A_5=\{红,绿\}$$
$$A_6=\{黄,绿\},\ A_7=\{红,黄,绿\},\ A_8=\{\varnothing\}$$

其中,$\varnothing$ 表示空集。子集的个数刚好是 $2^3=8$ 个。

(2) 概率分配函数的作用是把 $D$ 的任意一个子集 $A$ 都映射为 $[0,1]$ 上的一个数 $M(A)$。

当 $A \subset D$ 且 $A$ 由单个元素组成时,$M(A)$ 表示对相应命题的精确信任度。例如,

$$A=\{红\},\ M(A)=0.3$$

它表示对命题"$x$ 是红色"的精确信任度是 0.3。

当 $A \subset D$,$A \neq D$ 且 $A$ 由多个元素组成时,$M(A)$ 也表示对 $A$ 的精确信任度。例如,

$$B=\{红,黄\},\ M(B)=0.2$$

它表示对命题"$x$ 或者是红色,或者是黄色"的精确信任度是 0.2。

由此可见,概率分配函数实际上是对 $D$ 的各个子集进行信任分配,$M(A)$ 表示分配给 $A$

的那一部分。当 $A$ 由多个元素组成时，$M(A)$ 虽然也表示对 $A$ 的子集的精确信任度，但不知道该对 $A$ 中的哪些元素进行分配。例如，
$$M=(\{红，黄\})=0.2$$
中就不包括对 $A=\{红\}$ 的精确信任度 0.3，而且也不知道该把这个 0.2 分配给 $\{红\}$ 还是分配给 $\{黄\}$。当 $A=D$ 时，$M(A)$ 是对 $D$ 的各子集进行信任分配后剩下的部分，它表示不知道该对这部分如何进行分配。例如，当
$$M(D)=M(\{红，黄，绿\})=0.1$$
时，它表示不知道该对这个 0.1 如何分配，但如果它不是属于 $\{红\}$，就一定是属于 $\{黄\}$ 或 $\{绿\}$，只是由于存在某些未知信息，不知道应该如何分配。

(3) 概率分配函数不是概率。例如，假设
$$D=\{红，黄，绿\}$$
而且

$M(\{红\})=0.3，M(\{黄\})=0，M(\{绿\})=0.1，M(\{红，黄\})=0.2$
$M(\{红，绿\})=0.2，M(\{黄，绿\})=0.1，M(\{红，黄，绿\})=0.1，M\{\varnothing\}=0$

显然，$M$ 符合概率分配函数的定义，不过
$$M(\{红\})+M(\{黄\})+M(\{绿\})=0.4$$
若按概率的要求，这三者的和应该等于 1，而现在都不等于 1。

### 2. 信任函数

**定义 3.17** 命题的信任函数(Belief function) $\text{Bel}: 2^D \to [0,1]$，且
$$\text{Bel}(A) = \sum_{B \subseteq A} M(B)，\text{对所有的 } A \subseteq D \tag{3-22}$$

其中 $2^D$ 表示 $D$ 的所有子集。

Bel 函数又称为下限函数，$\text{Bel}(A)$ 表示对 $A$ 命题为真的信任程度。

由信任函数及概率分配函数的定义容易推出：
$$\text{Bel}(\varnothing) = M(\varnothing) = 0$$
$$\text{Bel}(D) = \sum_{B \subseteq D} M(B) = 1$$

根据上例给出的数据，可以求得

$\text{Bel}(\{红\})=M(\{红\})=0.3$
$\text{Bel}(\{红，黄\})=M(\{红\})+M(\{黄\})+M(\{红，黄\})=0.3+0+0.2=0.5$
$\text{Bel}(\{红，黄，绿\})=M(\{红\})+M(\{黄\})+M(\{绿\})$
$\qquad\qquad\qquad\ +M(\{红，黄\})+M(\{红，绿\})+M(\{黄，绿\})$
$\qquad\qquad\qquad\ +M(\{红，黄，绿\})$
$\qquad\qquad\qquad\ =0.3+0+0.1+0.2+0.2+0.1+0.1=1$

### 3. 似然函数

似然函数(Plausibility function)又称为不可驳斥函数或上限函数，其定义如下。

**定义 3.18** 似然函数 $\text{Pl}: 2^D \to [0,1]$，且
$$\text{Pl}(A) = 1 - \text{Bel}(\neg A)，\text{对所有的 } A \subseteq D \tag{3-23}$$

其中，¬A=D−A。

由于 Bel(A)表示对 A 为真的信任程度，所以 Bel(¬A)就表示对¬A 为真(即 A 为假)的信任程度，因此，Pl(A)表示对 A 为非假的信任程度。

下面来看红绿灯颜色的例子，其中用到的基本概率数仍为上面给出的数据。

$$Pl(\{红\})=1-Bel(\neg\{红\})$$
$$=1-Bel(\{黄，绿\})$$
$$=1-[(M\{黄\}+M\{绿\}+M\{黄，绿\})]$$
$$=1-(0+0.1+0.1)$$
$$=0.8$$

$$Pl(\{黄，绿\})=1-Bel(\neg\{黄，绿\})$$
$$=1-Bel(\{红\})$$
$$=1-0.3$$
$$=0.7$$

由于

$$\sum_{\{红\}\cap B\neq\varnothing} M(B) = M(\{红\}) + M(\{红,黄\}) + M(\{红,绿\}) + M(\{红,黄,绿\})$$
$$= 0.3 + 0.2 + 0.2 + 0.1$$
$$= 0.8$$

$$\sum_{\{黄,绿\}\cap B\neq\varnothing} M(B) = M(\{黄\}) + M(\{绿\}) + M(\{黄,绿\}) + M(\{红,绿\}) + M(\{红,黄\}) + M(\{红,黄,绿\})$$
$$= 0 + 0.1 + 0.1 + 0.2 + 0.2 + 0.1$$
$$= 0.7$$

可见 Pl({红})、Pl({黄，绿})也可以分别用下面的式子计算，即

$$Pl(\{红\}) = \sum_{\{红\}\cap B\neq\varnothing} M(B)$$

$$Pl(\{黄,绿\}) = \sum_{\{黄,绿\}\cap B\neq\varnothing} M(B)$$

将其推广到一般情况，可得

$$Pl(\{A\}) = \sum_{A\cap B\neq\varnothing} M(B) \tag{3-24}$$

可对式(3-24)证明如下。

因为

$$Pl(A) = \sum_{A\cap B\neq\varnothing} M(B) = 1 - Bel(\neg A) - \sum_{A\cap B\neq\varnothing} M(B)$$
$$= 1 - (Bel(\neg A) + \sum_{A\cap B\neq\varnothing} M(B))$$
$$= 1 - (\sum_{C\subseteq\neg A} M(C) + \sum_{A\cap B\neq\varnothing} M(B))$$
$$= 1 - (\sum_{E\subseteq D} M(D))$$
$$= 1 - 1 = 0$$

故有

$$Pl(A) = \sum_{A\cap B\neq\varnothing} M(B) \tag{3-25}$$

### 4. 信任函数与似然函数的关系

信任函数与似然函数间具有下列关系，即
$$Pl(A) \geqslant Bel(A) \tag{3-26}$$

**证明** 因为
$$Bel(A) + Bel(\neg A) = \sum_{B \subseteq A} M(B) + \sum_{C \subseteq \neg A} M(C)$$
$$\leqslant \sum_{E \subseteq D} M(E) = 1$$

所以
$$Pl(A) - Bel(A) = (1 - Bel(\neg A)) - Bel(A)$$
$$= 1 - (Bel(\neg A) + Bel(A))$$
$$\geqslant 0$$

故有
$$Pl(A) \geqslant Bel(A)$$

由于 $Bel(A)$ 和 $Pl(A)$ 分别表示 $A$ 为真的信任程度和 $A$ 为非假的信任程度，因此，可分别称 $Bel(A)$ 和 $Pl(A)$ 为对 $A$ 信任程度的下限和上限，记为
$$A(Bel(A)，Pl(A))$$

命题的上限和下限反映命题的许多重要信息。下面举例说明一些典型值的含义

$A(0，0)$：因为 $Bel(A)=0$，说明对 $A$ 为真不信任；又因为 $Bel(\neg A)=1-Pl(A)=1-0=1$，说明对 $\neg A$ 信任。所以 $A(0，0)$ 表示 $A$ 为假。

$A(0，1)$：因为 $Bel(A)=0$，说明对 $A$ 为真不信任；又因为 $Bel(\neg A)=1-Pl(A)=1-1=0$。说明对 $\neg A$ 也不信任。所以 $A(0，1)$ 表示对 $A$ 一无所知。

$A(1，1)$：因为 $Bel(A)=1$，说明对 $A$ 为真信任；又因为 $Bel(\neg A)=1-Pl(A)=1-1=0$，说明对 $\neg A$ 不信任。所以 $A(1，1)$ 表示 $A$ 为真。

$A(0.25，1)$：因为 $Bel(A)=0.25$，说明对 $A$ 为真有一定程度的信任，信任度为 0.25；又由于 $Bel(\neg A)=1-Pl(A)=0$，说明对 $\neg A$ 不信任。所以 $A(0.25，1)$ 表示对 $A$ 为真有 0.25 的信任度。

$A(0，0.85)$：因为 $Bel(A)=0$，而 $Bel(\neg A)=1-Pl(A)=1-0.85=0.15$，所以 $A(0，0.85)$ 表示对 $A$ 为假有一定程度的信任，信任度为 0.15。

$A(0.25，0.85)$：因为 $Bel(A)=0.25$，说明对 $A$ 为真有 0.25 的信任度；又因为 $Bel(\neg A)=1-0.85=0.15$，说明对 $A$ 为假有 0.15 的信任度。所以 $A(0.25，0.85)$ 表示对 $A$ 为真的信任度比对 $A$ 为假的信任度稍高一些。

综上所述，$Bel(A)$ 表示对 $A$ 为真的信任程度；$Bel(\neg A)$ 表示对 $\neg A$，即 $A$ 为假的信任程度；$Pl(A)$ 表示对 $A$ 为非假的信任程度；$Pl(A)-Bel(A)$ 表示对 $A$ 不知道的程度，即既非对 $A$ 信任又非不信任的那部分。在上例 $A(0.25，0.85)$ 中，$0.85-0.25=0.60$ 表示对 $A$ 不知道的程度。

证据理论除了能够表示"不确定"之外，还能够表示"不知道"，这正是该理论的重要特色之一。

### 5. 概率分配函数的正交和

在实际问题中，往往可能对同样的证据得到不同的概率分配函数。例如，对样本空间

$$D=\{a, b\}$$

可从不同的来源分别得到以下两个概率分配函数,即

$$M_1(\{\varnothing\},\{红\},\{黄\},\{红,黄\}) = (0, 0.4, 0.5, 0.1)$$
$$M_2(\{\varnothing\},\{红\},\{黄\},\{红,黄\}) = (0, 0.6, 0.2, 0.2)$$

需要对它们进行组合。组合方法是对这两个概率分配函数进行正交和运算。

**定义 3.19** 设 $M_1$ 和 $M_2$ 是两个概率分配函数,则其正交和 $M = M_1 \oplus M_2$ 为

$$M(\varnothing) = 0$$
$$M(A) = K^{-1} \times \sum_{x \cap y = A} M_1(x) \times M_2(y) \tag{3-27}$$

其中:

$$K = 1 - \sum_{x \cap y = \varnothing} M_1(x) M_2(y) = \sum_{x \cap y \neq \varnothing} M_1(x) M_2(y)$$

若 $K \neq 0$,则正交和 $M$ 也是一个概率分配函数;若 $K = 0$,则不存在正交和 $M$,称 $M_1$ 与 $M_2$ 矛盾。

如果多个概率分配函数 $M_1, M_2, \cdots, M_n$ 可以组合,那么也可以通过正交和运算把它们组合为一个概率分配函数。

**定义 3.20** 设 $M_1, M_2, \cdots, M_n$ 是 $n$ 个概率分配函数,则其正交和 $M = M_1 \oplus M_2 \oplus \cdots \oplus M_n$ 为

$$M(\varnothing) = 0$$
$$M(A) = K^{-1} \times \sum_{\cap A_i = A} \prod_{1 \leq i \leq n} M_i(A_i) \tag{3-28}$$

其中,$K$ 由下式计算,即

$$K = \sum_{\cap A_i \neq \varnothing} \prod_{1 \leq i \leq n} M_i(A_i)$$

通过下面的例子来说明正交和的求法。

**例 3.21** 设 $\Omega = \{a, b\}$,且从不同知识源得到的概率分配函数分别为

$$M(\{\varnothing\},\{a\},\{b\},\{a,b\}) = (0, 0.3, 0.5, 0.2)$$
$$M(\{\varnothing\},\{a\},\{b\},\{a,b\}) = (0, 0.6, 0.3, 0.1)$$

求:正交和 $M = M_1 \oplus M_2$。

**解** 首先求 $K$

$$K = 1 - \sum_{x \cap y = \varnothing} M_1(x) M_2(y)$$
$$= 1 - (M_1(a) \times M_2(b) + M_1(b) \times M_2(a))$$
$$= 1 - (0.3 \times 0.3 + 0.5 \times 0.6) = 0.61$$

然后求 $M(\{\varnothing\},\{a\},\{b\},\{a,b\})$,由于

$$M(\{a\}) = \frac{1}{0.61} \times \sum_{x \cap y \{a\}} M_1(x) \times M_2(y)$$
$$= \frac{1}{0.61} \times (M_1(\{a\}) \times M_2(\{a\}) + M_1(\{a\})$$
$$\times M_2(\{a,b\}) + M_1(\{a,b\}) \times M_2(\{a\})$$
$$= \frac{1}{0.61} \times (0.3 \times 0.6 + 0.3 \times 0.1 + 0.2 \times 0.6) = 0.54$$

同理，可得
$$M(\{b\}) = 0.43$$
$$M(\{a,b\}) = 0.03$$
所以有
$$M(\{\varnothing\},\{a\},\{b\},\{a,b\}) = \{0, 0.54, 0.43, 0.03\}$$

### 3.11.2 证据理论的不确定性推理模型

在上述证据理论中，信任函数 Bel($A$) 和似然函数 Pl($A$) 分别表示命题 $A$ 信任度的下限和上限。同样，也可以用它来表述知识强度的下限和上限。因此，就能够在此表示的基础上建立相应的不确定性推理模型。

另外，从信任函数和似然函数的定义可以看出，它们都是建立在概率分配函数的基础上的。当概率分配函数的定义不同时，将会得到不同的推理模型。下面给出一个特殊的概率分配函数，并在该函数的基础上建立一个具体的不确定性推理模型。

**1. 概率分配函数与类概率函数**

**定义 3.21** 设 $D = \{s_1, s_2, \cdots, s_n\}$，$M$ 为定义在 $2^D$ 上的概率分配函数，且满足
(1) $M(\{s_i\}) \geqslant 0$，对任何 $s_i \in D$。
(2) $\sum_{i=1}^{n} M(\{s_i\}) \leqslant 1$。
(3) $M(D) = 1 - \sum_{i=1}^{n} M(\{s_i\})$。
(4) 当 $A \subset D$ 且 $|A| > 1$ 或 $|A| = 0$ 时，$M(A) = 0$。

其中，$|A|$ 表示命题 $A$ 对应于集合中元素的个数。

这是一个特殊的概率分配函数，只有单个元素构成的子集及样本空间 $D$ 的概率分配函数才有可能大于 0，其他子集的概率分配函数均为 0。

对于任何命题 $A \subseteq D$，其信任函数和似然函数分别为

$$\text{Bel}(A) = \sum_{s_i \in A} M(\{s_i\})$$

$$\text{Bel}(D) = \sum_{i=1}^{n} M(\{s_i\}) + M(D) = 1$$

$$\begin{aligned}
\text{Pl}(A) &= 1 - \text{Bel}(\neg A) \\
&= 1 - \sum_{s_i \notin A} M(\{s_i\}) \\
&= 1 - [\sum_{i=1}^{n} M(\{s_i\}) - \sum_{s_i \in A} M(\{s_i\})] \\
&= 1 - [1 - M(D) - \text{Bel}(A)] \\
&= M(D) + \text{Bel}(A)
\end{aligned}$$

$$\begin{aligned}
\text{Pl}(D) &= 1 - \text{Bel}(\neg D) \\
&= 1 - \text{Bel}(\varnothing) \\
&= 1
\end{aligned}$$

从上面的定义可知，对任何 $A \subseteq D$ 及 $B \subseteq D$，均有
$$\text{Pl}(A) - \text{Bel}(A) = \text{Pl}(B) - \text{Bel}(B) = M(D)$$

它表示对 $A$ 或 $B$ 不知道的程度。

**例 3.22** 设 $M=\{红，黄，绿\}$，且设
$$M(\{红\})=0.3, M(\{黄\})=0.5, M(\{绿\})=0.1$$
$$M(D) = 1 - \sum_{i=1}^{n} M(\{s_i\})$$
$$= 1 - [M(\{红\}) + M(\{黄\}) + M(\{绿\})]$$
$$= 1 - 0.9 = 0.1$$
$$\text{Bel}(\{红, 黄\}) = M(\{红\}) + M(\{黄\}) = 0.3 + 0.5 = 0.8$$
$$\text{Pl}(\{红, 黄\}) = 1 - \text{Bel}(\neg\{红, 黄\})$$
$$= 1 - \text{Bel}(\{绿\})$$
$$= 1 - 0.1$$
$$= 0.9$$

**定义 3.22** 设 $M_1$ 和 $M_2$ 是 $2^D$ 上的基本概率分配函数，其正交和为
$$M(\{s_i\}) = K^{-1} \times [M_1(\{s_i\}) \times M_2(\{s_i\}) + M_1(\{s_i\}) \times M_2(\{D\})$$
$$+ M_1(\{D\}) \times M_2(\{s_i\})]$$

其中：
$$K = M_1(\{D\}) \times M_1(\{D\}) \sum_{i=1}^{n} [M_1(\{s_i\}) \times M_2(\{s_i\})$$
$$+ M_1(\{s_i\}) \times M_2(\{D\}) + M_1(\{D\}) \times M_2(\{s_i\})]$$

**例 3.23** 设 $D=\{红，黄，绿\}$，且
$M(\{红\}, \{黄\}, \{绿\}, \{红, 黄, 绿\}, \varnothing) = (0.3, 0.5, 0.1, 0.1, 0)$
$M(\{红\}, \{黄\}, \{绿\}, \{红, 黄, 绿\}, \varnothing) = (0.4, 0.3, 0.2, 0.1, 0)$

则有 $K = 0.1 \times 0.1 + (0.3 \times 0.4 + 0.3 \times 0.1 + 0.1 \times 0.4)$
$$+ (0.5 \times 0.3 + 0.5 \times 0.1 + 0.1 \times 0.3)$$
$$+ (0.1 \times 0.2 + 0.1 \times 0.1 + 0.1 \times 0.2)$$
$$= 0.01 + 0.19 + 0.23 + 0.05$$
$$= 0.48$$

$$M(\{红\}) = \frac{1}{0.48} \times (0.3 \times 0.4 + 0.3 \times 0.1 + 0.1 \times 0.4)$$
$$= \frac{0.19}{0.48} \approx 0.4$$

同理可求得

$M(\{黄\}) = 0.48$

$M(\{绿\}) = 0.1$

$M(\{红, 黄, 绿\}) = 0.02$

在该模型中，还利用 $\text{Bel}(A)$ 和 $\text{Pl}(A)$ 定义了 $A$ 类概率函数。

**定义 3.23** 命题 $A$ 的类概率函数为

$$f(A) = \text{Bel}(A) + \frac{|A|}{|D|} \times [\text{Pl}(A) - \text{Bel}(A)]$$

其中，$|A|$ 和 $|D|$ 分别是 $A$ 和 $D$ 中元素的个数。

类概率函数 $f(A)$ 具有以下性质。

(1) $f(\varnothing) = 0$。

(2) $f(D) = 1$。

(3) 对任何 $A \subseteq D$，有 $0 \leqslant f(A) \leqslant 1$。

**例 3.24** 设 $D=\{红，黄，绿\}$，其概率分配函数 $M$ 为 $M(\{红\}, \{黄\}, \{绿\}, \{红, 黄, 绿\}, \varnothing)=(0.3, 0.5, 0.1, 0.1, 0)$，又设 $A=\{红，黄\}$，则

$$f(A) = \text{Bel}(A) + \frac{|A|}{|D|} \times [\text{Pl}(A) - \text{Bel}(A)]$$

$$= M(\{红\}) + M(\{黄\}) + \frac{2}{3}M(\{红,黄,绿\}) = 0.3 + 0.5 + \frac{2}{3} \times 0.1 \approx 0.87$$

### 2. 知识不确定性的表示

在证据理论中，不确定性知识用以下产生式规则表示，即

$$\text{If} \quad E \quad \text{Then} \quad H=\{h_1,h_2,\cdots,h_n\} \quad \text{CF}=\{c_1,c_2,\cdots,c_n\}$$

式中，$E$ 为前提条件，它既可以是简单条件，也可以是合取或析取的复合条件；$H$ 是结论，它用样本空间中的子集表示，$h_1, h_2, \cdots, h_n$ 是该子集中的元素；CF 是可信度因子，用集合形式表示，其中 $c_i$ 用来指出 $h_i (i=1,2,\cdots,n)$ 的可信度，$c_i$ 与 $h_i$ 一一对应。$c_i$ 满足以下条件，即

$$c_i \geqslant 0, i = 1, 2, \cdots, n$$

$$\sum_{i=1}^{n} c_i \leqslant 1$$

### 3. 证据不确定性的表示

不确定性证据 $E$ 的确定性用 $\text{CER}(E)$ 表示。对于初始证据，其确定性由用户给出；对于用前面推理所得结论作为当前推理的证据，其确定性由推理得到。$\text{CER}(E)$ 的取值范围为 $[0, 1]$，即

$$0 \leqslant \text{CER}(E) \leqslant 1$$

### 4. 组合证据不确定性的表示

规则的前提条件可为由合取或析取连词的组合证据。

当组合证据是多个证据的合取时，即

$$E = E_1 \quad \text{AND} \quad E_2 \quad \text{AND} \quad \cdots \quad \text{AND} \quad E_n$$

则 $E$ 的确定性 $\text{CER}(E)$ 为

$$\text{CER}(E) = \min\{\text{CER}(E_1), \text{CER}(E_2), \cdots, \text{CER}(E_n)\}$$

当组合证据是多个证据的析取时，即

$$E = E_1 \quad \text{OR} \quad E_2 \quad \text{OR} \quad \cdots \quad \text{OR} \quad E_n$$

则 $E$ 的确定性 $\text{CER}(E)$ 为

$$\text{CER}(E) = \max\{\text{CER}(E_1), \text{CER}(E_2), \cdots, \text{CER}(E_n)\}$$

**5. 不确定的传递算法**

设有知识

$$\text{If} \quad E \quad \text{Then} \quad H=\{h_1,h_2,\cdots,h_n\} \quad \text{CF}=\{c_1,c_2,\cdots,c_n\}$$

则结论 $H$ 的确定性可以通过下述步骤求出。

(1) 求 $H$ 的概率分配函数，即

$$M(\{h_1\},\{h_2\},\cdots,\{h_n\}) = \{\text{CER}(E) \times c_1, \text{CER}(E) \times c_2, \cdots, \text{CER}(E) \times c_n\}$$

$$M(D) = 1 - \sum_{i=1}^{n} \text{CER}(E) \times c_i$$

这样便求得 $M(H)$。

若有两条知识支持同一结论 $H$，即

$$\text{If} \quad E_1 \quad \text{Then} \quad H=\{h_1,h_2,\cdots,h_n\} \quad \text{CF}=\{c_1,c_2,\cdots,c_n\}$$
$$\text{If} \quad E_2 \quad \text{Then} \quad H=\{h_1,h_2,\cdots,h_n\} \quad \text{CF}=\{c'_1,c'_2,\cdots,c'_n\}$$

结论 $H$ 的确定性通过下述步骤求出。

① 首先，分别对每一条知识求出概率分配函数，即

$$M_1(\{h_1\},\{h_2\},\cdots,\{h_n\})$$
$$M_2(\{h_1\},\{h_2\},\cdots,\{h_n\})$$

② 然后，再用公式

$$M = M_1 \oplus M_2$$

对 $M_1$ 与 $M_2$ 求正交和，从而得到 $H$ 的概率分配函数 $M$。

若有 $n$ 条知识都支持同一结论 $H$，则用公式

$$M = M_1 \oplus M_2 \cdots \oplus M_n$$

对 $M_1, M_2, \cdots, M_n$ 求其正交和，从而得到 $H$ 的概率分配函数 $M$。

(2) 求出 $\text{Bel}(H)$、$\text{Pl}(H)$、$f(H)$，即

$$\text{Bel}(H) = \sum_{i=1}^{n} M(\{h_i\})$$

$$\text{Pl}(H) = 1 - \text{Bel}(\neg H)$$

$$f(H) = \text{Bel}(H) + \frac{|H|}{|D|} \times [\text{Pl}(H) - \text{Bel}(H)]$$

$$= \text{Bel}(H) + \frac{|H|}{|D|} \times M(D)$$

(3) 求 $H$ 的确定性 $\text{CER}(H)$，即

$$\text{CER}(H) = \text{MD}(H|E) \times f(H)$$

其中，$\text{MD}(H|E)$ 为知识的前提条件与相应证据 $E$ 的匹配度，定义为

$$\text{MD}(H \mid E) = \begin{cases} 1, & \text{如果} H \text{所要求的证据都已经出现} \\ 0, & \text{否则} \end{cases}$$

于是，就对一条知识或者多条有相同结论的知识求出结论的确定性 $\text{CER}(H)$。若该结

论不是最终结论，即它又要作为另一条知识的证据继续进行推理，则重复上述过程，得到新的结论及其确定性。反复运用该过程，就可推出最终结论及其确定性。

下面通过一个例子来说明证据理论的推理过程。

**例 3.25** 设有以下知识规则。

$R_1$ : If $E_1$ AND $E_2$ Then $G = \{g_1, g_2\}$ CF = {0.2, 0.6}

$R_2$ : If $G$ AND $E_3$ Then $A = \{a_1, a_2\}$ CF = {0.3, 0.5}

$R_3$ : If $E_4$ AND ($E_5$ OR $E_6$) Then $B = \{b_1\}$ CF = {0.7}

$R_4$ : If $A$ Then $H = \{h_1, h_2, h_3\}$ CF = {0.2, 0.6, 0.1}

$R_5$ : If $B$ Then $H = \{h_1, h_2, h_3\}$ CF = {0.4, 0.2, 0.1}

已知用户对初始证据给出的确定性为

CER($E_1$) = 0.7, CER($E_2$) = 0.8, CER($E_3$) = 0.6

CER($E_4$) = 0.9, CER($E_5$) = 0.5, CER($E_6$) = 0.7

并假设 $D$ 中的元素个数等于 10。

求：CER($H$)的值。

**解** 由给出的知识可形成如图 3-17 所示的推理网络。

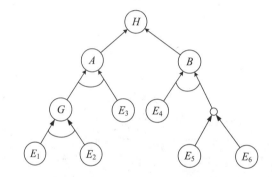

图 3-17 例 3.25 的推理网络

(1) 求 CER($G$)的值。

因为

$$\text{CER}(E_1 \text{ AND } E_2) = \min\{\text{CER}(E_1), \text{CER}(E_2)\} = \min\{0.7, 0.8\} = 0.7$$

$$M(\{g_1\}, \{g_2\}) = (0.7 \times 0.2, 0.7 \times 0.6) = (0.14, 0.42)$$

$$\text{Bel}(G) = \sum_{i=1}^{2} M(\{g_i\}) = 0.14 + 0.42 = 0.56$$

$$\text{Pl}(G) = 1 - \text{Bel}(\neg G) = 1 - 0 = 1$$

$$f(G) = \text{Bel}(G) + \frac{|G|}{|D|} \times [\text{Pl}(G) - \text{Bel}(G)]$$

$$= 0.56 + \frac{2}{10} \times (1 - 0.56) = 0.56 + 0.09 = 0.65$$

故有

$$\text{CER}(G) = \text{MD}(G/E) \times f(G) = 1 \times 0.65 = 0.65$$

(2) 求 CER(A)值。

由于 $\text{CER}(G \text{ AND } E_3) = \min\{\text{CER}(G), \text{CER}(E_3)\} = \min\{0.65, 0.6\} = 0.6$

$$M(\{a_1\}, \{a_2\}) = (0.6 \times 0.3, 0.6 \times 0.5) = (0.18, 0.3)$$

$$\text{Bel}(A) = \sum_{i=1}^{2} M(\{a_i\}) = M(\{a_1\}) + M(\{a_2\}) = 0.18 + 0.3 = 0.48$$

$$\text{Pl}(A) = 1 - \text{Bel}(\neg A) = 1 - 0 = 1$$

$$f(A) = \text{Bel}(A) + \frac{|A|}{|D|} \times [\text{Pl}(A) - \text{Bel}(A)]$$

$$= 0.48 + \frac{2}{10} \times (1 - 0.48) = 0.58$$

故有 $\text{CER}(A) = \text{MD}(A/E) \times f(A) = 1 \times 0.58 = 0.58$。

(3) 求 CER(B)。

由于

$$\text{CER}(E_4 \text{ AND } (E_5 \text{ OR } E_6)) = \min\{\text{CER}(E_4), \max\{\text{CER}(E_5), \text{CER}(E_6)\}\}$$
$$= \min\{0.9, \max\{0.5, 0.7\}\} = 0.7$$

$$M(\{b_1\}) = 0.7 \times 0.7 = 0.49$$

$$\text{Bel}(B) = M(\{b_1\}) = 0.49$$

$$\text{Pl}(B) = 1 - \text{Bel}(\neg B) = 1 - 0 = 1$$

$$f(B) = \text{Bel}(B) + \frac{|B|}{|D|} \times [\text{Pl}(A) - \text{Bel}(B)]$$

$$= 0.49 + \frac{1}{10} \times (1 - 0.49) = 0.54$$

故有

$$\text{CER}(B) = \text{MD}(B/E) \times f(B) = 1 \times 0.54 = 0.54$$

(4) 求正交和值。

由于 $R_4$ 与 $R_5$ 有相同的结论 $H$，因此需要先对 $R_4$ 和 $R_5$ 分别求出概率分配函数，然后通过求它们的正交和得到 $H$ 的概率分配函数。

对于 $R_4$，其概率分配函数为

$$M_1(\{h_1\}, \{h_2\}, \{h_3\}) = (\text{CER}(A) \times 0.2, \text{CER}(A) \times 0.6, \text{CER}(A) \times 0.1)$$
$$= (0.58 \times 0.2, 0.58 \times 0.6, 0.58 \times 0.1)$$
$$= (0.116, 0.348, 0.058)$$

$$M_1(D) = 1 - [M_1(\{h_1\}) + M_1(\{h_2\}) + M_1(\{h_3\})]$$
$$= 1 - (0.116 + 0.348 + 0.058)$$
$$= 1 - 0.522 = 0.478$$

对于 $R_5$，其概率分配函数为

$$M_2(\{h_1\}, \{h_2\}, \{h_3\}) = (\text{CER}(B) \times 0.4, \text{CER}(B) \times 0.2, \text{CER}(B) \times 0.1)$$
$$= (0.54 \times 0.4, 0.54 \times 0.2, 0.54 \times 0.1)$$
$$= (0.216, 0.108, 0.054)$$

$$M_2(D) = 1 - \left[ M_2(\{h_1\}) + M_2(\{h_2\}) + M_2(\{h_3\}) \right]$$
$$= 1 - (0.216 + 0.108 + 0.054)$$
$$= 1 - 0.378 = 0.622$$

现在可求 $M_1$ 和 $M_2$ 的正交和 $M$。

$$K = M_1(D) \times M_2(D) + \sum_{i=1}^{3} \left[ M_1(\{h_i\}) \times M_2(\{h_i\}) + M_1(\{h_i\}) \times M_2(D) + M_1(D) \times M_2(\{h_i\}) \right]$$
$$= 0.478 \times 0.622 + (0.116 \times 0.216 + 0.116 \times 0.622 + 0.478 \times 0.216)$$
$$+ (0.348 \times 0.108 + 0.348 \times 0.622 + 0.478 \times 0.108)$$
$$+ (0.058 \times 0.054 + 0.058 \times 0.622 + 0.478 \times 0.054)$$
$$= 0.297 + (0.025 + 0.072 + 0.103) + (0.038 + 0.216 + 0.052) + (0.003 + 0.036 + 0.026)$$
$$= 0.868$$

$$M(\{h_1\}) = \frac{1}{K} \times \left[ M_1(\{h_1\}) \times M_2(\{h_1\}) + M_1(\{h_1\}) \times M_2(D) + M_1(D) \times M_2(\{h_1\}) \right]$$
$$= \frac{1}{0.868} \times (0.116 \times 0.216 + 0.116 \times 0.622 + 0.478 \times 0.216) = 0.23$$

同理，可求得
$$M(\{h_2\}) = 0.35$$
$$M(\{h_3\}) = 0.075$$

(5) 求 CER($H$) 值。

由于
$$\text{Bel}(H) = \sum_{i=1}^{3} M(\{h_i\}) = 0.23 + 0.35 + 0.075 = 0.655$$
$$\text{Pl}(H) = 1 - \text{Bel}(\neg H) = 1 - 0 = 1$$
$$f(H) = \text{Bel}(H) + \frac{|H|}{|D|} \times [\text{Pl}(H) - \text{Bel}(H)]$$
$$= 0.655 + \frac{3}{10} \times (1 - 0.655) = 0.759$$

故有 $\text{CER}(H) = \text{MD}(H/E) \times f(H) = 1 \times 0.759 = 0.759$。

这就求出了结论 $H$ 的确定性 CER($H$)。

下面给出证据理论的优点和缺点。

证据理论的主要优点是，它只需要满足比概率论更弱的公理系统，而且能处理由"不知道"所引起的不确定性。由于 $D$ 的子集可以是多个元素的集合，因此知识的结论部分可以是更一般的假设，这就便于领域专家从不同的语义层次上表达他们的知识，而不必被限制在由单个元素所表示的最明确的层次上。

证据理论的主要缺点是，要求 $D$ 中元素满足互斥条件，这对于实际系统是难以做到的。此外，需要给出的概率分配函数太多，计算比较复杂。

## 习　题

1. 什么是图搜索过程？其中，重排 OPEN 表意味着什么？重排的原则是什么？
2. 对于一般图搜索，OPEN 表和 CLOSED 表的作用是什么？为何标记从子节点到父辈节点的指针？
3. 宽度优先搜索和深度优先搜索有何不同？在何种情况下宽度优先搜索优于深度优先搜索？在何种情况下深度优先搜索优于宽度优先搜索？
4. 什么是 A*算法？它的估价函数是如何确定的？A*算法和 A 算法的区别是什么？
5. 对于九宫格重排问题，设 $h(n)$ 是棋子不在目标位置上的个数，并设初始状态和目标状态如下。

初始状态($S_0$):

| 2 | 8 | 3 |
|---|---|---|
| 1 |   | 4 |
| 7 | 6 | 5 |

目标状态($S_g$):

| 1 | 2 | 3 |
|---|---|---|
| 8 |   | 4 |
| 7 | 6 | 5 |

画出从 $S_0$ 到 $S_g$ 的启发式搜索图。

6. 试述推理的定义及其分类方式。
7. 鲁滨逊归结原理的思想是什么？有何意义？
8. 请将下列谓词公式分别化为相应的子句集。
   (1) $(\forall x)(\forall y)(P(x,y) \to Q(x,y))$
   (2) $(\forall x)(\exists y)(P(x,y) \vee Q(x,y) \to R(x,y))$
   (3) $(\forall x)\{(\forall y)P(x,y) \to \neg(\forall y)[Q(x,y) \to R(x,y)]\}$
9. 用归结反演法证明下列公式的永真性。
   (1) $(\exists x)\{[P(x) \to P(A)] \wedge [P(x) \to P(B)]\}$
   (2) $(\forall x)\{P(x) \wedge [Q(A) \vee Q(B)]\} \to (\exists x)[P(x) \wedge Q(x)]$
10. 对下列各题分别证明 G 是否为 $F_1$ 或 $F_2$ 的逻辑结论。

    (1) $F_1$: $(\exists x)(\exists y)P(x,y)$
        $G$: $(\forall y)(\exists x)P(x,y)$

    (2) $F1$: $(\forall x)\{P(x) \wedge [Q(A) \vee Q(B)]\}$
        $G$: $(\exists x)\{P(x) \wedge Q(x)\}$

    (3) $F1$: $(\forall x)\{P(x) \to (\forall y)[Q(y) \to \neg L(x,y)]\}$
        $F2$: $(\exists x)\{P(x) \wedge (\forall y)[R(y) \to L(x,y)]\}$
        $G$: $(\forall x)[R(x) \wedge \neg Q(x)]$

11. 已知下列事实：Tony、Mike 和 John 都是 Alpine Club 的会员。每个会员或者是一个滑雪爱好者，或者是一个登山爱好者，或者都是。没有一个登山爱好者喜欢下雨，所有的滑雪爱好者都喜欢雪。Tony 喜欢的所有东西 Mike 都不喜欢，Tony 不喜欢的所有东西 Mike 都喜欢，Tony 喜欢雨和雪。试用谓词公式的集合表示这段文字，用归结原理求解谁是该俱乐部的会员，他是一个登山爱好者，但不是滑雪爱好者。

12. 什么是不确定推理？不确定推理中需要解决的基本问题有哪些？

13. 什么是可信度(CF)？试由规则强度$CF(H,E)$的定义说明可信度的含义。

14. 说明概率分配函数、信任函数、似然函数的定义。

15. 概率分配函数与概率相同吗？为什么？

16. 设有3个独立的结论$H_1$、$H_2$、$H_3$及两个独立的证据$E_1$、$E_2$，它们的先验概率和条件概率分别为

$$P(H_1)=0.4，P(H_2)=0.3，P(H_3)=0.3$$
$$P(E_1|H_1)=0.5，P(E_1|H_2)=0.3，P(E_1|H_3)=0.5$$
$$P(E_2|H_1)=0.7，P(E_1|H_1)=0.5，P(E_2|H_3)=0.1$$

试利用概率方法分别求出以下问题。

(1) 当只有证据$E_1$出现时的$P(H_1|E_1)$、$P(H_2|E_1)$、$P(H_3|E_1)$的值，说明$E_1$的出现对证据$H_1$、$H_2$和$H_3$的影响。

(2) 当$E_1$和$E_2$同时出现时的$P(H_1|E_1E_2)$、$P(H_2|E_1E_2)$、$P(H_3|E_1E_2)$的值，说明$E_1$和$E_2$同时出现对证据$H_1$、$H_2$和$H_3$的影响。

17. 在主观贝叶斯推理中，LS和LN的意义是什么？

18. 设有如下推理规则：

$R_1$: If $E_1$ Then (500,0.01) $H_1$

$R_2$: If $E_2$ Then (1,100) $H_1$

$R_3$: If $E_3$ Then (1 000,1) $H_2$

$R_4$: If $H_1$ Then (20,1) $H_1$

且已知$P(H_1)=0.1$、$P(H_2)=0.1$、$P(H_3)=0.1$，初始证据的概率为$C(E_1|S_1)=0.5$、$C(E_2|S_2)=0$、$C(E_3|S_3)=0.8$。用主观贝叶斯方法求$H_2$的后验概率$P(H_2|S_1,S_2,S_3)$。

19. 设有以下规则。

$R_1$: If $E_1$ Then $H_1$ (0.8)

$R_2$: If $E_2$ Then $H_1$ (0.9)

$R_3$: If $E_3$ AND $E_4$ Then $E_1$ (0.9)

$R_4$: If $E_5$ Then $E_2$ (0.7)

$R_5$: If $E_6$ OR $E_7$ Then $E_2$ (−0.3)

并已知初始证据的可信度为$CF(E_3)=0.3$、$CF(E_4)=0.9$、$CF(E_5)=0.8$、$CF(E_6)=0.1$、$CF(E_7)=0.5$，试画出推理网络，并用可信度法计算$CF(H)$。

20. 设有以下推理规则。

$r_1$: If $E_1$ AND $E_2$ Then $A=\{a\}$ (CF = {0.8})

$r_2$: If $E_2$ AND ($E_3$ OR $E_4$) Then $B=\{b_1,b_2\}$ (CF = {0.4, 0.5})

$r_3$: If $A$ Then $H=\{h_1,h_2,h_3\}$ (CF = {0.2, 0.3, 0.4})

$r_4$: If $B$ Then $H=\{h_1,h_2,h_3\}$ (CF = {0.3, 0.2, 0.1})

且已知初始证据的确定性分别为

CER($E_1$)=0.5，CER($E_2$)=0.6，

CER($E_3$)=0.8，CER($E_4$)=0.7。

假设|D|=10，求CER(H)=?

# 第 4 章

## 智能优化计算

在诸多研究领域中普遍存在着优化问题。例如，工程设计中怎样选择参数，使设计方案既满足要求又能降低成本；资源分配中，怎样分配有限资源，使分配方案既满足各方面的基本要求，又能获得好的经济效益等。因此，优化是科学研究、工程技术和经济管理领域的重要研究对象。优化技术是一种以数学为基础，用于求解各种工程问题优化解的应用技术。

由于实际问题的复杂性，优化问题的最优解的求解是十分困难的。自 20 世纪 80 年代以来，一系列现代优化算法应运而生，这些算法在求解一些复杂问题中取得成功应用，使它们越来越受到科技工作者的重视。这类算法通常都以人类、生物的行为方式或物质的运动形态为背景，经过数学抽象建立算法模型，通过计算机的计算来求解最优化问题，因此这些算法也称为智能优化算法。

近年来，国内外对智能优化算法的研究异常活跃，新的优化算法不断出现。例如，1975 年 Holland 提出了模仿生物种群中优胜劣汰机制的遗传算法(Genetic Algorithm，GA)；1983 年 Kirk Patrick 基于对热力学中固体物质退火机制的模拟，提出了模拟退火(Simulated Annealing，SA)算法；1986 年 Glover 通过将记忆功能引入最优解的搜索过程，提出了禁忌搜索(Tabu Search，SA)算法；1991 年 Dorigo 等借鉴自然界中蚂蚁群体的觅食行为，提出了蚁群优化算法(Ant Colony Algorithms，ACA)；1995 年 Kennedy 和 Eberhart 受鸟群觅食行为启发，提出了粒子群优化(Particle Swarm Optimization，PSO)算法。另外，免疫克隆选择算法(Clonal Selection Algorithm，CSA)、量子计算(Quantum Computing，QC)以及国内学者李晓磊等提出的鱼群算法等都是较为常用的智能优化算法。本章将对其中部分算法的基本思想进行介绍。

## 4.1 优化问题分类

优化问题分为函数优化和组合优化两大类。为了便于测评各种优化算法的性能，人们提出了一些典型的测试函数和组合优化问题。例如，常用的优化测试函数有

$$F_1 = 100(x_1 - x_2)^2 + (1 + x_1)^2 \qquad -2.048 \leqslant x_i \leqslant 2.04$$

$$F_2 - [1 + (x_1 + x_2 + 1)^2(19 - 14x_1 + 3x_1^2 - 14x_2 + 6x_1x_2 + 3x_2^2)] \times$$
$$[30 + (2x_1 - 3x_2)^2(18 - 32x_1 + 12x_1^2 + 48x_2 - 36x_1x_2 + 27x_2^2)]$$
$$-2 \leqslant x_i \leqslant 2$$

组合优化问题是通过数学方法的研究去寻找离散事件的最优编排、分组、次序或筛选等，可以应用于信息技术、经济管理、工业工程、交通运输和通信网络等许多方面。其数学模型描述如下。

目标函数：$\min f(x)$。

约束函数：s.t. $g(x) \geqslant 0$。

有限点集，决策变量：$x \in D$。

典型的组合优化问题有以下几个。

(1) 0-1 背包问题。

设背包容积为 $b$，第 $i$ 件物品单位体积为 $a_i$，第 $i$ 件物品单位价值为 $c_i$，其中

$i = 1, 2, \cdots, n$。求如何以最大价值装包。

(2) 旅行商问题。

一个商人去 $n$ 个城市销货,所有城市走一遍再回到起点,使所走路程最短。

(3) 装箱问题。

尺寸为 1 的箱子有若干个,怎样用最少的箱子装下 $n$ 个尺寸不超过 1 的物品,物品集合为 $\{a_1, a_2, \cdots, a_n\}$。

(4) $N$-皇后问题。

在 $N \times N$ 格的棋盘上,放置 $N$ 个皇后。要求每行每列放一个皇后,而且每一条对角线和每一条反对角线上最多只能有一个皇后,即对同时放置在棋盘的任意两个皇后 $(i_1, j_1)$ 和 $(i_2, j_2)$,不允许 $(i_1 - i_2) = (j_1 - j_2)$ 或者 $(i_1 + j_1) = (i_2 + j_2)$ 的情况出现。

(5) 可满足性问题。

对于一个命题逻辑公式,是否存在对其变元的一个真值赋值公式使之成立。

(6) 图的 $m$ 着色问题。

给定无向连通图 $G$ 和 $m$ 种不同的颜色。用这些颜色为图 $G$ 的各顶点着色,每个顶点着一种颜色。如果有一种着色法使 $G$ 中每条边的两个顶点着不同颜色,则称这个图是 $m$ 可着色的。图的 $m$ 着色问题是对于给定图 $G$ 和 $m$ 种颜色,找出所有不同的着色法。

## 4.2 优化算法分类

如前所述,目前优化算法的种类众多,按照寻优机制来看,可分为串行优化算法和并行优化算法。

串行优化算法是指算法在每次优化迭代计算中,仅搜索解空间中的一个点(或状态)。例如,第 5 章神经网络中利用 Hopfield 神经网络或暂态混沌神经网络实现的函数优化或组合优化计算就属于此类。这类方法每次迭代运算量小,运算时间短,但通常为完成优化问题的求解,所需迭代次数较多,且对复杂的优化问题求解能力有限。通常适合中小规模的组合优化问题或不十分复杂的函数优化问题的求解,并可用较短的时间以较高的质量完成优化问题的求解。

并行优化算法是指算法的寻优机制通常采用类似于种群或群体的方式,在每次迭代计算中可同时完成对解空间的多点搜索,并提供多个备选可行解,例如遗传算法、蚁群算法等。这类方法每次的迭代运算量较大,通常与种群的规模直接相关,但完成优化所需的迭代次数较少,且具有较强的全局寻优能力。通常适合大规模的组合优化问题或较复杂的系数优化问题的求解。

另外,还有一些优化算法,例如混沌优化算法,在刚刚提出时属于串行搜索算法,但人们为了应用其求解复杂优化问题,在算法中结合并行搜索机制对其进行改进,从而发展出并行优化算法。

## 4.3 混沌优化

混沌运动具有遍历性、随机性、规律性、初值敏感性等特点。混沌运动能在一定的范围内按其自身规律不重复地遍历所有状态。因此，利用混沌变量进行优化搜索，无疑会比随机搜索具有更好的搜索性能。故而，优化计算成为混沌应用研究的方向之一。

李兵和蒋慰孙于1997年提出了混沌载波的基本优化策略。在此基础上，张彤等结合变尺度的思想提出了变尺度混沌优化方法。王子才等则将混沌的遍历性机制引入模拟退火算法中。

之后，人们又开始研究混沌发生机制本身对搜索性能的影响，尝试采用不同的混沌发生机制产生搜索序列，不断提高搜索性能。修春波等采用两种混沌序列同时在解空间进行搜索的方法提高算法的通用性。唐魏等采用幂函数载波的方法提高混沌序列的遍历性。

为了求解大规模优化问题，人们又提出了众多的并行混沌优化搜索算法。求解的范围也逐渐从最初的函数优化问题的求解扩展到组合优化问题的求解。在火力分配、电力系统负荷分配、分包商选择、控制系统参数选取等各种问题中得到实际应用。

本节将对几种典型的混沌优化算法的思想进行介绍。

### 4.3.1 基本混沌优化算法

基本混沌优化算法思想比较简单，主要是采用混沌载波的方式将混沌状态引入优化变量中，将混沌运动的遍历范围映射到优化变量的取值范围，然后利用混沌变量进行搜索。利用混沌运动的遍历性、随机性等特点提高搜索效率。

混沌变量的发生机制选为式(4-1)的Logistic映射，即

$$x_{k+1} = u \cdot x_k (1 - x_k) \tag{4-1}$$

该映射的混沌分叉及其对应的Lyapunov指数图如图4-1和图4-2所示。

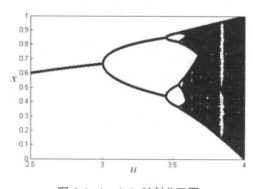

图 4-1 Logistic 映射分叉图

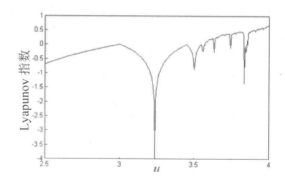

图 4-2 Logistic 映射 Lyapunov 指数图

当控制参数 $u = 4.0$ 时，该映射是处于(0,1)之间的混沌满映射。由其产生的序列表现出了混沌系统的连续性、遍历性等基本特点，具有良好的搜索性能。

对连续对象的全局极小值优化问题，有

$$\min f(x_1, x_2, \cdots, x_n) \quad x_i \in [a_i, b_i], i = 1, 2, \cdots, n$$

算法实现过程如下。

步骤 1，利用式(4-1)产生 $n$ 个轨迹不同的混沌序列。

步骤 2，将混沌变量 $x_i$ 映射到优化变量的区间内得到搜索变量 $mx_i$，$mx_i = a_i + x_i \cdot (b_i - a_i)$。

步骤 3，计算搜索变量的函数值是否优于当前最优值，如果是则更新当前最优值；否则进行下一次搜索。

步骤 4，如果连续若干次搜索后，最优值始终未获得更新，则实现第二次载波，即在当前最优值附近确定新的较小的搜索范围，然后继续搜索，直到满足终止条件为止。

混沌搜索虽然具有遍历性，但要在原始搜索空间内搜索到最优解可能需要较长的时间。因此，基本混沌搜索算法中采用了二次载波技术来提高搜索效率。由于一次载波在原始搜索空间内实现了一定次数的粗搜索，因此可认为一次载波搜索结束后所寻得的当前最优解可能处于真正最优解的邻域内。而二次载波所确定的搜索空间较小，相当于在近似最优解的邻域内进行细搜索，从而可有效提高寻优效率。

### 4.3.2 变尺寸混沌优化算法

变尺寸混沌优化算法是在基本混沌优化算法的基础上提出的，主要特点是随着搜索的进行，不断缩小优化变量的搜索空间，也可看成采用了多次二次载波搜索。该算法设定了细搜索标志 $r$，只要在当前搜索空间内连续搜索一定次数后最优值仍未获得更新，则采用式(4-2)和式(4-3)缩小各变量的搜索范围，即

$$a_i^{r+1} = \max\{a_i^r, mx_i^* - \gamma \cdot (b_i^r - a_i^r)\} \tag{4-2}$$

$$b_i^{r+1} = \min\{mx_i^* + \gamma \cdot (b_i^r - a_i^r), b_i^r\} \tag{4-3}$$

式中，$\gamma \in (0, 0.5)$；$mx_i^*$ 为当前最优解。式(4-2)和式(4-3)中的取大取小操作是为了防止新范围超出原搜索空间。

在新空间内进行第 $k$ 次混沌搜索时，混沌搜索变量 $y_i^k$ 采用当前混沌变量 $x_i^k$ 与最优变量 $x_i^*$ 的线性组合的形式得到，即

$$y_i^k = (1-\alpha)x_i^* + \alpha x_i^k$$

$$x_i^* = \frac{mx_i^* - a_i^{r+1}}{b_i^{r+1} - a_i^{r+1}}$$

式中，$\alpha$ 为一个较小的数，并且随着搜索空间的缩小，$\alpha$ 的值不断减小，逐渐提高最优解邻域范围内的搜索次数，以此提高搜索效率。

### 4.3.3 双混沌优化搜索算法

双混沌优化算法结合了最大似然估计的思想，给出了缩小搜索空间的条件，从而提高了混沌优化算法的通用性。

如图 4-3 所示，算法首先在已知的搜索空间 $A$ 中，利用两种混沌机制 $x$ 和 $y$ 进行独立并行搜索，当各自搜索得到的最优值 $x^*$ 和 $y^*$ 的距离足够小时(例如同时在 $C$ 空间中)，按照最大似然估计的思想，可以估计真正的最优值就在该空间附近(例如 $B$ 空间中)，因此就可以将搜索空间从 $A$ 空间缩小到 $B$ 空间。然后，在 $B$ 空间中按上述过程继续缩小到更小的搜

索空间，直到寻找到最优解为止。双混沌优化算法采用的两种混沌发生机制分别是 Logistic 映射和立方映射。

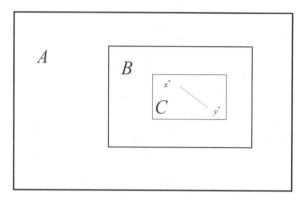

图 4-3 双混沌搜索算法

### 4.3.4 幂函数载波的混沌优化算法

上述混沌优化算法所采用的混沌发生机制主要是 Logistic 映射，载波方式皆为线性。虽然 Logistic 映射产生的混沌变量具有遍历性，但是其轨道点分布不均匀，表现为区间两端较区间内部点要稠密得多。致使其遍历性受到影响，进而影响算法的寻优效率。

图 4-4 给出了定性考察 Logistic 映射遍历性的轨迹。作图方式为：以 $z_{10} = 0.213$ 和 $z_{20} = 0.213$ 为初值，迭代 2000 次，得到两个混沌序列 $\{z_1\}$ 和 $\{z_2\}$，图中小圆圈代表二维空间中的一点 $\{z_{1i}, z_{2i}\}$。

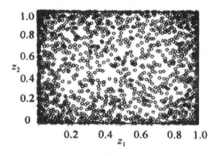

图 4-4 Logistic 映射遍历性的轨迹

幂函数载波混沌优化算法采用幂函数载波的方式改善了 logistic 映射轨迹的遍历性，混沌变量可在搜索区间内更均匀地遍历搜索。所采用的幂函数载波方式为

$$z_n' = \begin{cases} z_n^p & z_n \in [0, a] \\ z_n & z_n \in [a, b] \\ z_n^q & z_n \in [b, 1] \end{cases}$$

式中，$0 < a < b < 1$；$0 < p < 1$；$q > 1$；$z_n$ 为 Logistic 映射产生的混沌变量；$z_n'$ 为在幂函数载波后重新获得的混沌变量。

在区间 $[0, a]$ 中，因为 $0 < p < 1$，故 $z_n' > z_n$，使靠近区间左端的点右移；在区间 $[b, 1]$

中，因为 $q>1$，故 $z'_n<z_n$，使靠近区间右端的点左移；$p$ 越小，$q$ 越大，点移动的距离越远。而 $z'_n$ 在 $[0,1]$ 区间内仍然保持遍历性。

取 $a=0.3, b=0.8, p=0.66, q=2.48$，Logistic 映射幂函数载波后的遍历性轨迹如图 4-5 所示。

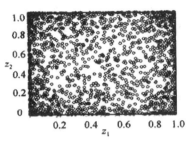

图 4-5　$z$ 的遍历性轨迹

采用幂函数载波后的序列进行混沌优化搜索，可以进一步提高算法的寻优效率。

### 4.3.5　并行混沌优化算法

以上混沌优化算法皆为串行机制的搜索算法。为了适应大规模优化问题的需要，可以采用并行混沌优化算法进行问题的寻优求解。并行混沌优化算法的主要思想是采用种群寻优的策略。每一代产生多个搜索个体在搜索空间内同时进行搜索，算法根据较优个体的分布情况确定细搜索空间的中心位置，并不断缩小搜索空间的范围实现并行寻优。

通常对于中小规模的优化计算问题，串行混沌优化算法具有较高的优化效率，而对于复杂度高的大型优化问题，采用并行混沌优化算法具有更好的优化性能。

## 4.4　模拟退火算法

模拟退火算法的思想最早是由 Metropolis 在 1953 年研究二维相变时提出的，1983 年 Kirk Patrick 等将模拟退火算法应用于组合最优化问题中，Press 和 Tueukolsky 将单纯形法和模拟退火算法有机地结合起来，形成一种新的改进的优化算法，即单纯形模拟退火算法，并且成功地解决了 NLP 问题。1995 年 M. Tarek 等对 SA 算法进行了并行化计算的研究，提高 SA 算法的计算效率，用来解决比较复杂的科学和工程计算。

1997 年胡山鹰等在求解无约束非线性规划问题的 SA 算法基础上，进行有约束问题求解的进一步探讨，对不等式约束条件提出了检验法和罚函数法的处理方法，对等式约束条件开发了罚函数法和解方程法的求解步骤，并进行了分析比较，形成完整的求取非线性规划问题全局优化的模拟退火算法。

模拟退火算法源于复杂组合优化问题与固体退火过程之间的相似之处。固体的退火过程是一种物理现象，随着温度的下降，固体粒子的热运动逐渐减弱，系统的能量将趋于最小值。固体退火过程能最终达到最小能量的一个状态，从理论上来说，必须满足以下 4 个条件。

(1) 初始温度必须足够高。

(2) 在每个温度下,状态的交换必须足够充分。

(3) 温度的下降必须足够缓慢。

(4) 最终温度必须足够低。

模拟退火算法在系统向着能量减小的趋势变化过程中,偶尔允许系统跳到能量较高的状态,以避开局部最小,最终稳定在全局最小。它的基本步骤如下。

步骤 1,设系统初始化值 $t$ 较大,相当于初始问题 $T$ 足够大,设初始解为 $i$,记每个 $t$ 值的迭代次数为 $N$。

步骤 2,迭代次数 $k$ 的范围 $k=1,2,\cdots,N$($k=1$ 初始),做到步骤 3~6 操作。

步骤 3,随机选择一个解 $j$。

步骤 4,计算增量 $\Delta = f(j) - f(i)$,其中 $f(x)$ 为评价函数。

步骤 5,若 $\Delta<0$ 则接受 $j$ 作为新的当前解;否则以概率 $\exp(-\Delta/t)$ 接受 $j$ 作为新的当前解。

步骤 6,如果满足终止条件则输出当前解作为最优解,结束程序。终止条件通常取连续若干个新解都没有被接受时终止算法;否则转步骤 7。

步骤 7,$t$ 下降 $k$ 次,$k=k+1$;然后转步骤 2。

模拟退火算法按照概率随机地接受一些劣解,即指标函数值大的解。当温度比较高时,接受劣解的概率比较大。在初始温度下,几乎以接近 100%的概率接受劣解。随着温度的下降,接受劣解的概率逐渐减小,直到当温度趋于 0 时,接受劣解的概率也趋于 0。这有利于算法从局部最优解中跳出,求得问题的全局最优解。

## 4.5 遗传算法

1975 年美国 J. Holland 教授受生物进化论的启发提出了一种新的智能优化算法,即遗传算法(Genetic Algorithm,GA)。该算法是基于适者生存原则的一种高并行、随机优化算法,它将问题的求解表示成染色体的生存过程,通过群体的复制、交叉及变异等操作最终获得最适应环境的个体,从而求得问题的最终解。遗传算法抽象于生物体的进化过程,通过全面模拟自然选择和遗传化制,形成一种具有"生成+检验"特征的搜索算法。它以编码空间代替问题的参数空间,以适应度函数为评价依据,以编码群体为进化基础,对群体中个体位串的遗传操作实现选择和遗传机制,建立起一个迭代过程。在这个过程中,通过随机重组编码位串中重要的基因,使新一代的位串集合优于老一代的位串集合,群体的个体不断进化,逐渐接近最优解,最终达到求解问题的目的。遗传算法作为一种通用的优化算法,其主要特点是群体搜索策略和群体中个体之间的信息交换,搜索不依赖于梯度信息。随着计算机技术的不断发展,遗传算法在模式识别、神经网络、组合优化以及图像处理等领域取得了成功的应用。本节将介绍简单遗传算法的关键参数与操作、算法流程以及算法的改进与简单实现。

### 4.5.1 遗传算法的基础知识

遗传算法是模拟遗传选择和自然淘汰的生物进化过程的计算模型,所涉及的关键参数与操作主要有以下几点。

1. 编码

遗传算法中的编码是将一个问题可行解从解空间转换到遗传算法所能处理的搜索空间的转换过程。在遗传算法的研究发展过程中，提出了许多不同的编码方式，而采用不同的编码方式对问题的求解精度与效率有很大影响。通常，问题编码一般应满足以下3个原则。

(1) 完备性。问题空间中的所有点(潜在解)都能成为GA编码空间中点(染色体位串)的表现型。

(2) 健全性。遗传算法编码空间中的染色体位串必须对应问题空间中的某个潜在解。

(3) 非冗余性。染色体和潜在解必须一一对应。

在某些情况下，为了提高遗传算法的运行效率，允许生成包含致死基因的编码位串，它们对应于优化问题的非可行解。虽然这会导致冗余或无效的搜索，但是可能有助于生成全局最优解所对应的个体，求解问题所需要的总计算量反而会减少。

上述3个编码原则虽然带有普遍意义，但是缺乏具体的指导思想，特别是满足这些规范的编码设计不一定能有效地提高遗传算法的搜索效率。相比之下，De Jong提出较为客观明确的编码评价准则，称为编码原理，又称为编码规则。

(1) 有意义基因块编码规则所设计的编码方案，应该易于生成与所求问题相关的短定义距和低阶的基因块。

(2) 最小字符集编码规则所设计的编码方案应该采用最小字符集以便使问题得到自然的表示或描述。

这里，基因块的定义距是指基因块中第一个确定位置和最后一个确定位置之间的距离。基因块的阶表示基因块中已有明确含义的字符个数。阶数越低，说明基因块的概括性越强，所代表的编码串个体数也越多。

目前最常用的编码方式为二进制编码，此种编码简单、易用，并依此提出了模式定理。即具有低阶、短定义距以及平均适应度高于种群平均适应度的模式在子代中呈指数增长。它保证了较优的模式(遗传算法的较优解)的数目呈指数增长，为解释遗传算法机理提供了数学基础。此外，还有灰度编码、实数编码、符号编码等编码方式。例如，对于求实数区间$[0,3]$上函数$f(x)=-(x-1)^2+6$的最大值，传统方法是通过逐步调整$x$的值来获得该函数的最大值，而遗传算法则是将参数进行编码形成位串并对其进行进化操作。例如，采用二进制编码方式可以由长度为5的位串表示变量$x$，即从"00000"到"11111"，并将取值映射到区间$[0,3]$内。从整数上看，5位长度的二进制编码位串可以表示$0\sim 63$，对区间每个相邻值之间的阶跃值为$3/63\approx 0.0476$，即编码精度。从中可以找到二进制编码中位串长度与编码精度之间的对应关系。假设位串长度为$L$，则对应整数区间为$[0\sim 2^L-1]$，若实际参数的定义域为$[a,b]$，则编码精度为$(b-a)/(2^L-1)$。一般来说，编码精度越高，所得到解的质量也越好，但操作所需要的计算量也越大，算法运算时间也越长。因此，在解决实际问题时，应该适当选择编码位数。

此外，对于问题的变量是实向量的情况，可以直接采用实数编码。实数编码就是采用十进制进行编码，直接在解空间上进行遗传操作。这种方法在求解高维问题或者复杂优化问题时采用较多。实验证明，对于大部分数值优化问题，通过引入一些专门设计的遗传算子，采用实数编码比采用二进制编码时算法的平均效率要高。由于实数编码表示比较自然，容易引入相关领域的知识，加入启发式信息以增加搜索能力，所以它的使用越来越广泛。

其他非二进制编码往往要结合问题的具体形式。一方面简化编码和解码过程，另一方面可以采用非传统操作算子，或者与其他搜索算法相结合。主要有大字符集编码、序列编码、树编码、自适应编码及乱序编码等。

**2. 适应度函数**

适应度函数主要用于对个体进行评价。在对简单问题进行优化时，通常可以直接采用目标函数作为遗传算法的适应度函数。例如，$f(x)$ 为某个问题的目标函数，则适应度函数 $F(x)$ 采用 $M-f(x)$，其中 $M$ 为一个足够大的正数。在复杂问题的优化过程中，通常需要根据问题的特点构造评价函数以便适应遗传算法的优化过程。

遗传算法将问题空间表示为染色体位串空间，为了遵循适者生存的原则，必须对个体位串的适应度进行评价。因此，适应函数就构成了个体的生存环境。根据个体的适应值，就可以决定它在此环境下的生存能力。一般来说，好的染色体位串结构具有比较高的适应函数值，即可以获得较高的评价，具有较强的生存能力。

由于适应值是群体中个体生存机会选择的唯一确定性指标，所以适应函数的形式直接决定着群体的进化行为。根据实际问题的经济含义，适应值可以是销售、收入、利润、市场占有率、商品流通量或机器可靠性等。为了能够直接将适应函数与群体中的个体优劣度相联系，在遗传算法中适应值规定为非负，并且在任何情况下总是希望越大越好。

若用 $S^L$ 表示位串空间，$S^L$ 上的适应度函数可以表示为 $f(\cdot): S^L \to R^+$，为实值函数，其中 $R^+$ 表示非负实数集合。

对于给定的优化问题 $\text{opt } g(x)\ (x \in [u,v])$，目标函数有正有负，甚至可能是复数值，所以有必要通过建立适应函数与目标函数的映射关系，保证映射后的适应值是非负的，而且目标函数的优化方向应该对应于适应值增大方向。

针对进化过程中关于遗传操作控制的需要，选择函数变换 $T: g \to f$，使对于最优解 $x^*, \max f(x^*) = \text{opt } g(x)\ (x \in [u,v])$。

（1）对于最小化问题，一般采用下述方法，即

$$f(x) = \begin{cases} c_{\max} - g(x) & g(x) < c_{\max} \\ 0 & \text{其他} \end{cases}$$

式中，$c_{\max}$ 可以是一个输入值或者理论上的最大值，或者是到当前所有代或最近 $K$ 代中 $g(x)$ 的最大值，此时 $c_{\max}$ 随着代数会有变化。

（2）对于最大化问题，一般采用下述方法，即

$$f(x) = \begin{cases} g(x) - c_{\min} & g(x) > c_{\min} \\ 0 & \text{其他} \end{cases}$$

式中，$c_{\min}$ 既可以是特定的输入值，也可以是当前所有代或 $X$ 代中 $g(x)$ 的最小值。

若 $\text{opt } g(x)\ (x \in [u,v])$ 为最大化问题，且 $\min(g(x)) \geq 0\ (x \in [u,v])$ 仍然需要针对进化过程的控制目标选择某种函数变换，以便于制定合适的选择策略，则会使遗传算法获得最大的进化能力和最佳的搜索效果。

### 3. 算法参数

遗传算法中的算法参数主要有种群数目、交叉概率、变异概率等。一般来说，种群数目直接影响算法的优化效率与结果。当种群数目太小时，则不能提供足够多的采样点，使算法性能很差并可能得不到可行解。当种群数目太大时，则会增加算法的运行时间，降低算法的运行效率。在这里需要说明的是，在 GA 优化过程中种群数目是允许变化的。

交叉概率用于控制交叉操作的频率，当交叉频率过大时，种群中的位串更新过快，从而会使高适应值的个体被过快破坏。当交叉频率过小时，导致很少发生交叉操作，从而容易使搜索停滞。

变异概率的大小直接影响着种群的多样性。在二进制编码的遗传算法中，较小的变异率完全可以避免整个种群中任一位置的基因一直保持不变，但概率太小则不会产生新的个体，概率太大则使遗传算法成为随机搜索。

### 4. 算法操作

遗传算法作为模拟生物进化论的一种工程模型，它的主要价值不仅在于能够对优化问题给出一种有效的计算方法，而且遗传算法的结构中包含了大自然所赋予的一种哲理，在科学思想方法上给予人们以深刻的启迪。在遗传算法中主要的遗传操作包括选择(或复制)、交叉(或重组)和变异 3 种基本形式，它们构成了遗传算法具备强大搜索能力的核心，是模拟自然选择以及遗传过程中发生的繁殖、杂交和变异现象的主要载体。

(1) 选择。

选择是遗传算法的关键，它模拟了生物进化过程中的自然选择规律。选择是由某种方法从群体 $A(t)$ 中选取 $N$ 个个体放入交配池，交配池是用于繁殖后代的双亲个体源。选择的根据是每个个体对应的优化问题目标函数转换成的适应度函数值的大小，适应度函数值大的被选中的机会就多，即越适合生存环境的优良个体将有越多的繁殖后代的机会，从而使优良特性得以遗传，体现了自然界中适者生存的道理。选择的作用效果能提高群体的平均适应度函数值，因为通过选择操作，低适应度函数值个体趋向于被淘汰，而高适应度函数值个体趋向于被复制，因此在选择操作中群体的这些改进具有代表性，但这是以损失群体的多样性为代价的。虽然选择操作能提高群体的平均适应度函数值，但是它并没有产生新的个体，当然群体中最好个体的适应度函数值也不会改进。

下面介绍几种常用的选择方法。

① 适应值比例选择。

适应值比例选择是最基本的选择方法，其中每个个体被选择的期望数量与其适应值和群体平均适应值的比例有关，通常采用轮盘赌方式实现。这种方式首先计算每个个体的适应值，然后计算出此适应值在群体适应值总和中所占的比例，表示该个体在选择过程中被选中的概率。选择过程体现了生物进化过程中"适者生存，优胜劣汰"的思想，并且保证优良基因遗传给下一代个体。

对于给定的规模为 $n$ 的群体 $P = \{a_1, a_2, \cdots, a_n\}$，个体 $a_j \in P$ 的适应值为 $f(a_j)$，其选择概率为

$$p_s(a_j) = \frac{f(a_j)}{\sum_{i=1}^{n} f(a_j)} \quad j=1,2,\cdots,n$$

当群体中个体适应值的差异非常大时，最佳个体与最差个体被选择的概率之比(选择压力)也将按指数增长。最佳个体在下一代的生存机会将显著增加，而最差个体的生存机会将被剥夺。然而，这种方法也会使当前群体中的最佳个体快速充满整个群体，导致群体的多样性迅速降低，遗传算法也就过早地丧失了进化能力。这是适应值比例选择容易出现的问题。

② Boltzmann 选择。

在群体进化过程中，不同阶段需要不同的选择压力。早期阶段选择压力较小，我们希望较差的个体也有一定的生存机会，使群体保持较高的多样性。后期阶段选择压力较大，我们希望遗传算法缩小搜索邻域，加快当前最优解改善的速度。为了动态调整群体进化过程中的选择压力，Goldberg 设计了 Boltzmann 选择方法。个体选择概率为

$$p_s(a_j) = \frac{e^{f(a_j)/T}}{\sum_{i=1}^{n} e^{f(a_j)/T}} \quad j=1,2,\cdots,n$$

式中，$T>0$ 为退火温度。$T$ 随着迭代的进行逐渐缩小，选择压力将随之升高。Goldberg 通过一组试验分析，认为该选择方法显然好于适应值比例选择。$T$ 是控制群体进化过程中选择压力的关键，一般 $T$ 的选择需要考虑预计最大进化代数。

③ 排序选择。

排序选择方式是将群体中个体按其适应值由大到小的顺序排成一个序列，然后将事先设计好的序列概率分配给每个个体。显然，排序选择与个体的适应值的绝对值无直接关系，仅与个体之间的适应值相对大小有关。排序选择不利用个体适应值绝对值的信息，可以避免群体进化过程的适应值标度变换。由于排序选择概率比较容易控制，所以在实际计算过程中经常采用，特别适用于动态调整选择概率，根据进化效果适时改变群体选择压力。

最常用的排序选择方法是采用线性函数将队列序号映射为期望的选择概率，即线性排序选择。

对于给定的规模为 $n$ 的群体 $P=\{a_1,a_2,\cdots,a_n\}$，并满足个体适应值降序排列 $f(a_1) \geqslant f(a_2) \geqslant \cdots \geqslant f(a_n)$。假设当前群体最佳个体 $a_1$ 在选择操作后的期望数量为 $\eta^+$，即 $\eta^+ = np_1$。最差的个体 $a_n$ 在选择操作后的期望数量为 $\eta^-$，即 $\eta^- = np_n$。其他个体的期望数量按等差序列计算，有

$$\Delta \eta = \eta_j - \eta_{j-1} = \frac{\eta^+ - \eta^-}{n-1}$$

则 $\eta_j = \eta^+ - \Delta\eta(j-1) = \eta^+ - \frac{(\eta^+ - \eta^-)}{n-1}(j-1)$，故线性排序的选择概率为

$$p_s(a_j) = \frac{1}{n}\left[\eta^+ - \frac{(\eta^+ - \eta^-)}{n-1}(j-1)\right] \quad j=1,2,\cdots,n$$

由 $\sum_{j=1}^{n} \eta_j = n$ 可以导出 $\eta^+ + \eta^- = 2$。要求 $p_i \geq 0$，$\eta^- \geq 0$，故 $1 \leq \eta^+ \leq 2$。当 $\eta^+ = 2$、$\eta^- = 0$ 时，即最差个体在下一代生存的期望数量为 0，群体选择压力最大。当 $\eta^+ = \eta^- = 1$ 时，选择方式为按均匀分布的随机选择，群体选择压力最小。

除了上面介绍的几种方法以外，还有其他方法，例如联赛选择、精英选择、稳态选择等。

(2) 交叉。

交叉操作主要用于产生新的个体，在解空间中进行有效搜索，同时降低对有效模式的破坏概率。二进制编码中，单点交叉随机确定一个交叉位置，然后对换相应的子串；多点交叉随机确定多个交叉位置，然后对换相应的子串。在组合优化中，交叉操作可以分为次序交叉、循环交叉及映射交叉等。

交叉操作一般分为以下几个步骤。

步骤 1，从交配池中随机取出要交配的一对个体。

步骤 2，根据位串长度 $L$，对要交配的一对个体，随机选取 $[1, L-1]$ 中一个或多个整数 $k$ 作为交叉位置。

步骤 3，根据交叉概率 $p_c (0 < p_c \leq 1)$ 实施交叉操作，配对个体在交叉位置处，相互交换各自的部分内容，从而形成一对新的个体。

通常使用的交叉操作包括一点交叉、两点交叉、多点交叉及一致交叉等形式。

① 一点交叉。

一点交叉是由 Holland 提出的最基础的一种交叉方式，如图 4-6 所示。对于从交配池中随机选择的两个串 $s_1 = a_{11}a_{12}\cdots a_{1l_1}\cdots a_{1l}$，$s_2 = a_{21}a_{22}\cdots a_{2l_2}\cdots a_{2l}$，随机选择一个交叉位 $x \in \{1, 2, \cdots, L-1\}$，不妨设 $l_1 \leq x \leq l_2$，对两个位串中该位置右侧部分的染色体位串进行交换，产生两个子位串个体为

$$s_1' = a_{11}a_{12}\cdots a_{1l_1}a_{2l_2}\cdots a_{2l}$$
$$s_2' = a_{21}a_{22}\cdots a_{2l_1}a_{1l_2}\cdots a_{1l}$$

一点交叉操作的信息量比较小，交叉点位置的选择可能带来较大偏差。按照 Holland 的思想，一点交叉算子不利于长距模式的保留和重组，而且位串末尾的重要基因总是被交换(尾点效应)，故实际应用中采用较多的是两点交叉。

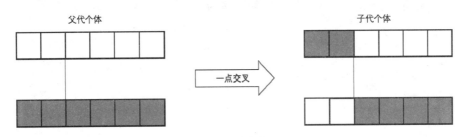

图 4-6　一点交叉

② 多点交叉。

为了增加交叉的信息量，遗传算法发展了多点交叉的概念。对于选定的两个个体位

串，随机选择多个交叉点，构成交叉点集合，如图 4-7 所示。

$$x_1, x_2, \cdots, x_k \in \{1, 2, \cdots, L-1\} \quad x_k \leqslant x_{k+1}, \quad k = 1, 2, \cdots, K-1$$

图 4-7　多点交叉

将 $L$ 个基因位划分为 $K+1$ 个基因位集合，即

$$Q_K = \{l_k, l_k = 1, \cdots, l_{k+1} - 1\} \quad k = 1, 2, \cdots, K-1$$

算子形式为

$$O(p_c, K): a'_{1i} = \begin{cases} a_{2i} & i \in Q_k, k \text{ 为偶数} \\ a_{1i} & \text{其他} \end{cases}$$

$$a'_{2i} = \begin{cases} a_{1i} & i \in Q_k, k \text{ 为偶数} \\ a_{2i} & \text{其他} \end{cases}$$

则生成的新个体为

$$s'_1 = a'_{11} a'_{12} \cdots a'_{1L}$$
$$s'_2 = a'_{21} a'_{22} \cdots a'_{2L}$$

多点交叉算子的交叉点数和位置的选择有多种方法。对于实参数优化问题采用二进制编码，一般交叉点的数量不宜低于实参数的维数。Mitchell 建议每次交叉操作时，按泊松分布确定交叉点数，即

$$p(x) = \frac{\lambda^x}{x!} e^{-\lambda}, E(x) = D(x) = \lambda = g(L) > 0$$

式中，$x$ 为交叉点数，其均值 $E(x)$ 和方差 $D(x)$ 为位串长度的函数。

③ 一致交叉。

一致交叉(又称为均匀交叉)，即染色体位串上的每一位在相同概率进行随机均匀交叉，如图 4-8 所示。一致交叉算子生成的新个体为

$$s'_1 = a'_{11} a'_{12} \cdots a'_{1L}$$
$$s'_2 = a'_{21} a'_{22} \cdots a'_{2L}$$

操作描述为

$$O(p_c, k) a'_{1i} = \begin{cases} a_{2i} & x > 1/2 \\ a_{1i} & x \leqslant 1/2 \end{cases}$$

$$a'_{2i} = \begin{cases} a_{2i} & x > 1/2 \\ a_{1i} & x \leqslant 1/2 \end{cases}$$

$x$ 是取值为 [0,1] 上符合均匀分布的随机变量。

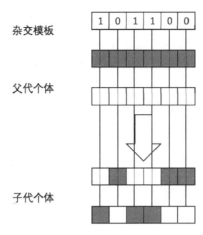

图 4-8 一致交叉

Spears 和 De Jong 认为一致交叉算子优于多点交叉算子,并提出了一种带偏置概率参数的一致交叉 ($0.5 \leqslant x \leqslant 0.8$),不存在多点交叉算子操作引起的位置偏差,任意基因位的重要基因在一致交叉作用下均可以重组,并遗传给下一子代个体。

从第 $t$ 代群体的交配池中,任意选择两个个体进行交叉操作的一般形式表示为

$$P''(t) = c(P'(t), p_c)$$

针对特定问题,还可以设计其他类型的交叉算子。而且,对于不同的编码方式,交叉算子也不同,比如 Messy GA 中的交叉算子、基于树形结构表示的染色体位串的交叉、TSP 问题中的部分匹配交叉、顺序交叉、周期交叉等。

(3) 变异。

变异操作模拟自然界生物体进化中染色体上某位基因发生的突变现象,从而改变染色体的结构和物理性状。在遗传算法中主要用于避免算法的早熟收敛。当交叉操作产生的后代适应值不再进化且没有达到最优时,将采用变异操作来克服有效基因的缺损,增加种群的多样性。实数编码中通常采用扰动式变异,二进制或十进制编码中通常采用替换式变异。

变异算子通过按变异概率 $p_m$ 随机反转某位等位基因的二进制字符值来实现变异操作。对于给定的染色体位串 $s_1 = a_1 a_2 \cdots a_L$,具体为:

$$O(p_m, x): a_i' = \begin{cases} 1 - a_i & x_i \leqslant p_m \\ a_i & \text{其他} \end{cases} \quad i \in \{1, 2, \cdots, L\}$$

生成新的个体 $s_1' = a_1' a_2' \cdots a_L'$。其中,$x_i$ 是对应于每一个基因位产生的均匀随机变量,$x_i \in [0,1]$,如图 4-9 所示。

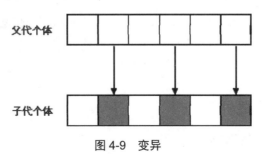

图 4-9 变异

变异操作作用于个体位串的等位基因上，由于变异概率比较小，在实施过程中一些个体可能一次变异也不会发生，造成大量计算资源的浪费。因此，在遗传算法具体应用中，可以采用一种变通措施，首先判断个体层次的变异发生的概率，然后再实施基因层次上的变异操作。一般包括两个基本步骤。

① 计算个体发生变异的概率。

以原始的变异概率 $p_m$ 为基础，可以计算出群体中个体发生变异的概率，即

$$p_m(a_j) = 1 - (1-p_m)^L \quad j=1,2,\cdots,n$$

给定均匀随机变量 $x \in [0,1]$，若 $x \leqslant p_m(a_j)$，则对该个体进行变异；否则表示不发生变异。

② 计算发生变异的个体上基因变异的概率。

由于变异操作方式发生了改变，所以被选择变异的个体上基因的变异概率也需要相应修改，以保证整个群体上基因发生变异的期望次数相等。在传统变异方式下整个群体基因变异的期望次数为 $nLp_m$，设新的基因变异概率为 $p'_m$，在新的变异方式下整个群体基因变异的期望次数为 $(np_m(a_j))(Lp'_m)$。要求两者相等，即

$$nLp_m = (np_m(a_j))(Lp'_m)$$

可以导出

$$p'_m = \frac{p_m}{p_m(a_j)} = \frac{p_m}{1-(1-p_m)^L}$$

$p'_m > p_m$，位串越短，$p'_m$ 比 $p_m$ 大得越多。当位串长度趋于无穷大时两者相等，即 $\lim_{L \to \infty} p'_m = p_m$。

传统变异方式下的计算量为 $nL$，新的变异方式下的计算量为 $np_m(a_j)L$，计算量差异为 $nL(1-p_m(a_j))$，显然新的变异方式比传统方式计算量降低了，且随着位串长度的增大而下降。但是，这种新变异方式也在一定的程度上偏离了原来的变异基因位在全部群体个体基因位中的均匀分布情况，当群体比较小时，可能会带来一定的变异误差。

5. 算法终止条件

根据遗传算法以概率 1 收敛的极限性质，需要通过算法操作设计和参数选择来提高算法的收敛速度。在实际采用遗传算法来求解某问题时，通常设定一定的算法终止条件来避免算法无休止地发展下去。最常用的终止条件为事先给定一个最大进化步数或给定一个适应值最大不改进进化步数。

应该清楚地看到，遗传算法是一种复杂的非线性智能计算模型，通过数学方法来预测其运算结果是很难实现的。为了兼顾遗传算法的优化效率及质量，在应用算法时许多环节通常是凭经验解决的，因此这方面还需要人们更深入地研究。

### 4.5.2 遗传算法中的基本流程

标准遗传算法的主要步骤如下。

遗传算法案例

步骤1,随机产生初始种群,评价每一个个体的适应值。
步骤2,判断是否满足收敛准则,若满足则输出结果;否则继续执行以下步骤。
步骤3,根据适应值大小执行复制操作。
步骤4,根据已设交叉概率执行交叉操作。
步骤5,根据已设变异概率执行变异操作。
步骤6,返回步骤2。
标准遗传算法的流程如图4-10所示。

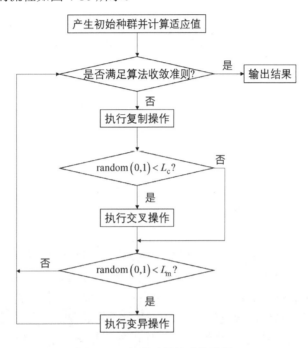

图4-10 标准遗传算法的流程

与传统优化算法相比,遗传算法采用生物进化和遗传的思想来实现优化过程,具有以下特点。

(1) 遗传算法针对问题参数编码成染色体后进行操作,因此不受约束条件的限制,例如连续性、可导性等。

(2) 遗传算法搜索过程不是从一个个体开始,而是从问题解的一个集合开始,具有隐含并行搜索特性,从而在很大的程度上降低了陷入局部最优的可能性。

(3) 遗传算法使用的操作均是随机操作,只依赖于个体的适应值信息。

(4) 遗传算法具有全局搜索能力,可以有效地求解非线性复杂问题。

### 4.5.3 遗传算法的改进

自从Holland出版了第一本系统论述遗传算法和人工自适应系统的专著《自然系统和人工系统的自适应性》(Adaptation in Natural and Artificial Systems)后,至今各国学者已对遗传算法进行了各方面的改进工作。从已有的工作中可以看出,大都在基因操作、种群的宏观操作以及算法结构上做了进一步改进,其主要思想是为了提高算法的效率并避免出现早熟收敛现象。

目前,除了表 4-1 中针对交叉操作的改进以外,常用的交叉算子还有置换交叉、后发式交叉及算术交叉等。

表 4-1 针对交叉操作的改进

| 年代 | 学者 | 对交叉操作的改进 |
| --- | --- | --- |
| 1975 年 | Dejong | 单点交叉和多点交叉 |
| 1985 年 | Smith | 循环交叉 |
| 1989 年 | Goldberg | 部分匹配交叉 |
| | Syswerda | 双点交叉 |
| 1991 年 | Starkweather | 加强弧重组 |
| | Davis | 序号交叉和均匀排序交叉 |

针对复制操作,Dejong 于 1975 年设计了回放式随机采样复制,由于存在选择误差大的缺点,所以又设计了选择误差较小的无回放式随机采样复制。Brimlle 于 1981 年又在前人对复制操作研究的基础上设计了确定式采样以及无回放式余数随机采样方法,进一步降低了选择误差。Back 于 1992 年针对求解线性问题提出了全局收敛的最优串复制策略和均匀排序策略。

针对变异操作,学者们主要研究了自适应变异以及多级变异等操作,同时针对基因操作也做了进一步改进。例如,设计了倒位操作用于增加有用基因块的紧密形式;优先策略用于将当前解集中的最好解直接移入下一代种群中,以保证每代种群中都有当前最好解;显性遗传策略用于增加曾经适应值好而当前比较差的基因寿命,并在变异率比较低的情况下能保持一定的多样性;静态繁殖策略用部分优秀子串来代替部分父串并作为下一代种群,保留优秀的父串。此外,还有分离、异位、多倍体结构等基因操作。针对遗传算法结构方面的改进在表 4-2 中给出。

表 4-2 遗传算法结构的改进

| 年代 | 学者 | 算法结构改进点 |
| --- | --- | --- |
| 1981 年 | Grefenstette | 设计多种并行结构,例如同步主-仆方法、亚同步主-仆方法、分布式异步并发方法、网络方法 |
| 1989 年 | Krishnakumar | 提出 mGA 小群体方法 |
| | Goldberg | 提出基于对象设计遗传算法并行结构思想 |
| 1991 年 | Androulakis | 提出扩展遗传搜索方法 |
| | Muhlenbein | 采用并行遗传算法求解高维多极小函数的全局最小解 |
| 1992 年 | Schraudolph | 提出参数动态编码策略 |
| 1994 年 | Poths | 提出基于变迁和人工选择的遗传算法 |

从 20 世纪 80 年代中期开始,针对遗传算法的研究达到了一个高潮,以遗传算法为主题的国际会议在世界各地定期召开。1985 年第一届国际遗传算法会议(International

Conferenceon Genetic Algorithms，ICGA)在美国卡耐基·梅隆大学召开，之后每两年召开一届，与遗传算法相关的会议还有很多。

### 4.5.4 遗传算法案例

装箱问题为一类典型的组合优化问题，从计算复杂性理论来讲，装箱问题是一个 NP 完全问题，很难精确求解。本小节以装箱问题为例介绍遗传算法的实现方案。

装箱问题可以定义如下：$n$ 个物品 $p_1, p_2, \cdots, p_n$ 需要装箱，每个物品的体积为 $q(p_i) \in (0,1]$，其中 $i = 1, 2, \cdots, n$。设每个箱子的容积为 1，如何装载 $n$ 个物品使所用的箱子数量最少。

#### 1. 编码

假设 $l$ 个箱子的编号分别为 $K_1, K_2, \cdots, K_l (l < n)$。这里，多个物品可以装入同一个箱子，所以各个物品 $p_i$ 所装入箱子的编号顺序排列可以构成该问题的染色体编码。例如，$K_1 K_4 K_2 \cdots K_3 K_4 K_2$ 表示第一个装箱方案，其中第一个物品装 $K_1$ 箱子，第 2 个物品和第 $n-1$ 个物品装 $K_4$ 箱子，第 3 个物品和第 $n$ 个物品装 $K_2$ 箱子。初始种群可以由箱子编号的随机排列得到。

#### 2. 目标函数以及适应度函数

设 $m$ 为装载方案中使用箱子的数量，$K(p_i)$ 为物品 $p_i$ 所装箱子号，则该装箱问题的目标函数为

$$f(x) = m\left(m - \sum_{j=1}^{m} c_j\right) = m\left\{m - \sum_{j=1}^{m}\left[\sum_{K(p_i)=K_j} q(p_j) - \beta \max\left(0, \sum_{K(p_i)=K_j} q(p_j) - 1\right)\right]\right\}$$

式中，$c_j$ 为 $K_j$ 箱子所装物品体积和；$\beta$ 为箱子所装物品体积超出箱子容积的惩罚系数。

在该目标函数中，既考虑了所使用箱子数量最少，又考虑了每个箱子剩余容积尽可能小。通过目标函数可以容易获得该问题的适应度函数，即

$$F(x) = \begin{cases} M - f(x) & f(x) < M \\ 0 & f(x) \geq M \end{cases}$$

式中，$M$ 为一个足够大正数以此保证适应度函数所获得的值为非负值。

#### 3. 遗传算子

选用通用的一些遗传操作算子，例如选择算子采用比例选择算子；交叉算子采用单点交叉算子；变异算子采用编码字符集 $V = \{K_1, K_2, \cdots, K_l\}$ 范围内的均匀随机变异。

上述求解装箱问题的简单遗传算法的缺点是：初始群体和进化过程中可能会产生一些无效染色体，这些无效染色体所表示的装箱方案中，某个箱子所装物品的体积之和超过箱子的规定容量，从而使运算效率降低，也会导致得不到好的运算结果。一般可以通过与其他算法混合的方法来提高算法的运行效率和解的质量。

**例 4.1** 用遗传算法求解一元函数 $f(x) = x\sin(10\pi x + 2)$，$x \in [-1, 2]$ 的最大值，求解精度要求精确到 6 位小数。

对方程得到的解 $x$ 进行编码，采用二进制编码形式。首先计算区间长度为 $2-(-1)=3$，则可以将区间 $[-1,2]$ 分为 $3 \cdot 10^6$ 等分。由于 $2^{21} < 3 \times 10^6 < 2^{22}$，所以二进制编码的长度至少需要 22 位。二进制编码与区间内对应的实数之间的关系为

$$(b_{21}b_{20}\cdots b_0)_2 = \left(\sum_{i=0}^{21} b_i \cdot 2^i\right) = x' \tag{4-4}$$

$$x = -1 + x'\frac{2-(-1)}{2^{22}-1}n \tag{4-5}$$

由于要求函数的最大值，且函数在定义域内的函数值大于 0，因此可以直接使用目标函数作为遗传算法的适应函数。遗传操作使用轮盘赌的方式选择子代个体。初始种群为 80，最大迭代次数为 100，交叉概率为 0.3，变异概率为 0.05。遗传算法的部分寻优过程如表 4-3 所示，在运行到第 96 代时找到了最优个体，其对应的解与微分方程计算的最优解相吻合。

表 4-3  遗传算法部分寻优过程及最优个体演变情况

| 迭代次数 | 个体的二进制编码 | 函数最大值(适应值) | x |
| --- | --- | --- | --- |
| 1 | 1111001010100111101100 | 1.843 614 | 3.806 640 |
| 2 | 1111001010101111101100 | 1.843 981 | 3.811 107 |
| 6 | 1111001110010110001100 | 1.854 532 | 3.835 767 |
| 7 | 1111001101010111010100 | 1.851 654 | 3.849 155 |
| 11 | 1111001101000110100100 | 1.850 887 | 3.850 168 |
| 25 | 1111001101000110100100 | 1.850 887 | 3.850 168 |
| 36 | 1111001101000110100100 | 1.850 887 | 3.850 168 |
| 52 | 1111001100111001001001 | 1.850 273 | 3.850 205 |
| 54 | 1111001100111101001001 | 1.850 456 | 3.850 266 |
| 91 | 1111001100111101110100 | 1.850 486 | 3.850 270 |
| 96 | 1111001100111111010000 | 1.850 562 | 3.850 274 |
| 100 | 1111001100111111010000 | 1.850 562 | 3.850 274 |

## 4.6 蚁群算法

蚁群算法是受自然界中真实蚁群的集体觅食行为的启发而发展起来的一种基于群集智能的进化算法，属于随机搜索算法，它是由意大利学者 Dorigo 等在 20 世纪 90 年代初首先提出来的。虽然蚂蚁本身的行为极其简单，但是由这些简单个体所组成的蚁群却表现出极其复杂的行为特征。例如，蚁群除了能够找到蚁巢与食物源之间的最短路径以外，还能适应环境的变化，即在蚁群运动的路线上突然出现障碍物时，蚂蚁能够很快地重新找到最短路径。

仿生学家经过大量的观察、研究发现，蚂蚁在寻找食物时，能在其经过的路径上释放一种蚂蚁特有的分泌物——信息素，使一定范围内的其他蚂蚁能够感觉到这种物质，且倾

向于朝着该物质强度高的方向移动。因此，蚁群的集体行为表现为一种信息正反馈现象：某条路径上经过的蚂蚁数越多，上面留下的信息素的痕迹也就越多，后来蚂蚁选择该路径的概率也越高，从而更增加了该路径上信息素的强度。蚁群这种选择路径的过程称为自催化行为，由于其原理是一种正反馈机制，因此也可以将蚁群的行为理解成所谓的增强型学习系统。

## 4.6.1 蚁群算法简介

1991 年，意大利学者 M. Dorigo 等首次提出了蚁群算法求解问题，实验表明蚁群算法具有较强的鲁棒性和发现较好解的能力，但也存在收敛速度慢、易出现停滞现象等。该算法的问世引起了学者们的普遍关注，并且针对算法的缺点提出了一些改进的蚁群算法(见表 4-4)。L. M. Gambardella、M. Dorigo 提出了 Ant-Q 算法，该算法用伪随机比例状态转移规则替换随机比例转移规则，从而使 Ant-Q 算法在构造解的过程中能够更好地保持知识探索与知识利用之间的平衡。此外，该算法中还引用了局部信息素更新机制和全局信息素更新中的精英策略。Stuetzle 和 Hoos 还提出了最大-最小蚂蚁系统(Max-min ant system)，该算法的主要特点就是为信息素设置上、下限来避免算法过早出现停滞现象。Bullnheimer 等提出了基于排序的蚂蚁系统(Rank-based version of ant system)，该算法在完成一次迭代后，将蚂蚁所经过的路径的长度按从小到大的顺序排列，并根据路径长度赋予不同的权重，路径较短的权重加大。鉴于蚂蚁系统搜索效率低和质量差的缺点，O. Cordon 提出了最优-最差蚂蚁系统(Best-worst ant system)，该算法的主要思想是对最优解进行更大限度的增强，而对最差解进行削弱，使属于最优路径边与属于最差路径边之间的信息素数量差异进一步增大，从而使蚂蚁的搜索行为更集中于最优解的附近。

除了各种组合优化问题以外，蚁群算法还在函数优化、系统辨识、机器人路径规划、数据挖掘、大规模集成电路的综合布线设计等领域取得了令人瞩目的成果。蚁群算法的发展及应用如表 4-4 所示。

表 4-4 蚁群算法的发展及应用

| 研究问题 | 作者 | 算法改进 | 年份 |
| --- | --- | --- | --- |
| 车辆路径问题 | Bullnheimer, Hartl&Strauss | AS-VRP | 1999 年 |
|  | Gambardella, Taillard&Agazzi | HAS-VRP | 1999 年 |
|  | Reimann, Stummer&Doerner | SBAS-VRP | 2002 年 |
| 指派问题 | Maniezzo, Colorni&Dorigo | AS-QAP | 1994 年 |
|  | Gambardella, Taillard&Dorigo | HAS-QAP | 1997 年 |
|  | Stuetzle, Hoos | MMAS-QAP | 1997 年 |
|  | Maniezzo, Colorni | AS-QAP | 1999 年 |
|  | Maniezzo | ANTS-QAP | 1999 年 |
|  | Stuetzle, Hoos | MMAS-QAP | 2000 年 |
| 旅行商问题 | Dorigo, Maniezzo&Colorni | AS | 1991 年 |
|  | Gambardella, Dorigo | ANT-Q | 1995 年 |

续表

| 研究问题 | 作者 | 算法改进 | 年份 |
|---|---|---|---|
| 旅行商问题 | Dorigo, Gambardella | ACS-3opt | 1997年 |
| | Stuetzle, Hoos | MMAS | 1997年 |
| 调度问题 | Colorni, Dorigo&Maniezzo | AS-JSP | 1994年 |
| | Pfahringer | AS-OSP | 1996年 |
| | Stuetzle | AS-FSP | 1997年 |

### 4.6.2 基本蚁群算法的工作原理

蚁群算法是一种基于群体的、用于求解复杂优化问题的通用搜索技术。与真实蚂蚁的间接通信相类似，蚁群算法中一群简单的蚂蚁(主体)通过信息素(一种分布式的数字信息，与真实蚂蚁的信息素相对应)进行间接通信，并利用该信息和与问题相关的启发式信息逐步构造问题的解。

所谓基本蚁群算法，是指经典的蚁群系统算法，它具有当前很多种类的蚁群算法最基本的共同特征，后来一系列的改进蚁群算法都以此为基础。

下面针对旅行商问题来说明蚁群算法的工作原理。蚁群不断地选择新的节点到其路径中，直到其遍历了所有的节点并返回到初始点为止，则认为这个蚁群构造了一个解决方案。蚁群在移动时不是盲目的，它是根据转移规则，也就是每条可行的路径上残留的信息素和启发式信息(两点之间的距离)来选择下一个节点。这样，蚂蚁 $k$ 在节点 $i$ 选择节点 $y$ 的转移概率为

$$p_{jk}(k) = \begin{cases} \dfrac{\tau_{ij}^{\alpha}\eta_{ij}^{\beta}}{\sum\limits_{h \in \text{allowed}_h} \tau_{ih}^{\alpha}\eta_{ih}^{\beta}} & j \in \text{allowed}_k \\ 0 & \text{其他} \end{cases}$$

式中，$\tau_{ij}$ 为 $(i, j)$ 边的信息素强度，反映蚁群在这条边上先验的经验，是蚁群在寻优过程中所积累的信息量；$\eta_{ij}$ 为 $(i, j)$ 边的能见度，它只考虑边上的本地信息，通常由一个与源问题相关的贪婪算法得到，它反映的是蚂蚁在运动过程中的启发信息，例如长度等；$\alpha$ 为信息启发式因子，它的大小反映了蚁群在路径搜索中随机性因素作用的强度，其值越大，蚂蚁选择以前走过的路径的可能性越大，搜索的随机性减弱，当 $\alpha$ 值过大时就会使蚁群的搜索过早陷于局部最优；$\beta$ 为能见度启发式因子，它的大小则反映了蚁群在路径搜索中确定性因素作用的强度，其值越大，蚂蚁在某个局部点上选择局部最短路径的可能性越大，虽然搜索的收敛速度得以加快，但是蚁群在最优路径的搜索过程中随机性减弱，也易于陷入局部最优。

蚁群算法的全局寻优性能，首先要求蚁群的搜索过程必须有很强的随机性；而蚁群算法的快速收敛性能，又要求蚁群的搜索过程必须有较高的确定性。两者对蚁群算法性能的影响和作用是相互配合、密切相关的。

为了对后续的搜索提供有效的信息，先前蚂蚁在其所经过的路径上留下的信息素痕迹

必须能够反映其找到路径的优劣程度。当所有蚂蚁完成一次周游以后，各路径上的信息素根据下式更新，即

$$\tau_{ij}^{\text{new}} = \rho \tau_{ij} + \sum_k \Delta \tau_{ij}^k$$

式中，$\tau_{ij}^k$ 为蚂蚁 $k$ 在本次循环中留在路径上的信息量；$\rho$ 为信息素残留系数，且满足 $0<\rho<1$。

在现实的蚁群系统中，较短路径上的信息素浓度更高。同样地，在蚁群算法中，越好的方案中的路径应该获得越多的信息素增量，使其在后续的搜索中更具有吸引力。因此，算法中采用何种策略更新信息素增量是非常重要的。M. Dorigo 给出 3 种不同的更新策略方法，即 Ant-density、Ant-quantity、Ant-cycle。

(1) Ant-density

$$\Delta \tau_{ij(t)}^k = \begin{cases} Q & \text{蚂蚁}k\text{经过边}(i,j) \\ 0 & \text{其他} \end{cases} \quad (4\text{-}6)$$

(2) Ant-quantity

$$\Delta \tau_{ij(t)}^k = \begin{cases} Q/d_{ij} & \text{蚂蚁}k\text{经过边}(i,j) \\ 0 & \text{其他} \end{cases} \quad (4\text{-}7)$$

(3) Ant-cycle

$$\Delta \tau_{ij(t)}^k = \begin{cases} Q/L_k & \text{蚂蚁}k\text{经过边}(i,j) \\ 0 & \text{其他} \end{cases} \quad (4\text{-}8)$$

式中，$Q$ 为一个正的常数；$d_{ij}$ 表示 $i$ 和 $j$ 之间的距离，$L_k$ 表示蚂蚁 $k$ 在本次循环中所走路径的总长度。以上 3 种模型的区别在于：前两种策略中蚂蚁每走一步都要更新残留的信息量，而不是等到所有的蚂蚁完成对所有的城市访问以后。最后一种模型利用的是蚁群的整体信息，即走完一个循环以后才进行残留信息量的全局调整。

由以上可以得到基本蚁群算法的具体实现步骤如下。

步骤 1，参数初始化。令时间 $t=0$，循环次数 $\text{Iter}=0$，最大循环次数 $\text{Max\_Iter}$，将 $m$ 只蚂蚁置于 $n$ 个点上，每条边的信息量 $\tau_{ij}$ 为常数，且初始时刻 $\Delta \tau_{ij} = 0$。

步骤 2，循环次数 $\text{Iter} = \text{Iter} + 1$。

步骤 3，蚂蚁禁忌表索引号 $k=1$。

步骤 4，蚂蚁数目 $k = k+1$。

步骤 5，蚂蚁个体根据转移概率公式计算的概率选择元素 $j$，且满足 $j \in \{C - \text{tabu}_k\}$。

步骤 6，更新禁忌表，蚂蚁移动到新点，并将该点放置到该蚂蚁禁忌表中。

步骤 7，若集合中点未遍历完，转步骤 4；否则进行下一步。

步骤 8，根据信息素更新公式更新每条边上的信息量。

步骤 9，若 $\text{Iter} = \text{Max\_Iter}$，算法结束，否则清空禁忌表并转步骤 2。

从中可以看出蚁群算法具有以下特征。

(1) 系统性。作为系统元素的蚂蚁是相异的个体，算法每次循环它们都各自独立完成一次搜索过程，体现了系统的多元性。蚂蚁之间通过信息素相互联系、传递经验进而指导搜索的行为，体现了系统的相关性。而由多只蚂蚁形成的蚁群搜索性能明显优于单只蚂

蚁，也反映了整体大于部分之和这个系统的整体性。

(2) 分布式计算。多只蚂蚁在问题空间的多点同时独立地进行搜索，问题的求解不会因为部分个体的缺陷而受到影响，算法不仅具有较强的全局搜索能力，也增强了可靠性。适合单机调度问题复杂的结构图。

(3) 自组织性。系统论中的自组织行为是指系统在获得时间的、空间的或者功能的结构过程中没有受到外界的特定干扰，其组织力或组织指令来自系统内部。抽象地说，自组织就是在没有外界作用下使系统熵增加的过程，也就是系统从无序到有序的进化过程。蚁群算法的寻优过程恰恰体现了这种自组织性，而自组织性也大大增强了算法的鲁棒性。

(4) 正反馈。蚁群算法是通过信息素的不断更新来实现正反馈的，将反映当前局部最优解特性的参数作为增量来提高这些解的构成元素上的信息素浓度，使更多的蚂蚁有机会选择这些元素去构建更好的解，便于利用问题的启发信息更快找到更优的解。

## 4.7 粒子群优化算法

粒子群优化(Particle Swarm Optimization，PSO)算法是由 Kennedy 和 Eberhart 于 1995 年提出的一种优化算法。粒子群优化算法的运行机理不是依靠个体的自然进化规律，而是对生物群体的社会行为进行模拟，它最早源于对鸟群觅食行为的研究。在生物群体中存在着个体与个体、个体与群体之间的相互作用、相互影响的行为，这种行为体现的是一种存在于生物群体中的信息共享机制。粒子群优化算法就是对这种社会行为的模拟，即利用信息共享机制，使个体间可以相互借鉴经验，从而促进整个群体的发展。

粒子群优化算法和遗传算法类似，也是一种基于迭代的优化工具，系统初始化为一组随机解，通过某种方式迭代寻找最优解。但粒子群优化算法没有遗传算法的"选择""交叉""变异"算子，编码方式也较遗传算法简单。由于粒子群优化算法容易理解、易于实现，所以粒子群优化算法发展很快。在函数优化、系统控制、神经网络训练等领域得到广泛应用。目前已被国际进化计算会议列为一个讨论的专题。

### 4.7.1 基本粒子群优化算法

自从粒子群优化算法被提出以来，它就被多次改进和应用。大多数对基本粒子群优化算法的改进都致力于提高它的收敛性能及提升种群的多样性。因此，在本节中将首先介绍基本粒子群优化算法。

**1. 算法原理**

粒子群优化算法兼有进化计算和群智能的特点。起初 Kennedy 和 Eberhart 只是设想模拟鸟群觅食的过程，但后来发现粒子群优化算法是一种很好的优化工具。与其他进化算法相类似，粒子群优化算法也是通过个体之间的协作与竞争，实现复杂空间中最优解的搜索。粒子群优化算法先生成初始种群，即在可行解空间中随机初始化一群粒子，每个粒子都为优化问题的一个解，并由目标函数为之确定一个适应值。每个粒子将在解空间中运动，并由一个速度决定其方向和距离。通常粒子将追随当前的最优粒子而动，并经过逐代搜索最后得到最优解。在每一代中，粒子将跟踪两个极值，一个为粒子本身迄今找到的最优解 $p_{\text{best}}$，另一个为全种群迄今找到的最优解 $g_{\text{best}}$。

数学描述为：设在一个 $n$ 维的搜索空间中，由 $m$ 个粒子组成的种群 $X = \{x_1, \cdots, x_i, \cdots, x_m\}$，其中第 $i$ 个粒子位置为 $\boldsymbol{x}_i = (x_{i1}, x_{i2}, \cdots, x_{in})^{\text{T}}$，其速度为 $\boldsymbol{v}_i = (v_{i1}, v_{i2}, \cdots, v_{in})^{\text{T}}$。其个体极值为 $P_i = (p_{i1}, p_{i2}, \cdots, p_{in})$，种群的全局极值为 $P_g = (p_{g1}, p_{g2}, \cdots, p_{gn})$。按追随当前最优粒子的原理，粒子 $x_i$ 将按式(4-9)、式(4-10)改变速度和位置。

$$v_{id}^{k+1} = v_{id}^{k} + c_1 r_1^{k}\left(p_{id} - x_{id}^{k}\right) + c_2 r_2^{k}\left(p_{gd} - x_{gd}^{k}\right) \tag{4-9}$$

$$x_{id}^{k+1} = x_{id}^{k} + v_{id}^{k+1} \tag{4-10}$$

式中，$d = 1, 2, \cdots, n$；$i = 1, 2, \cdots, m$；$m$ 为种群规模；$k$ 为当前进化代数；$r_1$ 和 $r_2$ 为分布于 $[0,1]$ 之间的随机数，这两个参数用来保持群体的多样性；$c_1$ 和 $c_2$ 为加速常数，也称为学习因子，通过它们使粒子具有自我总结和向群体中优秀个体学习的能力，从而向自己的历史最优点以及群体内历史最优点靠近。这两个参数对粒子群算法的收敛起的作用不是很大，但如果适当调整这两个参数，就可以减少局部最小值的困扰，当然也会使收敛速度变快。此外，为了使粒子速度不致过大，可以设定速度上限 $v_{\max}$，即当式(4-9)中 $v_{id} > v_{\max}$ 时，取 $v_{id} = v_{\max}$；当 $v_{id} < -v_{\max}$ 时，取 $v_{id} = -v_{\max}$。式(4-9)的第一部分为粒子当前速度，第二部分为"认知"部分，表示粒子自身的思考，第三部分为"社会"部分，表示粒子之间的信息共享与相互合作。式(4-9)描述了粒子根据它上一次迭代的速度、其当前位置和自身最好经验与群体最好经验之间的距离来更新速度，然后粒子根据式(4-10)飞向新的位置。

### 2. 算法流程

粒子群算法的主要流程步骤如下。

步骤1，初始化。设定加速常数 $c_1$ 和 $c_2$，阈值 $\varepsilon$，最大进化代数 $K_{\max}$，将当前进化代数置为 $k = 1$，在定义空间 $R^n$ 中随机产生 $m$ 个粒子 $x_1, x_2, \cdots, x_m$，组成初始种群 $X(t)$；随机产生各粒子的初始速度 $v_i^0 = (v_{i1}, v_{i2}, \cdots, v_{in})$。

步骤2，评价种群 $X(t)$。计算每个粒子在每一维空间的适应值。

步骤3，比较粒子的适应值和自身最优值 $p_{\text{best}}$。如果当前值比 $p_{\text{best}}$ 更优，就置 $p_{\text{best}}$ 为当前值，并设 $p_{\text{best}}$ 位置为 $n$ 维空间中的当前位置。

步骤4，比较粒子适应值与种群最优值。如果当前值比 $p_{\text{best}}$ 更优，就置 $g_{\text{best}}$ 为当前粒子的矩阵下标和适应值。

步骤5，按式(4-9)和式(4-10)更新粒子的位移方向及步长，产生新种群 $X(T+1)$。

步骤6，检查结束条件，若满足则结束寻优；否则，$t = t + 1$，转至步骤 2。结束条件为寻优达到最大进化代数 $K_{\max}$，或评价值小于给定精度 $\varepsilon$。

粒子群算法的简化流程如图 4-11 所示。

### 3. 基本粒子群优化的参数

基本粒子群优化受它的一些参数影响，包括问题的维数、粒子的个数、加速度系数、惯性权重、邻域大小、迭代次数等。下面讨论这些参数在算法中的作用。

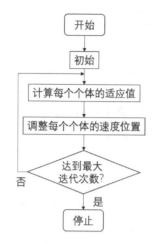

图4-11 粒子群算法的简化流程

(1) 种群大小。

种群大小 $m$，即群中粒子的个数。当一个均匀初始化方案被应用到种群的初始化操作时，粒子个数越多，种群的初始化多样性越好。大量粒子的种群可以在每一次迭代中搜索更大的区域，然而这也同时增大了算法的计算量，且降低了并行随机搜索的性能。相对于较少粒子数的种群，大量的种群可以在更少的迭代次数中找到问题的解。研究表明，粒子群优化算法可以用 10～30 个粒子的种群来找到最优化问题的解。虽然有上述经验性的结论，但是如何确定粒子的个数仍然依赖于具体要解决的问题。搜索一个光滑的空间中的最优值比在粗糙的空间需要更少的粒子数。

(2) 邻域大小。

邻域大小定义了种群中的社会影响力，邻域越小交流越少。较大的邻域收敛较慢，不过它的收敛更能可靠地找到最优解，同时它也不容易陷入局部极小值。更好地利用邻域大小的方法是在开始时设定较小的邻域，然后随着迭代次数的增加逐渐增大。这种方法既保证了种群多样性，同时也有更快的收敛速度。

(3) 迭代次数。

得到一个好的解所需要的迭代次数也是依赖于具体问题的。太少的迭代次数可能使算法早熟，而太多的迭代次数会增加很多不必要的计算负担(假设一定的迭代次数作为唯一的停止准则)。

(4) 加速度系数。

常数 $c_1$ 和 $c_2$ 也叫作信任度参数，分别表示粒子对自身和对其邻居的信任程度。当 $c_1 = c_2 = 0$ 时，粒子将会在其现有速度的方向上持续移动，直至撞到搜索边界为止(假设没有惯性)。假如 $c_1 > 0$ 且 $c_2 > 0$，所有粒子就是独立的爬山者。每个粒子都在其邻域内寻找新的更好的最优位置以便替代当前的最优位置，粒子进行的是局部搜索。反之，如果 $c_1 = 0$ 且 $c_2 > 0$，整个种群都被一个点所吸引，粒子变成一个随机爬山者。

(5) 最大速度。

一般来说，$v_{max}$ 的选择不应该超过粒子的宽度范围，粒子可能飞过最优解的位置。如果 $v_{max}$ 太小，那么可能降低粒子的全局搜索能力。

(6) 终止条件。

粒子群算法的终止条件根据所求解的具体问题，可以选择设定最大迭代数或满足最小误差要求。

**4. 带惯性权重的粒子群算法**

为了更好地控制算法的探测开发能力，Shi 和 Eberhart 在 1998 年的 IEEE 国际进化计算会议上发表了题为"A Modified Particle Swarm Optimizer"的论文，在基本粒子群优化算法的速度更新式(4-9)中引入了惯性权重 $\omega$，将式(4-9)变为

$$v_{id}^{k+1} = \omega v_{id}^k + c_1 r_1^k \left( p_{id} - x_{id}^k \right) = c_2 r_2^k \left( p_{gd} - x_{id}^k \right) \tag{4-11}$$

惯性权重 $\omega$ 的引入使粒子群优化算法的性能得到很大提高，也使粒子群优化算法应用到很多实际问题中。在该算法中惯性权重 $\omega$ 起着权衡粒子群优化算法的全局寻优能力与局部寻优能力的作用，$\omega$ 值较大，全局寻优能力较强，局部寻优能力较弱。反之，则局部寻优能力增强，而全局寻优能力减弱。图 4-12 表明粒子如何调整它的位置，图中 $v_{p_{\text{best}}}$ 为基于 $p_{\text{best}}$ 的速度，$v_{g_{\text{best}}}$ 为基于 $g_{\text{best}}$ 的速度。

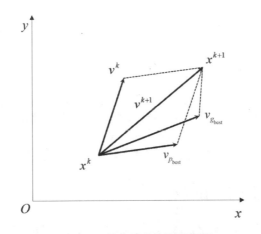

图 4-12 粒子调整位置示意图

刚开始惯性权重为常数，但后来的实验发现，动态惯性权值能够获得比固定值更好的寻优结果。动态惯性权值可以在粒子群优化算法搜索过程中线性变化，也可以根据粒子群优化算法性能的某个测度而动态改变，比如模糊规则系统等。目前，采用较多的惯性权值是 Shi 建议的线性递减权值策略，将惯性权重设为一个随时间线性减少的函数，惯性权重的函数形式通常为

$$\omega^k = \omega_{\text{ini}} = \frac{\omega_{\text{end}} - \omega_{\text{ini}}}{K_{\max}} \left( K_{\max} - k \right)$$

式中，$\omega_{\text{ini}}$ 为初始惯性权值；$\omega_{\text{end}}$ 为最终惯性权值；$K_{\max}$ 为最大迭代次数；$k$ 为当前迭代次数。这个函数使粒子群算法在刚开始的时候倾向于开发，然后逐渐转向探测，从而在局部区域调整解。典型取值 $\omega_{\text{ini}} = 0.7$，$\omega_{\text{end}} = 0.4$。如果 $\omega > 0$，那么粒子速度只取决于它的当前位置 $p_{\text{best}}$ 和 $g_{\text{best}}$，速度本身没有记忆。假设一个粒子位于全局最好的位置，它将保持静止。而其他粒子则飞向它本身最好的位置 $p_{\text{best}}$ 和 $g_{\text{best}}$ 的加权中心。在这种条件下，粒子群

将收缩到当前全局最好的位置，更像一个局部算法。如果 $\omega > 0$，那么粒子有扩展搜索空间的趋势，从而针对不同的搜索问题，可以调整算法全局和局部搜索能力。

### 5. 带收缩因子的粒子群算法

Clerc 建议采用收缩因子来保证粒子群算法收敛，这也是另一个版本的标准算法。收缩因子 $\chi$ 是关于参数 $c_1$ 和 $c_2$ 的函数，一个简单的带收缩因子的粒子群算法定义为

$$\begin{cases} v_{id}^{k+1} = \chi \left[ v_{id}^k + c_1 r_1 \left( p_{id}^k - x_{id}^k \right) \right] + c_2 r_2 \left( p_{gd}^k - x_{id}^k \right) \\ \chi = \dfrac{2k}{\left| 2 - \varphi - \sqrt{\varphi - 4\varphi} \right|} \quad \varphi = c_1 + c_2 \end{cases} \tag{4-12}$$

在使用 Clerc 的收缩因子方法时，通常取 $\varphi$ 为 4.1，从而收缩因子 $\chi = 0.729$。这相当于在速度更新公式中，使前一次速度乘以 0.729，并在其他两项中乘以 $0.729 \times 2.05 = 1.49445$(还需要乘以 0~1 的随机数)。对于 Clerc 设计的收缩因子法，不再需要设置最大速度限制，但后来研究发现，设定最大速度限制($v_{\max} = x_{\max}$)可以提高算法的性能。

式(4-12)中的参数 $k$ 控制着种群的开掘和开拓能力。当 $k \approx 1$ 时，局部的开发能力导致快速收敛，种群的行为类似于爬山法。反之，当 $k \approx 0$ 时将导致大量的探索行为，致使收敛很慢。通常 $k$ 被赋予一个固定值，但是更好的选择可以使初始时期赋予一个较大的值以便利于种群的探索，而在后期逐步降低至一个较小的值以便集中于开发。例如初始化 $k \approx 1$ 逐步降低至 0。

收缩因子法和惯性权重法同样有效，从数学上分析两者是等价的。两种方法都是以平衡开掘-开拓的矛盾为目标，并以此改进算法，获得更快的收敛速度和更精确的解。较小的 $\omega$ 和 $\chi$ 值加强了开发而抑制开掘，反之则增强开掘性，但提高了获得精确解的难度。

## 4.7.2 粒子群优化算法的拓扑结构

种群的拓扑结构对粒子群优化算法性能有很大影响。邻域结构的首要目的是通过阻止信息在网络中的流动来保持种群多样性，它可以控制算法的挖掘和开拓能力。每个粒子的行为受其局部邻域影响，这个局部邻域可以视为种群拓扑结构中的单个区域，故拓扑结构通过定义粒子的邻域来影响低级搜索。同时，通过定义不同的局部邻域之间的关系来影响高级搜索。粒子群优化算法中，在同一邻域内的粒子通过交换自己的成功经验信息来相互交流，所有粒子都会或多或少地朝着它认为更好的位置移动，所以粒子群优化算法的性能非常依赖于拓扑网络的结构。

对于一个高度连接的拓扑网络来说，多数的个体都可以相互交流，导致已发现的最优信息可以快速地传遍网络。从最优化的角度来看，意味着这种网络比连接较少的网络能更快地收敛于一个解，但是高度连接的网络结构快速收敛的代价则是容易陷入局部最优值，这主要是因为高度连接的网络中粒子对于搜索空间的覆盖程度不如较少连接的网络结构。对于稀疏连接的网络来说，如果在一个邻域中存在大量聚类，就会导致粒子对于搜索空间覆盖度的不足，从而不能有效地找到最优解，因为在一个非常紧的邻域内的每个聚类都只能覆盖搜索空间中的一个小部分。

目前研究较多的拓扑结构主要有以下几种。

(1) 星形：也称为全局，如图 4-13(a)所示，其中所有粒子都相互连接，并可以互相交流，即整个种群都为个体的邻居。使用这种结构的粒子群优化算法其收敛速度比具有其他网络结构的粒子群优化算法更快，但也更容易陷入局部最优，所以这种星形结构更适合求解单峰问题。

(2) 环形：也称为局部，如图 4-13(b)所示，其中每个粒子只与直接邻居进行交流，即种群列队的相邻成员组成邻居。每个粒子系效法相邻粒子中最好的粒子，并向这个粒子靠近。环形结构的重要特点就是相邻粒子相互重叠，这将有利于相邻粒子之间的信息交流，并最终使粒子收敛到一个唯一的解。由于这种结构信息在整个环形网络中的传递速度较慢，所以算法的收敛速度会比较慢，但是相对于星形结构，粒子可以覆盖更大部分的搜索空间。因此，这种环形拓扑结构比星形拓扑结构更适合使用在解决多模型问题中。

(3) 轮式：如图 4-13(c)所示，这种结构中的相邻粒子之间都是相互孤立的，其中有一个粒子为焦点粒子，所有信息的传递都要经过它来完成。焦点粒子对所有粒子的性能做出比较，然后朝着它最好的邻居移动。如果焦点粒子的新位置导致更好的性能，那么这个改进信息将会传递给相邻的所有粒子。轮式拓扑结构降低了更好的解在种群的信息传递速度。

(4) 金字塔：如图 4-13(d)所示，它形成了一个三维轮廓，是由三维线骨架组成的三角连接。

(5) 四类：如图 4-13(e)所示，结构中存在 4 个聚类，聚类内部相互完全连接且连接较少，聚类之内的每个粒子都有 5 个邻居。

(6) 冯·诺依曼：如图 4-13(f)所示，所有粒子形成一个四方网格，顶点相连形成环面。冯·诺依曼拓扑结构被应用在很多经验学习问题中，并展现了更好的性能。

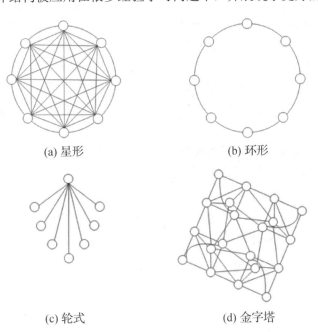

(a) 星形　　　　(b) 环形

(c) 轮式　　　　(d) 金字塔

图 4-13　几种典型的拓扑网络

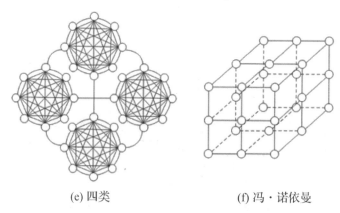

(e) 四类　　　　　　　　　(f) 冯·诺依曼

图 4-13　几种典型的拓扑网络(续)

尽管人们研究和使用了多种拓扑结构，但是每种结构都有自己的适用范围，没有一种结构能在解决所有的问题上都有最好的表现。在解决具体问题时，要根据问题的特征选择适合的拓扑结构。

## 4.8　其他优化算法

### 1. 人工鱼群优化算法

人工鱼群优化算法(Artificial Fish School Algorithm，AFSA)是受鱼群行为的启发，最近提出的一种智能优化算法。该算法具有良好的克服局部极值，取得全局极值的能力，而且该算法具有一些遗传算法和粒子群算法不具备的特点，例如使用灵活、收敛速度快。

人工鱼群优化算法主要是利用了鱼的觅食、聚群和追尾行为，从构造单条鱼的底层行为做起，通过鱼群中个体的局部寻优，从而达到全局寻优的目的。

设向量 $X_i = (x_1, x_2, \cdots, x_n)$ 表示人工鱼当前的状态；目标函数值 $Y = f(X)$ 表示人工鱼当前状态得到食物浓度；$d_{ij} = \mathrm{Dis}(X_i, X_j)$ 表示人工鱼 $X_i$ 和人工鱼 $X_j$ 之间的距离；Visual 和 $\delta$ 分别表示人工鱼的视野范围与拥挤度因子，trynumber 表示人工鱼每次觅食时最大的试探次数。算法描述如下。

(1) 觅食行为。设人工鱼当前状态为 $X_i$，在其视野范围内(即 $d_{ij} \leqslant \mathrm{Visual}$)随机选择一个状态 $X_j$，如果 $Y_j \geqslant Y_i$，就向该方向前进一步。反之，再重新选择状态义 $X_j$，判断是否满足前进条件。反复 trynumber 后，如果仍然不满足前进条件，就随机移动一步。

(2) 聚群行为。设人工鱼当前状态为 $X_i$，探索其视野范围内(即 $d_{ij} \leqslant \mathrm{Visual}$)伙伴的数目 $n_f$，如果 $n_f \neq 0$，那么按下式探索可感知的伙伴中必存在的位置 $X_c$，即

$$X_c = \mathrm{Center}(X_1, X_2, \cdots, X_M) = \mathrm{Most}(x_i^1, x_i^2, \cdots, x_i^m)$$

式中 Most 算子表示取可感知的伙伴中多数共有的位置元素。计算该中心位置的食物浓度 $Y_c$，如果 $Y_c / n_f > \delta Y_i$，就表明伙伴中心的附近有较多的食物并且不太拥挤，则执行式(4-13)；否则执行觅食行为。如果 $n_f = 0$，那么执行觅食行为。

$$X_i = X_c \tag{4-13}$$

(3) 追尾行为。设人工鱼当前状态为 $X_i$，探索其视野范围内(即 $d_{ij} \leqslant \text{Visual}$)伙伴的数目 $n_f$，如果 $n_f \neq 0$，那么探索当前可感知的伙伴中状态最优的伙伴 $X_{\max}$。如果 $Y_c / n_f > \delta Y_i$，就表明伙伴 $X_{\max}$ 的附近有较多的食物并且不太拥挤，则执行式(4-14)；否则执行觅食行为。如果 $n_f = 0$，那么执行觅食行为。

$$X_i = X_{\max} \tag{4-14}$$

(4) 行为的选择根据所要解决问题的性质，对人工鱼所处的环境进行评价，从而选择一种合适的行为。可以按照进步最快的原则或者进步即可的原则进行选择，例如先执行追尾行为。如果没有进步就执行觅食行为。如果还没有进步就执行聚群行为。如果依然没有进步就执行随机选择的行为。这里显示了鱼群算法的灵活性。

从上面的介绍可以看出，鱼群算法的觅食行为类似遗传算法中的变异操作，聚群和追尾行为类似遗传算法中的选择操作，其中聚群行为也有潜在的变异操作。

**2. 梯度优化计算方法**

梯度优化计算方法是指算法所利用的启发式信息是按照优化函数梯度下降的方向实现优化计算的。典型的算法如第 5 章中所述的 Hopfield 神经网络、BP 学习算法等。这类方法在优化过程中启发式信息发挥作用较大，算法收敛速度较快。但算法不具有全局寻优能力，所得优化解与初始解的位置有直接关系。

**3. 混合优化计算方法**

前述各种优化算法都按照各自的机制实现优化问题的求解。由于所用机制不同，所以不同的优化算法具有不同的寻优策略。为了进一步提高算法的寻优性能，人们经常将两种或两种以上的优化思想结合起来使用，从而产生混合优化策略。各种算法结合的方式多种多样，只要算法思想结合得恰当、有机，通常就可以使所得到的混合优化算法同时兼有多种优化算法的优点，从而对寻优性能起到较大的改善作用。下面介绍两种简单的混合优化算法的思想。

(1) 混沌蚁群优化算法。

针对函数优化问题，将搜索空间分成若干个子区域。利用混沌序列产生若干个测试点遍历在整个搜索空间，作为初始蚁群位置，初始蚁群根据各区域内的局部最优值确定各区域的初始信息素，然后利用混沌系统产生大量测试点作为工作蚁群，工作蚁群根据不同区域内的信息素含量，随机地选择不同的区域进行混沌搜索，根据搜索到的各区域内的新的局部最优值，不断更新各区域内的信息素含量。信息素含量越大的区域，混沌搜索的概率越大，也就越容易寻得更优解，从而信息素的含量就会进一步提高，这正是蚁群算法信息素正反馈的思想。将这种思想与混沌搜索相结合，最后利用工作蚁群不断地混沌搜索找到寻优函数的全局最优解。

(2) 蚁群、鱼群混合优化算法。

蚁群算法和鱼群算法都属于种群优化算法。它们的共同特点是，对于单个个体而言(蚂蚁或人工鱼)不存在智能行为，只是遵循某种规律而运动。但当个体数量达到一定的程度时，整个种群将会表现出某种智能行为。蚁群算法是利用信息素正反馈的原理寻得最优路径。人工鱼则按照进步最快的原则或者进步即可的原则从觅食、聚群和追尾 3 种行为当中选择一个合适的行为，最终实现寻优。

在两种算法中，由于个体运动的目的不同，因此个体运动的规律也有所区别。蚂蚁寻找食物的目的是要将食物运回巢穴，因此即使某路径上蚂蚁数量很多，但如果该路径上食物丰富，那么其他蚂蚁也要集结到该路径上来尽快将食物运回巢穴。因此，蚂蚁的运动方向不受拥挤度的限制。而鱼寻找到食物后即吃掉食物，如果该处食物虽多，但鱼的数量也很多，那么人工鱼到达该处后，食物可能也已经被其他个体吃光了，所以拥挤度在决定个体运动方向时起着关键的作用。

由此可见，拥挤度是否在优化过程中起作用是这两种算法的核心区别。也就是说，鱼群算法相当于在蚁群算法中引入了拥挤度的概念，并且拥挤度在算法的寻优过程中始终起作用。拥挤度的引入，在算法的初期，可以避免算法的个体过早地集结到信息素高的路径上来，从而可以避免算法出现早熟的现象，提高算法的全局寻优能力。但在算法后期，拥挤度将会对算法的收敛性及收敛速度造成影响，例如，人工鱼最终不能全部集结到最优值周围。也就是说，拥挤度在寻优初期可以改善算法的寻优性能，在寻优后期则对寻优性能产生一定的负面影响。

这样，针对组合优化问题，可以结合鱼群算法和蚁群算法的优点，提出一种新的混合优化算法。在蚁群算法的初期，引入鱼群算法拥挤度的概念，限制蚁群算法过早收敛，防止早熟现象的出现，从而增强算法遍历寻优能力。随着迭代次数的增加，逐渐衰减拥挤度的作用，最后算法演变为传统的蚁群算法，路径选择的概率与拥挤度无关，完全由信息素的浓度以及启发信息来决定。蚂蚁更容易选择信息素浓度高且距离短的路径，从而保证算法能够快速地收敛到最优解上。

目前，各种高效的寻优算法不断涌现，而当一种新的优化算法提出后，很快就会出现各种改进算法(或混合优化算法)。这些改进算法的提出对原始算法的理论完善和实际应用都起着积极的促进作用，为智能优化计算的发展提供了源源不断的动力。

# 习　题

1. 哪些工程问题能够转化为优化计算问题进行求解？
2. 模拟退火的含义是什么？
3. 遗传算法有哪些关键操作？
4. 蚁群算法的工作原理是什么？
5. 简述粒子群优化算法的工作机理。

# 第 5 章

神经网络

人工神经网络(简称神经网络)既是一种基本的人工智能研究途径，也是一种非常重要的机器学习方法。深度学习就是人工神经网络发展的最新阶段。深度学习的发展使人工智能技术跃上了一个新的台阶。本章主要介绍人工神经网络的基本特点和几种最基本、最流行的人工神经网络模型和深度学习。

## 5.1　神经网络概述

人工神经网络技术是当前机器学习研究的热点之一。人工神经元的研究起源于脑神经元学说。19 世纪末，在生物、生理学领域，Waldeger 等创建了神经元学说。人们认识到神经系统是由神经元组成的。大脑皮质包括 100 亿个以上的神经元，它们互相连接形成神经网络，实现机体与内外环境的联系，协调全身的各种机能活动。

人工神经网络是由简单的处理单元组成的大量并行分布的处理机，具有一定的自适应与自组织能力。在学习或训练过程中改变突触权重值，适应周围环境的要求。

神经网络的研究始于 20 世纪 40 年代，大致经历了兴起、萧条和兴盛 3 个阶段。

### 1. 神经网络的兴起

1943 年，神经解剖学家 McCulloch 和数学家 Pitts 根据生物神经元的基本生理特征提出了 MP 神经元模型，揭开了神经网络研究的序幕。

1949 年，生理学家 D.O.Hebb 提出了 Hebb 规则，为神经网络的学习算法奠定了基础。

1957 年，Rosenblatt 提出感知机模型。次年，又提出了一种新的解决模式识别问题的监督学习算法，并证明了感知机收敛定理。

### 2. 神经网络的萧条

1969 年，Minsky 和 Papert 所著的《Perceptron》一书指出单层感知机的处理能力十分有限，甚至连异或分类这样的问题也不能解决，而多层感知机无有效的学习算法。由于 Minsky 对感知机的悲观态度及其在人工智能领域的权威性，这些论点使大批研究人员对于人工神经网络的前景失去信心。从此人工神经网络的研究进入了萧条期。不过，在这段期间，仍然有不少学者坚持人工神经网络的研究，并取得了一定的成果。其中典型的代表有：1967 年，日本学者甘利俊一提出了自适应模式分类的学习理论；1972 年，芬兰学者 T.Kohonen 提出了自组织映射理论；同年，日本学者 K.Fukushima 提出了认知机模型；1976 年，美国学者 S.A.Grossberg 提出了自适应谐振理论(Adaptive Resonance Theory，ART)。

### 3. 神经网络的兴盛

到 20 世纪 80 年代，人工神经网络的研究迎来了又一个转折期。1982 年和 1984 年，美国加利福尼亚州理工学院生物物理学家 J.Hopfield 教授提出了离散型和连续型两种 Hopfield 网络，并在 TSP 优化计算等应用方面取得令人震惊的突破性进展。1984 年，G.Hinton 等结合模拟退火算法提出了 Boltzmann 机(BM)网络模型。1986 年，D.E.Rumelhart 和 J.L.Mcclelland 提出了多层前馈网络的误差反向传播(Back Propagation，BP)学习算法，解决了 Minsky 对神经网络学习算法方面的悲观担忧。这使神经网络的研究再次掀起高潮，从此神经网络的研究步入兴盛期。

1988 年，Broomhead 和 Lowe 用径向基函数(Radial Basis Functions，RBF)提出了分层反馈网络设计方法。特别是 20 世纪的最后 10 年，神经网络领域的研究取得了新进展，许多关于神经网络的新理论和新应用层出不穷。尤其是 20 世纪 90 年代初期 Vapnik 等提出了以有限样本学习理论为基础的支持向量机(Support Vector Machines，SVM)。支持向量机的特征在于 Vapnik-Chervonenkis 维特征蕴含在向量机的设计中，Vapnik-Chervonenkis 维数为衡量神经网络样本学习能力提供了一种有效的量度。

现在，随着人工智能技术的快速发展，人工神经网络再一次迎来了研究热潮。特别是深度学习、卷积神经网络等概念的出现，为人工神经网络的研究开辟了新方向，注入了新活力。

随着人工神经网络理论的不断完善和发展，神经网络的应用研究不断取得新的进展。其应用领域涉及计算机视觉、语言识别、优化计算、智能控制、系统建模、模式识别、理解与认知、神经计算机、知识推理等诸多领域。其理论研究涉及神经生物学、认知科学、数理科学、心理学、信息科学、计算机科学、动力学、生物电子学等诸多学科。尤其是美国和日本逐渐实现人工神经网络的硬件化，生产了一些神经网络专用芯片，并逐步形成产品。

目前，包括我国在内的诸多国家都在对人工神经网络方面的研究投入大量的资金支持。相信不久，大量的新模型、新理论和新的应用成果将不断涌现。

## 5.2 神经网络模型

### 5.2.1 生物神经元模型

人类大脑皮质中有大约 100 亿个神经元、60 万亿个神经突触及其连接体。神经元是信息处理的基本单元。生物神经元模型如图 5-1 所示，神经元的基本结构可以分为胞体和突起两部分。胞体包括细胞膜、细胞质和细胞核；突起由胞体发出，分为树突和轴突两种。

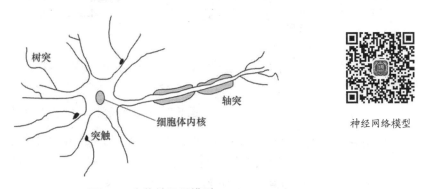

图 5-1 生物神经元模型

树突较多，粗而短，反复分支，逐渐变细。树突具有接受刺激并将冲动传入细胞体的功能。

轴突一般只有一条，细长而均匀，中途分支较少，末端则形成许多分支，每个分支末梢部分膨大呈球状，称为突触小体。轴突的主要功能是将神经冲动由胞体传至其他神经元或效应细胞。轴突是传导神经冲动的起始部位，是在轴突的起始段，沿轴膜进行传导。

突触是一个神经元和另一个神经元连接的部分，由突触前膜、后膜以及两膜之间的窄缝——突触间隙所构成。胞体与胞体、树突与树突以及轴突与轴突之间都有突触形成，但常见的是某神经元的轴突与另一个神经元的树突之间所形成的轴突-树突突触以及与胞体形成的轴突-胞体突触。

神经元的基本功能是通过接受、整合、传导和输出信息实现信息交换，具有兴奋性、传导性和可塑性。

### 5.2.2 人工神经元模型

人工神经网络模型是一种模仿动物神经网络行为特征，进行分布式并行信息处理的数学模型，是生物神经网络的抽象、简化和模拟，反映了生物神经网络的基本特性。人工神经网络由大量处理单元互连而成，依靠系统的复杂程度，通过调整内部大量节点之间相互连接的关系，从而达到处理信息的目的。人工神经网络通常具有自学习和自适应的能力，可以通过预先提供的一批相互对应的输入输出数据，分析和掌握其中蕴含的潜在规律，并根据这些规律，用新的输入数据来推算输出结果。这个学习分析的过程称为"训练"。

人工神经元是组成人工神经网络的基本单元，一般具有3个要素。

(1) 具有一组突触或连接，神经元$i$和神经元$j$之间的连接强度用$w_{ij}$表示，称为权值。

(2) 具有反映生物神经元时空整合功能的输入信号累加器。

(3) 具有一个激励函数用于限制神经元的输出和表征神经元的响应特征。

一个典型的人工神经元模型如图5-2所示。

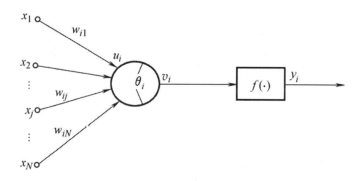

图 5-2 神经元模型

图 5-2 中，$x_j(j=1,2,\cdots,N)$为神经元$i$的输入信号；$w_{ij}$为突触强度或连接权值；$u_i$为神经元$i$的净输入，是输入信号的线性组合；$\theta_i$为神经元的阈值，也可以用偏差$b_i$表示；$v_i$为经过偏差调整后的值，称为神经元的局部感应区。

$$u_i = \sum_j w_{ij} x_j \tag{5-1}$$

$$v_i = u_i - \theta_i = u_i + b_i \tag{5-2}$$

$f(\cdot)$为神经元的激励函数；$y_i$为神经元$i$的输出，即

$$y_i = f(v_i) \tag{5-3}$$

激励函数的形式有很多种，常用的基本激励函数有以下 3 种。

(1) 离散型激励函数。

离散型激励函数可以分为单极性和双极性两种，单极性的离散型激励函数可以选为阶跃函数，如图 5-3 所示。

$$f(v) = \begin{cases} 1 & 若 v \geq 0 \\ 0 & 其他 \end{cases} \tag{5-4}$$

双极性的离散型激励函数可以选为符号函数，如图 5-4 所示。

$$f(v) = \text{Sgn}(v) = \begin{cases} 1 & 若 v \geq 0 \\ -1 & 其他 \end{cases} \tag{5-5}$$

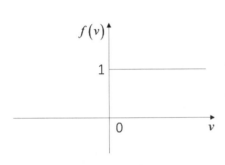

图 5-3 阶跃函数

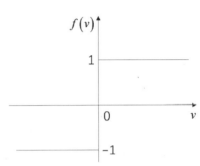

图 5-4 符号函数

(2) 分段线性函数。

单极性分段线性函数如图 5-5 所示。

$$f(v) = \begin{cases} 1 & 若 v \geq 1 \\ v & 若 0 < v < 1 \\ 0 & 若 v \leq 0 \end{cases} \tag{5-6}$$

双极性分段线性函数如图 5-6 所示。

$$f(v) = \begin{cases} 1 & 若 v \geq 1 \\ v & 若 -1 < v < 1 \\ -1 & 若 v \leq -1 \end{cases} \tag{5-7}$$

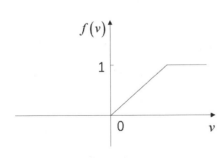

图 5-5 单极性分段线性函数

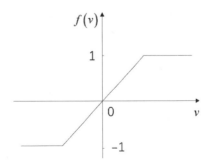

图 5-6 双极性分段线性函数

(3) Sigmoid 函数。

Sigmoid 函数也称为 S 型函数，如图 5-7 所示。它具有单调、连续、光滑、处处可导等优点，是目前人工神经网络中最常用的激励函数。它也有单极性和双极性两种形式。单极性函数形式为

$$f(v) = \frac{1}{1 + \exp(-av)} \tag{5-8}$$

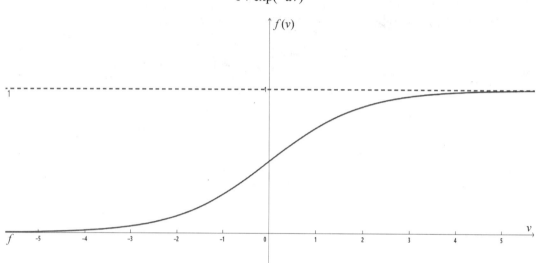

图 5-7　Sigmoid 函数

双极性 Sigmoid 函数可以采用双曲正切函数表示，如图 5-8 所示。

$$f(v) = \frac{1 - e^{-cv}}{1 + e^{-cv}} \tag{5-9}$$

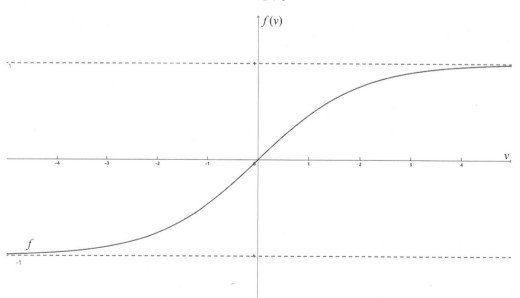

图 5-8　双曲正切函数

除了上述几种常用的激励函数以外,神经元的激励函数还可以根据所要解决的具体问题来设计特定的激励函数形式。

将若干相同的或不同的神经元采用一定的连接方式组成网络,即可构成人工神经网络。人工神经网络的种类很多,从网络基本结构来看,大致可以分为前向型网络和反馈型网络。前向型网络的典型代表是 BP 神经网络,反馈型网络的典型代表是 Hopfield 网络。还有一部分网络是在这两者基础上派生的新型网络。另外,还有一些学者结合其他学科的知识提出了大量新型复合神经网络模型。不同的神经网络具有不同的结构和特点,适用于求解不同的工程问题。

### 5.2.3 人工神经网络的学习方式

人工神经网络的最大优点之一就是网络具有学习能力,神经网络可以通过向环境学习获取知识来改进自身性能。性能的改善通常是按照某种预订的度量,通过逐渐修正网络的参数(例如权值、阈值等)来实现的。根据环境提供信息量的不同,神经网络的学习方式大致可以分为 3 种。

#### 1. 监督学习(有导师学习)

这种学习方式需要外界环境给定一个"导师"信号,可以对一组给定输入提供期望的输出。这种已知的输入输出数据称为训练样本集,神经网络根据网络的实际输出与期望输出之间的误差来调节网络的参数,实现网络的训练学习过程,其原理框图如图 5-9 所示。

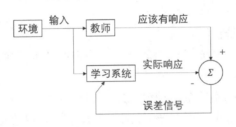

图 5-9 监督学习

#### 2. 无监督学习(无导师学习)

这种学习方式外界环境不提供"导师"信号,只规定学习方式或某些规则,具体的学习内容随系统所处环境(即输入信号情况)而异,网络根据外界环境所提供数据的某些统计规律来实现自身参数或结构的调节,从而表示出外部输入数据的某些固有特征。系统可以自动发现环境特征和规律性,具有更近似人脑的功能,其原理框图如图 5-10 所示。

#### 3. 再励学习(强化学习)

这种学习方式介于监督学习和无监督学习之间,外部环境对网络输出给出一定的评价信息,网络通过强化那些被肯定的动作来改善自身的性能,其原理框图如图 5-11 所示。

常见的学习规则有 Hebb 学习、纠错学习、基于记忆的学习、随机学习和竞争学习等。

(1) Hebb 学习规则既是最古老也是最著名的学习规则,是为了纪念神经心理学家 Hebb 而命名的,主要用于调整神经网络的突触权值,可以概括为:

① 如果一个突触(连接)两边的两个神经元被同时(即同步)激活，那么该突触的能量就被选择性地增加。

② 如果一个突触(连接)两边的两个神经元被异步激活，那么该突触的能量就被有选择地削弱或者消除。

图 5-10　无监督学习　　　　　图 5-11　再励学习

(2) 纠错学习也称为 Delta 规则或 Widrow-Hoff 规则，学习过程通过反复调整突触权值使代价函数达到最小或使系统达到一个稳定状态来完成。

(3) 基于记忆的学习主要用于模式分类，在基于记忆的学习中，过去的学习结果被储存在一个大的存储器中，当输入一个新的测试向量时，学习过程就将该测试向量归到已存储的某个类中。

(4) 随机学习算法也称为 Boltzmann 学习规则，是为了纪念 Ludwig Boltzmann 而命名的。该学习规则是由统计力学思想而来的，在此学习规则基础上设计出的神经网络称为 Boltzmann 机，其学习算法实质就是模拟退火算法。

(5) 竞争学习规则有 3 项基本内容。

① 一个神经元集合，除了某些随机分布的突触权值之外，所有的神经元都相同，因此对给定的输入模式集合有不同的响应。

② 每个神经元的能量都被限制。

③ 一个机制：允许神经元通过竞争对一个给定的输入子集作出响应。赢得竞争的神经元称为全胜神经元。

在竞争学习中，神经网络的输出神经元之间相互竞争，在任一时间只能有一个输出神经元是活性的，而在基于 Hebb 学习的神经网络中几个输出神经元可能同时是活性的。

## 5.3　BP 神经网络

BP 神经网络是研究最早、应用最广的神经网络之一。它是一种典型的前向型神经网络。除了 BP 神经网络以外，典型的前向型网络还包括径向基函数神经网络和小脑模型控制器神经网络等。

典型的 3 层前向型神经网络的结构如图 5-12 所示，网络是具有一个隐藏层和一个输出层的全连接网络。在分层网络中，神经元(节点)以层的形式组织，输入层的源节点提供激活模式的输入向量，构成第二层(第一隐藏层)神经元的输入信号，最后的输出层给出与源节点对应的激活模式的网络输出。网络各神经元之间不存在反馈，通常又称为前馈网络。

20 世纪 70 年代，P.Werbos 在其博士论文中首次谈到了反向传播的概念。直到 1985 年，Rumelhart 等将 BP 理论在神经网络中实现，提出了最为著名的前向型多层反向传播算法，网络的学习包括正向传播(计算网络输出)和反向传播(实现权值调整)两个过程，因此，准确地讲，称之为 Error BP 网络更为合适。

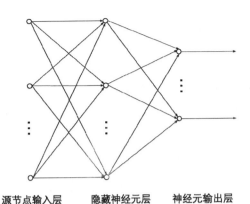

图 5-12 前向型神经网络的结构

从网络结构上看，BP 神经网络属于前向型神经网络；从网络训练过程上看，BP 神经网络属于有监督神经网络；从学习算法来看，BP 神经网络采用的是 Delta 学习规则；而从隐藏层激活函数类型上看，BP 神经网络通常采用 Sigmoid 函数。

### 5.3.1 网络基本结构

图 5-13 给出了含有一个隐藏层的 BP 神经网络结构，其中，$i$ 为输入层神经元数，$X = [x_1 \quad x_2 \quad \cdots \quad x_i]^T$ 为网络的输入向量，$j$ 为隐藏层神经元数，$k$ 为输出层神经元数，写作 $i-j-k$ 结构。$[w_{ij}]$ 表示输入层到隐藏层的权值矢量，$[w_{jk}]$ 表示隐藏层到输出层的权值矢量。

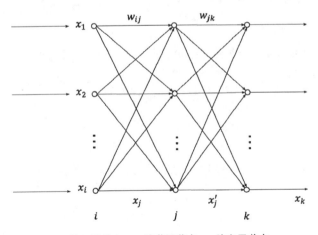

图 5-13 BP 神经网络结构

在实际应用中，网络的输入层和输出层的节点数根据训练样本对的形式来确定，而对于隐藏层的数量及各隐藏层节点的数量并没有严格的设计准则，通常根据所解决问题的复杂程度来设计。一般来说，隐藏层的数量和隐藏层节点数量越多，网络的问题求解能力越强，但同时也导致训练参数增多，在训练过程中容易出现训练失败或训练时间过长等现象。另外，由于已有定理证明(Cybenko，1988)，任意函数可以被一个有 3 层单元的网络以任意精度逼近，因此，为了减少网络训练参数，一般选择 3 层 BP 神经网络求解工程问题。但该定理只是证明了网络的存在性，并没有指出如何针对具体问题来设计所需的 3 层网络结构。在实际应用中，也并不一定非要采用 3 层的网络结构，特别对于复杂问题的求解，适当增加隐藏层的数量，也有可能提高网络的求解效率。

### 5.3.2 学习算法

BP 算法的训练过程包括正向传播和反向传播两部分。借助有监督网络的学习思想，在正向传播过程中，由导师对外部环境进行了解并给出期望的输出信号(理想输出)，而网络自身的输入信息经过隐藏层传向输出层，信息通过逐层处理，得到实际输出值，当理想输出和实际输出存在差异时(在某个精度上)，网络转至反向传播过程。其基本思想是借助非线性规划中的"梯度下降法"，即采用梯度搜索技术，认为参数沿目标函数的负梯度方向改变，可以使网络理想输出和实际输出的误差均方差达到最小。

以 BP 网作为通用逼近器为例，给出其对非线性函数(系统)进行逼近的学习过程。如图 5-14 所示为逼近器结构。其中，$k$ 为采样时间，$u(k)$ 为控制信号，直接作用于被控对象，$y(k)$ 为过程的实际输出(理想输出，称为导师信号)，两者共同作为 BP 逼近器的输入信号。$y_n(k)$ 为 BP 网络的实际输出，将理想输出和网络实际输出的误差作为逼近器的调整信号 $e(k)$。

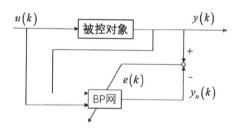

图 5-14 BP 神经网络逼近器

#### 1. 正向传播

计算网络的实际输出。隐藏层神经元(对应第 $j$ 个)输入为所有输入神经元的加权之和，即

$$x_j = \sum_i w_{ij} x_i \tag{5-10}$$

其中，$i=2$，代表输入层的两个神经元。方程仅给出一般表达式，以下不再做特殊说明。

隐藏层神经元(对应第 $j$ 个)的输出 $x_j'$ 为 $x_j$ 的 Sigmoid 函数，即

$$x_j' = f(x_j) = \frac{1}{1+\mathrm{e}^{-x_j}} \tag{5-11}$$

则

$$\frac{\partial x_j'}{\partial x_j} = \frac{\mathrm{e}^{-x_j}}{\left(1+\mathrm{e}^{-x_j}\right)^2} = x_j'\left(1-x_j'\right) \tag{5-12}$$

输出层神经元的输出为

$$y_n(k) = \sum_j w_{jk} x_j' \tag{5-13}$$

本例为单输出网络，权值 $w_{jk}$ 中 $k=1$，代表输出层仅有一个神经元。

调整信号为理想输出和网络实际输出的误差，即

$$e(k) = y(k) - y_n(k) \tag{5-14}$$

建立目标函数，即误差性能指标函数，表示为

$$J = \frac{1}{2}e(k)^2 \tag{5-15}$$

**2. 反向传播**

采用 Delta 学习算法，调节各层之间的权值矢量。首先调节输出层到隐藏层的权值矢量 $w_{jk}$，设相邻两次采样时间对应的变化量为 $\Delta w_{jk}$，则

$$\Delta w_{jk} = -\eta \frac{\partial J}{\partial w_{jk}} = \eta e(k) \frac{\partial y_n(k)}{\partial w_{jk}} = \eta e(k) x'_j \tag{5-16}$$

求解偏导的过程称为连锁法。

式中，$\eta \in [0,1]$ 为学习效率或步长，通常取 $\eta = 0.5$。则 $k+1$ 时刻，网络的权值调整为

$$w_{jk}(k+1) = w_{jk}(k) + \Delta w_{jk} \tag{5-17}$$

为了避免权值的学习过程发生震荡、收敛速度慢，引入动量因子 $\alpha$，修正后的权值矢量表示为

$$w_{jk}(k+1) = w_{jk}(k) + \Delta w_{jk} + \alpha \left( w_{jk}(k) - w_{jk}(k-1) \right) \tag{5-18}$$

式(5-18)表明，下一时刻的权值不但与当前时刻权值有关，同时追加上一时刻权值变化对下一时刻权值的影响，该方法称为 BP 的改进算法，$\alpha \in [0,1]$ 也叫作惯性系数、平滑因子或阻尼系数(减小学习过程的振荡趋势)，通常取 $\alpha = 0.05$；$w_{jk}(k) - w_{jk}(k-1)$ 称为惯性项。

依此原理，再次应用连锁法，隐藏层到输入层的权值矢量 $w_{ij}$ 的学习算法为

$$\Delta w_{ij} = -\eta \frac{\partial J}{\partial w_{ij}} = \eta e(k) \frac{\partial y_n(k)}{\partial w_{ij}} \tag{5-19}$$

其中，

$$\frac{\partial y_n(k)}{\partial w_{ij}} = \frac{\partial y_n(k)}{\partial x'_j} \frac{\partial x'_j}{\partial x_j} \frac{\partial x_j}{\partial w_{ij}} = w_{jk}(k) \frac{\partial x'_j}{\partial x_j} x_i = w_{jk}(k) x'_j \left(1 - x'_j\right) x_i$$

$k+1$ 时刻，网络的权值为 $w_{ij}(k+1) = w_{ij}(k) + \Delta w_{ij} + \alpha(w_{ij}(k) - w_{ij}(k-1))$

在程序设计中，对所有权值矢量赋予随机任意小值，预先设计最大迭代次数，并给出网络训练的最终目标，例如 $J=10^{-10}$，使网络跳出递归循环。BP 学习算法的程序框图如图 5-15 所示。

网络各连接权值的初始值必须赋较小的随机数，而不能将初始权值都设置为相同的值；否则网络不具有逼近能力，导致训练失败。另外，训练的结束条件一般有两个：一个是达到预先设计最大迭代次数；另一个是误差小于给定值。如果训练算法因为训练误差小于指定值而退出训练程序，那么网络训练成功。如果因为达到预先设计最大迭代次数而退出训练程序，那么网络训练有可能失败。网络训练失败一方面可能是网络结构设计不合理导致的，此时需要调整隐藏层数量或隐藏层节点数量；另一方面也可能是初始权值设置不合理导致的，因为每次训练网络初始化的权值都是不同的，因此，此时只需要重新训练网

络就有可能训练成功。

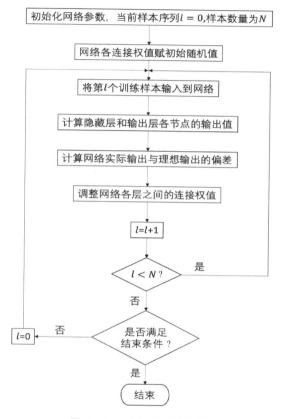

图 5-15　BP 算法程序框图

网络的训练样本由已知数据构成，在设计网络时，要预留出一部分已知样本作为训练样本，训练样本不参与网络训练，作为检测网络工作性能使用。

### 5.3.3　网络的改进算法

上节所描述的训练方法称为具有阻尼项(惯性项)的权值调整算法，它是在基本误差反向传播算法上加入了阻尼项而产生的，能够避免在权值的学习过程中发生振荡，提高收敛速度，当阻尼系数 $\alpha=0$ 时，训练算法则蜕化为基本的误差反向传播训练方法。误差反向传播训练方法虽然能够按照梯度下降的速度减小训练误差，但是其自身也有一定的缺点和不足，针对不同的缺点，学者还提出了许多其他改进方法，下面介绍几种常用的方法。

**1. 变步长算法**

在学习算法中，学习步长 $\eta$ 的选择对训练性能会产生一定的影响，当学习步长 $\eta$ 设定较大时，网络权值调整量较大，网络学习速度较快，但过大的学习步长会引起振荡，导致网络不稳定；而过小的学习步长虽然可以避免网络的不稳定，但是收敛速度会较慢。为此，可以采用"变步长"改进算法。它是指在网络训练中，每一步的步长能够自适应地改变，而不是仅靠经验在程序初始阶段设定。观测连续两次训练的误差值，如果误差下降就

增大学习率；误差反弹在一定的范围内，就保持步长；误差反弹超过一定的限度，就减小步长，具体描述为

$$\text{If} \quad E(t) < E_{\min} \times \text{er} \quad \text{Then} \quad \eta(t+1) = \eta(t) \times \text{in} \tag{5-20}$$
$$\text{Else} \quad \eta(t+1) = \eta(t) \times \text{de}$$

式中，$E_{\min}$ 为前 $t$ 次迭代的最小误差；er 为反弹许可率；in 为学习步长增加率；de 为学习步长减小率。

为了简化起见，也可以在网络训练初期选择较大的学习步长，而随着训练迭代次数的增加，逐渐减少学习步长。这样，在网络训练初期可以获得较大的训练速度，网络能够以较快的速度收敛；而在训练末期，学习步长较小，可以避免网络振荡，确保稳定收敛。

**2. 搜索方法的改进**

梯度下降搜索只利用了误差函数的一阶偏导数信息，为了提高搜索速度，还可以采用牛顿法、共轭梯度法、拟牛顿法以及 Levenberg-Marquardt 算法等替代梯度搜索，提高网络的训练速度。不过，牛顿法设计对海塞矩阵及其逆矩阵的精确求解，导致计算量很大。共轭梯度法沿着共轭方向执行搜索，通常要比沿着梯度下降方向收敛速度更快。由于共轭梯度法并没有要求使用海塞矩阵，所以在大规模神经网络中可以获得良好的优化性能。拟牛顿法比梯度下降法和共轭梯度法收敛更快，并且也不需要确切地计算海塞矩阵及其逆矩阵，也是一种高效的训练方法。Levenberg-Marquardt 算法也称为衰减最小二乘法，该算法采用平方误差和的形式。算法的执行也不需要计算具体的海塞矩阵，仅仅使用梯度向量和雅可比矩阵。对于使用平方误差和函数作为误差度量的神经网络，该算法能够快速完成训练过程。但对于大型数据集或神经网络，雅可比矩阵会变得十分巨大，因此也需要大量的内存。所以，在大型数据集或神经网络中一般不采用 Levenberg-Marquardt 算法。

**3. 泛化性能的提高**

神经网络的训练过程使网络对训练样本的输出与期望值之间的误差变小，但这并不是神经网络设计和训练所追求的真正目标。衡量神经网络性能的重要指标是其泛化能力。简单地说，良好的泛化能力是指对未参与训练的样本，网络的输出与期望值之间具有较小的误差。相反，如果一味地追求训练样本误差的最小化，就会导致神经网络出现过学习现象，从而恶化网络的泛化性能。因此，如何提高网络的泛化能力才是网络和学习算法设计的关键。例如，减少训练的迭代次数有时可以避免过学习现象的发生，从而可以改善网络的泛化能力。另外，训练样本中可能存在一定的噪声污染，样本中的噪声有时对网络泛化能力的提升也会起到一定的积极作用。

另外，选择其他类型的扁平激活函数，例如双曲正切函数代替 Sigmoid 函数，也可以在一定的程度上提高收敛速度。在实际应用中，可以根据具体的工程问题，选择合适的训练方案。由于 BP 神经网络研究较早，且应用较为成熟，因此网络的改进算法有许多种形式，感兴趣的读者可以参阅相关的参考文献进行学习。

## 5.3.4 BP 神经网络的特点

BP 神经网络的层与层之间采用全连接方式，即相邻层的任意一对神经元之间都有连

接。同一层的处理单元(神经元)是完全并行的，层间的信息传递是串行的，由于层间节点数目要远大于网络层数，因此是一种并行推理。个别神经元的损坏或异常故障，对输入输出关系产生的影响较小，因此网络具有很好的容错性能。

BP 神经网络的突出性能还体现在其具有较强的泛化能力，可以对其理解为：①用较少的样本进行训练时，网络能够在给定的区域内达到要求的精度；②用较少的样本进行训练时，网络对未经训练的输入也能给出合适的输出；③当神经网络输入矢量带有噪声时，即与样本输入矢量存在差异时，神经网络的输出同样能够准确地呈现应有的输出。BP 神经网络对测试样本的输出误差能够在一定的程度上评价网络的泛化能力。

Kolmogorov 定理证明，对于任意 $\varepsilon > 0$，存在一个结构为 $n-(2n+1)-m$ 的 3 层 BP 神经网络，能够在任意 $\varepsilon^2$ 误差精度内逼近连续函数 $f:[0,1]^n \to R^m$。而对于多层 BP 神经网络，理论上也可以证明，只要采用足够多的隐藏层和隐藏层节点数，利用扁平函数或线性分段多项式函数作为激活函数，可以对任意感兴趣的函数以任意精度进行逼近，因此，多层前向网络是一种通用的逼近器。但对于特定问题，直接确定网络的结构尚无理论上的指导，仍然需要根据经验进行试凑。

$J$ 的超曲面可能存在多个极值点，按梯度下降法对网络权值进行训练，很容易陷入局部极小值，即收敛到初值附近的局部极值。

由于 BP 神经网络隐藏层采用的是 Sigmoid 函数，其值在输入空间中无限大的范围内为非零值，因此是一种全局逼近网络。也正是由于 BP 网络的全局逼近性能，每一次样本的迭代学习都要重新调整各层权值，使网络收敛速度变慢，难以满足实际工况的实时性要求。而径向基函数网络所采用的是高斯基函数，大大加快了网络的学习速度，适合实时控制的要求，详细算法在下一节给出。

目前，BP 网络已经在模式识别、图像处理、函数拟合、优化计算、软测量、信息融合、机器人等领域得到了广泛的应用。下面以模式识别应用为例，给出一个 BP 网络在模式识别中的应用实例。

### 5.3.5 神经网络应用示例

在现实世界中，声音、图像、文字、震动、温度等都以各种模式存在着，随着人们对人工智能研究的深入，人们希望通过计算机来完成对这些模式的描述、辨识、分类和解释等过程。大多数的人工智能都以符号为基础，在此意义下，可以将图像、声音等变换为一定的符号信息，例如"0""1"等数据，以便进行信息处理。

BP 神经网络案例

**例 5.1** 设参考模式(或称为模板)为四输入、三输出的样本，如表 5-1 所示，设计 BP 神经网络，并计算测试样本的输出。测试样本的输入模式如表 5-2 所示。

根据表 5-1 给出的输入输出样本对的形式，所设计的 BP 神经网络输入层应该含有 4 个神经元，输出层应该含有 3 个神经元。如果设计含有一个隐藏层的 BP 神经网络，那么隐藏层神经元的数量可以根据问题的复杂程度按经验选取，这里隐藏层选择 9 个神经元，这样所设计的 BP 神经网络结构为 4-9-3 的结构形式。

表 5-1　参考模式

| 输入 | | | | 输出 | | |
|---|---|---|---|---|---|---|
| 1 | 0 | 0 | 0 | 1 | 0 | 0 |
| 0 | 1 | 0 | 0 | 0 | 0.5 | 0 |
| 0 | 0 | 1 | 0 | 0 | 0 | 0.5 |
| 0 | 0 | 0 | 1 | 0 | 0 | 1 |

表 5-2　测试样本的输入模式

| 输入 | | | |
|---|---|---|---|
| 0.950 | 0.002 | 0.003 | 0.002 |
| 0.003 | 0.980 | 0.001 | 0.001 |
| 0.002 | 0.001 | 0.970 | 0.001 |
| 0.001 | 0.002 | 0.003 | 0.995 |
| 0.500 | 0.500 | 0.500 | 0.500 |
| 1.000 | 0.000 | 0.000 | 0.000 |
| 0.000 | 1.000 | 0.000 | 0.000 |
| 0.000 | 0.000 | 1.000 | 0.000 |
| 0.000 | 0.000 | 0.000 | 1.000 |

(1) BP 网络初始参数。初始网络权值矢量 $W_1=[w_{ij}]$ 和 $W_2=[w_{jk}]$，取 $[-1,1]$ 之间的随机值，学习效率为 $\eta=0.50$，动量因子为 $\alpha=0.05$。网络训练的最终目标为 $J=10^{-20}$。

(2) 测试结果。网络训练结束后，将测试样本输入网络中，即可计算测试样本的输出结果。如表 5-3 所示为测试样本及结果。

表 5-3　测试样本及结果

| 输入 | | | | 输出 | | |
|---|---|---|---|---|---|---|
| 0.950 | 0.002 | 0.003 | 0.002 | 0.964 5 | 0.003 2 | 0.017 9 |
| 0.003 | 0.980 | 0.001 | 0.001 | 0.005 1 | 0.493 1 | 0.005 8 |
| 0.002 | 0.001 | 0.970 | 0.001 | 0.005 9 | 0.003 7 | 0.494 8 |
| 0.001 | 0.002 | 0.003 | 0.995 | 0.000 7 | 0.000 7 | 0.996 7 |
| 0.500 | 0.500 | 0.500 | 0.500 | 0.352 9 | 0.091 4 | 0.439 0 |
| 1.000 | 0.000 | 0.000 | 0.000 | 1.000 0 | −0.000 | 0.000 0 |
| 0.000 | 1.000 | 0.000 | 0.000 | −0.000 | 0.500 0 | −0.000 |
| 0.000 | 0.000 | 1.000 | 0.000 | −0.000 | −0.000 | 0.500 0 |
| 0.000 | 0.000 | 0.000 | 1.000 | −0.000 | −0.000 | 1.0000 |

如图 5-16 所示为 BP 网络对样本训练的收敛过程。

整个网络的训练步数为 $k=358$，程序在嵌有 Windows 10 系统的 PC 上总运行平均时间为 0.281 0s。从仿真结果看，该改进的 BP 神经网络具有很好的逼近非线性系统能力，样本训练的收敛过程也很快。

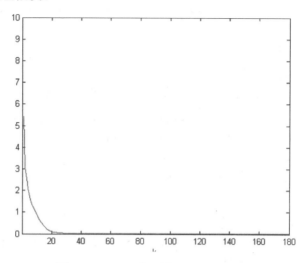

图 5-16 BP 网络对样本训练的收敛过程

上述实例只是采用 BP 神经网络解决问题的简单应用。在实际应用中，为了得到良好的应用效果，还要涉及许多数据处理方面的内容。下面给出一个采用 BP 神经网络进行风速序列预测分析的应用案例分析设计过程。

**例 5.2** 已知某风电场的历史风速数据，给出采用 BP 神经网络实现该风电场风速序列一步在线预测的设计方案。

(1) 风速预测的意义和可行性分析。

随着化石燃料的日益枯竭以及环境污染的日益严重，风能作为一种无污染、可再生能源，得到世界各国的高度重视，风力发电成为世界各国重点发展的可再生能源发电技术之一。目前，开发和利用风能的主要形式是大规模并网风力发电。风具有波动性、间歇性、低能量密度等特点，因此风电属于一种间歇性能源，具有很强的随机性和不可控性，其输出功率的波动范围通常较大，速度较快，导致电网调峰、无功及电压控制十分困难。风电穿透功率超过一定的值后，会严重影响电能质量和电力系统的运行。这些因素给电网的安全、稳定及正常调度带来新的问题和挑战。因此，风电并网的技术问题一直制约着风能的利用和发展。

风速预测是解决上述问题的关键技术之一。对风电场的风速进行有效预测，进而根据风机的功率曲线预测其功率出力，将使电力调度部门能够提前根据风电出力变化及时调整调度计划，从而保证电能质量，减少系统的备用容量，降低电力系统运行成本，提高风电穿透功率极限，减轻风电对电网的影响。

另外，风速序列取决于自然界的气象规律，其自身蕴含着内在规律性，这决定了风速预测的可行性。由于气象系统的复杂非线性，一般认为风速时间序列具有短期可预测而长期不可预测性。因此，对风速序列进行短期预测分析具有可行性。

(2) 训练样本构成。

预测结果的最终性能不仅取决于网络结构及学习算法，还与数据的预处理方式方法有重要的关系。例如，设风速的历史数据为 $x_1, x_2, \cdots, x_N$，网络训练样本的构造方式对预测性能有着重要的影响。一般可以认为被预测的风速数据与之前 $k$ 个已知数据有关，则可以构造如表 5-4 所示的训练样本对。

表 5-4 训练样本对

| 输入 | 输出 |
| --- | --- |
| $x_1, x_2, \cdots, x_k$ | $x_{k+1}$ |
| $x_2, x_3, \cdots, x_{k+1}$ | $x_{k+2}$ |
| ... | ... |
| $x_{N-k}, x_{N-k+1}, \cdots, x_{N-1}$ | $x_N$ |

其中，$k$ 的选取应该适中，过小的 $k$ 值会造成预测信息的丢失，不利于预测性能的提高，过大的 $k$ 值会增加预测中的冗余信息，同样不利于预测性能的提高。

根据表 5-4 的训练样本对，可以构造 $k$ 个输入 1 个输出的预测网络结构，隐藏层既可以选 1 个也可以选多个。多隐藏层网络具有更强的逼近能力，但网络训练参数较多。

(3) 网络的训练与预测。

当网络的激励函数选择 Sigmoid 函数时，一般要求输入输出数据应该在 (0,1) 之间。如果数据不在该范围内，那么可以采用归一化的方法将数据映射到 (0,1) 之间。归一化的方法有很多，例如，既可以采用将所有数据除以最大值的方式实现，也可以采用下列方式实现，即

$$x_i' = \frac{x_i - x_{\min}}{x_{\max} - x_{\min}}$$

式中，$x_i'$ 为 $x_i$ 归一化后的值；$x_{\max}$ 和 $x_{\min}$ 分别为数据序列的最大值和最小值。

利用归一化后的训练样本集对所构建的网络进行训练，训练完成后，将 $(x_{N-k+1}, x_{N-k+2}, \cdots, x_N)$ 输入网络中，对 $N+1$ 时刻风速进行预测。待得到 $N+1$ 时刻的真实值 $x_{N+1}$ 后，将 $x_{N+1}$ 加入已知数据集中，并将 $x_1$ 从已知数据集中移出，保证已知数据集中数据量不变，并按照表 5-4 重新构建训练样本，利用所构建的新样本集对网络重新训练，按照同样的方式实现对 $N+2$ 时刻风速进行预测，依次滚动进行，从而完成风速序列的一步在线预测分析。

在上述预测过程中，及时将获取的真实值加入样本集中，保证网络训练过程中信息的持续更新，有助于提高网络的预测性能。

## 5.4 RBF 神经网络

径向基函数(Radial Basis Function，RBF)网络的理论与径向基函数理论有着密切的联系，因此有较为坚实的数学基础。RBF 网络结构简单，为具有单隐层的 3 层前向网络，网络的第一层为输入层，将网络与外界环境连接起来。第二层为径向基层(隐藏层)，其作用是输入空间到隐藏层空间之间进行非线性变换。第三层为线性输出层，为作用于输入层的信号提供响应。

## 5.4.1 径向基函数

RBF 是数值分析中的一个主要研究领域,该技术就是要选择一个函数具有下列形式,即

$$F(x) = \sum_{i=1}^{I} w_i \varphi(\|x - c_i\|) \tag{5-21}$$

式中,$\{\varphi(\|x-c_i\|) | i=1,2,\cdots,I\}$ 为 $I$ 个任意函数的集合,称为径向基函数;$\|\cdot\|$ 表示范数,通常是欧几里得范数;数据 $c_i$ 与 $x$ 具有相同的维数,表示第 $i$ 个基函数的中心,当 $x$ 远离 $c_i$ 时,$\varphi(\|x-c_i\|)$ 很小,可以近似为零。实际上,只有当 $\varphi(\|x-c_i\|)$ 大于某值(例如 0.05)时,才对相应的权值 $w_i$ 进行修正。

典型的径向基函数包括以下几种。

(1) 多二次函数,即

$$\varphi(x) = (x^2 + p^2)^{\frac{1}{2}} \quad p > 0, x \in \mathbf{R} \tag{5-22}$$

(2) 逆多二次函数,即

$$\varphi(x) = \frac{1}{(x^2 + p^2)^{\frac{1}{2}}} \quad p > 0, x \in \mathbf{R} \tag{5-23}$$

(3) 高斯函数,即

$$\varphi(x) = \exp\left(-\frac{x^2}{2\sigma^2}\right) \quad \sigma > 0, x \in \mathbf{R} \tag{5-24}$$

(4) 薄板样条函数。

$$\varphi(x) = \left(\frac{x}{\sigma}\right)^2 \lg\left(\frac{x}{\sigma}\right) \quad \sigma > 0, x \in \mathbf{R} \tag{5-25}$$

函数的曲线形状如图 5-17 所示。

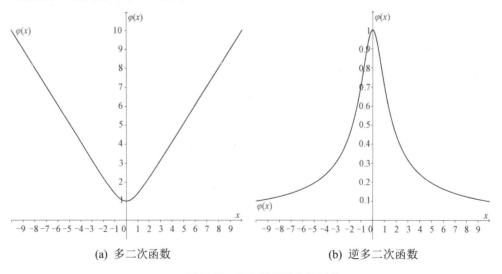

(a) 多二次函数  (b) 逆多二次函数

图 5-17 径向基函数曲线形状

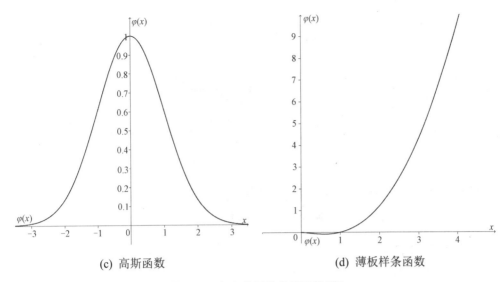

(c) 高斯函数　　　　　　　　　　　(d) 薄板样条函数

图 5-17　径向基函数曲线形状(续)

由于高斯函数形式简单、径向对称、解析性和光滑性好，即便对于多变量输入也不增加太多复杂性，所以一般选取高斯函数作为 RBF 神经网络的径向基函数。表示为

$$g_i(x) = g_i(\|x-c_i\|) = \exp\left(-\frac{\|x-c_i\|^2}{2\sigma_i^2}\right) \quad i=1,2,\cdots,I \tag{5-26}$$

式中，$\sigma_i$ 为第 $i$ 个感知的变量，它决定了该基函数围绕中心点的宽度；$I$ 为隐藏层激活函数的个数；$g_i(x)$ 在 $c_i$ 处有一个唯一的最大值，随着 $\|x-c_i\|$ 的增大，$g_i(x)$ 迅速衰减到零。对于给定的输入 $x \in \mathbf{R}^n$，只有一小部分靠近 $c_i$ 中心的被激活。

### 5.4.2　径向基函数网络结构

RBF 神经网络的基本思想：径向基函数作为隐单元的"基"，构成隐藏层空间，通过输入空间到隐藏层空间之间的非线性变换，将低维的模式输入数据变换到高维空间，使低维空间线性不可分转换到高维空间的线性可分。

由式(5-21)可知，RBF 网络输出函数表示为(对应第 $k$ 个输出神经元)

$$F_k(x) = \sum_{i=1}^{I} w_{ik} g_i(x) \quad k=1,2,\cdots,n \tag{5-27}$$

其中，$x$ 为输入变量，$x = (x_1, x_2, \cdots, x_m)^T \in \mathbf{R}^m$；$m$ 为输入神经元个数；$w$ 为输出层权矢量，$w = (w_1, w_2, \cdots, w_I)^T \in \mathbf{R}^I$；$I$ 为径向基函数的个数(中心的个数)。RBF 网络结构如图 5-18 所示。

从图 5-18 中可以看出，输入层完成 $x \to g_i(x)$ 的非线性映射，输出层实现 $g_i(x) \to F_k(x)$ 的线性映射。

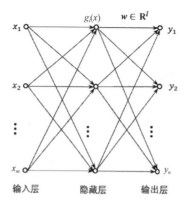

图 5-18 RBF 网络拓扑结构

### 5.4.3 网络学习算法

仍以 RBF 网络作为通用逼近器为例,给出其对非线性函数(系统)进行逼近的学习过程。如图 5-19 所示为 RBF 神经网络逼近器的结构。其中,$k$ 为采样时间,$u(k)$ 为控制信号,直接作用于被控制对象,$y(k)$ 为过程的实际输出(称为导师信号),两者共同作为 RBF 逼近器的输入信号。$y_n(k)$ 为 RBF 网络的实际输出,将理想输出和网络实际输出的误差作为逼近器的调整信号 $e(k)$。

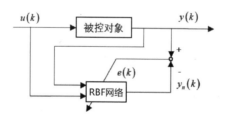

图 5-19 RBF 神经网络逼近器的结构

在 RBF 网络结构中,设 $X = [x_1, x_2, \cdots, x_m]^T$ 为网络的输入向量,隐藏层的径向基向量表示为 $G = [g_1, g_2, \cdots, g_i]^T$,即

$$g_i = \exp\left(-\frac{\|X - C_i\|^2}{2\sigma_i^2}\right) \quad i = 1, 2, \cdots, I \tag{5-28}$$

其中,隐藏层第 $i$ 个节点中心向量为 $C_i = [c_{ij}]^T = [c_{i1}, c_{i2}, \cdots, c_{im}]^T$,$j = 1, 2, \cdots, m$。

设网络的基宽向量为 $\sum = [\sigma_1, \sigma_2, \cdots, \sigma_i]^T$,其中,$\sigma_i$ 为节点 $i$ 的基宽参数。网络的权值矢量表示为 $W = [w_{ik}]^T = [w_1, w_2, \cdots, w_i]^T$($k=1$,网络只有一个输出节点),则 RBF 网络的实际输出为

$$y_n(k) = w_1 g_1 + w_2 g_2 + \cdots + w_i g_i \tag{5-29}$$

调整信号为理想输出和网络实际输出的误差,即

$$e(k) = y(k) - y_n(k) \tag{5-30}$$

建立目标函数，即误差性能指标函数为

$$J = \frac{1}{2}e(k)^2 = \left(y(k) - y_n(k)\right)^2 \tag{5-31}$$

借助梯度下降法、连锁法和带有惯性项的权值修正法，对待训练的各组参数进行修正，算法为

$$\Delta w_i = -\eta \frac{\partial J}{\partial w_i} = \eta e(k)\frac{\partial y_n(k)}{\partial w_i} = \eta e(k)g_i$$

$$w_i(k+1) = w_i(k) + \Delta w_i + \alpha\left(w_i(k) - w_i(k-1)\right) \tag{5-32}$$

$$\Delta \sigma_i = -\eta \frac{\partial J}{\partial \sigma_i} = \eta e(k)\frac{\partial y_n(k)}{\partial g_i}\frac{\partial g_i}{\partial \sigma_i} = \eta e(k)w_i g_i \frac{\|X - C_i\|^2}{\sigma_i^3}$$

$$\sigma_i(k+1) = \sigma_i(k) + \Delta \sigma_i + \alpha\left(\sigma_i(k) - \sigma_i(k-1)\right)$$

$$\Delta c_{ij} = -\eta \frac{\partial J}{\partial c_{ij}} = \eta e(k)\frac{\partial y_n(k)}{\partial g_i}\frac{\partial g_i}{\partial c_{ij}} = \eta e(k)w_i g_i \frac{x_j - c_{ij}}{\sigma_i^2} \quad (j=1,2,\cdots,m)$$

$$c_{ij}(k+1) = c_{ij}(k) + \Delta c_{ij} + \alpha\left(c_{ij}(k) - c_{ij}(k-1)\right) \tag{5-33}$$

式中，$\eta$ 为学习效率，$\eta \in [0,1]$；$\alpha$ 为动量因子，$\alpha \in [0,1]$。

在程序设计中，对所有权值矢量 $W$、基宽向量 $\sum$ 和中心矢量 $C_i$（$i=1,2,\cdots,I$）赋予随机任意小值，预先设计迭代步数，或给出网络训练的最终目标，例如 $J = 10^{-10}$，使网络跳出递归循环。

### 5.4.4　RBF 网络与 BP 网络的对比

（1）从结构上看，两者均属于前向网络，RBF 为 3 层网络，即只有一个隐藏层；而 BP 网络的拓扑结构可以实现多隐藏层。

（2）在训练中，BP 网络主要训练 2 组参数，分别是输入层到隐藏层的权值向量以及隐藏层到输出层的权值向量；而 RBF 网络不仅需要训练隐藏层到输出层的权值向量，还要对基宽参数和中心矢量进行训练。

（3）RBF 网络的激活函数多采用高斯基函数，其值在输入空间的有限范围内为非零值，因此是一种局部逼近的神经网络。与 BP 网络相比，RBF 网络具有学习收敛快的优点，适合实时性要求高的场合。

（4）RBF 网络中隐藏层节点数比采用 Sigmoid 型激活函数的前向网络所用数目多很多。这是由于 RBF 网络只对输入空间的较小范围产生响应。

（5）RBF 网络在功能上与模糊系统有一定的联系，与 BP 网络相比，其更适合用于设计模糊神经网络系统。

在技术上，很难找到不同形式和类型的基函数作用于同一个 RBF 网络中，同时也很难证明可以在同一个 RBF 网络中采用不同类型的激活函数。理论已经证明，只要隐藏层选择足够的神经元，一个 RBF 网络可以以任意期望精度逼近任意函数。RBF 网络良好的数学基础已经使其在函数逼近、函数插值、数值分析等领域得到广泛应用。

## 5.5 Hopfield 神经网络

1982 年和 1984 年,美国加利福尼亚州理工学院物理学家霍普费尔德(J.J.Hopfield)提出了离散型和连续型的 Hopfield 神经网络。Hopfield 在网络中引入了"能量函数"的概念,采用类似 Lyapunov 稳定性的分析方法,构造了一种能量函数,并证明,当满足一定的参数条件时,该函数值在网络演化过程中不断降低,网络最后趋于稳定。另外,Hopfield 利用该网络成功地解决了 TSP 问题的优化计算,而且还采用电子电路硬件实现了该神经网络的构建。这是 Hopfield 在神经网络领域的 3 个突出贡献。

Hopfield 网络的提出推进了神经网络理论的发展,并开拓了神经网络在联想记忆和优化计算等领域应用的新途径。

### 5.5.1 离散型 Hopfield 网络

Hopfield 是全互联反馈网络,其拓扑结构如图 5-20 所示。

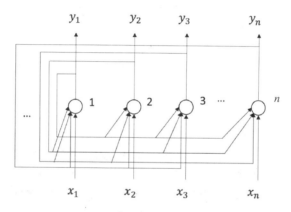

图 5-20 Hopfield 网络结构

Hopfield 网络具有单层结构,每个神经元的输出反馈到其他神经元,影响其状态的变化,具有了动态特性,因此与静态的 BP 神经网络相区别,Hopfield 网络是一种动态神经网络。另外,Hopfield 网络的神经元无自反馈,这也是 Hopfield 网络的一个显著特点。对于连续性的 Hopfield 网络,如果对其神经元增加了自反馈,那么网络将会表现出极其复杂的动力学行为。

离散型 Hopfield 网络的数学模型表示为

$$v_i(t+1) = f(u_i(t)) \tag{5-34}$$

$$u_i(t) = \sum_{j \neq i} w_{ij} v_j(t) - \theta_i \tag{5-35}$$

式中,$v_i(t)$ 为第 $i$ 个神经元 $t$ 时刻的输出状态,$u_i(t)$ 为第 $i$ 个神经元 $t$ 时刻的内部输入状态;$\theta_i$ 为神经元 $i$ 的阈值;$w_{ij}$ 为连接权值,可以按照 Hebb 学习规则设计。式(5-35)求和中标出 $i \neq j$,表明网络不具有自反馈。式(5-34)中的激励函数 $f(\cdot)$ 可以选择离散型的激励函数。

离散型 Hopfield 网络有同步和异步两种工作方式。在同步工作方式下，神经网络中所有神经元的状态更新同时进行。在异步工作方式下，神经网络中神经元的状态更新依次进行，每个时刻仅有一个神经元的状态获得更新，神经元的更新顺序可以是随机的。

离散型 Hopfield 网络的能量函数定义为

$$E = -\frac{1}{2}\sum_{i=1}^{n}\sum_{\substack{j=1\\j\neq 1}}^{n}w_{ij}v_iv_j + \sum_{i=1}^{n}\theta_iv_i \tag{5-36}$$

随着神经元状态的更新，神经网络不断演化，如果从某个时刻开始，神经网络中的所有神经元的状态都不再发生改变，就称该神经网络演化到稳定状态。

下面给出离散型的 Hopfield 网络在联想记忆中的应用实例。

联想记忆的目的在于能够识别过去已经学过的输入矢量，即使加上噪声干扰也应该能够识别出来。联想记忆神经网络具有信息记忆和信息联想的功能，能够从部分信息或有适当畸变的信息联想出相应的存储在神经网络中的完整的记忆信息。许多识别问题都可以转化为联想记忆问题加以解决。例如人脸图像的识别、字符识别等都可以看作联想记忆问题。

联想记忆网络既可以是有反馈的，也可以是没有反馈的。目前，主要有 3 类互相有些重叠的联想记忆网络。

(1) 异联想网络。

这种网络将 $n$ 维空间的 $m$ 个输入矢量 $x^1, x^2, \cdots, x^m$ 映射到 $k$ 维空间的 $m$ 个输出矢量 $y^1, y^2, \cdots, y^m$，且使 $x^i \to y^i$。如果 $x^i$ 的邻域 $x'$ 能够满足 $\|x' - x^i\| < \varepsilon$，那么仍然有 $x' \to y^i$。

(2) 自联想网络。

这是一种特殊的循环联想网络类型，这种网络矢量与自身联想，即 $y^i = x^i$ $(i = 1, 2, \cdots, m)$，这类网络的功能是除去输入中的噪声干扰。

(3) 模式识别网络。

这也是一种特殊的循环联想网络类型，每一个矢量 $x^i$ 联想于一个标量 $i$，这种网络的目的是识别出输入模式的"名称"。

这 3 种联想网络也可以理解为网络能在给定输入下，产生期望输出的自动机。

从生物神经元的机制所得到的训练联想网络的学习算法称为 Hebb 学习规则。Hebb 学习规则的含义是：两个同时激励的神经元之间所生成的互相耦合程度，要比那些互相无关联的神经元之间的耦合大得多。

对于 $M$ 个不同的存储模式 $x^1, x^2, \cdots, x^m$，其中 $x^u = (x_1^u, \cdots, x_N^u)$，$u = 1, 2, \cdots, M$，由 Hebb 学习规则确定的 Hopfield 网络连接权值为

$$w_{ij} = \begin{cases} \sum_{u=1}^{M} x_i^u x_j^u & i \neq j \\ 0 & i = j \end{cases} \tag{5-37}$$

例如，设联想记忆模式为下列的 5 个字符，每个字符为 10×10 的点阵，即每个模式为含有 100 个元素的向量，按照式(5-37)设计 100×100 的权值矩阵，当添加的噪声(黑色反转为白色或白色反转为黑色)小于 20%时，联想成功率可达 90%以上，如图 5-21 所示。

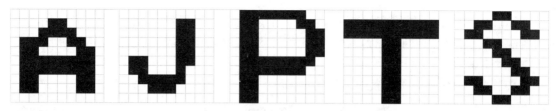

图 5-21  联想记忆样本

### 5.5.2  连续型 Hopfield 网络

连续型 Hopfield 网络的拓扑结构与离散型网络相同，且可采用如图 5-22 所示的硬件电路模型实现。

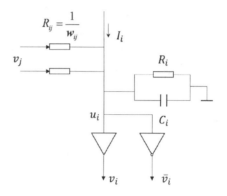

图 5-22  连续型 Hopfield 神经网络神经元电路模型

图 5-22 所示为一个神经元的硬件电路模型，$u_i$ 为神经元的输入状态，$R_i$ 和 $C_i$ 分别为输入电阻和输入电容，$I_i$ 为输入电流，$w_{ij}$ 为第 $j$ 个神经元到第 $i$ 个神经元的连接权值。$v_i$ 为神经元的输出，是神经元输入状态 $u_i$ 的非线性函数。

根据基尔霍夫定律，建立第 $i$ 个神经元的微分方程为

$$\begin{cases} C_i \dfrac{\mathrm{d}u_i}{\mathrm{d}t} = \sum_{j=1}^{n} w_{ij} v_j - \dfrac{u_i}{R_i} + I_i \\ v_i = f(u_i) \end{cases} \tag{5-38}$$

式中，$i = 1, 2, \cdots, n$。

激励函数 $f(\cdot)$ 可以取双曲函数 $f(s) = \rho \dfrac{1 - \mathrm{e}^{-s}}{1 + \mathrm{e}^{-s}}$，式中，$\rho > 0$。

连续型 Hopfield 网络的权值也是对称的，且无自反馈，即 $w_{ij} = w_{ji}$，$w_{ii} = 0$。

连续型 Hopfield 网络的能量函数定义为

$$E = -\frac{1}{2} \sum_{i=1}^{n} \sum_{j=1}^{n} w_{ij} v_i v_j + \sum_{i=1}^{n} \frac{1}{R_i} \int_{0}^{v_i} f_i^{-1}(v) \mathrm{d}v - \sum_{i=1}^{n} v_i I_i \tag{5-39}$$

当权值矩阵是对称阵(即 $w_{ij} = w_{ji}$)时，有

$$\frac{\mathrm{d}E}{\mathrm{d}t} = \sum_{i=1}^{n} \frac{\partial E}{\partial v_i} \cdot \frac{\mathrm{d}v_i}{\mathrm{d}t} = -\sum_{i} \frac{\mathrm{d}v_i}{\mathrm{d}t} \left( \sum_{j} w_{ij} v_j - \frac{u_i}{R_i} + I_i \right) = -\sum_{i} \frac{\mathrm{d}v_i}{\mathrm{d}t} \left( C_i \frac{\mathrm{d}u_i}{\mathrm{d}t} \right) \tag{5-40}$$

由于 $v_i = f(u_i)$，所以

$$\frac{\mathrm{d}E}{\mathrm{d}t} = -\sum_i C_i \frac{\mathrm{d}f^{-1}(v_i)}{\mathrm{d}v_i} \left(\frac{\mathrm{d}v_i}{\mathrm{d}t}\right)^2 \tag{5-41}$$

由于 $C_i > 0$ $(i=1,2,\cdots,n)$，双曲函数是单调上升函数，因此它的反函数 $f^{-1}(v_i)$ 也是单调上升函数，则可得到 $\frac{\mathrm{d}E}{\mathrm{d}t} \leqslant 0$，因此能量函数具有负的梯度，当且仅当 $\frac{\mathrm{d}v_i}{\mathrm{d}t}=0$ 时，$\frac{\mathrm{d}E}{\mathrm{d}t}=0$。由此可见，随着时间的演化，网络的解总是朝着能量 $E$ 减小的方向运动。网络最终到达一个稳定平衡点，即能量函数 $E$ 的一个极小点上。

我国学者廖晓昕指出，Hopfield 网络的稳定性并不是 Lyapunov 意义下的稳定性，而是指平衡点集的吸引性，并称之为 Hopfield 意义下的稳定性。

连续型 Hopfield 神经网络的典型应用是对优化计算问题进行求解。

优化计算涉及的工程领域很广，问题种类与性质繁多。归纳而言，最优化问题可以分为函数优化问题和组合优化问题两大类，很多实际的工程问题都可以转换为其中之一进行求解。其中，函数优化的对象是一定的区间内的连续变量，而组合优化的对象则是解空间中的离散状态。

函数优化问题通常可以描述为：令 $S$ 为 $\mathbf{R}^n$ 上的有界子集(即变量的定义域)，$f: S \to R$ 为 $n$ 维实值函数，所谓函数 $f$ 在 $S$ 域上全局最小化就是寻求点 $X_{\min} \in S$，使 $f(X_{\min})$ 在 $S$ 域上全局最小，即 $\forall X \in S: f(X_{\min}) \leqslant f(X)$。对于 $n$ 变量的优化问题，$\boldsymbol{X} = [x_1, x_2, \cdots, x_n]^\mathrm{T}$，并且 $a_1 \leqslant x_1 \leqslant b_1, a_2 \leqslant x_2 \leqslant b_2, \cdots, a_n \leqslant x_n \leqslant b_n$，其中"T"为转置。

组合优化问题通常可以描述为：令 $\Omega = \{s_1, s_2, \cdots, s_n\}$ 为所有状态构成的解空间，$C(s_i)$ 为状态 $s_i$ 对应的目标函数值，要求寻找最优解 $s^*$，使 $\forall s_i \in \Omega$，$C(s^*) = \min C(s_i)$。组合优化往往涉及排序、分类、筛选等问题，它是运筹学的一个重要分支。

典型的组合优化问题有旅行商问题、加工调度问题、0-1 背包问题、装箱问题、图着色问题、聚类问题等。

1985 年，Hopfield 利用连续型 Hopfield 神经网络成功求得 30 个城市旅行商问题的次优解，从而使该网络的研究得到学者们的重视。

旅行商问题是数学领域中的著名问题之一。假设有一个旅行商要拜访 $n$ 个城市，每个城市只能拜访一次，最后回到原来出发的城市。求如何选择最短路径。

旅行商问题的历史很久，最早的描述是 1759 年欧拉研究的骑士周游问题，即对于国际象棋棋盘中的 64 个方格，走访 64 个方格一次且仅一次，并且最终返回到起始点。

1962 年，我国学者管梅谷教授给出了另一个描述方法：一个邮递员从邮局出发，到所辖街道投邮件，最后返回邮局，如果他必须走遍所辖的每条街道至少一次，那么他应该如何选择投递路线使所走的路程最短。这个描述也被称为中国邮递员问题。

旅行商问题是一个非确定性多项式问题。对于 $n$ 个城市的旅行商问题，可能存在的闭合路径数为 $\frac{(n-1)!}{2}$。为了求得最短路径，传统的求解方式需要搜索全部路径。随着城市数量 $n$ 的增加，计算量急剧增大，产生所谓的"组合爆炸"问题。表 5-5 给出了每秒可以进

行数亿次运算的计算机搜索旅行商问题所需的时间。

表 5-5 旅行商问题的计算量

| 城市数 | 7 | 15 | 20 | 50 | 100 | 200 |
|---|---|---|---|---|---|---|
| 加法数 | $2.5×10^3$ | $6.5×10^{11}$ | $1.2×10^{18}$ | $1.5×10^{64}$ | $5×10^{157}$ | $1×10^{374}$ |
| 搜索时间 | $2.5×10^{-5}$ 秒 | 1.8 小时 | 350 年 | $5×10^{48}$ 年 | $10^{142}$ 年 | $10^{358}$ 年 |

旅行商问题的解答形式有多种,其中之一可以采用如表 5-6 所示的方阵形式(以 $n = 5$ 为例)。

表 5-6 旅行商问题的解答形式

| 城市＼路程 | 1 | 2 | 3 | 4 | 5 |
|---|---|---|---|---|---|
| A | 0 | 1 | 0 | 0 | 0 |
| B | 0 | 0 | 0 | 1 | 0 |
| C | 1 | 0 | 0 | 0 | 0 |
| D | 0 | 0 | 0 | 0 | 1 |
| E | 0 | 0 | 1 | 0 | 0 |

在表 5-6 所示的方阵中,A、B、C、D、E 表示城市名称,1、2、3、4、5 表示路径顺序。为了保证每个城市只去一次,方阵每行只能有一个元素为 1,其余为 0。为了在某个时刻只能经过一个城市,方阵中每列也只能有一个元素为 1,其余为 0。为了使每个城市必须经过一次,方阵中 1 的个数总和必须为 $n$。对于所给方阵,其相应的路径顺序为 C-A-E-B-D-C,所走的距离为 $d = d_{CA} + d_{AE} + d_{EB} + d_{BD} + d_{DC}$。

采用 Hopfield 网络求解 $n$ 个城市的旅行商问题,网络应该由 $n×n$ 个神经元组成。当网络达到稳定状态时,各神经元状态对应于方阵中的各元素值(0 或 1)。

由于 Hopfield 网络能够稳定到能量函数的一个局部极小,因此可以将描述旅行商问题的优化函数对应为能量函数,从而设计出对应的网络结构。

旅行商问题的优化函数可以有多种形式,其中之一为

$$E = \frac{A}{2}\sum_x \sum_i \sum_{j\neq i} v_{x,i} v_{x,j} + \frac{B}{2}\sum_i \sum_x \sum_{y\neq x} v_{x,i} v_{y,i}$$
$$+ \frac{C}{2}\left(\sum_x \sum_i v_{x,i} - n\right)^2 + \frac{D}{2}\sum_x \sum_{y\neq x} \sum_i d_{x,y} v_{x,i}\left(v_{y,i-1} + v_{y,i+1}\right)$$

(5-42)

式(5-42)能量函数中,第 1 项对应解矩阵中每一行最多有一个 1,第 2 项对应解矩阵中每一列最多有一个 1,第 3 项对应解矩阵中共有 $n$ 个 1。这 3 项是解矩阵的约束项。只有同时满足这 3 项的解才是合法解。如果解矩阵不满足某项约束条件,那么可以增大该项的系数来增大该项的约束权重。最后一项是问题的指标项,对应最短距离。

在进行优化问题求解时，令 $\sum w_{ij}v_j - \dfrac{u_i}{R_i} + I_i = -\dfrac{\partial E}{\partial v_i}$ 即可实现问题的求解。由于 Hopfield 网络的寻优机制是基于梯度寻优，所得优化结果与初值选取密切相关，而网络的初始值的选取通常缺少指导信息，因此该网络通常仅能对小规模的旅行商问题等优化问题给出合法解，且寻优效率并不高。

## 5.6　Elman 神经网络

Elman 神经网络是 J.L.Elman 于 1990 年针对语音处理问题而提出来的，是一种典型的局部回归网络。Elman 网络可以看作一个具有局部记忆单元和局部反馈连接的递归神经网络。它是在 BP 神经网络的基本结构基础上，通过引入存储内部状态的方式使其具备映射动态特征的功能，从而使系统具有适应时变特性的能力。

### 5.6.1　Elman 神经网络的结构

Elman 神经网络具有 4 层结构，即输入层、隐藏层、反馈层和输出层，其结构如图 5-23 所示。

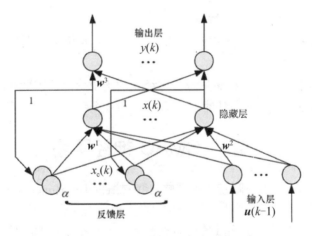

图 5-23　Elman 神经网络的结构

反馈层节点数量与隐藏层节点数量相同，其输入是隐藏层节点输入的一步延迟，则网络计算过程描述为

$$\begin{cases} x(k) = f\left(\boldsymbol{w}^1 x_c(k) + \boldsymbol{w}^2 \boldsymbol{u}(k-1)\right) \\ x_c(k) = \alpha x_c(k-1) + x(k-1) \\ y(k) = g\left(\boldsymbol{w}^3 x(k)\right) \end{cases} \tag{5-43}$$

式中，$x(k)$、$x_c(k)$ 及 $y(k)$ 分别为 $k$ 时刻隐藏层、反馈层及输出层的输出；$\boldsymbol{w}^1$、$\boldsymbol{w}^2$ 和 $\boldsymbol{w}^3$ 分别为反馈层至隐藏层、输入层至隐藏层及隐藏层至输出层的连接权矩阵；$\boldsymbol{u}(k-1)$ 为网络外部输入向量；$f(\cdot)$ 为激励函数，选用 Sigmoid 函数形式。

### 5.6.2 Elman 神经网络学习算法

Elman 神经网络的学习算法仍然可以选用梯度下降法对网络进行训练。训练的目标是通过调节网络各层权值，使网络输出与期望输出的均方误差达到最小。具体学习算法可以描述为

$$\begin{cases} E(k) = \dfrac{1}{2}\left(y_d(k) - y(k)\right)^{\mathrm{T}}\left(y_d(k) - y(k)\right) \\ \Delta w_{i,j}^3 = \eta_3 \delta_j^0 x_j(k) \\ \Delta w_{j,q}^2 = \eta_2 \delta_j^h u_q(k-1) \\ \Delta w_{j,l}^1 = \eta_1 \sum_{i=1}^{m}\left(\delta_i^0 w_{i,j}^3\right)\dfrac{\partial x_j(k)}{\partial w_{j,l}^{11}} \\ \delta_i^0 = \left(y_{di}(k) - y_i(k)\right) g_i'(\cdot) \\ \dfrac{\partial x_j(k)}{\partial w_{j,l}^1} = f_j'(\cdot) x_l(k-1) + \alpha \dfrac{\partial x_j(k-1)}{\partial w_{j,l}^1} \\ \delta_j^h = \sum_{i=1}^{m}\left(\delta_i^0 w_{i,j}^3\right) f_j'(\cdot) \end{cases} \quad (5\text{-}44)$$

式中，$i = 1,2,\cdots,m$；$j = 1,2,\cdots,n$；$q = 1,2,\cdots,r$；$\eta_1$、$\eta_2$ 和 $\eta_3$ 分别是 $\boldsymbol{w}^1$、$\boldsymbol{w}^2$ 和 $\boldsymbol{w}^3$ 的学习步长。

Elman 神经网络由于能够存储隐藏层神经元的历史信息，因此在时间序列预测分析、系统辨识等领域有着独特的应用性能。

## 5.7 CMAC 神经网络

1975 年 J.S.Albus 提出小脑模型关节控制器(Cerebellar Model Articulation Controller，CMAC)。它是仿照小脑如何控制肢体运动的原理而建立的神经网络模型，其并不具备人工神经网络的层次连接结构，也不具备动力学行为，而只是一种非线性映射。W.T.Miller 等随后将 $\delta$ 算法引入 CMAC 的学习中，利用其成功地实现了机器人手臂协调运动控制，成为神经网络在机器人控制中的一个经典范例。

### 5.7.1 CMAC 网络结构

CMAC 是典型的前向网络，一个简单的 CMAC 模型结构如图 5-24 所示。

在图 5-24 中，$X$ 表示 $n$ 维输入状态空间，$A$ 为具有 $m$ 个单元的存储区(联想记忆空间)。设 CMAC 网络的输入向量用 $n$ 维输入状态空间 $X$ 中的点 $\boldsymbol{X}^p = \left(x_1^p, x_2^p, \cdots, x_n^p\right)^{\mathrm{T}}$ 表示，对应的输出向量用 $\boldsymbol{y}^p = F\left(x_1^p, x_2^p, \cdots, x_n^p\right)$ 表示，这里，$p = 1,2,3$。$A$ 中的每个元素只取 0 或 1 两种值，输入空间的一个点 $\boldsymbol{X}^p$ 将同时激活 $A$ 中的 $C$ 个元素(如图 5-24，$C = 4$)，使其同

时为 1, 而其他多数元素为 0, 网络的输出 $y^p$ 为 $A$ 中 4 个被激活单元对应的权值之和。$C$ 称为泛化参数, 它规定了网络内部影响网络输出的区域大小。

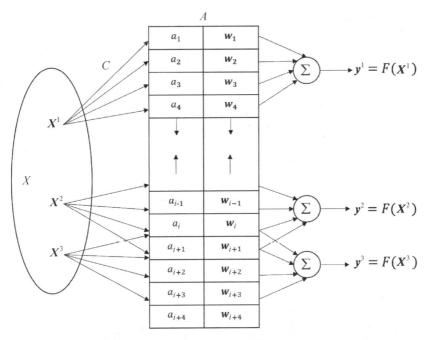

图 5-24 CMAC 模型结构

## 5.7.2 网络学习算法

CMAC 网络由输入层、中间层和输出层组成。CMAC 网络的设计主要包括输入空间的划分、输入层至输出层非线性映射的实现、输出层权值自适应线性映射。网络的工作过程由以下两个基本映射实现。

(1) 概念映射 ($X \to A$)。

概念映射实质上就是输入空间 $X$ 至概念存储器 $A$ 的映射。

鉴于在实际应用中要实现硬件对网络结构的模拟, 网络中输入向量的各个分量均来自不同的传感器, 其值一般为模拟量, 而 $A$ 中的每个元素或者为 1, 或者为 0, 因此必须将 $X^p$ 量化, 即使其成为输入空间中的离散点, 以便实现空间 $X$ 的点对 $A$ 空间的映射。

设输入向量每个分量可以量化为 $q$ 个等级, 则 $n$ 个分量可以组合为输入状态空间 $q^n$ 种可能的状态 $X^p$ ($p=1,2,\cdots,q^n$), 而每一个状态 $X^p$ 都要映射为 $A$ 空间存储区的一个集合 $A^p$, $A^p$ 中的 $C$ 个元素均为 1。

设输入状态空间向量为 $X^p = \left(x_1^p, x_2^p, \cdots, x_n^p\right)^{\mathrm{T}}$, 量化编码为 $\left[x^p\right]$, 则映射后的向量可以表示为

$$A^p = S\left(\left[x^p\right]\right) = \left[s_1\left(x^p\right), s_2\left(x^p\right), \cdots, s_C\left(x^p\right)\right]^{\mathrm{T}} \tag{5-45}$$

式中, $s_j\left(\left[x^p\right]\right) = 1, j = 1, 2, \cdots, C$。

映射原则：在输入空间相邻的两个点，在 $A$ 空间有部分重叠单元被激励。距离越近，重叠越多；距离越远，重叠越少。正如图 5-24 所示，$X$ 空间的两个相邻样本 $X^2$ 和 $X^3$ 在 $A$ 中的映射 $A^2$ 和 $A^3$ 出现了交集 $A^2 \cap A^3$，即其对应的 4 个权值中有两个是相同的，因此由权值累加之和计算的输出也比较接近。从函数映射的角度看，这个特点可以起到泛化作用。类似于 $A$，距离较远的两个样本 $X^1$ 和 $X^3$ 所映射的 $X^1 \cap X^3$ 为空，这种泛化不起作用，因此称为局部泛化。从分类角度看，不同输入样本在 $A$ 中产生的交集起到了将相近样本聚类的作用。

(2) 实际映射（$A \rightarrow A_p$）。

实际映射是由概念存储器 $A$ 中的 $C$ 个单元，用编码技术映射至实际存储器 $A_p$ 的 $C$ 个单元。如图 5-25 所示为 $A \rightarrow A_p$ 的映射。

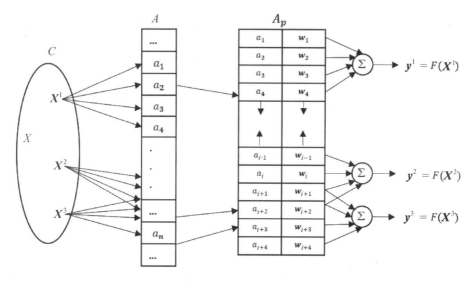

图 5-25　$A \rightarrow A_p$ 的映射

$A$ 为具有 $m$ 个单元的存储区，为了使 $X$ 空间的每一个状态在 $A$ 空间均存在唯一的映射，即使 $A$ 存储区中单元的个数至少等于 $X$ 空间的状态个数，则

$$m \geqslant q^n$$

若将三维输入的每个分量量化为 10 个等级，则应该满足 $m \geqslant 1000$。但是对于许多实际系统，$q^n$ 往往要大得多。由于大多数的学习问题不会包含所有可能的输入值，例如在机器人控制中，不是每个可能的状态都要进行学习，因此实际上并不需要 $q^n$ 个存储单元来存放学习的权值。通常，采用哈希编码可以将具有 $q^n$ 个存储单元的地址空间 $A$ 映射到一个小得多的物理地址空间 $A_p$ 中。

通常地，采用哈希编码技术中的除留余数法实现 CMAC 的实际映射。设杂凑表长（$A$ 存储区大小）$m$（$m$ 为正整数），以元素值 $s(k)+i$ 除以某数 $N$（$N \leqslant m$）后所得余数 $+1$ 作为杂凑地址，实现实际映射，即

$$\text{ad}(i)=(s(k)+i \quad \text{MOD} \quad N)+1 \tag{5-46}$$

式中，$i=1,2,\cdots,C$；$\text{ad}(i)$ 为 $A_p$ 中的地址。

网络的输出为 $A_p$ 中 $C$ 个单元的权值之和，表示为

$$y^i = F(\boldsymbol{X}^i) = \sum_j w_j \quad j \in C \tag{5-47}$$

$w_j$ 可以通过学习得到，采用 $\delta$ 学习规则调整权值。

以单输出为例，设期望输出为 $r(t)$，则误差性能指标函数为

$$J = \frac{1}{2C} e(t)^2 \tag{5-48}$$

其中，$e(t) = r(t) - \boldsymbol{y}^1(t) = r(t) - \sum_j w_j (j \in C)$。

采用梯度下降法、连锁法和带有惯性项的权值修正法，权值迭代调整为

$$\Delta w_j(t) = -\eta \frac{\partial E}{\partial w_j} = -\eta \frac{\partial E}{\partial \boldsymbol{y}^1} \frac{\partial \boldsymbol{y}^1}{\partial w_j} = \eta \frac{r(t) - \boldsymbol{y}^1(t)}{C} \frac{\partial \boldsymbol{y}^1}{\partial w_j} = \eta \frac{e(t)}{C}$$

$$w_j(t+1) = w_j(t) + \Delta w_j + \alpha \left( w_j(t) - w_j(t-1) \right)$$

### 5.7.3 CMAC 网络的特点

(1) CMAC 网络是具有联想记忆功能的神经网络，具有一定的泛化能力，即所谓相近输入产生相近输出，远离的输入产生独立的输出。

(2) CMAC 网络是基于局部学习的神经网络，其信息存储在局部结构上，每次修正的权值很少，因此学习速度快，适合实时控制。

(3) CMAC 网络的每一个神经元的输入输出是一种线性关系，由于对网络的学习只在线性映射部分，因此采用简单的 $\delta$ 算法，即可完成对权值的修正，其收敛速度要明显优于 BP 网络，且不存在局部极小问题。

CMAC 网络已经广泛用于机器人控制、模式识别、动态建模、信号处理和自适应控制等领域。

## 5.8 模糊神经网络

以神经网络为基础的神经计算和以模糊逻辑为基础的模糊计算，都是建立在数值计算基础上的，成为计算智能的重要分支，两者既有相似的特性，又有各自适用的领域。其相同点体现在以下方面。

(1) 建立在模糊逼近理论上的"万能逼近器"，能够对非数值型的非线性函数进行逼近，而神经网络的突出特性也体现为具有很好的逼近非线性映射能力。两者均为非线性逼近器的典型代表。

(2) 模糊理论不需要对系统用精确的数学模型进行描述，仅依靠数学工具进行处理；而神经网络是一种"黑箱式"的学习，仅通过输入输出的映射关系，就能实现对一个动态系统的逼近和估计。

不同点在于以下方面。

(1) 在推理机制方面，模糊理论依赖"启发式搜索"策略，即借用领域专家的经验，加快推理进程，求得问题最优解；而神经网络依赖大量神经元之间的高度连接，通过并行

计算推理输出。

(2) 在获取知识方面，模糊理论依靠专家经验，即模糊的语言信息；而神经网络则依靠对数据样本的学习，即算法实例训练。

(3) 在学习机制方面，模糊理论借用对本领域专家经验的归纳，通过模糊关系合成运算进行推理；而神经网络依靠调节权值，即对网络层间权值参数进行训练。

(4) 在应用领域，模糊理论主要用于控制；而神经网络主要用于模式识别与分类器。

一般来说，模糊系统缺乏自学习能力，将人工神经网络的学习机制和模糊逻辑的人类思维与推理结合起来，便构成了一类"模糊神经网络"。具体地，将神经网络的学习能力引入模糊系统中，将模糊系统的模糊化处理(实现难以确定的隶属函数)、模糊推理(校正模糊规则，驱动推理过程)、反模糊化计算通过分布式的网络来表示。

如图 5-26 所示为用 BP 神经网络实现隶属函数。

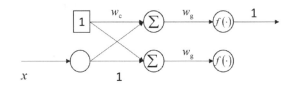

图 5-26　BP 网络实现隶属函数

图中，$f(\cdot)$ 为非线性函数，采用 Sigmoid 函数生成。令 $\mu_s(x)$ 为论域为"小"的隶属函数，$w_c$ 和 $w_g$ 分别确定 Sigmoid 函数的中心和宽度，则

$$\mu_s(x) = \frac{1}{1+\exp\left[-w_g\left(x+w_c\right)\right]} \tag{5-49}$$

修正 $w_c$ 和 $w_g$ 的值，完成对隶属函数曲线的绘制。

按模糊理论和神经网络的结合方式，大致可以分为以下几种类型。

(1) 神经元、模糊模型。该模型以模糊控制为主体，应用人工神经网络实现模糊控制的决策过程，样本学习完成以后，这个神经网络就是一个聪明、灵活的模糊控制规则表，其本质还是模糊系统，主要用于控制领域。

(2) 模糊、神经模型。该模型以人工神经网络为主体，将输入空间分割成不同形式的模糊推论组合，对系统先进行模糊逻辑判断，以模糊控制器的输出作为人工神经网络的输入。其本质还是人工神经网络，主要用于模式识别领域。

(3) 神经与模糊模型。该模型根据输入量的不同性质分别由人工神经网络和模糊控制直接处理输入信息，并作用于控制对象，两者有机结合，更能发挥各自的控制特点。

(4) 模糊神经网络。在结构上将模糊技术与人工神经网络融为一体，构成模糊神经网络，使该网络同时具备模糊控制的定性知识表达和人工神经网络的自学习能力。

由于 RBF 网络在功能上与模糊系统有一定的联系，因此，以选取模糊 RBF 网络为例，探讨其网络结构和学习过程。

### 5.8.1　网络结构

网络由输入层、模糊化层、模糊推理层和输出层组成，如图 5-27 所示。

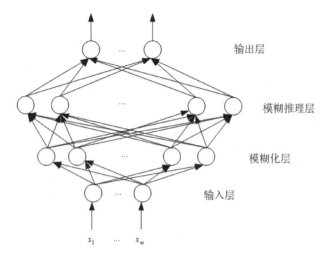

图 5-27 模糊 RBF 神经网络的结构

融合了模糊理论和 RBF 映射结构的模糊 RBFNN 中信号传播及各层的功能表示如下。

第一层：输入层。该层的神经元(节点)直接与输入量的各个分量连接，将输入量传到模糊化层。对每个神经元 $i$ 的输入输出表示为

$$f_1(i) = x_i \tag{5-50}$$

第二层：模糊化层。每个节点代表一个语言变量值，例如 ZO(零)、PB(正大)等。使用神经网络实现隶属函数，仍然采用 Gauss 函数激活，表示为

$$f_2(i,j) = \exp\left(\text{net}_j^2\right)$$

$$\text{net}_j^2 = -\frac{\left(f_1(i) - c_{ij}\right)^2}{\left(b_j\right)^2} \tag{5-51}$$

式中，$c_{ij}$ 和 $b_j$ 分别为 Gauss 函数的中心与基宽，代表了第 $i$ 个输入变量第 $j$ 个模糊集合隶属函数的均值和标准差，其隶属函数的 Matlab 表达式为 gaussmf $(x,[c_{ij},b_j])$，参数 $c_{ij}$ 用于确定曲线的中心。

第三层：模糊推理层。该层用于校正模糊规则，驱动推理过程，各个节点之间实现模糊关系运算，利用各个模糊节点的组合得到相应的点火强度，表示每条规则的适用度，即

$$f_3(j) = \min\{f_2(i,1), f_2(i,2), \cdots, f_2(i,N)\} \tag{5-52}$$

在此，借用"乘积"运算代替"取小"运算，每个节点 $j$ 的输出为该节点所有输入信号的乘积，表示为

$$f_3(j) = \prod_{j=1}^{N} f_2(i,j) \tag{5-53}$$

式中，$N = \sum_{i=1}^{n} N_i$，$N_i$ 为输入层中第 $i$ 个输入隶属函数的个数，即模糊化层的节点数。

第四层：输出层。实现 $f_3$ 到 $f_4$ 的线性映射，即去模糊化运算，表示为

$$f_4(l) = Wf_3 = \sum_{j=1}^{N} w(i,j) f_3(j) \tag{5-54}$$

式中，$l$ 为输出层节点个数；$W$ 为输出层节点与模糊推理层节点的连接权值矩阵。

### 5.8.2 学习过程

仍然以模糊 RBF 网络作为通用逼近器为例,给出其对非线性函数(系统)进行逼近的学习过程,如图 5-28 所示为逼近器的结构。

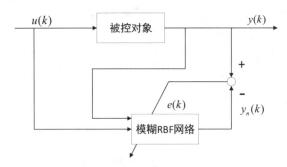

图 5-28 模糊 RBF 神经网络逼近

设网络结构为 2-4-4-1, $y_n(k) = f_4$ 为模糊 RBF 网络的实际输出, $y(k)$ 为期望输出。调整信号为

$$e(k) = y(k) - y_n(k) = y(k) - f_4 \tag{5-55}$$

建立目标函数,即误差性能指标函数为

$$J = \frac{1}{2}e(k)^2 = \frac{1}{2}(y(k) - y_n(k))^2 = \frac{1}{2}(y(k) - f_4)^2 \tag{5-56}$$

借助梯度下降法、连锁法和带有惯性项的权值修正法,对可调的各组参数进行修正,算法如下:由于输出层取1个节点,故式(5-54)中 $l=1$。

$$\Delta w = -\eta \frac{\partial E}{\partial w(k)} = -\eta \frac{\partial E}{\partial e} \frac{\partial e}{\partial y_n} \frac{\partial y_n}{\partial w(k)} = \eta e(k) f_3$$

$$w(k+1) = w(k) + \Delta w + \alpha(w(k) - w(k-1))$$

$$\Delta c_{ij} = -\eta \frac{\partial E}{\partial c_{ij}} = \eta e(k) \frac{\partial y_n(k)}{\partial \text{net}_j^2} \frac{\partial \text{net}_j^2}{\partial c_{ij}} = \eta e(k) w f_3 \frac{2(x_i - c_{ij})}{b_j^2}$$

其中, $\dfrac{\partial y_n(k)}{\partial \text{net}_j^2} = \dfrac{\partial y_n(k)}{\partial f_3} \dfrac{\partial f_3}{\partial f_2} \dfrac{\partial f_2}{\partial \text{net}_j^2} = w f_3$

$$c_{ij}(k+1) = c_{ij}(k) + \Delta c_{ij} + \alpha(c_{ij}(k) - c_{ij}(k-1))$$

$$\Delta b_j = -\eta \frac{\partial E}{\partial b_j} = \eta e(k) \frac{\partial y_n(k)}{\partial \text{net}_j^2} \frac{\partial \text{net}_j^2}{\partial b_j} = \eta e(k) w f_3 \frac{(x_i - c_{ij})^2}{b_j^3}$$

$$b_j(k+1) = b_j(k) + \Delta b_j + \alpha(b_j(k) - b_j(k-1))$$

从类型上看,模糊 RBF 网络可以看作一种高级神经网络。从结构上看,其为多层前向网络。从网络训练过程上看,为有监督网。从学习算法来看,仍然采用 $\delta$ 学习规则,和 RBF 网络一样,属于局部逼近网络。

模糊神经网络已经在函数逼近、导航系统滤波器、移动机器人避障控制、模式识别等领域获得广泛应用。

## 5.9 深度学习

Hinton 等于 2006 年提出了深度学习的概念。Hinton 等最初提出逐层训练深度信念网络(Deep Belief Network)的方法,为解决深层神经网络训练学习的优化难题带来了希望。2012 年,Hinton 的学生 Alex Krizhevsky 提出了有 5 个卷积层和 3 个全连接层的 AlexNet。用其进行图像分类,不但一举战胜当时所有已知模型,而且将分类错误率降低了一个台阶。AlexNet 引爆了世人对深度学习模型的关注。从此之后,研究者不断提出各种新的深度学习网络模型,并且不断刷新着图像识别的准确率。同时,深度学习方法也在机器翻译、语音识别等方面取得了巨大突破。

现在深度学习方法已经处于人工智能技术的核心地位,不但直接催生了一大批实用化的人工智能产品,而且还产生了很多以前无法实现的智能技术。现在使用深度学习和生成式对抗网络可以让计算机实现看图说话或者根据文字描述生成图像,以及漫画素描的自动上色、图像风格的自动转换等。可以说,近几年深度学习技术的飞速发展让计算机能够像人一样做越来越多的事情。

### 5.9.1 常见模型

深度学习方法在不断发展创新,各种新型模型结构不断涌现。根据网络拓扑结构,深度学习模型大体上可以分为卷积神经网络、循环神经网络和混合型神经网络。

#### 1. 卷积神经网络(Convolutional Neural Network,CNN)

CNN 是前馈型神经网络,层间无反馈,一般前面是较深的多层卷积层(包括池化层),后面是较浅的多层感知器(也称为全连接层)。基于大数据,CNN 可以有效解决图像分类等模式识别问题。最早的卷积神经网络是 Yann Le Cun 提出的 LeNet。LeNet 贡献了卷积层和池化层概念,奠定了 CNN 的基本形式。后来,AlexNet 引入 GPU 计算,使深度 CNN 能够在可忍受的时间内完成训练。AlexNet 的贡献还有:提出使用 ReLU 激活函数,降低了梯度爆炸和梯度消失的程度,加快了训练速度;提出了 Dropout、数据增强等操作减少过拟合。其后的 GoogleNet、VGG、ResNet 等模型则使 CNN 的卷积层数越来越深,甚至达到上千层。各种实践也表明,增加网络的深度比增加网络的广度能更有效地提高分类的准确率。但是随着网络层次深度的增加,如何有效传递误差梯度,避免梯度消失或者梯度爆炸则成为关键问题。

#### 2. 循环神经网络(Recurrent Neural Network,RNN)

RNN 是反馈型神经网络,隐藏层内有反馈,从而在时间上形成了很深的层次。RNN 可以有效学习相隔一段时间不同数据之间的关联模式或者结构模式,因此成为处理序列数据的利器。基本的 RNN 模型能够学习的时间跨度还不够深,因此又出现了长短期记忆(Long Short Term Memory,LSTM)网络模型。LSTM 对基本 RNN 的神经进行了改进,加入了输入门、遗忘门和输出门 3 种结构,可以有效学习更深时间跨度上的模式。GRU(Gated Recurrent Unit)则是 LSTM 的一种变体,对 LSTM 进行适当简化,把 3 个门结构合并为更新门和重置门两个结构。GRU 既能保持 LSTM 的学习效果,又简化了结构,加速了运算过程。

基本的 RNN 按照从过去到现在的方向单向学习,而双向 RNN 能在从过去到现在和从未来到现在正反两个方向上同时学习,所以双向 RNN 学习序列模式的能力更强。

### 3. 混合型神经网络

混合型神经网络则是把 CNN 和 RNN 当作模块混合在一起构成整个网络,例如编码器-解码器(Encoder-decoder)框架。编码器-解码器框架可以实现"端对端"式的深度学习,在看图说话、机器翻译、自动问答等应用中非常流行。在看图说话应用中,编码器-解码器框架可以用 CNN 处理输入端的图像获得特征向量(即用 CNN 作为编码器),然后用 RNN 生成输出端的自然语言文本(即用 RNN 作为解码器)。从而实现了网络一端输入一幅图像,而另一端直接输出自然语言文本的"端对端"式智能应用。在神经网络机器翻译应用中,往往是 LSTM-LSTM 的编码器-解码器框架。在自然语言处理应用中,编码器-解码器框架也被称为 Sequence to Sequence 模型。所谓编码就是将输入序列转化成一个固定长度的向量。所谓解码就是将之前生成的固定长度向量再转化成输出序列。其实,编码器和解码器部分可以是任意的文字、语音、图像、视频数据,其模型可以采用 CNN、RNN、BiRNN、LSTM、GRU 等。所以,基于编码器-解码器框架可以设计出各种各样的应用算法。

### 4. 生成式对抗网络(Generative Adversarial Network,GAN)

GAN 也是一种典型的混合型神经网络模型。GAN 由生成模型和判别模型两部分构成。生成模型和判别模型都可以看作一个黑盒子,实现从输入到输出的非线性映射。所以,生成模型和判别模型可以选取不同的人工神经网络模型,然后通过迭代训练确定最终的网络参数。但是生成模型和判别模型各自的功能不同。生成模型的作用是输入一个噪声或样本,输出一个与真实样本尽可能相似(接近)的样本。判别模型的作用就是实现一个二分类器。判定输入的数据是否为真实样本,即区分输入样本是来自真实数据的样本,还是由生成模型生成的仿真样本。

GAN 最初的目的是当深度学习的训练集数据不够充分时,通过 GAN 来生成有效训练数据,从而提升深度学习模型的泛化能力。因为通过 GAN 可以自动学习原始真实样本集的数据分布。不管原始数据的分布有多么复杂,只要 GAN 训练足够好就可以学习。但是,现在 GAN 的应用远不止于此。例如,GAN 在无监督学习、半监督学习、图像风格迁移、图像降噪修复、图像超分辨率等方面都有很好的应用效果。

### 5. 注意力机制

注意力机制是近年来出现的一种十分有效的人工神经网络方法,可以大大提升深度学习效果。甚至有的学者称只使用注意力机制神经网络就可以解决各种分类问题。注意力机制最早在视觉图像领域被提出,在 RNN 模型上使用注意力机制来进行图像分类获得了很好的效果,后来 Bahdanau 等把注意力机制应用到自然语言处理领域中,提升机器翻译的准确率。注意力机制已经成为提升基于 RNN(LSTM 或 GRU)的编码器-解码器框架的学习效果的主流方式。最近,在 CNN 中使用注意力机制则成为研究热点。

## 5.9.2 训练算法及优化策略

目前的深度学习模型包括 CNN 和 RNN，主要都是采用梯度下降法来训练神经网络。

### 1. 训练算法

梯度下降法实际就是 $\delta$ 学习规则。梯度下降法也是解决无约束优化问题最常用的方法。深度学习的训练目标就是让神经网络的损失函数达到最小值，此时网络输出最接近期望值。所以，一般的深度学习训练过程就是通过梯度下降法一步一步迭代改变网络参数(神经元的连接权重和偏置)，最终达到损失函数的极小值。

(1) 损失函数。

深度学习中损失函数的一般形式为

$$J(w) = \sum_{i=1}^{N} \|y_i - o(x_i, w)\| + \gamma R(w) \tag{5-57}$$

式中，$w$ 为网络参数(神经元的连接权重和偏置)；$J(w)$ 为损失函数，即当网络参数为 $w$ 时该网络的损失；$N$ 为网络训练数据的数目；$x_i$ 为网络的第 $i$ 个输入数据；$y_i$ 为当网络输入为 $x_i$ 时所对应的期望输出值；$o(x_i, w)$ 为网络参数为 $w$ 并且输入为 $x_i$ 时，该网络实际的输出值。所以，深度学习中的训练数据形式就是 $(x_i, y_i)$，$x_i$ 和 $y_i$ 一般都是多维向量。$\|y_i - o(x_i, w)\|$ 表示网络参数为 $w$ 并且输入为 $x_i$ 时网络的期望输出值和实际输出值之间的误差。这个误差一般用欧几里得距离来度量，也就是用 L2 范数来度量，即

$$\|y_i - o(x_i, w)\| = \sum_{j=1}^{m} (y_{ij} - o_j(x_i, w))^2 \tag{5-58}$$

式中，$m$ 为网络输出值的向量维度。

损失函数中的第二项即 $\gamma R(w)$ 一般称为正则化项，其中 $\gamma$ 为调节正则化项在损失函数中所占比例的系数。在损失函数中加入正则化项的目的是提高深度学习模型的泛化能力。若不加正则化项，则损失函数只是度量了训练数据导致的直接误差，也就是经验风险。我们在小样本统计学习理论中曾提到，经验风险最小点与期望风险最小点一般并不一致。这也是导致出现过拟合(过学习)现象的根本原因。加上正则化项之后的损失函数最小点就是遵从了结构风险最小化的原则，可以更加接近期望风险最小点，从而提高整个网络的泛化能力，降低过拟合风险。

正则化项一般有两种形式：一种是 L1 正则化项，即以 L1 范数度量网络参数的函数，如绝对值和函数；另一种是 L2 正则化项，即以 L2 范数度量网络参数的函数，如平方和函数。L1 正则化项更加倾向于产生稀疏权矩阵，即产生稀疏模型，得到特征的稀疏表达，可以用于特征选择，因为其中很多特征的权重会被惩罚至 0。L2 正则化项会产生很多权重非常小但不为 0 的特征，这有利于防止模型过拟合。L2 正则化项产生的模型特征数目比较多，收敛速度慢；而 L1 正则化项会得到稀疏模型，收敛速度会快很多。

(2) 随机梯度下降算法。

标准的梯度下降算法需要把所有的训练数据的误差都计算完之后再更新一次网络参数，即完成一次迭代。如果训练数据量非常大，那么显然网络参数迭代更新一次就会非常慢。这样会大大降低网络的训练速度。所以，在实践中一般使用随机梯度下降法(Stochastic

Gradient Descent，SGD)或者批量梯度下降法(Batch Gradient Descent，BGD)来完成训练。

随机梯度下降法：每计算过一条训练数据的误差，就更新一次网络参数。

批量梯度下降法：每计算过一批训练数据(每批 $K$ 条数据，$K<N$)的误差，就更新一次网络参数。

随机梯度下降法是最小化每条训练数据的损失函数。虽然随机梯度下降法不是每次迭代得到的损失函数都向着最优方向，但是宏观整体的方向是趋向最优解。所以，随机梯度下降法的最终结果往往是在最优解附近。随机梯度下降法会产生较多噪声，迭代次数较多，在解空间中的搜索过程中更盲目。但是总体来说，随机梯度下降法会快得多，虽然牺牲了一点儿训练精度，但是很值得。批量梯度下降法则是在随机梯度下降法和标准梯度下降法之间的折中。既不会过于缓慢，又不会损失过多训练精度。所以，深度学习实践中一般使用的都是批量梯度下降法(尽管可能被标记为随机梯度下降法)。

作为梯度下降算法，无论是随机梯度下降法还是批量梯度下降法都有一些共同的缺点，包括靠近极小值时收敛速度减慢；直线搜索时可能会产生一些问题；可能会呈"之"字形下降。

#### 2. 优化策略

当使用批量梯度下降法训练神经网络时，最基本的学习规则就是 $\delta$ 学习规则，即

$$\Delta w(t) = \eta \left[ y - o(t) \right] x(t) = \eta g(t) \tag{5-59}$$

实践中使用 $\delta$ 学习规则时，选择合适的学习步长 $\eta$ 值比较困难。$\eta$ 值过小则网络收敛非常慢，训练时间太长；$\eta$ 值过大则网络不会收敛到损失函数极小点上。而且使用 $\delta$ 学习规则容易收敛到损失函数的局部极小点，在某些情况下还可能被困在鞍点上。在深度学习实践中出现了很多优化训练策略可以用来改善梯度下降算法，例如动量项、Adagrad、Adadelta、RMSprop、Adam 等。

#### 3. 存在问题

当然，深度学习也有其自身的问题。

(1) 目前深度学习特别依赖大数据。训练人脸识别、机器翻译等比较实用的深度学习模型往往需要几十万甚至上百万的训练数据。而人类则用不太多的观察和数据就能够总结出有效经验。而且人类学习的泛化能力非常高。所以，深度学习目前还远未达到人类的学习能力。另外，人类还有很强的抽象总结能力，能够把经验上升为理论知识。目前的人工智能还做不到这一点。

(2) 深度学习模型本身需要学习调优的参数极其庞大。针对一个具体问题，寻找到网络模型各种参数的最佳配置往往要消耗很多时间和精力。

(3) 深度学习的理论研究还很不充分。目前，大多数情况下只是发现某个深度学习网络可以很好地解决问题，但是难以在理论上进行充分解释。人工神经网络的学习结果目前还缺乏可解释性。我们只是知道人工神经网络能实现功能很强的非线性映射，但是无法像人一样对自己的判定给出合理的解释。

## 习 题

1. 经典的机器学习方法有哪些?
2. 基本神经元的结构包含哪些部分?试绘制出基本神经元模型并写出数学表达式。
3. BP 神经网络与 RBF 神经网络各有哪些特点?
4. 如何利用 Hopfield 神经网络求解旅行商问题?
5. 误差反向传播算法有哪些优、缺点?

# 第6章

专家系统

自 1968 年研制成功第一个专家系统 DENDRAL 以来，专家系统技术发展非常迅速，已经应用到数学、物理、化学、医学、地质、气象、农业、法律、教育、交通运输、机械、艺术以及计算机科学本身，甚至渗透到政治、经济、军事等重大决策部门，产生了巨大的社会效益和经济效益，成为人工智能的分支。

本章主要介绍专家系统的产生和发展、概念、特点、类型、结构和建造步骤等，并讨论几种常见的专家系统，然后结合例子介绍专家系统的设计开发过程。

## 6.1 专家系统概述

### 6.1.1 专家系统的产生和发展

专家系统的第一个里程碑是斯坦福大学费根鲍姆等于 1968 年研制成功分析化合物分子结构的专家系统——DENDRAL 系统，它达到了专家的水平。此后，相继建立了各种不同功能、不同类型的专家系统。MYCSYMA 系统是由麻省理工学院于 1971 年开发成功并投入应用的专家系统，用 LISP 语言实现对特定领域的数学问题进行有效的处理，包括微积分运算、微分方程求解等。DENDRAL 和 MYCSYMA 系统是专家系统发展的第一个阶段。这个时期专家系统的特点是：高度的专业化，专门问题求解能力强，但结构、功能不完整，可移植性差，缺乏解释功能。

20 世纪 70 年代中期，专家系统进入了第二个阶段——技术成熟期，出现了一批成功的专家系统。具有代表性的专家系统是 MYCIN、PROSPECTOR、AM、CASNET 等系统。其中，MYCIN 系统是斯坦福大学研制的用于细菌感染性疾病的诊断和治疗的专家系统，能成功地对细菌性疾病做出专家水平的诊断和治疗。它是第一个结构较完整、功能较全面的专家系统。它第一次使用了知识库的概念，引入了可信度的方法进行不精确推理，能够给出推理过程的解释，用英语与用户进行交互。MYCIN 系统对形成专家系统的基本概念、基本结构起了重要的作用。PROSPECTOR 系统是由斯坦福研究所开发的一个探矿专家系统。由于它首次实地分析华盛顿某山区一带的地质资料，发现了一个钼矿，成为第一个取得显著经济效益的专家系统。CASNET 是一个与 MYCIN 几乎同时开发的专家系统，由拉特格尔大学开发，用于青光眼诊断与治疗。AM 系统是由斯坦福大学于 1981 年研制成功的专家系统，它能模拟人类进行概括、抽象和归纳推理，发现某些数论的概念和定理。

第二个阶段的专家系统的特点如下。

(1) 单学科专业型专家系统。
(2) 系统结构完整，功能较全面，可移植性好。
(3) 具有推理解释功能，透明性好。
(4) 采用启发式推理、不精确推理。
(5) 用产生式规则、框架、语义网络表达知识。
(6) 用限定性英语进行人机交互。

20 世纪 80 年代以来，专家系统的研制和开发明显地趋向于商业化，直接服务于生产企业，产生了显著的经济效益。例如，DEC 公司与卡内基·梅隆大学合作开发了专家系统 XCON，用于为 VAX 计算机系统制订硬件配置方案，节约资金近 1 亿美元。另一个重要发展是出现专家系统开发工具，从而简化了专家系统的构造。例如，骨架系统 EMYCIN、KAS、EXPERT，通用知识工程语言 OPS5、RLL，模块式专家系统工具 AGE 等。

## 6.1.2 专家系统的定义、特点及类型

### 1. 专家系统的定义

关于专家系统存在各种不同的定义。

**定义 6.1** 专家系统是一个智能计算机程序系统，其内部含有大量的某个领域专家水平的知识与经验，能够利用人类专家的知识和解决问题的方法来处理该领域问题。也就是说，专家系统是一个具有大量的专门知识与经验的程序系统，它应用人工智能技术和计算机技术，根据某领域一个或多个专家提供的知识和经验进行推理及判断，模拟人类专家的决策过程，以便解决那些需要人类专家处理的复杂问题。简而言之，专家系统是一种模拟人类专家解决领域问题的计算机程序系统。

此外，还有其他一些关于专家系统的定义。这里首先给出专家系统技术先行者和开拓者、美国斯坦福大学教授费根鲍姆1982年对专家系统的定义。

**定义 6.2** "专家系统是一种智能的计算机程序，它运用知识和推理来解决只有专家才能解决的复杂问题。"也就是说，专家系统是一种模拟专家决策能力的计算机系统。

下面是韦斯(Weiss)和库利柯夫斯基(Kulikowski)对专家系统的界定。

**定义 6.3** 专家系统使用人类专家推理的计算机模型来处理现实世界中需要专家做出解释的复杂问题，并得出与专家相同的结论。

### 2. 专家系统的特点

专家系统具有下列 3 个特点。

(1) 启发性。

专家系统能运用专家的知识与经验进行推理、判断和决策。世界上的大部分工作和知识都是非数学性的，只有一小部分人类活动是以数学公式或数字计算为核心的(约占 8%)。即使是化学和物理学科，大部分也是靠推理进行思考的。对于生物学、大部分医学和全部法律，情况也是这样。企业管理的思考几乎全靠符号推理，而不是数值计算。

(2) 透明性。

专家系统能够解释本身的推理过程和回答用户提出的问题，以便让用户了解推理过程，提高对专家系统的信赖感。例如，一个医疗诊断专家系统诊断某患者患有肺炎，而且必须用某种抗生素治疗，那么，这个专家系统将会向患者解释为什么他患有肺炎，而且必须用某种抗生素治疗，就像一位医疗专家对患者详细解释病情和治疗方案一样。

(3) 灵活性。

专家系统能不断地增长知识，修改原有知识，不断更新。由于这个特点，使专家系统具有十分广泛的应用领域。

近 20 年来，专家系统获得迅速发展，应用领域越来越广，解决实际问题的能力越来越强，这是专家系统的优良性能以及对国民经济的重大作用所决定的。具体地说，专家系统的优点包括下列几个方面。

(1) 专家系统能够高效率、准确、周到、迅速和不知疲倦地进行工作。

(2) 专家系统解决实际问题时不受周围环境的影响，也不可能遗漏、忘记。

(3) 可以使专家的专长不受时间和空间的限制，以便推广珍贵和稀缺的专家知识与经验。

(4) 专家系统能促进各领域的发展，它使各领域专家的专业知识和经验得到总结和精炼，能够广泛有力地传播专家的知识、经验和能力。

(5) 专家系统能汇集和集成多领域专家的知识、经验以及他们协作解决重大问题的能力，它拥有更渊博的知识、更丰富的经验和更强的工作能力。

(6) 军事专家系统的水平是一个国家国防现代化和国防能力的重要标志之一。

(7) 专家系统的研制和应用，具有巨大的经济效益和社会效益。

(8) 研究专家系统能够促进整个科学技术的发展。专家系统对人工智能各个领域的发展起着很大的促进作用，并将对科技、经济、国防、教育、社会和人民生活产生极其深远的影响。

### 3. 专家系统的类型

若按专家系统的特性及功能分类，则专家系统可以分为10类，见表6-1。

表6-1 专家系统的类型

| 专家系统的类型 | 解决的问题 |
| --- | --- |
| 解释 | 根据感知数据推理情况描述 |
| 诊断 | 根据观察结果推理系统是否有故障 |
| 预测 | 指导给定情况可能产生的后果 |
| 设计 | 根据给定的要求进行相应的设计 |
| 规划 | 设计动作 |
| 控制 | 控制整个系统的行为 |
| 监督 | 比较观察结果和期望结果 |
| 修理 | 执行计划来实现规定的补救措施 |
| 教学 | 诊断、调整、修改学生行为 |
| 调试 | 建议故障的补救措施 |

(1) 解释型专家系统。

解释型专家系统能根据感知数据，经过分析、推理，从而给出相应解释，例如化学结构说明、图像分析、语言理解、信号解释、地质解释、医疗解释等专家系统。代表性的解释型专家系统有 DENDRAL、PROSPECTOR 等。

(2) 诊断型专家系统。

诊断型专家系统能根据取得的现象、数据或事实推断出系统是否有故障，并能找出产生故障的原因，给出排除故障的方案。这是目前开发、应用最多的一类专家系统，例如医疗诊断、机械故障诊断、计算机故障诊断等专家系统。代表性的诊断型专家系统有 MYCIN、CASNET、PUFF(肺功能诊断系统)、PIP(肾脏病诊断系统)、DART(计算机硬件故障诊断系统)等。

(3) 预测型专家系统。

预测型专家系统能根据过去和现在的信息(数据和经验)推断可能发生与出现的情况,例如用于天气预报、地震预报、市场预测、人口预测、灾难预测等领域的专家系统。

(4) 设计型专家系统。

设计型专家系统能根据给定要求进行相应的设计。例如用于工程设计、电路设计、建筑及装修设计、服装设计、机械设计及图案设计的专家系统。对这类系统一般要求在给定的限制条件下能给出最佳的或较佳的设计方案。代表性的设计型专家系统有 XCON(计算机系统配置系统)、KBVLSI(VLSI 电路设计专家系统)等。

(5) 规划型专家系统。

规划型专家系统能按给定目标拟定总体规划、行动计划、运筹优化等,适用于机器人动作控制、工程规划、军事规划、城市规划、生产规划等。这类系统一般要求在一定的约束条件下能以较小的代价达到给定的目标。代表性的规划型专家系统有 NOAH(机器人规划系统)、SECS(制定有机合成规划的专家系统)、TATR(帮助空军制订攻击敌方机场计划的专家系统)等。

(6) 控制型专家系统。

控制型专家系统能根据具体情况,控制整个系统的行为,适用于对各种大型设备及系统进行控制。为了实现对控制对象的实时控制,控制型专家系统必须具有能直接接收来自控制对象的信息,并能迅速地进行处理,及时地做出判断和采取相应行动的能力。所以,控制型专家系统实际上是专家系统技术与实时控制技术相结合的产物。代表性的控制型专家系统是 YES/MVS(帮助监控和控制 MVS 操作系统的专家系统)。

(7) 监督型专家系统。

监督型专家系统能完成实时的监控任务,并根据监测到的现象做出相应的分析和处理。这类系统必须能随时收集任何有意义的信息,并能快速地对得到的信号进行鉴别、分析和处理。一旦发现异常,就能很快地做出反应,例如发出报警信号等。代表性的监督型专家系统是 REACTOR(帮助操作人员检测和处理核反应堆事故的专家系统)。

(8) 修理型专家系统。

修理型专家系统是用于制订排除某类故障的规划并实施排除的一类专家系统,要求能根据故障的特点制订纠错方案,并能实施该方案排除故障。当制订的方案失效或部分失效时,能及时采取相应的补救措施。

(9) 教学型专家系统。

教学型专家系统主要适用于辅助教学,并能根据学生学习过程中所产生的问题进行分析、评价、找出错误原因,有针对性地确定教学内容或采取其他有效的教学手段。代表性的教学型专家系统有 GUIDON(讲授有关细菌传染性疾病方面的医学知识的计算机辅助教学系统)。

(10) 调试型专家系统。

调试型专家系统用于对系统进行调试,能根据相应的标准检测出被检测对象存在的错误,并能从多种纠错方案中选出适用于当前情况的最佳方案,排除错误。

表 6-1 是根据专家系统的特性及功能对专家系统进行分类的。这种分类往往不是很确切,因为许多专家系统不止一种功能,还可以从其他的角度对专家系统进行分类。例如,

可以根据专家系统的应用领域进行分类。

### 6.1.3 专家系统的结构和建造步骤

#### 1. 专家系统的结构

专家系统的结构是指专家系统各组成部分的构成和组织形式。系统结构选择恰当与否，是与专家系统的适用性和有效性密切相关的。选择什么结构最为恰当，要根据系统的应用环境和所执行任务的特点而定。例如，MYCIN 系统的任务是疾病诊断与解释，其问题的特点是需要较小的可能空间、可靠的数据及比较可靠的知识，这就决定了它可以采用穷尽检索解空间和单链推理等较简单的控制方法和系统结构。与此不同，HEARSAY-Ⅱ系统的任务是进行口语理解，这个任务需要检索巨大的可能解空间，数据和知识都不可靠，缺少问题的比较固定的路线，经常需要猜测才能继续推理等。这些特点决定了 HEARSAY-Ⅱ必须采用比 MYCIN 更为复杂的系统结构。

如图 6-1 所示为专家系统的简化结构，图 6-2 则为理想专家系统的结构。由于每个专家系统所需要完成的任务和特点不同，所以其系统结构也不尽相同，一般只具有图中部分模块。

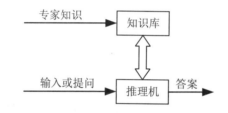

图 6-1 专家系统的简化结构

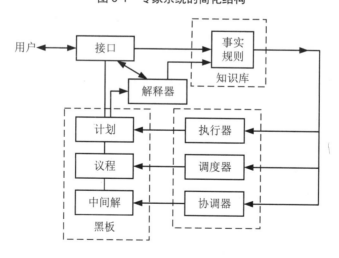

图 6-2 理想专家系统的结构

接口是人与系统进行信息交流的媒介，它为用户提供了直观、方便的交互作用手段。接口的功能是识别与解释用户向系统提供的命令、问题和数据等信息，并把这些信息转化为系统的内部表示形式。另外，接口也将系统向用户提出的问题、得出的结果和作出的解释以用户易于理解的形式提供给用户。

黑板是用来记录系统推理过程中用到的控制信息、中间假设和中间结果的数据库。它包括计划、议程和中间解三部分。计划记录了当前问题总的处理计划、目标、问题的当前状态和问题背景。议程记录了一些待执行的动作，这些动作大多数是由黑板中已有结果与知识库中的规则作用而得到的。中间解区域中存放当前系统已经产生的结果和候选假设。

知识库包括两部分内容：一部分是已知的与当前问题有关的数据信息；另一部分是进行推理时要用到的一般知识和领域知识。这些知识大多数以规则、网络和过程等形式表示。

调度器按照系统建造者所给的控制知识(通常使用优先权办法)，从议程中选择一个项作为系统下一步要执行的动作。执行器应用知识库中及黑板上记录的信息，执行调度器所选定的动作。协调器的主要作用就是当得到新数据或新假设时，对已经得到的结果进行修正，以便保持结果前后的一致性。

解释器的功能是向用户解释系统的行为，包括解释结论的正确性及系统输出其他候选解的原因。为了完成这个功能，通常需要利用黑板上记录的中间结果、中间假设和知识库中的知识。

前文已经指出，专家系统是一种智能计算机程序系统。那么，专家系统程序与常规的应用程序之间有何不同呢？

一般应用程序与专家系统的区别在于：前者把问题求解的知识隐含地编入程序，而后者则把其应用领域的问题求解知识单独组成一个实体，即为知识库。知识库的处理是通过与知识库分开的控制策略进行的。更明确地说，一般应用程序把知识组织为两级，即数据级和程序级；大多数专家系统则将知识组织成三级，即数据级、知识库级和控制程序。

数据级是已经解决了的特定问题的说明性知识以及需要求解问题的有关事件的当前状态。知识库级是专家系统的专门知识与经验，是否拥有大量知识是专家系统成功与否的关键，因此知识表示就成为设计专家系统的关键。控制程序级根据既定的控制策略和所求解问题的性质来决定应用知识库中的哪些知识。这里的控制策略是指推理方式。按照是否需要概率信息来决定采用非精确推理或精确推理。推理方式还取决于所需搜索的程度。

下面把专家系统的主要组成部分进行归纳。

(1) 知识库。

知识库用于存储某领域专家系统的专门知识，包括事实、可行操作与规则等。为了建立知识库，要解决知识获取和知识表示问题。知识获取涉及知识工程师如何从专家那里获得专门知识的问题；知识表示则要解决如何用计算机能够理解的形式表达和存储知识的问题。

(2) 综合数据库。

综合数据库又称为全局数据库或总数据库，它用于存储领域或问题的初始数据和推理过程中得到的中间数据(信息)，即被处理对象的一些当前事实。

(3) 推理机。

推理机用于记忆所采用的规则和控制策略的程序，使整个专家系统能够以逻辑方式协调地工作。推理机能够根据知识进行推理和导出结论，而不是简单地搜索现成的答案。

(4) 解释器。

解释器能够向用户解释专家系统的行为，包括解释推理结论的正确性以及系统输出其他候选解的原因。

(5) 接口。

接口又称为界面，它能够使系统与用户进行对话，使用户能够输入必要的数据、提出问题和了解推理过程及推理结果等。系统则通过接口，要求用户回答提问，并回答用户提出的问题，进行必要的解释。

### 2. 专家系统的建造步骤

成功地建立系统的关键在于尽可能早地着手建立系统，从一个比较小的系统开始，逐步扩充为一个具有相当规模和日臻完善的试验系统。

建立专家系统的一般步骤如下。

(1) 设计初始知识库。

知识库是专家系统最重要的组成部分，知识库的设计是建立专家系统最重要和最艰巨的任务。初始知识库的设计主要有以下几项工作需要完成。

① 问题知识化，即辨别所研究问题的实质，例如要解决的任务是什么，它是如何定义的，可否把它分解为子问题或子任务，它包含哪些典型数据等。

② 知识概念化，即概括知识表示所需要的关键概念及其关系，例如数据类型、已知条件(状态)和目标(状态)、提出的假设以及控制策略等。

③ 概念形式化，即确定用来组织知识的数据结构形式，应用人工智能中各种知识表示方法把与概念化过程有关的关键概念、子问题及信息流特性等变换为比较正式的表达，它包括假设空间、过程模型和数据特性等。

④ 形式规则化，即编制规则、把形式化了的知识变换为由编程语言表示的可供计算机执行的语句和程序。

⑤ 规则合法化，即确认规则化的知识的合理性，检验规则的有效性。

(2) 原型机的开发与试验。

在选定知识表达方法之后，即可着手建立整个系统所需要的实验子集，它包括整个模型的典型知识，而且只涉及与试验有关的足够简单的任务和推理过程。

(3) 知识库的改进与归纳。

在原型机的基础上，反复对知识库及推理规则进行改进试验，归纳出更完善的结果。经过相当长时间(例如数月至两三年)的努力，使系统在一定的范围内达到人类专家的水平。

建立专家系统的步骤如图 6-3 所示。

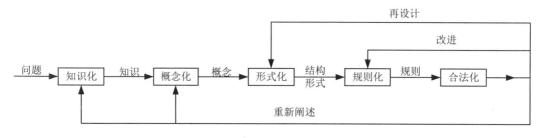

图 6-3　建立专家系统的步骤

接下来将根据专家系统的工作机制和结构，逐一讨论基于规则的专家系统、基于框架的专家系统、基于模型的专家系统。

## 6.2 基于规则的专家系统

### 6.2.1 基于规则的专家系统的工作模型和结构

#### 1. 基于规则的专家系统的工作模型

产生式系统的思想比较简单，然而却十分有效。产生式系统是专家系统的基础，专家系统就是从产生式系统发展而来的。基于规则的专家系统是一个计算机程序，该程序使用一套包含在知识库内的规则对工作存储器内的具体问题信息(事实)进行处理，通过推理机推断出新的信息。其工作模型如图6-4所示。

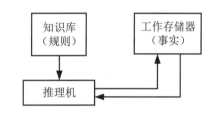

图 6-4  基于规则的工作模型

从图 6-4 可见，一个基于规则的专家系统采用下列模块来建立产生式系统的模型。

(1) 知识库。以一套规则建立人的长期存储器模型。

(2) 工作存储器。建立人的短期存储器模型，存放问题事实和由规则激发而推断出的新事实。

(3) 推理机。通过把存放在工作存储器内的问题事实和存放在知识库内的规则结合起来，建立人的推理模型，以便推断出新的信息。推理机作为产生式系统模型的推理模块，并把事实与规则的先决条件(前项)进行比较，看看哪条规则能够被激活。通过这些激活规则，推理机把结论加进工作存储器并进行处理，直到再没有其他规则的先决条件能与工作存储器内的事实相匹配为止。

基于规则的专家系统不需要一个人类问题求解的精确匹配，而是通过计算机提供一个复制问题求解的合理模型。

#### 2. 基于规则的专家系统的结构

一个基于规则的专家系统的完整结构如图 6-5 所示。其中，知识库、推理机和工作存储器是构成本专家系统的核心。其他组成部分或子系统如下。

(1) 用户界面(接口)。用户通过该界面来观察系统，并与系统对话(交互)。

(2) 开发界面。知识工程师通过该界面对专家系统进行开发。

(3) 解释器。对系统的推理提供解释。

(4) 外部程序。例如数据库、扩展盘和算法等，对专家系统的工作起支持作用。它们应该易于为专家系统所访问和使用。

所有专家系统的开发软件，包括外壳和库语言，都将为系统的用户和开发者提供不同的界面。用户可能使用简单的逐字逐句的指示或交互图示。在系统开发过程中，开发者可以采用原码方法或被引导至一个灵巧的编辑器。

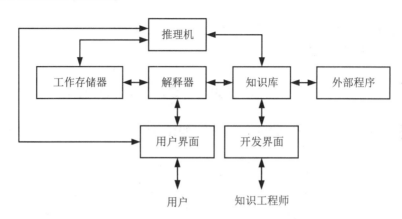

图 6-5 基于规则的专家系统的结构

解释器的性质取决于所选择的开发软件。大多数专家系统外壳(工具)只提供有限的解释能力,诸如为什么提这些问题以及如何得到某些结论。数据库语言方法对系统解释器有更好的控制能力。

基于规则的专家系统已经有数十年的开发和应用历史,并已经被证明是一种有效的技术。专家系统开发工具的灵活性可以极大地减少基于规则专家系统的开发时间。尽管在 20 世纪 90 年代,专家系统已经向面向目标的设计发展,但是基于规则的专家系统仍然继续发挥重要的作用。基于规则的专家系统有许多优点和不足之处,在设计开发专家系统时,使开发工具与求解问题匹配是十分重要的。

## 6.2.2 基于规则的专家系统的特点

任何专家系统都有其优点和缺点。其优点是开发此类专家系统的理由,其缺点是改进或者创建新的专家系统来替换此类专家系统的原因。

### 1. 基于规则的专家系统的优点

基于规则的专家系统具有以下优点。

(1) 自然语言的表达。

对于许多问题,人类用 If-Then 类型的语句自然地表达他们求解问题的知识。这种易于以规则形式捕获知识的优点让基于规则的方法对专家系统设计来说更具有吸引力。

(2) 控制与知识分离。

基于规则的专家系统将知识库中包含的知识与推理机的控制相分离。这个特征不是仅对基于规则专家系统唯一的,而是所有专家系统的标志。这个有价值的特点允许分别改变专家系统的知识或者控制。

(3) 知识模块性。

规则是独立的知识块。它从 If 部分中已经建立的事实逻辑地提取 Then 部分中与问题有关的事实。由于它是独立的知识块,所以易于检查和纠错。

(4) 易于扩展。

专家系统知识与控制的分离可以容易地添加专家系统的知识所能合理解释的规则。只要坚守所选软件的语法规定来确保规则之间的逻辑关系,就可以在知识库的任何地方添加新规则。

(5) 智能成比例增长。

一个规则可以是有价值的知识块。它能从已经建立的证据中告诉专家系统一些有关问题的新信息。当规则数目增大时，对于此问题专家系统的智能级别也类似地增加。

(6) 相关知识的使用。

专家系统只使用和问题相关的规则。基于规则的专家系统可能具有提出问题的大量规则。但专家系统能在已经发现的信息基础上决定使用哪些规则来解决当前问题。

(7) 从严格语法获取解释。

问题求解模型与工作存储器中的各种事实匹配的规则，往往提供了决定如何将信息放入工作存储器的机会。通过使用依赖于其他事实的规则可能已经放置了信息，可以跟踪所用的规则来得出信息。

(8) 一致性检查。

规则的严格结构允许专家系统进行一致性检查，来确保相同情况不会做出不同的行为。许多专家系统的壳能够利用规则的严格结构自动检查规则的一致性，并警告开发者可能存在冲突。

(9) 启发性知识的使用。

人类专家的典型优点就是他们在使用"拇指法则"或者启发信息方面特别熟练，来帮助他们高效地解决问题。这些启发信息是经验提炼的"贸易窍门"，对他们来说这些启发信息比课堂上学到的基本原理更重要。可以编写一般情况下的启发性规则，来得出结论或者高效地控制知识库的搜索。

(10) 不确定知识的使用。

对许多问题而言，可用信息将仅仅建立一些议题的信任级别，而不是完全确定地断言。规则易于写成要求不确定关系的形式。

(11) 可以合用变量。

规则可以使用变量改进专家系统的效率。这些可以限制为工作存储器中的许多实例，并通过规则测试。一般而言，通过使用变量能够编写适用于大量相似对象的一般规则。

### 2. 基于规则的专家系统的缺点

基于规则的专家系统具有以下缺点。

(1) 必须精确匹配。

基于规则的专家系统试图将可用规则的前部与工作存储器中的事实相匹配。要使这个过程有效，这个匹配必须是精确的，反过来必须严格坚持一致的编码。

(2) 有不清楚的规则关系。

尽管单个规则易于解释，但是通过推理链常常很难判定这些规则是如何逻辑相关的。因为这些规则能放在知识库中的任何地方，而规则的数目可能是很大的，所以很难找到并跟踪这些相关的规则。

(3) 可能处理速度慢。

具有大量规则的专家系统可能处理速度慢。之所以发生这种困难，是因为当推理机决定要用哪个规则时必须扫描整个规则集，这就可能导致漫长的处理时间，这对实时专家系统是不适用的。

(4) 对一些问题不适用。

当规则没有高效地或自然地捕获领域知识的表示时，基于规则的专家系统对有些领域可能不适用。知识工程师的任务就是选择最适合的问题的表示技术。

## 6.3 基于框架的专家系统

框架是一种结构化表示方法，它由若干个描述相关事物各方面及其概念的槽构成，每个槽拥有若干侧面，每个侧面又可以拥有若干个值。

基于框架的专家系统就是建立在框架的基础之上的。一般概念存放在框架内，而该概念的一些特例则被表示在其他框架内并含有实际的特征值。基于框架的专家系统采用了面向目标编程技术，以便提高系统的能力和灵活性。现在，基于框架的设计和面向目标的编程共享许多特征，以至于应用"目标"和"框架"这两个术语时，往往引起某些混淆。

面向目标编程涉及的所有数据结构均以目标形式出现。每个目标含有两种基本信息，即描述目标的信息和说明目标能够做什么的信息。应用专家系统的术语来说，每个目标具有陈述知识和过程知识。面向目标编程为表示实际目标提供了一种自然的方法。我们观察的世界，一般都是由物体组成的，例如小车、鲜花和蜜蜂等。

在设计基于框架系统时，专家系统的设计者把目标叫作框架。现在，从事专家系统开发研究和应用者，已经同时使用这两个术语而不产生混淆。

### 6.3.1 基于框架的专家系统的定义、结构和设计方法

**定义 6.4** 基于框架的专家系统是一个计算机程序，该程序使用一组包含在知识库内的框架对工作存储器内的具体问题信息进行处理，通过推理机推断出新的信息。

这里采用框架而不是采用规则来表示知识。框架提供一种比规则更丰富的获取问题知识的方法，不仅提供某些目标的包描述，而且还规定该目标如何工作。

#### 1. 基于框架的专家系统的结构

为了说明设计和表示框架中的某些知识值，考虑图 6-6 所示的人类框架结构，图中将每个圆看作面向目标系统中的一个目标，而在基于框架的系统中看作一个框架。用基于框架的系统的术语来说，存在孩子对父母的特征，以便表示框架之间的自然关系。例如，约翰是父辈"男人"的孩子，而"男人"又是"人类"的孩子。

图 6-6 中，顶部的框架表示"人类"这个抽象的概念，通常称为类。附于这个类框架的是"特征"，有时称为槽，是这类物体一般属性的一个表列。附于该类的所有下层框架将继承所有特征。每个特征有它的名称和值，还可能有一组侧面，以便提供更先进的特征信息。一个侧面可以规定对特征的约束，或者执行获取特征值的过程，或者在特征值改变时做些什么。

图 6-6 的中层是两个表示"男人"和"女人"这种不太抽象概念的框架，它们自然地附属于其前辈框架"人类"。这两个框架也是类框架，但附属于其上层类框架，所以称为子类。底层的框架附属于其适当的中层框架，表示具体的物体，通常称为例子，它们是其

前辈框架的具体事物或例子。

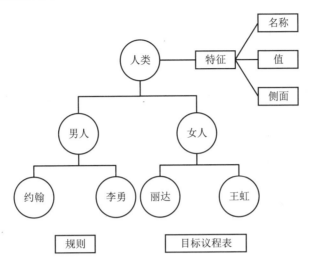

图 6-6 人类的框架分层结构

类、子类和例子(物体)这些术语用于表示对基于框架的系统的组织。从图 6-6 中还可以看到，某些基于框架的专家系统还采用一个目标议程表和一套规则。该议程表仅仅提供要执行的任务表列。规则集合则包括强有力的模式匹配规则，它能够通过搜索所有框架，寻找支持信息，从整个框架世界进行推理。

更详细地说，"人类"这个类的名称为"人类"，其子类为"男人"和"女人"，其特征有年龄、职业、居住地、期望寿命等。子类和例子也有相似的特征。这些特征都可以用框架表示。

**2. 基于框架的专家系统的一般设计方法**

基于框架的专家系统的主要设计步骤与基于规则的专家系统相似。它们都依赖于对相关问题的一般理解，从而能够提供对问题的洞察，采用最好的系统结构。对基于规则的系统，需要得到组织规则和结构以便求解问题的基本思想和方法。对基于框架的系统，需要了解各种物体是如何相互关联并用于求解问题的。在设计初期，就要为课题选好正确的编程语言或支撑工具(外壳等)。

对于任何类型的专家系统，其设计都是一个高度交互的过程。开始时，开发一个小的有代表性的原型，以便证明课题的可行性。然后对这个原型进行试验，获得课题的指导思想，涉及系统的扩展、存在知识的深化和对系统的改进，使系统变得更聪明。

设计上述两种专家系统的主要差别在于如何看待和使用知识。对于基于规则的专家系统，把整个问题看作被简练地表示的规则，每条规则获得问题的一些启发信息。这些规则的集合概括和体现了专家对问题的全面理解。设计者的工作就是编写每条规则，使它们在逻辑上抓住专家的理解和推理。在设计基于框架的专家系统时，对问题的看法截然不同。要把整个问题和每件事想象为编织起来的事物。在第一次会见专家之后，要采用一些非正式方法(例如黑板、记事本等)列出与问题有关的事物。这些事物既可能是有形的实物(例如汽车、风扇、电视机等)，也可能是抽象的东西(例如观点、故事、印象等)，它们代表了专家所描述的主要问题及其相关内容。

在辨识事物之后，下一步是寻找把这些事物组织起来的方法。这一步包括把相似的物体一起收集进类-例关系中，规定事物相互通信的各种方法等。然后，就应该选择一种框架结构以便适合问题的需求。这种框架不仅应该提供对问题的自然描述，而且应该提供系统实现的方法。

开发基于框架的专家系统的主要任务如下。

(1) 定义问题，包括对问题和结论的考察与综述。
(2) 分析领域，包括定义事物、事物特征、事件和框架结构。
(3) 定义类及其特征。
(4) 定义例及其框架结构。
(5) 确定模式匹配规则。
(6) 规定事物通信方法。
(7) 设计系统界面。
(8) 对系统进行评价。
(9) 对系统进行扩展，深化和拓宽知识。

基于框架的专家系统能够提供基于规则的专家系统所没有的特征，例如继承、侧面、信息通信和模式匹配规则等，因此也就提供了一种更加强大的开发复杂系统的工具。也就是说，基于框架的专家系统具有比基于规则的专家系统更强的功能，适用于解决更复杂的问题。

## 6.3.2 基于框架的专家系统的继承、槽和方法

下面介绍基于框架的专家系统的继承、槽和方法。

### 1. 基于框架的专家系统的继承

基于框架的专家系统的主要特征之一就是继承。

**定义 6.5** 继承是后辈框架呈现其父辈框架特征的过程。

后辈框架通过这个特征继承其父辈框架的所有特征，包括父辈的所有描述性和过程性知识。使用这个特征，可以创建包含一些对象类的全部一般特征的类框架，然后不用对类及特征具体编码就可以创建许多实例。

继承的价值特征与人类的认知效率相关。人将这个概念的所有实例共有的某些特征归结为给定的概念。人不会在实例级别上对这些特征进行具体归结，但假设实例就是一些概念。例如，人的概念对腿、手等做出了假设，这就意味着这个概念的特定实例(例如名字叫作李民的人)就有那些相同的特征。

与人有效利用知识组织类似，框架允许实例通过类具体继承特征。当使用框架这种知识表示方法设计专家系统时，这种功能就能使系统编码更加容易。通过指定框架为一些类的实例，实例自动继承类的所有信息，不需要对这些信息具体编码。

实例继承其父辈的所有属性、属性值和槽。一般来说，它也从其祖父辈、曾祖父辈等继承信息。实例也可能归结为其属性、值或它独占的槽。

如果需要在框架中修改信息，就能发现继承的另一个有用之处。例如，在人类世界例子中给出的所有实例增加"高度"属性。向"人"框架加入这个新属性就很容易，因为它的所有实例都会自动继承这个新属性。

(1) 异常处理。

继承是框架系统有用的特征之一，但它有一个潜在的问题。正如前面所说的，后辈框架会从其父辈框架继承属性值，除非这些值在框架中被故意改变了。例如，人默认地有两条腿(腿数属性)，从"人"类继承而来。类似地，作为人类一员的"李民"框架将继承相同的值。但是，在"李民"框架中已经被改写这个值，来反映李民只有一条腿的不幸事实。如果忘记做这个改变，专家系统就会认为李民就像大多数人一样拥有两条腿。如果专家系统试图为李民形成一个要求两条腿的活动，那么很明显问题便产生了。设计基于框架的专家系统时，任何发生异常的框架都必须具体问题具体处理。也就是说，如果框架有一些唯一的属性值，就必须在这个框架中具体编码。这个任务称为异常处理，这对基于框架的专家系统和语义网络都很重要。

(2) 多重继承。

如图 6-7 所示的分层框架结构中，每个框架都只有一个父辈。在这种类型的结构中，每个框架将从其父辈、祖父辈和曾祖父辈等继承信息。分层结构的顶点是描述所有框架的一般世界的全局类框架，通过继承给所有框架提供信息。在许多问题中自然会谈论一些和不同世界相关的对象。例如，图 6-7 中的"李民"既可以被看作人类世界的一部分，也可以被看作一些公司的雇员世界的一部分。按照这种排列，框架世界结构的形式就像图 6-7 所示的网络，其中对象从多个父辈继承信息。从图 6-7 可以看出，对象"李民"从两个父辈"人"和"雇员"上继承信息。

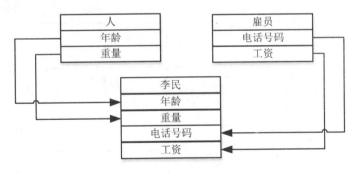

图 6-7　多重继承

## 2. 基于框架的专家系统的槽

基于框架的专家系统使用槽来扩展知识表示，控制框架的属性。

**定义 6.6**　槽是关于框架属性的扩展知识。

槽提供对属性值和系统操作的附加控制。例如，槽可以用来建立初始的属性值、定义属性类型或者限制可能值。它们也能用来定义获取值或者改变值时该做什么的方法。与槽扩展有关的给定系统属性的信息如下。

类型：定义和属性相关值的类型。

默认：定义默认值。

文档：提供属性文档。
约束：定义允许值。
最小界限：建立属性的下限。
最大界限：建立属性的上限。
如果需要：指定如果需要属性值时采取的行为。
如果改变：指定如果属性值改变时采取的行为。

槽的用法示例如图 6-8 所示。这个图显示了一个温度传感器实例。这个对象有两个属性"读取"和"位置"，每个属性都有多个槽。

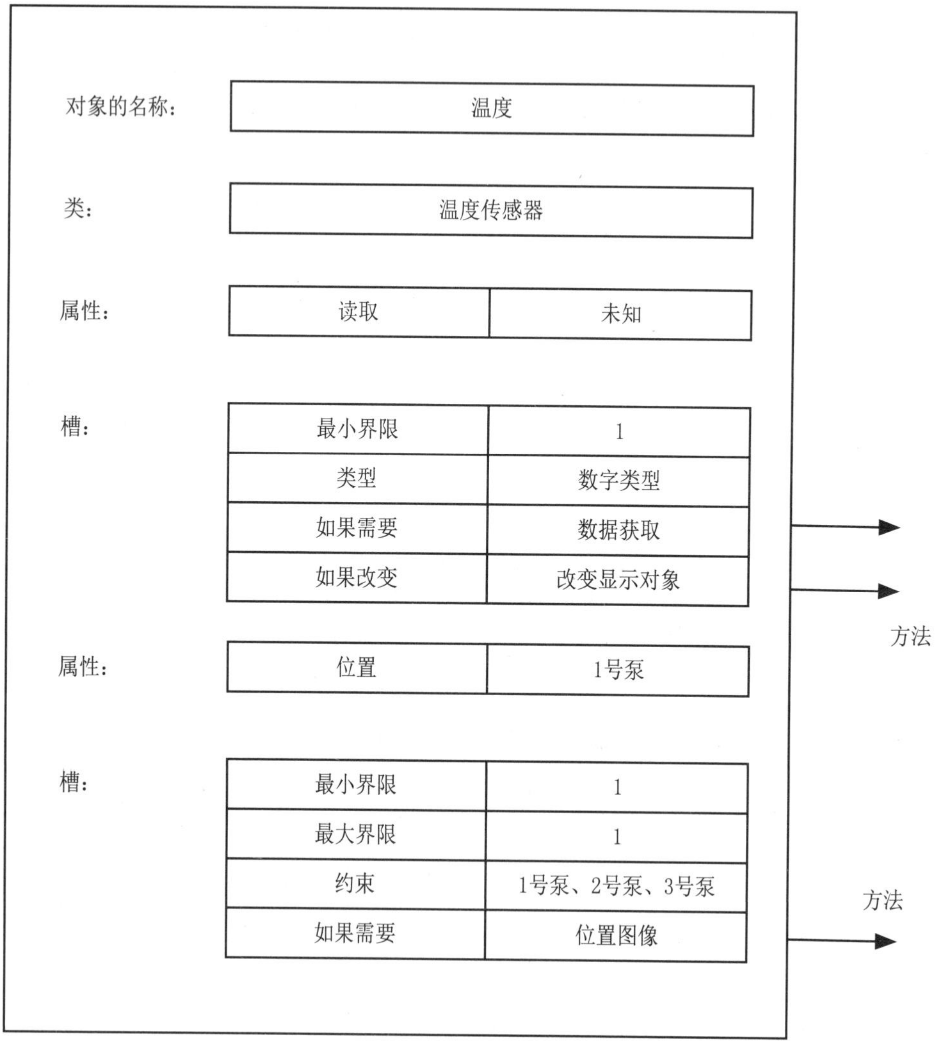

| 对象的名称： | 温度 | |
|---|---|---|
| 类： | 温度传感器 | |
| 属性： | 读取 | 未知 |
| 槽： | 最小界限 | 1 |
| | 类型 | 数字类型 |
| | 如果需要 | 数据获取 |
| | 如果改变 | 改变显示对象 |
| 属性： | 位置 | 1号泵 |
| 槽： | 最小界限 | 1 |
| | 最大界限 | 1 |
| | 约束 | 1号泵、2号泵、3号泵 |
| | 如果需要 | 位置图像 |

图 6-8　带槽的传感器对象

类型槽用来定义和属性相关的值类型，也就是数字类型的、字符串型的或者布尔类型的。例如，图 6-8 中的"读取"属性值就定义为数字类型的。这种类型的槽能够防止专家系统的设计人员或者用户输入不正确的数据类型。专家系统通过识别允许的数据类型提醒用户是否输入了无效的数据。

默认槽用于设计者需要为给定属性赋予初始值的应用场合。如图 6-8 所示,"位置"属性有一个默认值"1 号泵"。这就意味着这个传感器最初用来监视 1 号泵的温度。这种类型的槽不仅对最初数据的建立有用,还允许专家系统完成任务后重设属性值为默认设置。

约束槽定义属性的允许值。例如,"位置"值可以约束为 3 种可能值之一。约束也可以限制在数字值范围内,给出取值范围。和类型槽一样,约束槽用于真值维护。如果用户试图给属性赋予不允许的值,约束槽就检测它并做出相应的反应。

最小界限和最大界限槽建立属性值的最小值和最大值。例如,"位置"属性必须有且只有一个。框架的属性值可以在 O-A-V 三元结构中查看其属性值。正如 O-A-V 可以设计成单值的或多值的,界限槽保持对给定属性值的控制。

"如果需要"和"如果改变"槽是基于框架专家系统的重要特征,可以通过它们在对象属性中附加名为"方法"的过程来表示各种对象的行为。

**3. 基于框架的专家系统的方法**

首先定义方法,然后通过"如果需要"和"如果改变"槽看看方法的简单用法实例。

**定义 6.7** 方法是附加到对象中需要时执行的过程。

在许多应用程序中,对象的属性值最初设置为一些默认值。但是在一些应用程序中,"如果需要"方法只有当需要时才获取属性值。从这种意义上说,方法只有在需要时才被执行。

例如,图 6-8 中的"读取"属性。如果这个值是需要的,那么"1 号传感器"对象就询问数据获取系统来获取它。一些过程性代码用来完成这个函数。这个属性引用其函数名来调用过程。

一般来说,可以编写"如果需要"方法,来引导对象通过询问用户从数据库、算法、另一个对象甚至另一个专家系统中获取值。注意图 6-8 中的"位置"值是通过向用户显示各种泵图片并提供选项按钮选择来获取的。

"如果改变"槽和"如果需要"槽一样,执行一些方法,但在这种情况下属性值改变事件中的函数。例如,如果"读取"属性值改变了,就执行方法,来更新表示 1 号泵的显示对象的读取信息。一般来说,可以编写"如果改变"方法来执行许多函数,例如改变对象的属性值、访问数据库信息等。

可以在类级别上编写设计用来执行"如果需要"或"如果改变"操作的方法,其全部下级框架都继承其方法。但是,继承方法的框架可以改变这些方法,来更好地反映框架的需要。

## 6.4 基于模型的专家系统

### 6.4.1 基于模型的专家系统的提出

对人工智能的研究内容有着各种不同的看法。有一种观点认为,人工智能是对各种定性模型(物理的、感知的、认识的和社会的系统模型)的获得、表达及使用的计算方法进行研究的学问。根据这个观点，一个知识系统中的知识库是由各种模型综合而成的，而这些模型又往往是定性的模型。由于模型的建立与知识密切相关，所以有关模型的获取、表达及使用自然地包括知识获取、知识表达和知识使用。所说的模型概括了定性的物理模型和心理模型等。以这样的观点来看待专家系统的设计，可以认为一个专家系统是由一些原理与运行方式不同的模型综合而成的。

采用各种定性模型来设计专家系统，其优点是显而易见的。一方面，它增加了系统的功能，提高了性能指标；另一方面，可以独立地深入研究各种模型及其相关问题，把获得的结果用于改进系统设计。有一个利用四种模型的专家系统开发工具纯度专家系统。这四种模型为基于逻辑的心理模型、神经元网络模型、定性物理模型以及可视知识模型。这四种模型不是孤立的，纯度专家系统支持用户将这些模型进行综合使用。基于这些观点，已经完成了以神经网络为基础的核反应堆故障诊断专家系统及中医医疗诊断专家系统，为克服专家系统中知识获取这个瓶颈问题提供了一种解决途径。定性物理模型则提供了对深层知识及推理的描述功能，从而提高了系统的问题求解与解释能力。至于可视知识模型，既可以有效地利用视觉知识，又可以在系统中利用图形来表达人类知识，并完成人机交互任务。

前面讨论过的基于规则的专家系统和基于框架的专家系统都是以逻辑心理模型为基础的，是采用规则逻辑或框架逻辑，并以逻辑作为描述启发式知识的工具而建立的计算机程序系统。综合各种模型的专家系统无论是在知识表示、知识获取还是知识应用上都比那些基于逻辑心理模型的系统具有更强的功能，从而有可能显著改进专家系统的设计。

在诸多模型中，人工神经网络模型的应用最为广泛。早在 1988 年就有人把神经网络应用于专家系统，使传统的专家系统得到发展。

### 6.4.2 基于神经网络的专家系统

神经网络模型从知识表示、推理机制到控制方式，都与目前专家系统中的基于逻辑的心理模型有本质的区别。知识从显式表示变为隐式表示，这种知识不是通过人的加工转换成规则，而是通过学习算法自动获取的。推理机制从检索和验证过程变为网络上隐含模式对输入的竞争。这种竞争是并行的和针对特定特征的，并把特定论域输入模式中的各个抽象概念转化为神经网络的输入数据，以及根据论域特点适当地解释神经网络的输出数据。

如何将神经网络模型与基于逻辑的心理模型相结合是值得进一步研究的课题。从人类求解问题来看，知识存储与低层信息处理是并行分布的，而高层信息处理则是顺序分布的。演绎与归纳是不可少的逻辑推理，两者结合起来能够更好地表现人类的智能行为。从综合两种模型的专家系统的设计来看，知识库由一些知识元构成，知识元既可以是一个神经网络模块，也可以是一组规则或框架的逻辑模块。只要对神经网络的输入转换规则和输出解释规则给予形式化表达，使之与外界接口及系统所用的知识表达结构相似，则传统的推理机制和调度机制都可以直接应用到专家系统中去，神经网络与传统专家系统相集成，协同工作，优势互补。根据侧重点不同，其集成有三种模式。

(1) 神经网络支持专家系统。以传统的专家系统为主，以神经网络的有关技术为辅。例如，对专家提供的知识和样例，通过神经网络自动获取知识；又如运用神经网络的并行推理技术以提高推理效率。

(2) 专家系统支持神经网络。以神经网络的有关技术为核心,建立相应领域的专家系统,采用专家系统的相关技术完成解释等方面的工作。

(3) 协同式的神经网络专家系统。针对大的复杂问题,将其分解为若干子问题,针对每个子问题的特点,选择用神经网络或专家系统加以实现,在神经网络和专家系统之间建立一种耦合关系。

如图 6-9 所示为一种神经网络专家系统的基本结构。其中,自动获取模块输入、组织并存储专家提供的学习实例、选定神经网络的结构、调用神经网络的学习算法,为知识库实现知识获取。当输入新的学习实例后,知识获取模块通过对新实例的学习,自动获得新的网络权值分布,从而更新了知识库。

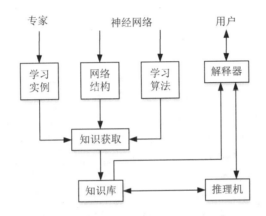

图 6-9 神经网络专家系统的基本结构

下面讨论神经网络专家系统中存在的几个问题。

(1) 神经网络的知识表示是一种隐式表示,是把某个问题领域的若干知识彼此关联地表示在一个神经网络中。对于组合式专家系统,同时采用知识的显式表示和隐式表示。

(2) 神经网络通过实例学习实现知识自动获取。领域专家提供学习实例及其期望解,神经网络学习算法不断地修改网络的权值分布。经过学习纠错而达到稳定权值分布的神经网络,就是神经网络专家系统的知识库。

(3) 神经网络的推理是一个正向非线性数值计算过程,同时也是一种并行推理机制。由于神经网络各输出节点的输出是数值,因此需要一个解释器对输出模式进行解释。

(4) 一个神经网络专家系统可以用加权有向图表示,或用邻接权矩阵表示。因此,可以把同一个知识领域的几个独立的专家系统组合成更大的神经网络专家系统,只要把各个子系统之间有连接关系的节点连接起来即可。组合神经网络专家系统能够提供更多的学习实例,经过学习训练能够获得更可靠、更丰富的知识库。与此相反,若把几个基于规则的专家系统组合成更大的专家系统,由于各知识库中的规则是各自确定的,因此组合知识库中的规则冗余度和不一致性都较大。也就是说,各子系统的规则越多,组合的大系统知识库越不可靠。

## 6.5 新型专家系统

近年来,在讨论专家系统的利弊时,有些人工智能学者认为,专家系统发展出的知识库思想是很重要的,它不仅促进人工智能的发展,而且对整个计算机科学的发展影响甚大。不过,基于规则的知识库思想却限制了专家系统的进一步发展。

发展专家系统不仅要采用各种定性模型,而且要运用人工智能和计算机技术的一些新思想与新技术,例如分布式、协同式和学习机制等。

### 6.5.1 新型专家系统的特征

新型专家系统具有下列特征。

#### 1. 并行与分布处理

基于各种并行算法,采用各种并行推理和执行技术,适合在多处理器的硬件环境中工作,即具有分布处理的功能,是新型专家系统的一个特征。系统中的多处理器应该能同步地并行工作,但更重要的是它还应该能做异步并行处理。可以按数据驱动或要求驱动的方式实现分布在各处理器上的专家系统的各部分之间的通信和同步。专家系统的分布处理特征要求专家系统做到功能合理均衡地分布,以及知识和数据适当地分布,着眼点主要在于提高系统的处理效率和可靠性等。

#### 2. 多专家系统协同工作

为了拓展专家系统解决问题的领域或使一些互相关联的领域能用一个系统来解题,提出了所谓协同式专家系统的概念。在这种系统中,有多个专家系统协同合作。各子专家系统之间可以互相通信,一个(或多个)子专家系统的输出可能就是另一个子专家系统的输入,有些子专家系统的输出还可以作为反馈信息输入自身或其先辈系统中,经过迭代求得某种"稳定"状态。多专家系统的协同合作自然也可以在分布的环境中工作,但其着眼点主要在于通过多个子专家系统协同工作扩大整体专家系统的解题能力,而不像分布处理特征那样主要是为了提高系统的处理效率。

#### 3. 高级语言和知识语言描述

为了建立专家系统,知识工程师只需要用一种高级专家系统描述语言对系统进行功能、性能以及接口进行描述,并用知识表示语言描述领域知识,就能自动或半自动地生成所要的专家系统。这包括自动或半自动地选择或综合出一种合适的知识表示模式,把描述的知识形成一个知识库,并随之形成相应的推理执行机构、辩解机构、用户接口以及学习模块等。

#### 4. 具有自学习功能

新型专家系统应该提供高级的知识获取与学习功能。应该提供合适的知识获取工具,从而对知识获取这个"瓶颈"问题有所突破。这种专家系统应该能根据知识库中已有的知识和用户对系统提问的动态应答进行推理,以便获得新知识,总结新经验,从而不断地扩充知识库,即所谓的自学习机制。

**5. 引入新的推理机制**

现存的大部分专家系统只能作演绎推理。在新型专家系统中,除了演绎推理之外,还应该有归纳推理(包括联想、类比等推理)、各种非标准逻辑推理(例如非单调逻辑推理、加权逻辑推理等)以及各种基于不完全知识和模糊知识的推理等,在推理机制上应该有个突破。

**6. 具有自纠错和自完善能力**

为了排错必须首先有识别错误的能力,为了完善必须首先有鉴别优劣的标准。有了这种功能和上述的学习功能后,专家系统就会随着时间的推移,通过反复运行不断地修正错误,不断地完善自身,并使知识越来越丰富。

**7. 先进的智能人机接口**

理解自然语言,实现语音、文字、图形和图像的直接输入输出是如今人们对智能计算机提出的要求,也是对新型专家系统的重要期望。这一方面需要硬件的有力支持;另一方面应该看到,先进的软件技术将使智能接口的实现大放异彩。

以上罗列了一些对新型专家系统的特征要求。应该说要完全实现它们并非一个短期任务。下面简要介绍两种在单项指标上满足上述特征要求的专家系统的设计思想。

### 6.5.2 分布式专家系统

这种专家系统具有分布处理的特征,其主要目的在于把一个专家系统的功能经过分解以后分布到多个处理器上去并行地工作,从而在总体上提高系统的处理效率。它既可以工作在紧耦合的多处理器系统环境中,也可以工作在松耦合的计算机网络环境里,所以其总体结构在很大的程度上依赖于其所在的硬件环境。为了设计和实现一个分布式专家系统,一般需要解决下述问题。

**1. 功能分布**

即把分解得到的系统各部分功能或任务合理均衡地分配到各处理节点上去。每个节点上实现一个或两个功能,各节点合在一起作为一个整体完成一个完整的任务。功能分解"粒度"的粗细要视具体情况而定。分布系统中节点的多寡以及各节点上处理与存储能力的大小是确定分解粒度的两个重要因素。

**2. 知识分布**

根据功能分布的情况把有关知识经过合理划分以后分配到各处理节点上。一方面,要尽量减少知识的冗余,以便避免可能引起的知识的不一致性;另一方面,又需要一定的冗余以求处理的方便和系统的可靠性。可见,这里有一个合理地综合权衡的问题需要解决。

**3. 接口设计**

设计各部分之间接口的目的是让各部分之间互相通信和同步容易进行,在保证完成总任务的前提下,要尽可能使各部分之间互相独立,部分之间联系越少越好。

#### 4. 系统结构

这项工作一方面依赖于应用的环境与性质,另一方面依赖于其所处的硬件环境。

如果领域问题本身具有层次性,例如企业的分层决策管理问题,那么系统的最适宜的结构是树形的层次结构。这样,系统的功能分配与知识分配就很自然、很容易进行,而且也符合分层管理或分级安全保密的原则。当同级模块之间需要讨论问题或解决分歧时,都通过它们的直接上级进行。下级服从上级,上级对下级具有控制权,这就是各模块集成为系统的组织原则。

对星形结构的系统,中心与外围节点之间的关系可以不是上下级关系,而把中心设计成一个公用的知识库和可供进行问题讨论的"黑板"(或公用邮箱),大家既可以往"黑板"上写各种消息或意见,也可以从"黑板"上获取各种信息。各模块之间则不允许避开"黑板"而直接交换信息。其中的公用知识库一般只允许大家从中取得知识,而不允许各个模块随意修改其中的内容。甚至公用知识库的使用也通过"黑板"的管理机构进行,这时各模块直接见到的只有"黑板",它们只能与"黑板"进行交互,而各模块之间是互相不见面的。

如果系统的节点分布在一个互相距离并不远的地区内,节点上用户之间独立性较大且使用权相当,那么把系统设计成总线结构或环形结构是比较合适的。各节点之间可以通过互传消息的方式讨论问题或请求帮助,最终的裁决权仍然在本节点。因此这种结构的各节点都有一个相对独立的系统,基本上可以独立工作,只在必要时请求其他节点的帮助或给予其他节点咨询意见。这种结构没有"黑板",要讨论问题比较困难。不过这时可以用广播式向其他所有节点发消息的办法来弥补这个缺陷。

根据具体的要求和存在的条件,系统也可以是网状的,这时系统的各模块之间采用消息传递方法互相通信和合作。

#### 5. 驱动方式

一旦系统的结构确定以后,就必须认真研究系统中各模块应该以什么方式来驱动的问题。可供选择的驱动方式一般有下列几种。

(1) 控制驱动。

即当需要某模块工作时,就直接将控制转到该模块,或将它作为一个过程直接调用,使它立即工作。这是最常用的一种驱动方式,实现方便,但并行性往往受到影响,因为被驱动模块是被动地等待着驱动命令的,有时即使其运行条件已经具备,若无其他模块发来的驱动命令,它自身也不能自动开始工作。为了克服这个缺点,可以采用下述数据驱动方式。

(2) 数据驱动。

一般一个系统的模块功能都是根据一定的输入,启动模块进行处理以后给出相应的输出。所以,在一个分布式专家系统中,只要一个模块所需要的所有输入(数据)已经具备即可自行启动工作。然后,把输出结果送到各自该去的模块,而并不需要其他模块来明确地命令它工作。这种驱动方式可以发掘可能的并行处理,从而达到高效运行目的。在这种驱动方式下，各模块之间只有互传数据或消息的联系，其他操作都局限于模块的进行，因此也是面向对象的系统的一种工作特征。

这种一旦模块的输入数据齐备以后模块就自行启动工作的数据驱动方式可能出现不根据需求盲目产生很多暂时用不上的数据，而造成数据积压问题。为此提出了下述需求驱动的方式。

(3) 需求驱动。

这种驱动方式也称为目的驱动，是一种自顶向下的驱动方式。从最顶层的目标开始，为了驱动一个目标工作可能需要先驱动若干子目标，为了驱动各个子目标，可能又要分别驱动一些子目标，如此层层驱动下去。与此同时又按数据驱动的原则让数据(或其他条件)具备的模块进行工作，输出相应的结果并送到各自该去的模块。这样，把对其输出结果的要求和其输入数据的齐备两个条件复合起来作为最终驱动一个模块的先决条件，这既可以达到系统处理的并行性，又可以避免数据驱动时由于盲目产生数据而造成数据积压的弊病。

(4) 事件驱动。

这是比数据驱动更为广义的一个概念。一个模块的输入数据的齐备可以认为仅仅是一种事件，此外，还可以有其他各种事件，例如某些条件得到满足或某个物理事件发生等。采用这种事件驱动方式时，各个模块都要规定使它开始工作所必需的一个事件集合。所谓事件驱动就是当且仅当模块的相应事件集合中所有事件都已经发生时才能驱动该模块开始工作。否则，只要其中有一个事件尚未发生，模块就要等待，即使模块的输入数据已经全部齐备也不行。由于事件的含义很广，所以事件驱动广义地包含了数据驱动与需求驱动等。

## 6.5.3 协同式专家系统

当前存在的大部分专家系统，在规定的专业领域内它是一个"专家"，而一旦越出特定的领域，系统就可能无法工作。

一般专家系统解题的领域面很窄，所以单个专家系统的应用局限性很大，很难获得令人满意的应用。协同式多专家系统是克服一般专家系统局限性的一个重要途径。协同式多专家系统也称为群专家系统，表示能综合若干个相近领域的或一个领域的多个方面的子专家系统互相协作共同解决一个更广泛领域问题的专家系统。例如，一种疑难病症需要多种专科医生的会诊，一个复杂系统(例如导弹与舰船等)的设计需要多种专家和工程师的合作等。在现实世界中，对这种协同式多专家系统的需求是很多的。这种系统有时与分布式专家系统有些共性，因为它们都可能涉及多个子专家系统。但是，这种系统更强调子系统之间的协同合作，而不着重处理的分布和知识的分布。所以，协同式专家系统不像分布式专家系统，它并不一定要求有多个处理机的硬件环境，而且一般都是在同一个处理机上实现各子专家系统的。为了设计与建立一个协同式多专家系统，一般需要解决下述问题。

### 1. 任务的分解

根据领域知识，将确定的总任务合理地分解成几个分任务(各分任务之间允许有一定的重叠)，分别由几个分专家系统来完成。应该指出，这一步十分依赖领域问题，一般主要应该由领域专家来讨论决定。

### 2. 公共知识的导出

把解决各分任务所需知识的公共部分分离出来形成一个公共知识库，供各子专家系统共享。对解决各分任务专用的知识则分别存放在各子专家系统的专用知识库中。这种对知识有分有合的存放方式，既避免了知识的冗余，也便于维护和修改。

### 3. 讨论方式

目前很多学者主张采用"黑板"作为各分系统进行讨论的"园地"。这里所谓的"黑板"其实就是一个设在内存中可供各子系统随机存取的存储区。为了保证在多用户环境下黑板中数据或信息的一致性，需要采用管理数据库的一些手段(例如并发控制等技术)来管理它、使用它，因此黑板有时也称为中间数据库。

有了黑板以后，一方面，各子系统可以随时从黑板上了解其他子系统对某问题的意见，获取它所需要的各种信息；另一方面，各子系统也可以随时将自己的"意见"发表在黑板上，供其他专家系统参考，从而达到互相交流情况和讨论问题的目的。

### 4. 裁决问题

裁决问题往往依赖于问题本身的性质。举例如下。

(1) 若问题是一个是非选择题，则可以采用表决法或称为少数服从多数法，即以多数分专家系统的意见作为最终的裁决，或者采用加权平均法，即不同的分系统根据其对解决该问题的权威程度给予不同的权重。

(2) 若问题是一个评分问题，则可以采用加权平均法、取中数法或最大密度法决定对系统的评分。

(3) 若各分专家系统所解决的任务是互补的，则正好可以互相补充各自的不足，互相配合起来解决问题。每个子问题的解决主要听从主管分系统的意见，因此，基本上不存在仲裁的问题。

### 5. 驱动方式

这个问题是与分布式数据库中要考虑的相应问题一致的。尽管协同式多专家系统、各子系统可能工作在一个处理机上，但是仍然有以什么方式将各子系统根据总的要求激活执行的问题，即所谓驱动方式问题。一般在分布式专家系统中介绍的几种驱动方式对协同式多专家系统仍然是可用的。

因此，有必要对上述问题进一步展开讨论，以求促进专家系统的研究与发展。

## 6.6 专家系统的实例

目前专家系统的研究几乎已经遍及人类生活的各个方面。为了使读者对专家系统有更加具体的认识，下面介绍几个著名的实例。

### 6.6.1 医学专家系统——MYCIN

MYCIN 系统是由斯坦福大学 1972 年开始研制的用于对细菌感染性疾病进行诊断和治

疗的专家系统。MYCIN 的功能是帮助内科医生诊断细菌感染疾病，并给出建议性的诊断结果和处方。MYCIN 系统是将产生式规则从通用问题求解的研究转移到解决专门问题的一个成功的典范，在专家系统的发展中占有重要的地位，许多专家系统就是在它的基础上建立起来的。

**1. MYCIN 系统的总体结构**

MYCIN 系统是用 Interlisp 语言编写的，知识库中有 200 多条关于细菌血症的规则，可以识别约 50 种细菌。整个系统占 245 KB，其中 Interlisp 系统占 160 KB，编译后的 MYCIN 系统占 50 KB，知识库占 8KB，其余 27KB 存放临床参数和作为工作空间，有咨询解释功能。

MYCIN 系统处理一个患者的咨询过程如图 6-10 所示。这个过程中的每一步都包含着规则的调用、人机对话。从询问中取得疾病状态、化验参数等通过直接观察得到的数据。

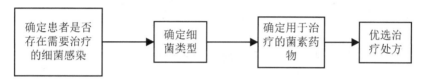

图 6-10 MYCIN 系统的咨询过程

MYCIN 系统的结构如图 6-11 所示。从图中可以看出，MYCIN 系统主要由咨询模块、解释模块和知识获取模块以及知识库、动态数据库组成。

(1) 咨询模块。

它相当于推理机和用户接口。当医生使用 MYCIN 系统时，首先启动这个子系统。此时 MYCIN 系统将给出提示，要求医生输入有关信息，例如患者的姓名、年龄、症状等，然后利用知识库中的知识进行推理，得出患者所患的疾病及治疗方案。MYCIN 系统采用反向推理的控制策略。推理过程将形成由若干条规则链构成的与/**或**树。MYCIN 系统采用深度优先法进行搜索。在 MYCIN 系统中还使用了基于可信度的不精确推理。

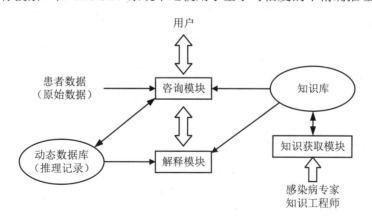

图 6-11 MYCIN 系统的结构

(2) 解释模块。

它用于回答用户(医生)的询问。在咨询子系统的运行过程中，可以随时启动解释子系统,要求系统回答"为什么要求输入这个参数""结论是怎样得出的"等问题,MYCIN系统通过记录系统所形成的与/或树来实现解释功能。

(3) 知识获取模块。

用于从医生那里获取新的知识,完善知识库。当发现有医学知识被遗漏或者发现新知识时,医生和知识工程师可以利用该模块增加或修改知识库。

### 2. MYCIN 动态数据库中的数据表示

动态数据库用于存放与患者有关的数据、化验结果以及系统推出的结论等动态变化的信息。动态数据库中的数据按照它们之间的关系组成一棵上下文树。上下文树是在咨询过程中形成的。树中的节点称为上下文。每个节点对应一个具体的对象,描述该对象的所有数据都存储在该节点上。每一个节点旁注明节点名,括号中为该节点的上下文类型。上下文的类型能够指出哪些规则可能被调用。因此,一个上下文树就构成了对患者的完整描述。

如图 6-12 所示为上下文树的一个实例,表示从患者 Patient-1 身上提取了两种当前培养物 Culture-1 和 Culture-2,先前曾经提取过一种培养物 Culture-3,从这些培养物中分别分离出相应的有机体。从 Organism-1 至 Organism-4,每种有机体有相应的药物进行治疗。对患者进行手术时使用过药物 Drug-4。通过该上下文树把患者的有关培养物及其使用药物的情况清楚地描述了出来,并且指出了哪种有机体来自哪一种培养物,对哪种有机体使用了哪种药物。

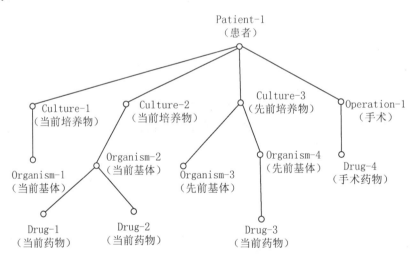

图 6-12 上下文树的一个实例

### 3. MYCIN 知识库中的知识表示

MYCIN 知识库主要存放用于诊断和治疗感染性疾病的专家知识,同时还存放了一些进行推理所需要的静态知识,例如临床参数的特征表、字典等。该系统用产生式规则表示这些知识。

(1) 领域知识的表示。

领域知识用产生式规则表示。例如:

Rule 064　如果:有机体的染色体是革兰阳性

且：有机形态是球状的

且：有机体的生长结构呈链状

则：存在证据表明该有机体为链球菌类，可信度为 0.7

规则的每个条件是一个 LISP 函数，它们的返回值为 T、NIL 或 -1 到 1 之间的某个数值。规则的行为部分用专门表示动作的行为函数表示。MYCIN 系统中有 3 个专门用于表示动作的行为函数，即 CONCLUDE、CONSLIST 和 TRANLIST。其中 CONCLUDE 用得最多，其形式为

$$(\text{CONCLUDE } C\ P\ V\ \text{TALLY CF})$$

式中，$C$、$P$、$V$ 分别为上下文、临床参数和值；TALLY 为一个变量，用于存放规则前提部分的信任程度；CF 是规则强度，由领域专家提供。

(2) 临床参数的表示。

每个上下文与一组临床数据相联系。这些数据完全地描述相应的上下文。每个临床参数表示上下文的一个特征，例如患者的姓名、培养物的地点、机体的形状、药物的剂量等。

临床参数可以用三元组(上下文、属性、值)表示。例如，三元组(机体-1，形态，杆状)表示机体-1 的形态为杆状；三元组(机体-1，染色体，革兰阴性)表示机体-1 的染色体为革兰阴性。

临床数据按其取值方式可以分为单值、是非值和多值 3 种。有的参数例如患者的姓名、细菌类别等，可以有许多可能的取值，但各个值互不相容，所以只能取其中一个值，因此属于单值。是非值是单值的一种特殊情形，这时参数限于取"是"或"非"中的一种。例如药物的剂量是否够、细菌是否重要等。多值参数是那些同时可以取一个以上值的参数，例如患者的药物过敏、传染的途径等参数。

MYCIN 系统中有 65 个临床参数，为了搜索方便，对参数按照其相对应的上下文分类。

为了避免在推理时过多地询问用户，同时也为了优化存储，MYCIN 系统还把有关的数据列成清单存储在知识库中，当推理启用相应的规则时，就直接从清单中找到相应的数据。另外，MYCIN 系统还有一个包含 1400 个单词的词典，主要用于理解用户输入的自然语言。

### 4. MYCIN 的推理策略

当 MYCIN 系统被启动后，系统首先在数据库中建立一个上下文树的根节点，并为该节点指定一个名字 Patient-1(患者-1)，其类型为 Person。Person 的属性有 Name、Age、Sex、Regimen，其中 Name、Age、Sex 是 Labdata 参数，即可通过用户询问得到。系统向用户提出询问，要求用户输入患者的姓名、年龄和性别，并以三元组形式存入数据库中。Regimen 表示对患者建议的处方。它不是 Labdata 参数，必须由系统推出。事实上，它正是系统进行推理的最终目标。

为了得到 Regimen，在推理开始时，首先调用目标规则 092 进行反向推理。规则 092 是系统中唯一在其操作部分涉及 Regimen 参数的规则。这个目标规则体现了在 MYCIN 系统中感染性疾病诊断和处方时决策的四个步骤。具体规则如下。

规则 092

If 存在一种病菌需要处理

　　　　　某些病菌虽然没有出现在目前的培养物中，但是已经注意到它们需要处理

Then　　根据病菌对药物的过敏情况，编制一个可能抑制该病菌的处方表

　　　　　从处方表中选择最佳的处方

Else　　患者不必治疗

规则 092 的前提中涉及两个临床参数，即 Treatfor 和 Coverfor。它们均为非型参数。

Treatfor 表示需要处理的病菌。它不是 Labdata 参数，所以系统调用 Treatfor 的 Updated-by 特征所指出的第一条规则 090，检查它的前提是否为真。为此，如果该前提所涉及的值是可向用户询问的，就直接询问用户，否则再找出可以推出该值的规则，判断其前提是否为真。如此反复进行，直到最后推出 Patient-1 的主要临床参数 Regimen 为止。在此过程中动态生成的关于患者的上下文树如图 6-13 所示。

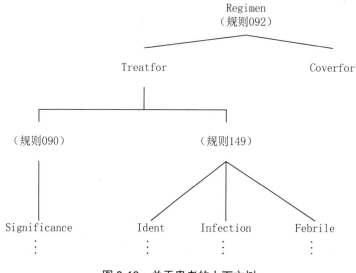

图 6-13　关于患者的上下文树

MYCIN 系统通过两个互相作用的子程序 MONITOR 和 FINDOUT 完成整个咨询及推理过程。

MONITOR 的功能是分析规则的前提条件是否满足，以便决定拒绝该规则还是采用该规则，并将每次鉴定一个前提后的结果记录在动态数据库中。如果一个条件中所涉及的临床参数是未知的，就调用 FINDOUT 机制去得到这个消息。

FINDOUT 的功能是检查 MONITOR 所需要的参数，它可能已经在动态数据库中，也可以通过用户提问获取。

FINDOUT 根据所需信息种类的不同采取不同的策略。对于化验数据，FINDOUT 首先向用户询问，如果用户不知道，就运用知识库进行推导，即检索知识库中可用推导该参数的规则，并调用 MONTTOR 作用于这些规则。对于非化验数据，FINDOUT 首先运用知识库进行推导，如果规则推理不足以得出结论，就向用户询问。

### 5. 治疗方案选择

当目标规则的前提条件被确认，即诊断"患者患有细菌感染"后，MYCIN 系统开始

处理目标规则的结论部分,即选择治疗方案。选择最佳治疗方案分以下两步:首先生成可能的"治疗方案表";其次从表中选取对该患者的最佳用药配方。

(1) 生成可能的"治疗方案表"。

MYCIN 系统根据诊断出的细菌特征,选择用药方案。在知识库中存有相应的规则,指示对各种细菌的用药方案。例如:

If  细菌的特征是 Pseudomonas

Then 建议在下列药物中选择治疗:

     colistin(0.98)

     polymyxin(0.96)

     gentamicin(0.96)

     carbenicillin(0.96)

     sulfisoxazole(0.96)

规则中每个药物后的数值表示该药物对细菌的有效性。

MYCIN 系统应用这些药物选择规则,就能生成针对各种病菌的治疗方案表。这些方案可以按其可信度的值进行排序。

(2) 选择用药配方。

MYCIN 系统根据下列原则从治疗方案中选择相应的用药配方:

该药物对细菌治疗的有效性。

该药物是否已用过。

该药物的副作用。

## 6. 知识获取

知识库中每条规则是医生的一条独立的经验,知识获取模块用于知识工程师增加和修改规则库中的规则。当输入新规则到规则库时,必须对原有规则进行检查、修改,并修改参数性质表和节点性质表。下面是系统获取一条规则的过程。

(1) 告诉专家新建立的规则名字(实质上是规则序号)。

(2) 逐条获取前提,把前提从英文翻译成相应的 LISP 表达。

(3) 逐条获取结论动作,把每一条从英文翻译为 LISP 表达。当有必要时应该要求得到相应的规则可信度 CF。

(4) 用 LISP-English 子程序将规则再翻译成英语,并显示给专家。

(5) 提问专家是否同意这条翻译的规则,如果规则不正确,那么专家进行修改并回到步骤(4)。

(6) 检查新规则与其他已在规则库中的旧规则之间是否存在矛盾。如果有必要,那么可以与专家交互来澄清指出的问题。

(7) 如果有必要,那么可以调用辅助分类规则对新规则进行分类。

(8) 把规则加入新规则前提中的临床参数性质的 Lookhead 表中。

(9) 把规则加入新规则结论中的所有参数 Contained-in 表和 Updated-by 表中。

(10) 告诉专家系统新规则已经是 MYCIN 系统规则库中的一部分了。

上述步骤(9)确保 FINDOUT 在新的推导过程中搜索参数的 Updated-by 表时能自动调用

新规则。

MYCIN 系统的学习功能是有限的，例如新规则输入时涉及的参数和节点类型要求不超越系统已有的种类。另外，对新旧规则之间的矛盾、不一致等处理也是不全面的。

为了防止不熟练的用户随意输入知识而引起知识混乱，系统采用二级存储方法。只有新的知识经过试运行后证明其可靠，才能并入规则库中。

MYCIN 专家系统之所以重要有几个原因。首先，它证明了人工智能可以应用到实际的现实世界问题。其次，MYCIN 是新概念的试验，例如解释机、知识的自动获取和今天可以在许多专家系统中找到的智能指导。最后，它证实了专家系统外壳的可行性。

以前的专家系统例如 DENDRAL，是一个把知识库中的知识与推理机通过软件集成起来的单一系统。MYCIN 明确地把知识库与推理机分开。这对于专家系统技术的发展是极其重要的，因为这意味着专家系统的基本核心可以重用。也就是说，通过清空旧知识装入新领域的知识，新的专家系统可以比 DENDRAL 类型的系统创建快得多。处理推理和解释的 MYCIN 外壳部分，可以用新系统的知识重装。去掉医学知识的 MYCIN 外壳被称为 EMYCIN(基本的或空的 MYCIN)。

专家系统 MYCIN 能识别 51 种病菌，正确地处理 23 种抗菌素，可以协助医生诊断，治疗细菌感染性血液病，为患者提供最佳处方。它成功地处理了数百个病例，还通过了以下测试：用 MYCIN 与斯坦福大学医学院 9 名感染病医生分别对 10 例感染源不清楚的患者进行诊断并给出处方，由 8 位专家对他们的诊断进行评判，而且被测对象(即 MYCIN 及 9 位医生)互相隔离，评判专家也不知道哪一份答卷是谁做的。评判内容包括两个方面：一是所开出的处方是否对症有效；二是所开出的处方是否对其他可能的病原体也有效且用药又不过量。评判结果是：对第一个评判内容，MYCIN 与另外 3 名医生处方一致且有效；对第二个评判内容，MYCIN 的得分超过 9 名医生，显示出了较高的医疗水平。

### 6.6.2　地质勘探专家系统——PROSPECTOR

著名的地质勘探专家系统 PROSPECTOR 是美国斯坦福人工智能研究中心于 1976 年开始研制的。该系统采用 LISP 语言编写。到 1980 年为止，PROSPECTOR 已经探测到价值 1 亿美元的矿物淀积层，带来了巨大的经济效益，目前它已经成为世界上公认的著名专家系统之一。

**1. PROSPECTOR 系统概述**

(1) PROSPECTOR 系统的结构。

PROSPECTOR 系统由推理网络、匹配器、传送器、问答系统、英语分析器、解释系统、网络编译程序和知识获取系统组成，如图 6-14 所示。

PROSPECTOR 系统用语义网络表达知识。知识库由模型文件库和术语文件库组成，推理机具有层次结构，采用"从顶至底"的目标驱动推理控制策略，采用似然推理、逻辑推理、上下文推理相结合的推理方法。

PROSPECTOR 系统的各个组成部分的工作原理如下。

① 模型文件(模型知识库)。PROSPECTOR 系统有 12 个由模型文件组成的模型知识

库。在系统内表达成推理规则网络，共有 1 100 多条规则。规则的前提是地质勘探数据，结论是地质假设例如矿床分类、含量、分布等。每个矿床模型以文件形式存放在磁盘上，可以由分析器调用。

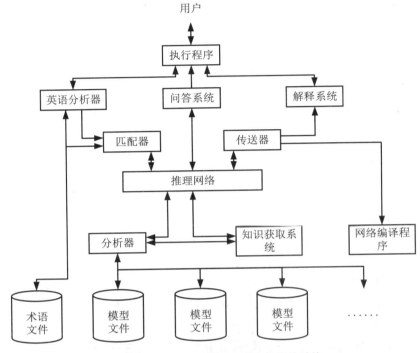

图 6-14　PROSPECTOR 系统的总体结构

② 术语文件(术语知识库)。有 400 种岩石，包括地质名字、地质年代和在语义网络中用的其他术语，也以文件形式存储，作为术语知识库供系统调用。

③ 分析器。用于将矿床模型知识库中的模型文件转换成系统内部的推理网络。

④ 推理网络。PROSPECTOR 系统的推理网络是具有层次结构的与/或树，它将勘探数据和有关地质假设联系起来，进行从顶到底的逐级推理，上一级的结论作为下一级的证据，直到结论是可由勘探数据直接证实的端节点为止。

⑤ 匹配器。用于进行语义网络匹配。把一个模型和另一个模型连接在一起，同时也把用户输入的信息和一些模型连接起来。

⑥ 传送器。用于修正推理网络中模型空间状态变化的概率值。

⑦ 英语分析器。对用户以简单的英语陈述句输入的信息进行分析，并变换到语义网络上。

⑧ 问答系统。检查推理网络的推理过程及模型的运行情况，用户可以随时对系统进行查询，系统也可以对用户提出问题，要求提供勘探证据。

⑨ 网络编译程序。通过钻井定位模型，根据推理结果，编制钻井井位选择方案，输出图像信息。

⑩ 解释系统。对用户解释有关结论和断言的推理过程、步骤和依据。

⑪ 知识获取系统。获取专家知识，增删、修改推理网络。

(2) PROSPECTOR 系统的功能。

① 勘探结果评价。根据岩石标本及地质勘探数据，对矿区勘探结果进行综合评价。

② 矿区勘探评测。根据矿区勘探结果的综合评价，对矿藏资源进行估计和预测，对矿床分布、藏量、品位、开采价值等做出合理的地质假设(推理)和估算。

③ 编制井位计划。根据矿藏资源预测和估计及矿藏的分布、藏量、地质特性等，编制合理的开发计划和钻井井位布局方案。

应用 PROSPECTOR 系统，对美国华盛顿州的钼矿进行勘测，其结果完全为实际钻探所证实。PROSPECTOR 系统的成功应用，对专家系统进入商业市场起到了重大的推动作用。

**2. 推理网络**

推理网络实际上是一个矿床模型经过编码而成的网络，把探区证据和一些重要地质假设连接成一个有向图。在网络中，证据和假设是相对的，一个假设对于进一步推理来说又是证据，而一个证据对于下一级的推理来说又是假设。

PROSPECTOR 系统提供 3 种推理方法。

(1) 似然推理。

根据贝叶斯原理的概率关系进行推理，用"似然率"表示规则的强度，描述不同的勘探证据对同一地质假设有不同的支持程度，说明某种结论的概率变化对其他结论的影响。规则强度由专家在矿床模型设计时提供，用语言表达，例如完全肯定、有点儿可能等，然后转换成相应的概率值。在推理过程中采用贝叶斯公式进行概率计算。

(2) 逻辑推理。

基于布尔逻辑关系的推理。在推理网络中，某些规则的证据(前提)和假设之间，具有布尔量的逻辑与、或、非关系，可以用布尔代数进行推理。当证据与假设之间具有不确定关系时，可以采用模糊逻辑方法，合取(AND)中取组合中的最小值，析取(OR)则取最大值。

(3) 上、下文推理。

基于上、下文语义关系的推理。系统在推理过程中，有时需要考虑上、下文先后次序的语义关系。

## 6.7 专家系统的设计过程

本节讨论专家系统的设计问题，介绍专家系统的一般设计过程。下面以设计一个基于规则的维修咨询系统为例，说明专家系统的设计过程。这个过程包括描述专家知识、应用知识和解释决策等。在设计该专家系统时，使用了专家系统设计工具 EXPERT。

**1. 专家知识的描述**

按照 EXPERT 表达知识的方式，在系统设计过程中主要利用以下 3 个表达成分，即假设或结论、观测或观察、推理或决策规则。在 EXPERT 中观测和假设之间是严格区分的。观测是观察或量测，它的值可以是"真(T)""假(F)"、数字或"不知道"等形式。假设是由系统推理得到的可能结论。通常假设附有不确定性的量度。推理或决策规则表示成产生式规则。

在其他的一些系统例如 MYCIN 或 PROSPECTOR 中，利用其他方法来描述假设或观测。它们把假设和观测表示为一个由对象、属性、值组成的三元组。例如，若要用三元组的形式来表示"这辆汽车的颜色是绿色的"，那么对象就是汽车，属性是颜色，值是绿色。用三元组来表示假设和观测比这里所用的方法在结构上组织得更好一些，但在分类系统中这两种方法都经常使用。用逻辑上的术语来说，EXPERT 大部分是在较简单的命题逻辑水平上，而 MYCIN 和 PROSPECTOR 包括许多谓词逻辑水平的表达式。

(1) 结论的表示。

首先来研究假设或由系统推理可能得到的结论。这些结论规定了所涉及的专门知识的范围。例如，在医疗系统中，这些结论可能是诊断或对治疗方法的建议。在许多情况下，这些结论可以表示各种建议或解释。取决于所做的观察或量测，一个假设可能附有不同程度的不确定性。在 EXPERT 中，每个假设用简写的助记符号和用自然语言(中文、英语或其他设计者希望使用的语言)写的正式的说明语句来表示。助记符号用于编写决策规则时引用假设。虽然在比较复杂的系统中，可以在假设中间规定层次的关系，但最简单形式的假设是用一个表来表示。例如，可以用一个表列来表示有关汽车修理的问题。

FLOOD　汽缸里的汽油过多，阻碍了点火，俗称为汽缸被淹
CHOKE　气门堵塞
EMPTY　无燃料
FILT　燃料过滤器阻塞
CAB　电池电缆松脱或锈蚀
BATD　蓄电池耗尽
STRTR　启动器工作不正常

设计过程中的一个主要目标是总结出专家的推理过程，不但以代表专家的最后结论或假设进行推理，而且以中间假设或结论进行推理，这是很重要的。通常中间假设或结论是许多有关量测的总结，或者就是某个重要证据的定性概括。利用这些定义的中间假设和结论可以使推理过程更为清楚和有效。以一组比较小的中间假设进行推理比用一组大得多的包括所有可能观测的组合来推理要容易得多。例如，可能有许多种燃料系统方面的问题，可以建立一个中间假设 FUEL 来概括燃料系统出现的各种问题。这些中间假设在推理规则中可以被引用。在所讨论的例子中，被定义的中间假设除了 FUEL 以外，还有表示电气系统方面问题的 ELEC。概括如下。

中间假设：
FUEL　燃料系统方面的问题
ELEC　电气系统方面的问题

一些附加假设可以表示建议的种类，这些建议将告诉使用者应当采取什么操作。例如处理方法。

WAIT　等待 10 分钟或在启动时把风门踏板踩到最低位置
OPEN　取下清洁器部件，手拿铅笔去打开气门
GAS　在油罐里注入更多汽油
RFILT　更换汽油过滤器
CLEAN　清洁和紧固电池电缆

CBATT 对电池充电或更换电池

NSTAR 更换启动器

(2) 观测的表示。

观测是得到结论所需要的观察或量测结果。它们通常可以用逻辑值真(T)、假(F)、"不知道"或用数字来表示。在交互式系统中，一般包括向使用者询问信息的系统。如果可以从仪表直接读数或从另外的程序送来结果，那么也可以不需要使用者的直接干预而记录观测。如果以向使用者询问的方法记录观测，那么可以用有关的主题来组织观测，以便使询问进行得更为有效。把问题组织成菜单那样的编组是一种很有效的方法。这种方法把问题按主题组织成选择题、对照表或用数字回答的问题。选择题下面列有对问题的可能答案，使用者根据具体情况从中选择一个。对照表是一组问题，在这组问题范围内，任何数量的回答都是允许的。对问题只需要作"是"或"非"回答的是非题，也是一种很有效的询问方法。对组织问题的主题来说，这些简单的问题结构经常是很合适的，因为这对使用者很方便。以下是一些表示如何组织问题的例子。

选择题

汽化器中汽油的气味：NGAS，无气味；MGAS，正常；LGAS，气味很浓

对照表

问题种类：FCWS，汽车不能启动；FOTH，汽车有其他毛病

数字类型问题：TEMP，室外温度(华氏)

是非题：EGAS，油表读数为空

在某些系统中把观测按假设那样来处理，每个观测都附有一个可信度等级。例如，使用者可以说明温度为 55℃的可信程度为 90%，或在汽化器里汽油气味是正常的可信程度为 70%。

虽然观测可以表达推理规则的前项所需的大多数信息，但是在某些情况下，系统设计者可能发现必须包括更多的详细过程知识。事实上，系统必须调用一个子程序，这个子程序将产生一个观测。

(3) 推理规则的表示。

总的来说，产生式规则是决策规则最为常用的表示形式。这些 If-Then 形式的规则用来编译专家凭经验的推理过程。产生式规则可以根据观测和假设之间的逻辑关系分成 3 类。

① 从观测到观测的规则(FF 规则)。

FF 规则规定那些可以从已经确定的观测直接推导出来的观测的真值，因为通过把观测和假设相组合可以描述功能更强的产生式规则形式。一般 FF 规则只是局限于建立对问题顺序的局部控制。FF 规则规定那些真值已经被确定的观测跟其他一些真值还未确定的观测之间的可信度的逻辑关系。如果利用 FF 规则，根据对先前问题的回答就可以确定对问题的解答，就可以避免询问不必要的问题。在问题调查表中，问题的排列是从一般的问题到专门的问题。可以构成一个问题调查表，这个表把问题分成组，以便可以严格地按顺序从头到尾地询问这些问题。然后，可以在任何给定的阶段规定条件分支，这些条件分支取决于对问题调查表先前部分的回答。

② 从观测到假设的规则(FH 规则)。

在许多用于分类的专家系统中，产生式规则被设计成可对产生式结论的可信程度进行

量度。通常可信度量测是一个从-1 到 1 之间的数值。对这个数值数学上的限制要比对概率量测少。数值-1 表示结论完全不可信，而 1 表示完全可信。0 表示还没有决定或不知道结论的可信度。可信度量测和概率之间的主要区别在于如何划分假设的可信度的陈述跟假设的不可信度的陈述。按概率论，一个假设的概率总是等于 1 减去这个假设的"否定"的概率。可信度可以不必依靠对使用概率的分析，而比较自由地对规则赋予可信度。

和不用可信度量测相比较，应用可信度量测的优点是可以更简洁地表达专家的知识。当然，也有一些应用场合，不用可信度量测或只用完全肯定和完全否定假设，也可以很好地解决问题。

③ 从假设到假设的规则(HH 规则)。

HH(从假设到假设)规则用来规定假设之间的推理。与 EMYCIN 和 PROSPECTOR 不同，在 EXPERT 中，HH 规则所规定的假设被赋予一个固定范围的可信度。

这里所讨论的汽车修理咨询系统只是一个实验系统，所包含的规则数量不多，而实际的专家系统经常有几百甚至几千条规则。从提高效率、实现模块化以及容易描述等实际考虑出发，在产生式规则中增加了描述性的成分：上下文。上下文把某一组规则的使用范围限制在一个专门的情况下。只有当先决条件被满足时，这一组规则才能被考虑使用。在 EXPERT 的表达方法中，一组 HH 规则被分成两部分。必须先满足 If 条件，才能考虑 Then 中的规则。例如，只有当观测 FCWS 为真时，即汽车不能发动时，才会进一步研究规则的 Then 部分中所包含的那组产生式。

**2. 知识的使用和决策解释**

作为一个实验性的系统，在专家系统的设计中有两个关于控制的问题。这是两个相互关联的目标：

(1) 得到准确的结论。
(2) 询问恰当的问题以便帮助分析和作出决策。

建立专家系统还不是一门精确的科学。专家经常提供大量的信息，必须力图抽取专家推理过程中的关键内容，并尽可能准确而简洁地表示这些知识。因为在现有的实现产生式规则的方法之间有许多差别，所以善于选择那些适合当前应用场合的结构和策略很重要。例如，有许多表示询问策略的方法。但对于所研究的应用场合来说，询问的顺序可能并不重要，或可能在任一特定的情况下，很容易预先就确定询问的顺序。在以下的汽车修理咨询系统的例子中，将用问题调查表来说明这一点。在问题调查表中，用很简单的机构例如 FF 规则就可以进行控制。

(1) 结论的分级与选择。

按评价的先后次序，把规则分成等级和选择规则是推理过程中控制策略的基本部分。可以根据专家的意见来排列与评价规则的次序。但与此同时，还必须研究规则的评价次序的影响。规则评价次序的编排应该使不论采取什么次序，都得到相同的结论。如果所有的产生式规则都是像 FH 那样的，那么调用规则的次序实际上从来也不会改变结论。这是因为 FH 规则之间不相互影响。在规则的左边只包括观测，这些观测在给定的情况下既可能是真，也可能是假。但是，在大多数产生式系统中，典型的规则是像 HH 那样的。这样的规则经常取决于通过应用其他规则而得到的中间结果。例如，在汽车修理系统中有以下规

则，即

$$F(FCWS，T)\&H(FLOOD，0.2：1)\to H(WAIT，0.9)$$

这个规则表示

如果 汽车不能发动

已经以 0.2～1 的可信度，得出汽缸被淹的结论

那么 等待 10 分钟或在启动时把风门踏板踩到最低位置，使汽缸内过多的汽油挥发(其可信度为 0.9)

"汽缸被淹"这个假设，必须在引用这条规则以前做出。有几种处理这类问题的方法。在 EXPERT 系统中，由系统的设计者编排规则的次序，这使 HH 排列的次序就是规则被评价的实际次序。在每个咨询的推理循环中，每个规则只被评价一次。当系统收到一个新的观测时，就开始新的推理循环，所有的 HH 规则被重新评价。这种方法比较简单，因此容易实现，并且不会带来固有的多义性。但这种方法的缺点是，专家必须编排规则的次序。

在产生式规则中应用可信度量测，不仅可以反映实际存在于专家知识中的不确定性，而且可以减少产生式规则的数量。如果以不相容的方式来表示观测和假设之间所有可能的组合，即一条规则只能被一种情况所满足，那么，即使对一个小系统来说，所需要的规则数量也会相当巨大。因此，希望有一种方法来减少为表示专家知识所需要的规则的数量。可信度量测可对给定的情况加权，因此对提取专家的知识是一种有用的手段。

如果所有的观测可以同时获得，并且所研究的只是分类的问题，那么可以应用很简单的控制策略。在得到所有的观测以后，首先确定是否有其他的观测可以用 FF 规则推理，然后调用 FH 规则和处理按次序编排的 HH 规则。由于规则是有次序的，所以处理只需要一个循环。当然，有时可能希望建立一个系统，它的所有观测并不是一次就接受的，而是通过询问适当的问题，这时就需要研究询问的策略。

(2) 询问问题的策略。

要给出一个询问问题的最佳策略是很困难的，确切地说，询问的质量在很大的程度上取决于事先是否把问题清楚地组织好。如果把问题都组织成是非题，这些问题并不包含进一步的结构，那么其结果将会是，对许多应用场合来说没有一种询问策略可以工作得很好。对照表可以同时回答相关的问题。一个好的询问策略，关键之一是使问题包含尽可能多的结构。应该根据共同的主题，把问题分成组。用 FF 规则可以在问题调查表里强制按主题进行分支。如果系统推理所需的信息不是同时接受，那么可以有以下两种提问策略。

① 固定的顺序。

在某些场合下，专家是以预先仔细规定的序列或顺序收集所需的知识。例如，在医疗问题中，根据经验或系统化过程的习惯，医生总是以固定的顺序向患者问诊以便建立病历。

② 系统不是按固定的顺序询问，而是根据具体情况做出某种选择。

在 EXPERT 以及其他一些系统中，可以根据以下一些直观的考虑来选择问题：询问代价最小的问题、优先询问对当前可信度最高的假设有影响的问题、只考虑那些和当前记录的观测有关的假设、仅考虑那些有可能使某个假设当前等级的升高或降低超过某个规定的阈值的事实，如果任何一个假设的可信度都超过某个预先确定的阈值就停止询问。

(3) 决策的解释。

系统的设计者和使用者都需要系统对它所做出的决策给予解释，但是它们对决策解释

的要求又各不相同。

① 对系统设计者的解释。

如果是对系统的设计者解释决策，那么只需要显示为了推论出给定假设所需满足的那组规则，就是最直接的解释。当系统应用可信度量测时，若采用复杂的记分函数，则要很清楚地解释一个假设的最后等级是如何得来的是很困难的。当不使用可信度量测或应用类似取最大(绝对)值这样简单的记分函数时，摘录在推理过程中所用到的单个的规则，就可以组成对决策的解释。如果这些规则也涉及其他假设，那么可以跟踪有关假设，并且对这些假设也可以摘录相应的规则。

② 对系统使用者的解释。

一种解释方法是用语句来说明结论。这些语句要比只是声明一个结论要自然一些。系统所用的假设可能是任何形式的包含说明和建议的语句。有时系统的设计者可以预先提出某些适合给定假设的解释。假如，在修理汽车的例子中，可以给出一个解释性的说明，而不是生硬地把结论分成诊断和处理两类。这样的语句可以是以下形式："因为汽车的汽缸被淹，所以把风门踏板踩到底或等待 10 分钟。"

# 习 题

1. 什么是专家系统？它具有哪些特点和优点？
2. 按特性及功能，专家系统有哪些分类？
3. 专家系统由哪几部分组成？各部分的作用是什么？
4. 专家系统和传统程序有何不同？
5. 开发专家系统的一般步骤是什么？
6. 什么是基于规则的专家系统？它的特点是什么？其结构为何？
7. 什么是基于框架的专家系统？
8. 为什么要提出基于模型的专家系统？
9. 新型专家系统有何特征？什么是分布式专家系统和协同式专家系统？

# 第7章

机器学习

从人工智能的发展过程看，机器学习是继专家系统之后人工智能应用的又一个重要研究领域，也是人工智能和神经计算的核心研究课题之一。现有的计算机系统和人工智能系统大多数没有什么学习能力，至多也只有非常有限的学习能力，因此不能满足科技和生产提出的新要求。本章将首先介绍机器学习的定义、意义和简史；其次讨论机器学习的主要策略和基本结构；最后逐一研究各种机器学习的方法与技术，包括归纳学习、类比学习、解释学习、贝叶斯学习、决策树学习、$K$ 近邻、$K$ 均值、增强学习和深度学习等。对机器学习的讨论和机器学习的研究，必将促使人工智能和整个科学技术的进一步发展。

## 7.1 概　　述

### 7.1.1 机器学习的定义

学习是人类具有的一种重要智能行为，但究竟什么是学习，长期以来却众说纷纭。社会学家、逻辑学家和心理学家都各有其不同看法。按照人工智能大师西蒙(Simon)的观点，学习就是系统在不断重复的工作中对本身能力的增强或者改进，使系统在下一次执行同样任务或类似任务时，会比现在做得更好或效率更高。

下面给出关于学习、学习系统和机器学习的不同定义。

维纳(Wiener)于 1965 年对学习给出一个比较普遍接受的定义。

**定义 7.1**　一个具有生存能力的动物在它的一生中能够被其经受的环境所改造。一个能够繁殖后代的动物至少能够生产出与自身相似的动物(后代)，即使这种相似可能随着时间而变化。如果这种变化是自我可遗传的，就存在一种能受自然选择影响的物质。如果该变化是以行为形式出现，并假设这种行为是无害的，那么这种变化会世代相传下去。这种从一代至其下一代的变化形式称为种族学习(Racial learning)或系统发育学习(System growth learning)，而发生在特定个体上的这种行为变化或行为学习，则称为个体发育学习(Individual growth learning)。

香农(Shannon)在 1953 年对学习给予了有较多限制的定义如下。

**定义 7.2**　假设：①一个有机体或一部机器处在某类环境中，或者与该环境有联系；②对该环境存在一种"成功的"度量或"自适应"度量；③这种度量在时间上是局部的，也就是说，人们能够用一个比有机体生命期短的时间来测试这种成功的度量。对于所考虑的环境，如果这种全局的成功度量能够随时间而改善，就说对于所选择的成功度量，该有机体或机器正为适应这类环境而学习。

Tsypkin 为学习和自学习下了较为一般的定义。

**定义 7.3**　学习是一种过程，通过对系统重复输入各种信号，并从外部校正该系统，从而系统对特定的输入作用具有特定的响应。自学习就是不具有外来校正的学习，即不具有奖罚的学习，它不给出系统响应正确与否的任何附加信息。

西蒙对学习给予了更准确的定义。

**定义 7.4**　学习表示系统中的自适应变化，该变化能使系统比上一次更有效地完成同一群体所执行的同样任务。

米切尔(Mitchell)给学习下了一个比较宽广的定义，使其包括任何计算机程序通过经验来提高某个任务处理性能的行为。

**定义 7.5** 对于某类任务 $T$ 和性能度量 $P$，如果一个计算机程序在 $T$ 上以 $P$ 衡量的性能随着经验 $E$ 而自我完善，就称这个计算机程序从经验 $E$ 中学习。

**定义 7.6** 学习系统(learning system)是一个能够学习有关过程的未知信息，并用所学信息作为进一步决策或控制的经验，从而逐步改善过程性能的系统。

**定义 7.7** 如果一个系统能够学习某个过程或环境的未知特征固有信息，并用所得经验进行估计、分类、决策或控制，使系统的品质得到改善，那么称该系统为学习系统。

**定义 7.8** 学习系统是一个能在其运行过程中逐步获得过程及环境的非预知信息，积累经验，并在一定的评价标准下进行估值、分类、决策和不断改善系统品质的智能系统。

在人类社会中，不管一个人有多深的学问、多大的本领，如果他不善于学习，就不必过于看重他，因为他的能力总是停留在一个固定的水平上，不会创造出新奇的东西。但一个人若具有很强的学习能力，则不可等闲视之了。虽然他现在的能力不是很强，但是"士别三日，当刮目相待"，几天以后他可能具备许多新的本领，根本不是当初的情景了。机器具备了学习能力，其情形完全与人类似。1959 年美国的塞缪尔(Samuel)设计了一个下棋程序，这个程序具有学习能力，它可以在不断的对弈中改善自己的棋艺。4 年后，这个程序战胜了设计者本人。又过了 3 年，这个程序战胜了美国一位保持 8 年常胜不败记录的冠军。这个程序向人们展示了机器学习的能力，提出了许多令人深思的社会问题与哲学问题。

针对机器的能力是否可以超过人的能力，很多持否定意见的人的一个主要论据是：机器是人造的，其性能和动作完全是由设计者规定的，因此无论如何其能力也不会超过设计者本人。这种意见对不具备学习能力的机器来说的确是对的，可是对具备学习能力的机器就值得考虑了，因为这种机器的能力在应用中不断地提高，过一段时间之后，设计者本人也可能不知道它的能力到了何种水平。

什么叫作机器学习？至今，还没有统一的"机器学习"定义，而且也很难给出一个公认的和准确的定义。为了便于进行讨论和估计学科的进展，有必要对机器学习给出定义，即使这种定义是不完全的和不充分的。

**定义 7.9** 顾名思义，机器学习是研究如何使用机器来模拟人类学习活动的一门学科。稍为严格的提法如下。

**定义 7.10** 机器学习是一门研究机器获取新知识和新技能，并识别现有知识的学问。

综合上述两个定义，可以给出以下定义。

**定义 7.11** 机器学习是研究机器模拟人类的学习活动、获取知识和技能的理论及方法，以便改善系统性能的学科。

这里所说的"机器"，指的就是计算机。现在是电子计算机，以后还可能是中子计算机、量子计算机、光子计算机或神经计算机等。

## 7.1.2 机器学习的发展史

机器学习是人工智能应用研究较为重要的分支，它的发展过程大体上可以分为 4 个阶段。

第一个阶段是在 20 世纪 50 年代中期到 60 年代中期，属于热烈时期。在这个时期，所研究的是"没有知识"的学习，即"无知"学习，其研究目标是各类自组织系统和自适应系统,其主要研究方法是不断修改系统的控制参数以便改进系统的执行能力,不涉及与具体任务有关的知识。指导本阶段研究的理论基础是早在 20 世纪 40 年代就开始研究的神经网络模型。随着电子计算机的产生和发展,机器学习的实现才成为可能。这个阶段的研究导致模式识别这门新科学的诞生,同时形成了机器学习的两种重要方法,即判别函数法和进化学习。塞缪尔的下棋程序就是使用判别函数法的典型例子。不过,这种脱离知识的感知型学习系统具有很大的局限性。无论是神经模型、进化学习还是判别函数法,所取得的学习结果都很有限,远不能满足人们对机器学习系统的期望。在这个时期,我国研制了数字识别学习机。

第二个阶段在 20 世纪 60 年代中期至 70 年代中期,称为机器学习的冷静时期。本阶段的研究目标是模拟人类的概念学习过程,并采用逻辑结构或图结构作为机器内部描述。机器能够采用符号来描述概念(符号概念获取),并提出关于学习概念的各种假设。本阶段的代表性工作有温斯顿(Winston)的结构学习系统和海斯·罗思(Hayes Roth)等的基于逻辑的归纳学习系统。虽然这类学习系统取得了较大的成功,但是只能学习单一概念,而且未能投入实际应用。此外,神经网络学习机因为理论缺陷未能达到预期效果。因此,机器学习的研究陷入低潮。这个时期正是我国"史无前例"的十年活动,对机器学习的研究不可能取得实质性进展。

第三个阶段从 20 世纪 70 年代中期至 80 年代中期,称为复兴时期。在这个时期,人们从学习单个概念扩展到学习多个概念,探索不同的学习策略和各种学习方法。机器的学习过程一般都建立在大规模的知识库上,实现知识强化学习。尤其令人鼓舞的是,本阶段已经开始把学习系统与各种应用结合起来,并取得很大的成功,促进了机器学习的发展。在出现第一个专家学习系统之后,示例归约学习系统成为研究主流,自动获取知识成为机器学习的应用研究目标。1980 年,在美国卡内基·梅隆大学召开了第一届机器学习国际研讨会,标志着机器学习研究已经在全世界兴起。此后,机器归纳学习进入应用。1986 年,国际杂志《机器学习》创刊,迎来了机器学习蓬勃发展的新时期。20 世纪 70 年代末,中国科学院自动化研究所进行质谱分析和模式文法推断研究,表明我国的机器学习研究得到恢复。1980 年,西蒙来华传播机器学习的火种后,我国的机器学习研究出现了新局面。

机器学习的第四个阶段始于 1986 年。一方面,由于神经网络研究的重新兴起,对联结机制学习方法的研究方兴未艾,机器学习的研究已经在全世界范围内出现新的高潮,对机器学习的基本理论和综合系统的研究得到加强和发展;另一方面,实验研究和应用研究得到前所未有的重视。人工智能技术和计算机技术快速发展,为机器学习提供了新的更强有力的研究手段和环境。具体地说,在这个时期符号学习由"无知"学习转向有专门领域知识的增长型学习,因此出现了有一定的知识背景的分析学习。神经网络由于隐节点和反向传播算法的进展,使联结机制学习东山再起。向传统的符号学习发起挑战。基于生物发育进化论的进化学习系统和遗传算法,因为吸取了归纳学习与联结机制学习的长处而受到重视。基于行为主义的增强学习系统因为发展新算法和应用联结机制学习遗传算法的新成就而显示出新的生命力。1989 年,瓦特金(Watkins)提出 $Q$ 学习,促进了增强学习的深入研究。

知识发现首先于 1989 年 8 月提出。1997 年,国际专业杂志 *Knowledge Discovery and Data Mining* 问世。知识发现和数据挖掘研究的蓬勃发展,为从计算机数据库和计算机网络

(含互联网)提取有用信息和知识提供了新的方法。知识发现和数据挖掘已经成为 21 世纪机器学习的一个重要研究课题,并取得许多有价值的研究和应用成果。近 20 年来,我国的机器学习研究开始进入稳步发展和逐渐繁荣的新时期。每两年一次的全国机器学习研讨会已经举办十多次,学术讨论和科技开发蔚然成风,研究队伍不断壮大,科研成果更加丰硕。

机器学习进入新阶段的重要表现有以下几方面。

(1) 机器学习已经成为新的边缘学科并在高校形成一门课程,综合应用心理学、生物学和神经生理学以及数学、自动化和计算机科学形成机器学习的理论基础。

(2) 结合各种学习方法、取长补短的多种形式的集成学习系统研究正在兴起。例如,联结学习与符号学习的结合可以更好地解决连续性信号处理中知识与技能的获取和求精问题。

(3) 机器学习与人工智能各种基础问题的统一性观点正在形成,例如学习与问题求解结合进行,知识表达便于学习的观点产生了通用智能系统的组块学习。类比学习与问题求解结合的基于案例方法已经成为经验学习的重要方向。

(4) 各种学习方法的应用范围不断扩大,一部分已经形成商品。归纳学习的知识获取工具已经在诊断分类型专家系统中广泛使用。联结学习在声、图、文识别中占优势。分析学习已经用于设计综合型专家系统。遗传算法与强化学习在工程控制中有较好的应用前景。与符号系统耦合的神经网络联结学习将在企业的智能管理与智能机器人运动规划中发挥作用。

(5) 数据挖掘和知识发现的研究已经形成热潮,并在生物医学、金融管理、商业销售等领域得到成功应用,给机器学习注入新的活力。

(6) 与机器学习有关的学术活动空前活跃。国际上除了每年一次的机器学习研讨会以外,还有计算机学习理论会议以及遗传算法会议。

## 7.1.3 机器学习方法的分类

机器学习的研究方法种类繁多,并且机器学习正处于高速发展时期,各种新思想不断涌现。因此,对所有机器学习方法进行全面、系统的分类有些困难。目前,比较流行的机器学习方法分类主要有以下几种。

(1) 按照有无指导来分,可以分为有监督学习(或有导师学习)、无监督学习(或无导师学习)和强化学习(或增强学习)。

① 有监督学习(Supervised learning)是指在学习之前事先知道输入数据的标准输出,在学习的每一步都能明确地判定当前学习结果的对错或者计算出确切误差,用以指导下一步学习的方向。有监督学习的学习过程就是不断地修正学习模型参数使其输出向标准输出不断逼近,直至达到稳定或者收敛为止。有监督学习可以用于解决分类、回归和预测等问题,其典型方法有人工神经网络 BP 算法、决策树 ID3 算法和支持向量机方法等。

② 无监督学习(Unsupervised learning)是指在学习之前没有(不知道)关于输入数据的标准输出,对学习结果的判定由学习模型自身设定的条件决定。无监督学习的学习过程一般是一个自组织的过程,学习模型不需要先验知识。无监督学习可以用于解决聚类问题,其典型方法有自组织特征映射网络和 $K$ 均值方法等。

③ 强化学习(Reinforcement learning)是介于有监督学习和无监督学习之间的一种学习方法。强化学习模型不显式地指导输入数据的标准输出，但是模型可以通过与环境的试探性交互来确定和优化动作的选择。也就是说，强化学习模型可以从环境中接收某些反馈信息，这些反馈信息帮助学习模型决定其作用于环境的动作是需要奖励还是惩罚，然后学习模型根据这些判断调整其模型参数。强化学习在机器人控制、博弈和信息搜索等方面有重要应用，其典型方法有 $Q$ 学习和时差学习等。

(2) 按学习方法来分，主要有机械学习、示教学习、类比学习和示例学习等。

① 机械学习就是记忆，是最简单的学习策略。这种学习策略不需要任何推理过程。外界输入知识的表示方式与系统内部表示方式完全一致，不需要任何处理与转换。虽然机械学习在方法上看来很简单，但由于计算机的存储容量相当大，检索速度又相当快，而且记忆精确、无丝毫误差，所以也能产生人们难以预料的效果。塞缪尔的下棋程序就是采用了这种机械记忆策略。为了评价棋局的优劣，他给每一个棋局都打了分，对自己有利的分数高，不利的分数低，走棋时尽量选择使自己分数高的棋局。这个程序可记住 53000 多棋局及其分值，并能在对弈中不断地修改这些分值以提高自己的水平，这对于人来说是无论如何也办不到的。

② 比机械学习更复杂的是示教学习策略。对于使用示教学习策略的系统来说，外界输入知识的表达方式与内部表达方式不完全一致，系统在接受外部知识时需要一点推理、翻译和转化工作。MYCIN.DENDRAL 等专家系统在获取知识上都采用这种学习策略。

③ 类比学习系统只能得到完成类似任务的有关知识，因此，学习系统必须能够发现当前任务与已知任务的相似之点，由此制定出完成当前任务的方案，因此，比上述两种学习策略需要更多的推理。

④ 采用示例学习策略的计算机系统，事先完全没有完成任务的任何规律性的信息，所得到的只是一些具体的工作例子及工作经验。系统需要对这些例子及经验进行分析、总结和推广，得到完成任务的一般性规律，并在进一步的工作中验证或修改这些规律，因此需要的推理是最多的。

(3) 按推理策略来分，主要有演绎学习、归纳学习、类比学习和解释学习等。

① 演绎学习(Deductive learning)就是根据常规逻辑进行演绎推理的学习方法。演绎推理是从一般到个别的推理，其学习过程是一个特化过程。各种逻辑演算和函数运算都是演绎学习。

② 归纳学习(Inductive learning)就是从一系列正例和反例中，通过归纳推理产生一般概念的学习方法。归纳学习的目标是生成合理的能解释已知事实和预见新事实的一般性结论。归纳推理是从个别到一般的推理，其学习过程是一个泛化过程。归纳学习是人类智能的重要体现，是发现新规律的重要手段，是机器学习的核心技术之一。无论有监督学习还是无监督学习，一般都是归纳学习。在大多数学习系统中都同时使用演绎推理和归纳推理。

③ 类比学习(Learning by analogy)就是通过对相似事物进行比较而得到结果的学习方法。类比学习依据从个别到个别的类比推理法。类比学习过程主要分为两步：首先归纳找出源问题和目标问题的公共性质；其次演绎推出从源问题到目标问题的映射，得出目标问题的新性质。所以，类比学习既有归纳过程又有演绎过程，是归纳学习和演绎学习的组合。

(4) 综合多因素的分类，综合考虑机器学习的历史渊源、知识表示、推理策略和应用领域等因素，主要有人工神经网络学习、进化学习、集成学习、概念学习、分析学习和基于范例的学习等。

不同的分类方法只是从某个侧面来划分系统类别。无论哪种类别，每个机器学习系统都可以包含一种或者多种学习策略，用来解决特定领域的特定问题。不存在一种普适的、可以解决任何问题的学习算法。

### 7.1.4 机器学习的基本问题

机器学习中解决的基本问题主要有分类、聚类、预测、联想和优化。令 $S$ 表示数据空间，$Z$ 表示目标空间。机器学习就是在现有观察的基础上求得一个函数 $L:S \to Z$，实现从给定数据到目标空间的映射。不同特征的学习函数实际上表示了不同的基本问题。

#### 1. 分类问题

当目标空间是已知有限离散值空间(用 $C$ 表示)时，即 $Z = C = \{c_1, c_2, \cdots, c_i, \cdots, c_n\}$，待求函数就是分类函数，也称为分类器或者分类模型。此时，机器学习解决分类问题，也就是把一个数据分配到某已知类别中。每个已知的离散值就是一个已知类别或者已知类别标识。分类问题所用的训练数据是 $<D,C>$，其中 $D \subset S$。由于学习时目标类别已知，所以分类算法都是有监督学习。分类问题是非常基本、非常重要的问题。在现实世界中人类每天都在进行的识别、判断活动都是分类问题。我们能够认识世界，能够区分不同事物，实际上就是对不同事物做了正确的分类。模式识别所研究的核心问题就是分类问题。解决分类问题常用的方法有决策树方法、贝叶斯方法、前馈神经网络 BP 算法和支持向量机方法等。

#### 2. 预测问题

当目标空间是连续值空间(用 $R$ 表示)时，待求函数就是回归(拟合)曲线(面)。此时，机器学习解决预测问题，也就是求一个数据在目标空间中符合某观测规律的像。预测问题所用的训练数据是 $<D,C>$，其中 $D \subset S$。一般情况下，我们事先已知(或者选择了)曲线(面)模型，需要学习的是模型中的参数。例如，已知多项式模型，但是要学习各项的系数。解决预测问题常用的方法有人工神经网络方法、线性回归、非线性回归和灰色预测模型等。大多数分类算法把目标空间从离散空间改为连续空间之后，也都可以改造为预测算法。

#### 3. 聚类问题

当目标空间是未知有限离散值空间(用 $X$ 表示)时，即 $Z = X = \{x_1, x_2, \cdots, x_k\}$，待求函数就是聚类函数，也称为聚类模型。此时，机器学习解决聚类问题，也就是把已知数据集划分为不同子集(类别)，并且不同类别之间的差距越大越好，同一类别内的数据差距越小越好。由于目标类别未知，所以聚类问题所用的训练数据是 $D(D \subset S)$。解决聚类问题常用的方法有划分聚类法、层次聚类法、基于密度的聚类、基于网格的聚类和自组织特征映射网络等。

聚类问题与分类问题很相像，都是要把数据划分到离散的类别中。但是分类问题中目标类别是已知的先验知识，在学习之前就知道；而聚类问题的目标类别是未知的，在学习之前没有关于类别的知识，通过学习才获得关于类别的知识。所以，聚类学习可以在对事物毫无认识时进行，可以创造出全新的类别，从而发现以前完全未知的知识。而分类学习则是在对某事物有一定的认识和了解的基础上，进一步细化或者深化对该事物的认识。用一个比喻来说，分类问题就好像打靶一样，有明确的标靶，是对是错可以立即明确地判定出来，所以分类问题用有监督学习来解决。而聚类问题就像考古挖掘一样，虽然有挖掘的范围，但是没有明确的标靶。虽然对挖掘目标可以有事先期望，但是无法保证最后得到的结果与原先期望完全一样。由于无法明确判定当前的学习结果是对是错，所以聚类问题要用无监督学习来解决。

#### 4. 联想问题

当目标空间就是数据空间本身时，即 $Z=S$，待求函数就是求自身内部的一种映射。此时，机器学习解决联想问题，也称为相关性分析或者关联问题，就是发现不同数据(属性)之间的相互依赖关系。简单地说，就是可以从事物 $A$ 推出事物 $B$，即 $A \rightarrow B$。例如，我们提到"天安门"，就会想到"北京"，就会想到"中国"。寻求多个事物之间的联系是一种非常重要的学习问题。人能够通过有限次观察很快就发现或者总结出事物之间的联系，形成经验知识。目前的机器学习方法只能在大量重复观察数据(即大数据)上才能发现比较可靠的关联知识。解决联想问题常用的方法有反馈神经网络、关联规则和回归分析等。

#### 5. 优化问题

当目标空间是数据空间上的某种函数(用 $F(S)$ 表示)时，且学习目标为使对函数 $F(S)$ 的某种度量 $d[F(S)]$ 达到极值时，机器学习解决优化问题，也就是在给定数据范围内寻找使某值达到最大(最小)的方法。优化问题一般都有一些约束条件，例如时空资源的限制等。优化问题的代表就是 NP 问题，这也是计算机科学中的一类经典问题。在目前的技术条件下，NP 问题无法在有效时间内获得最优解。所以我们总是在寻找次优解、近似解或者尽可能地接近最优解。解决优化问题对于提高系统效率，保证系统实用性有重要意义。解决优化问题常用的方法有遗传算法、粒子群算法、Hopfield 神经网络、线性规划和二次规划等。

## 7.2 机器学习的主要策略及基本结构

### 7.2.1 机器学习的主要策略

学习是一项复杂的智能活动，学习过程与推理过程是紧密相连的，按照学习中使用推理的多少，机器学习所采用的策略大体上可以分为 4 种，即机械学习、示教学习、类比学习和示例学习。

此外，还有基于解释的学习、决策树学习、增强学习和基于神经网络的学习等多种学习策略。

### 7.2.2 机器学习的基本结构

以西蒙的学习定义为出发点，建立简单的学习模型时，通常需要明确以下 3 个问题。

(1) 任务，即要解决什么问题。
(2) 标准，即衡量或评价系统性能好坏的指标或标准。
(3) 知识源，即学习经验或知识的来源。

例如，对于一个机器人下棋的学习系统，所要明确的 3 个问题可以举例如下。
(1) 任务：正确下棋。
(2) 标准：比赛中击败对手的概率或可能性。
(3) 知识源：对弈比赛训练。

而对于手写文字识别的学习系统，所要明确的 3 个问题如下。
(1) 任务：对手写文字进行分类和识别。
(2) 标准：分类或识别的正确率。
(3) 知识源：已知样本的数据库。

再比如，对于机器人自动驾驶的学习系统，所要明确的 3 个问题如下。
(1) 任务：在高速公路上自动驾驶汽车。
(2) 标准：无错行驶平均里程。
(3) 知识源：专家驾驶经验和驾驶指令。

综上所述，一个机器学习的系统模型一般形式可以如图 7-1 所示。

图 7-1 机器学习系统模型

其中，环境为系统学习提供外部信息，系统的学习机构通过对环境的搜索取得外部信息，经过分析、综合、类比、归纳等思维过程获得知识，并将知识存入知识库中。执行环节应用所学到的知识求解现实问题。评价环节验证和评价执行的效果，并将执行效果反馈给学习部分，来完善和修改知识库中的知识，指导进一步的学习工作。

在具体的应用中，环境、知识库、执行与评价部分决定了具体的工作内容，学习部分所需要解决的问题完全由上述三部分确定。下面分别叙述这三部分对设计学习系统的影响。

影响学习系统设计的最重要因素是环境向系统提供的信息，或者更具体地说是信息的质量。知识库里存放的是指导执行部分动作的一般原则，但环境向学习系统提供的信息却是各种各样的。如果信息的质量比较高，与一般原则的差别比较小，那么学习部分比较容易处理。如果向学习系统提供的是杂乱无章的指导执行具体动作的具体信息，那么学习系统需要在获得足够数据之后，删除不必要的细节，进行总结推广，形成指导动作的一般原则，放入知识库。这样学习部分的任务就比较繁重，设计起来也较为困难。

因为学习系统获得的信息往往是不完全的，所以学习系统所进行的推理并不完全是可靠的，它总结出来的规则既可能正确，也可能不正确，这要通过执行效果加以检验。正确的规则能提高系统的效能，应该予以保留；不正确的规则应该予以修改或从数据库中删除。

知识库是影响学习系统设计的第二个因素。知识的表示有多种形式，如特征向量、一阶逻辑语句、产生式规则、语义网络和框架等。这些表示方式各有其特点，在选择表示方式时要兼顾以下 4 个方面。

(1) 表达能力强。人工智能系统研究的一个重要问题是所选择的表示方式能很容易地表达有关的知识。例如,如果研究的是一些孤立的木块,那么可以选用特征向量表示方式。用(<颜色>,<形状>,<体积>)形式的一个向量表示木块,比方说(红,方,大)表示的是一个红色的大的方形木块,(绿,方,小)表示一个绿色的小的方形木块。但是,如果用特征向量描述木块之间的相互关系,比方说要说明一个红色的木块在一个绿色的木块上面,就比较困难。这时采用一阶逻辑语句描述是比较方便的,可以表示为

$$\exists x \exists y (\mathrm{Red}(x) \wedge \mathrm{Green}(y) \wedge \mathrm{Ontop}(x,y)) \tag{7-1}$$

(2) 易于推理。在具有较强表达能力的基础上,为了使学习系统的计算代价比较低,希望知识表示方式能使推理较为容易。例如,在推理过程中经常会遇到判别两种表示方式是否等价的问题。在特征向量表示方式中,解决这个问题比较容易。在一阶逻辑表示方式中,解决这个问题要花费较高的计算代价。因为学习系统通常要在大量的描述中查找,很高的计算代价会严重影响查找的范围。因此,如果只研究孤立的木块而不考虑相互位置,那么应该使用特征向量表示。

(3) 容易修改知识库。学习系统的本质要求它不断修改自己的知识库,并推广得出一般执行规则后,添加到知识库。进一步地,当发现某些规则不适用时要将其删除。因此,学习系统的知识表示一般都采用明确统一的方式,例如特征向量产生式规则等,以利于知识库的修改。从理论上看,知识库的修改是一个较为困难的课题,因为新增加的知识可能与知识库中原有的知识矛盾,所以有必要对整个知识库做全面调整。同理,删除某个知识也可能使许多其他的知识失效,需要做进一步的全面检查。

(4) 知识表示易于扩展。随着系统学习能力的提高,单一的知识表示已经不能满足需要:一个系统有时同时使用几种知识表示方式。不但如此,有时还要求系统自己构造出新的表示方式以便适应外界信息不断变化的需要。因此,要求系统包含如何构造表示方式的元级描述。现在,人们把这种元级知识也看成知识库的一部分。这种元级知识使学习系统的能力得到极大提高,使其能够学会更加复杂的东西,不断扩大它的知识领域和执行能力。

对于知识库,最后需要说明的一个问题是学习系统不能在全然没有任何知识的情况下凭空获取知识,每一个学习系统都要求具有某些知识理解环境提供的信息,分析比较,做出假设,检验并修改这些假设。因此,更确切地说,学习系统是对现有知识的扩展和改进。

## 7.3 归纳学习

从本节起将逐一讨论几种比较常用的学习方法。首先研究归纳学习的方法。归纳是人类拓展认识能力的重要方法,是一种从个别到一般、从部分到整体的推理行为。归纳推理是应用归纳方法,从足够多的具体事例中归纳出一般性知识,提取事物的一般规律,它是一种从个别到一般的推理。在进行归纳时,一般不可能考察全部相关事例,因此归纳出的结论无法保证其绝对正确,但又能以某种程度相信它为真。这是归纳推理的一个重要特征。例如,"麻雀会飞""鸽子会飞""燕子会飞"……根据这样一些已知事实,有可能归纳出"有翅膀的动物会飞""长羽毛的动物会飞"等结论。这些结论一般情况下都是正确的,但当发现鸵鸟有羽毛、有翅膀,可是不会飞时,就动摇了上面归纳出的结论。这说明上面归纳出的结论不是绝对为真的,只能从某种程度上相信它为真。

归纳学习是应用归纳推理进行学习的一种方法。根据归纳学习有无教师指导,可以把它分为示例学习和观察与发现学习。前者属于有师学习,后者属于无师学习。

### 7.3.1 归纳学习的模式及规则

除了有穷归纳与数学归纳以外,一般的归纳推理结论只是保假的,即归纳依据的前提错误,那么结论也错误,但前提正确时结论并不一定正确。从相同的实例集合中可以提出不同的理论来解释它,应该按某个标准选取最好的作为学习结果。

可以说,人类知识的增长主要得益于归纳学习方法。虽然归纳得出的新知识不像演绎推理结论那样可靠,但是存在很强的可证伪性,对于认识的发展和完善具有重要的启发意义。

**1. 归纳学习的模式**

归纳学习的一般模式如下。

给定:

(1) 观察陈述(事实) $F$,用以表示有关某些对象、状态、过程等的特定知识。

(2) 假设的初始归纳断言(可能为空)。

(3) 背景知识,背景知识用于定义有关观察陈述、候选归纳断言以及任何相关问题领域知识、假设和约束,其中包括能够刻画所求归纳断言的性质的优先准则。

求:归纳断言(假设) $H$,能重言蕴含或弱蕴含观察陈述,并满足背景知识。

假设 $H$ 永真蕴含事实 $F$,说明 $F$ 是 $H$ 的逻辑推理,则有:

$$H |> F \text{(读作 } H \text{ 特殊化为 } F\text{)} \text{ 或 } F |< H \text{(读作 } F \text{ 一般化或消解为 } H\text{)}$$

这里,从 $H$ 推导到 $F$ 是演绎推理,因此是保真的;而从事实 $F$ 推导出假设 $H$ 是归纳推理,因此不是保真的,而是保假的。

归纳学习系统的模型如图 7-2 所示。实验规划过程通过对实例空间的搜索完成实例选择,并将这些选中的活跃实例提交给解释过程。解释过程对实例加以适当转换,把活跃实例变换为规则空间中的特定概念,以便引导规则空间的搜索。

图 7-2 归纳学习系统的模型

**2. 归纳概括规则**

在归纳推理过程中,需要引用一些归纳规则。这些规则分为选择性概括规则和构造性概括规则两类。令 $D_1$、$D_2$ 分别为归纳前后的知识描述,则归纳是 $D_1 \Rightarrow D_2$。如果 $D_2$ 中所有描述基本单元(例如谓词子句的谓词)都是 $D_1$ 中的,只是对 $D_1$ 中基本单元有所取舍,或改变连接关系,就是选择性概括。如果 $D_2$ 中有新的描述基本单元(例如反映 $D_1$ 各单元之间的某种关系的新单元),就称为构造性概括。这两种概括规则的主要区别在于,后者能够构造新的描述符或属性。设 CTX,$CTX_1$ 和 $CTX_2$ 表示任意描述,$K$ 表示结论,则有以下几条常用的选择性概括规则。

(1) 取消部分条件,即

$$CTX \land S \to K \Rightarrow CTX \to K \tag{7-2}$$

式中，$S$ 为对事例的一种限制，这种限制可能是不必要的，只是联系着具体事物的某些无关特性，因此可以去除。例如，在医疗诊断中，在检查患者身体时，患者的衣着与问题无关，因此要从对患者的描述中去掉对衣着的描述。这是常用的归纳规则。这里，把"$\Rightarrow$"理解为"等价于"。

(2) 放松条件，即

$$CTX_1 \rightarrow K \Rightarrow (CTX_1 \vee CTX_2) \rightarrow K \tag{7-3}$$

一个事例的原因可能不止一个，当出现新的原因时，应该把新原因包含进去。式(7-3)规则的一种特殊用法是扩展 $CTX_1$ 的取值范围。例如将一个描述单元项 $0 \leqslant t \leqslant 20$ 扩展为 $0 \leqslant t \leqslant 30$。

(3) 沿概念树上溯，即

$$\left. \begin{array}{l} CTX \wedge [L=a] \rightarrow K \\ CTX \wedge [L=b] \rightarrow K \\ \quad \vdots \\ CTX \wedge [L=i] \rightarrow K \end{array} \right| \Rightarrow CTX \wedge [L=S] \rightarrow K \tag{7-4}$$

式中，$L$ 为一种结构性的描述项；$S$ 为所有条件中的 $L$ 值在概念分层树上最近的共同祖先。这是一种从个别推论总体的方法。例如，人很聪明，猴子比较聪明，猩猩也比较聪明，人、猴子、猩猩都属于动物分类中的灵长目。因此，利用这种归纳方法可以推出结论：灵长目的动物都很聪明。

(4) 形成闭合区域，即

$$\left. \begin{array}{l} CTX \wedge [L=a] \rightarrow K \\ CTX \wedge [L=b] \rightarrow K \end{array} \right| \Rightarrow CTX \wedge [L=S] \rightarrow K \tag{7-5}$$

式中，$L$ 为一个具有线性关系的描述项；$a$、$b$ 为它的特殊值。这条规则实际上是一种选取极端情形，再根据极端情形下的特性来进行归纳的方法。

例如，在温度为 8℃时，水不结冰，处于液态；在温度为 80℃时，水也不结冰，处于液态。由此可以推出，温度在 8～80℃时，水都不结冰，都处于液态。

(5) 将常量转化成变量，即

$$F(A,Z) \wedge F(B,Z) \wedge \cdots \wedge F(I,Z) \Rightarrow F(a,x) \wedge F(b,x) \wedge \cdots \wedge F(i,x) \rightarrow K \tag{7-6}$$

式中，$Z$、$A$、$B$、$\cdots$、$I$ 为常量；$x$、$a$、$b$、$\cdots$、$i$ 为变量。

式(7-6)所述规则是只从事例中提取各个描述项之间的某种相互关系，而忽略其他关系信息的方法。这种关系在规则中表现为一种同一关系，即 $F(A,Z)$ 中的 $Z$ 与 $F(B,Z)$ 中的 $Z$ 是同一个事物。

### 7.3.2 归纳学习方法

**1. 示例学习**

示例学习又称为实例学习，它是通过环境中若干与某概念有关的例子，经过归纳得出一般性概念的一种学习方法。在这种学习方法中，外部环境(教师)提供的是一组例子(正例和反例)，它们是一组特殊的知识，每一个例子表达了仅适用于该例子的知识。示例学习就是要从这些特殊知识中归纳出适用于更大范围的一般性知识，以便覆盖所有正例并排除所有反例。例如,如果用一批动物作为示例,并且告诉学习系统哪一个动物是"马",哪一个动物不是"马"。当示例足够多时,学习系统就能概括出关于"马"的概念模型,并能够识别马,将马与其他动物区别开来。

**例 7.1** 表 7-1 给出肺炎与肺结核两种病的部分病例。每个病例都含有 5 种症状:发烧(无、低、高)、咳嗽(轻微、中度、剧烈)、X 光所见阴影(点状、索条状、片状、空洞)、血沉(正常、快)、听诊(正常、干鸣音、水泡音)。

表 7-1 肺病实例

| 项目 | 病例号 | 症状 | | | | |
|---|---|---|---|---|---|---|
| | | 发烧 | 咳嗽 | X 光图像 | 血沉 | 听诊 |
| 肺炎 | 1 | 高 | 剧烈 | 片状 | 正常 | 水泡音 |
| | 2 | 中度 | 剧烈 | 片状 | 正常 | 水泡音 |
| | 3 | 低 | 轻微 | 点状 | 正常 | 干鸣音 |
| | 4 | 高 | 中度 | 片状 | 正常 | 水泡音 |
| | 5 | 中度 | 轻微 | 片状 | 正常 | 水泡音 |
| 肺结核 | 1 | 无 | 轻微 | 索条状 | 快 | 正常 |
| | 2 | 高 | 剧烈 | 空洞 | 快 | 干鸣音 |
| | 3 | 低 | 轻微 | 索条状 | 快 | 正常 |
| | 4 | 无 | 轻微 | 点状 | 快 | 干鸣音 |
| | 5 | 低 | 中度 | 片状 | 快 | 正常 |

通过示例学习,可以从病例中归纳产生以下诊断规则。
(1) 血沉=正常∧(听诊=干鸣音∨水泡音)→诊断=肺炎。
(2) 血沉=快→诊断=肺结核。

**2. 观察发现学习**

观察发现学习又称为描述性概括,其目标是确定一个定律或理论的一般性描述,刻画观察集,指定某类对象的性质。观察发现学习可以分为观察学习与机器发现两种。前者用于对事例进行聚类,形成概念描述;后者用于发现规律,产生定律或规则。

(1) 概念聚类。

概念聚类的基本思想是把事例按一定的方式和准则分组,例如划分为不同的类或不同的层次等,使不同的组代表不同的概念,并且对每一个组进行特征概括,得到一个概念的语义符号描述。例如,对以下事例:

喜鹊、麻雀、布谷鸟、乌鸦、鸡、鸭、鹅、……

可以根据它们是否家养分为以下两类:

鸟={喜鹊,麻雀,布谷鸟,乌鸦,……}
家禽={鸡,鸭,鹅,……}

这里,"鸟"和"家禽"就是由分类得到的新概念,而且根据相应动物的特征还可以得知:

"鸟有羽毛、有翅膀、会飞、会叫、野生"
"家禽有羽毛、有翅膀、不会飞、会叫、家养"
如果把它们的共同特性抽取出来,就可以进一步形成"鸟类"的概念。

(2) 机器发现。

机器发现是指从观察事例或经验数据中归纳出规律或规则的学习方法,也是最困难且最富有创造性的一种学习。它又可以分为经验发现与知识发现两种:前者是指从经验数据中发现规律和定律;后者是指从已观察的事例中发现新的知识。

## 7.4 类比学习

类比是一种很有用也很有效的推理方法,它能清晰、简洁地描述对象之间的相似性,也是人类认识世界的一种重要方法。类比学习就是通过类比,即通过对相似事物加以比较所进行的一种学习。当人们遇到一个新的问题需要处理,但又不具备处理这个问题的知识时,总是回想以前曾经解决过的类似问题,找出一个与目前情况最接近的已有方法来处理当前的问题。例如,当教师要向学生讲授一个较难理解的新概念时,总是用一些学生已经掌握且与新概念有许多相似之处的例子作为比喻,使学生通过类比加深对新概念的理解。像这样通过对相似事物的比较所进行的学习就是类比学习。类比学习在科学技术的发展过程中起着重要的作用,许多发明和发现就是通过类比学习获得的。例如,卢瑟福将原子结构和太阳系进行类比,发现了原子结构;水管中的水压计算公式和电路中的电压计算公式相似等。

本节首先介绍类比推理,然后讨论类比学习的形式和学习步骤,最后研究类比学习的过程和研究类型。

### 7.4.1 类比学习的推理及学习形式

类比推理是由新情况与已知情况在某些方面的相似来推出它们在其他相关方面的相似。显然,类比推理是在两个相似域之间进行的:一个是已经认识的域,它包括过去曾经解决过且与当前问题类似的问题以及相关知识,称为源域,记为 $S$;另一个是当前尚未完全认识的域,它是待解决的新问题,称为目标域,记为 $T$。类比推理的目的是从中选出与当前问题最近似的问题及其求解方法去求解当前的问题,或者建立目标域中已有命题之间的联系,形成新知识。

设用 $S_1$ 与 $T_1$ 分别表示 $S$ 与 $T$ 中的某一种情况,且 $S_1$ 与 $T_1$ 相似;再假设 $S_2$ 与 $S_1$ 相关,则由类比推理可以推出 $T$ 中的 $T_2$,且 $T_2$ 与 $S_2$ 相似。其推理过程如下。

(1) 回忆与联想。

当遇到新情况或新问题时,首先通过回忆与联想在 $S$ 中找出与当前情况相似的情况,这些情况是过去已经处理过的,有现成的解决方法及相关的知识。找出的相似情况可能不止一个,可以依其相似度从高至低进行排序。

(2) 选择。

从找出的相似情况中选出与当前情况最相似的情况及其有关知识。在选择时,相似度越高越好，这有利于提高推理的可靠性。

(3) 建立对应关系。

在 $S$ 与 $T$ 的相似情况之间建立相似元素的对应关系，并建立相应的映射。

(4) 转换。

在上一步建立的映射下，把 $S$ 中的有关知识引到 $T$ 中来，从而建立求解当前问题的方法或者学习到关于 $T$ 的新知识。

在以上每一步中都有一些具体的问题需要解决。下面对类比学习的形式加以说明。

设有两个具有相同或相似性质的论域：源域 $S$ 和目标域 $T$，已知 $S$ 中的元素 $a$ 和 $T$ 中的元素 $b$ 具有相似的性质 $P$，即 $P(a) \cong P(b)$（这里用 $\cong$ 表示相似），$a$ 还具有性质 $Q$，即 $Q(a)$。根据类比推理，$b$ 也具有性质 $Q$，即

$$P(a) \wedge Q(a), P(a) \cong P(b) \vert\text{--} Q(b)Q(a) \tag{7-7}$$

其中，符号 $\vert\text{--}$ 表示类比推理。

类比学习采用类比推理，其一般步骤如下。

(1) 找出源域与目标域的相似性质 $P$，找出源域中另一个性质 $Q$ 和性质 $P$ 对元素 $a$ 的关系：$P(a) \rightarrow Q(a)$。

(2) 在源域中推广 $P$ 和 $Q$ 的关系为一般关系，即对于所有的变量 $x$ 来说，存在 $P(x) \rightarrow Q(x)$。

(3) 从源域和目标域的映射关系，得到目标域的新性质，即对于目标域的所有变量 $x$ 来说，存在 $P(x) \rightarrow Q(x)$。

(4) 利用假言推理：$P(b), P(x) \rightarrow Q(x) \vert\text{--} Q(b)$，最后得出 $b$ 具有性质 $Q$。

从类比学习步骤可见，类比学习实际上是演绎学习和归纳学习的组合。步骤(2)是一个归纳过程，即从个别现象推断出一般规律；而步骤(4)则是一个演绎过程，即从一般规律找出个别现象。

### 7.4.2 类比的学习过程及分类

类比学习主要包括以下 4 个过程。

(1) 输入一组已知条件(已解决问题)和一组未完全确定的条件(新问题)。

(2) 对输入的两组条件，根据其描述，按某种相似性的定义寻找两者可类比的对应关系。

(3) 根据相似变换的方法，将已有问题的概念、特性、方法、关系等映射到新问题上，以获得待求解新问题所需的新知识。

(4) 对类比推理得到的新问题的知识进行校验。验证正确的知识存入知识库中，而暂时还无法验证的知识只能作为参考性知识，置于数据库中。

类比学习的关键是相似性的定义与相似变换的方法。相似定义所依据的对象随着类比学习的目的而发生变化，如果学习目的是获得新事物的某种属性，那么定义相似时应该依据新、旧事物的其他属性之间的相似对应关系。如果学习目的是获得求解新问题的方法，那么应该依据新问题的各个状态之间的关系与老问题的各个状态之间的关系来进行类比。相似变换一般要根据新、旧事物之间以何种方式对问题进行相似类比而决定。

类比学习的研究可以分为以下两大类。

(1) 问题求解型的类比学习。其基本思想是，当求解一个新问题时，总是首先回忆一下以前是否求解过类似的问题，若是则可以此为根据，通过对先前的求解过程适当加以修改，使之满足新问题的解。

(2) 预测推定型的类比学习。它又分为两种方式。一种是传统的类比法，用来推断一个不完全确定的事物可能还具有的其他属性。设 $x$、$y$ 为两个事物，$P_i$ 为属性（$i=1,2,\cdots,n$），则有下列关系，即

$$P_1(x) \wedge \cdots \wedge P_n(x) \wedge P_1(y) \wedge \cdots \wedge P_{n-1}(y) \wedge P_n(y) \tag{7-8}$$

另一种是因果关系型的类比，其基本问题是：已知因果关系 $S_1: A \to B$，给定事物 $A'$ 与 $A$ 相似，则可能有与 $B$ 相似的事物 $B'$ 满足因果关系 $S_2: A' \to B'$。

进行类比的关键是相似性判断，而其前提是配对，两者结合起来就是匹配。实现匹配有多种形式，常用的有下列几种。

(1) 等价匹配：要求两个匹配对象之间具有完全相同的特性数据。

(2) 选择匹配：在匹配对象中选择重要特性进行匹配。

(3) 规则匹配：若两个规则的结论部分匹配，且其前提部分也匹配，则两规则匹配。

(4) 启发式匹配：根据一定的背景知识，对对象的特征进行提取，然后通过一般化操作使两个对象在更高、更抽象的层次上相同。

## 7.5 解释学习

基于解释的学习可以简称为解释学习，是 20 世纪 80 年代中期开始兴起的一种机器学习方法。解释学习根据任务所在领域知识和正在学习的概念知识，对当前实例进行分析和求解，得出一个表征求解过程的因果解释树，以便获取新的知识。在获取新知识的过程中，通过对属性、表征现象和内在关系等进行解释而学习到新的知识。

### 7.5.1 解释学习的过程及算法

解释学习一般包括下列步骤。

(1) 利用基于解释的方法对训练实例进行分析与解释，以便说明它是目标概念的一个实例。

(2) 对实例的结构进行概括性解释，建立该训练实例的一个解释结构以便满足所学概念的定义。解释结构的各个叶节点应该符合可操作性准则，且使这种解释比最初的例子适用于更大的一类例子。

(3) 从解释结构中识别出训练实例的特性，并从中得到更大一类例子的概括性描述，获取一般控制知识。

解释学习是把现有的不能用或不实用的知识转化为可用的形式，因此必须了解目标概念的初始描述。1986 年，米切尔(Mitchell)等为基于解释的学习提出了一个统一的算法 EBG，该算法建立了基于解释的概括过程，并运用知识的逻辑表示和演绎推理进行问题求解。EBG 问题如图 7-3 所示，其求解问题的形式可以描述如下。

给定:

(1) 目标概念(要学习的概念)描述 TC。

(2) 训练实例(目标概念的一个实例)TE。

(3) 领域知识(由一组规则和事实组成的用于解释训练实例的知识库)DT。

(4) 操作准则(说明概念描述应该具有的形式化谓词公式)OC。

求解:

训练实例的一般化概括, 使之满足。

(1) 目标概念的充分概括描述 TC。

(2) 操作准则 OC。

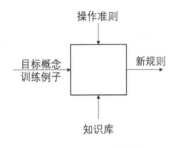

图 7-3 EBG 问题

其中, 领域知识 DT 是相关领域的事实和规则, 在学习系统中作为背景知识, 用于证明训练实例 TE 为什么可以作为目标概念的一个实例, 从而形成相应的解释。训练实例 TE 是为学习系统提供的一个例子, 在学习过程中起着重要的作用, 它应该能充分地说明目标概念 TC。操作准则 OC 用于指导学习系统对目标概念进行取舍, 使通过学习产生的关于目标概念 TC 的一般性描述成为可用的一般性知识。

从上述描述可以看出, 在解释学习中, 为了对某个目标概念进行学习, 从而得到相应的知识, 必须为学习系统提供完善的领域知识以及能够说明目标概念的一个训练实例。在系统进行学习时, 首先运用领域知识 DT 找出训练实例 TE 为什么是目标概念 TC 实例的证明(即解释), 然后根据操作准则 OC 对证明进行推广, 从而得到关于目标概念 TC 的一般性描述, 即一个可供以后使用的形式化表示的一般性知识。

可以把 EBG 算法分为解释和概括两步。

(1) 解释, 即根据领域知识建立一个解释, 以便证明训练实例如何满足目标概念的定义。目标概念的初始描述通常是不可操作的。

(2) 概括, 即对第(1)步的证明树进行处理, 对目标概念进行回归, 包括用变量代替常量以及必要的新项合成等工作, 从而得到所期望的概念描述。

由上可知, 解释工作是将实例的相关属性与无关属性分离开来; 概括工作则是分析解释结果。

### 7.5.2 解释学习案例

下面举例说明解释学习的工作过程。

**例 7.2** 通过解释学习获得一个物体 $(x)$ 可以安全地放置到另一物体 $(y)$ 上的概念。

已知: 目标概念为一对物体 $(x, y)$, 使 safe-to-stack$(x, y)$, 有

$$\text{safe-to-stack}(x, y) \rightarrow \sim\text{fragile}(y)$$

训练例子是描述两个物体的下列事实:

on$(a, b)$

isa$(a, \text{brick})$

isa$(b, \text{endtable})$

volume $(a,1)$
density $(a,1)$
weight $(brick,5)$
times $(1,1,1)$
less $(1,5)$
……

知识库中的领域知识是把一个物体放置到另一个物体上的安全性准则：
lighter $(X,Y) \rightarrow$ safe-to-stack $(X,Y)$
weight $(P_1,W_1) \land$ weight $(P_2,W_2) \land$ less $(W_1,W_2) \rightarrow$ lighter $(P_1,P_2)$
volume $(P,V) \land$ density $(P,D) \land$ times $(V,D,W) \rightarrow$ weight $(P,W)$
isa $(P,endtable) \land$ weight $(B,S) \rightarrow$ weight $(P,S)$

其证明树如图 7-4 所示。

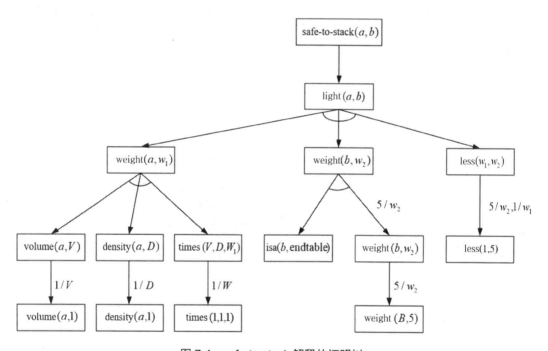

图 7-4　safe-to-stack 解释的证明树

对证明树中的常量换为变量进行概括，可以得到下面的一般性规则：
volume $(X,V) \land$ density $(X,D) \land$ times $(V,D,W_1) \land$ isa $(Y,endtable)$
$\land$ weight $(B,W_2) \land$ less $(W_1,5) \rightarrow$ safe-to-stack $(X,Y)$

## 7.6　贝叶斯学习

贝叶斯学习（Bayesian learning）就是基于贝叶斯理论（Bayesian theory）的机器学习方法。贝叶斯理论也称为贝叶斯法则（Bayesian theorem，或 Bayesian Rule，或 Bayesian law），其核心就是贝叶斯公式。

## 7.6.1 贝叶斯法则

**1. 贝叶斯法则简述**

贝叶斯法则解决的机器学习任务一般是：在给定训练数据 $D$ 时，确定假设空间 $H$ 中的最优假设。这是典型的分类问题。贝叶斯法则基于假设的先验概率、给定假设下观察到不同数据的概率以及观察到的数据本身，提供了一种计算假设概率的方法。在进一步讨论贝叶斯法则之前，首先要明确几个相关概念。

(1) 先验概率。

先验概率(Prior probability)就是还没有训练数据之前，某个假设 $h(h \in H)$ 的初始概率，记为 $P(h)$。先验概率反映了一个背景知识，表示 $h$ 是一个正确假设的可能性有多大。类似地，$P(d)$ 表示训练数据 $d$ 的先验概率，也就是在任何假设都未知或不确定时 $d$ 的概率。$P(d|h)$ 表示已知假设 $h$ 成立时 $d$ 的概率，称为类条件概率，或者给定假设 $h$ 时数据 $d$ 的似然度。

(2) 后验概率。

后验概率(Posterior probability)就是在数据 $d$ 上经过学习之后，获得的假设 $h$ 成立的概率，记为 $P(h|d)$，也就是说，$P(h|d)$ 表示给定数据 $d$ 时假设 $h$ 成立的概率，后验概率是学习的结果，反映了在看到训练数据 $d$ 之后，假设 $h$ 成立的置信度。因此，后验概率用作解决问题时的依据。对于给定数据，根据该概率可以做出相应决策，例如判断数据的类别或选择某种结论等。

此处要注意，后验概率 $P(h|d)$ 是在数据 $d$ 上得到的学习结果，反映了数据 $d$ 的影响。如果训练数据本身变化了，那么学习结果也会发生变化。也就是说，这个学习结果是与训练数据相关的。这就好像一个人的生活经历会影响他(她)的人生观一样。与此相反，先验概率是与训练数据 $d$ 无关的，是独立于 $d$ 的。

贝叶斯公式，即

$$P(h|d) = \frac{P(d|h)P(h)}{P(d)} \tag{7-9}$$

贝叶斯公式提供了从先验概率 $P(h)$、$P(d)$ 和 $P(d|h)$ 计算后验概率 $P(h|d)$ 的方法。直观地看，$P(h|d)$ 随着 $P(h)$ 和 $P(d|h)$ 的增大而增大，随着 $P(d)$ 的增大而减小，也就是说，如果 $d$ 独立于 $h$ 时被观察到的可能性越大，那么 $d$ 对 $h$ 的支持度就越小。此外，后验概率是对先验概率的修正。

**2. 贝叶斯最优假设**

分类问题的最优假设(即最优结果)可以有不同的定义。例如，与期望误差最小的假设，或者能取得最小熵的假设等。贝叶斯最优假设是指为在给定数据 $d$、假设空间 $H$ 中不同假设的先验概率以及有关知识下的最可能假设。这个最可能假设可有不同的选择。

(1) 极大后验假设。

极大后验(Maximum A Posteriori，MAP)假设就是在候选假设集合 $H$ 中寻找对于给定数据 $d$ 使后验概率 $P(h|d)$ 最大的那个假设，即 MAP 假设 $h_{MAP}$ ($h_{MAP} \in H$) 是满足下式的假

设，即

$$h_{\text{MAP}} \equiv \arg\max_{h \in H} P(h|d)$$
$$= \arg\max_{h \in H} \frac{P(d|h)P(h)}{P(d)} \quad (7\text{-}10)$$
$$= \arg\max_{h \in H} P(d|h)P(h)$$

式(7-10)最后一步去掉了 $P(d)$，因为它是不依赖于 $h$ 的常量。确定 MAP 假设的方法就是用贝叶斯公式计算每个候选假设的后验概率。

(2) 极大似然假设。

极大似然(Maximum Likelihood，ML)假设就是在候选假设集合 $H$ 中选择使给定数据 $d$ 似然度(即类条件概率) $P(d|h)$ 最大的假设，即极大似然假设 $h_{\text{ML}}$ ($h_{\text{ML}} \in H$) 是满足下式的假设，即

$$h_{\text{ML}} \equiv \arg\max_{h \in H} P(d|h) \quad (7\text{-}11)$$

极大似然假设和极大后验假设有很强的关联性。实际上，当候选假设集合 $H$ 中的每个假设都有相同的先验概率时，极大后验假设就蜕化成极大似然假设。由于数据似然度是先验知识，不需要训练就能知道，所以在机器学习实践中经常应用极大似然假设来指导学习。

(3) 贝叶斯最优分类器。

贝叶斯最优分类器(Bayes optimal classifier)是对最大后验假设的发展。它并不是直接选取后验概率最大的假设作为分类结果，而是对所有假设的后验概率做线性组合(加权求和)，再选择加权和最大的结果作为最优分类结果。设 $V$ 表示类别集合，对于 $V$ 中的任意一个类别 $v_j$，概率 $P(v_j|d)$ 表示把数据 $d$ 归为类别 $v_j$ 的概率。贝叶斯最优分类就是使 $P(v_j|d)$ 最大的那个类别。贝叶斯最优分类器就是满足下式的分类系统，即

$$\arg\max_{v_j \in V} \sum_{h_i \in H} P(v_j|h_i)P(h_i|d) \quad (7\text{-}12)$$

在相同的假设空间和相同的先验概率条件下，其他方法的平均性能不会比贝叶斯最优分类器更好。在给定可用数据、假设空间以及这些假设的先验概率的条件下，贝叶斯最优分类器使一个实例被正确分类的可能性达到最大。

贝叶斯最优分类器所做的分类可以不是由假设空间 $H$ 中单个假设所标注的分类，而是由 $H$ 中多个假设的线性组合所标注的分类。也就是说，在由 $H$ 生成的另一个空间 $H'$ 中应用贝叶斯公式。实际上，贝叶斯最优分类器在空间 $H$ 中应用了一次贝叶斯公式，然后在空间 $H'$ 中又应用了一次贝叶斯公式。由此可见，虽然贝叶斯最优分类器能从给定训练数据中获得最好的性能，但是其算法开销比较大。

**例 7.3** 设对于数据 $d$ 有假设 $h_1$、$h_2$、$h_3$。它们的先验概率分别是 $P(h_1)=0.3$、$P(h_2)=0.3$、$P(h_3)=0.4$，并且已知 $P(d|h_1)=0.5$、$P(d|h_2)=0.3$、$P(d|h_3)=0.2$。又已知在分类集合 $V=\{+,-\}$ 上数据 $d$ 被 $h_1$ 分类为正，被 $h_2$ 和 $h_3$ 分类为负。请分别依据 MAP 假设和贝叶斯最优分类器对数据 $d$ 进行分类。

**解** 先分别计算出假设 $h_1$、$h_2$、$h_3$ 的后验概率为

$$P(h_1|d) = \frac{P(d|h_1)P(h_1)}{P(d)} = \frac{0.5 \times 0.3}{0.5 \times 0.3 + 0.3 \times 0.3 + 0.2 \times 0.4} \approx 0.47$$

$$P(h_2|d) = \frac{P(d|h_2)P(h_2)}{P(d)} = \frac{0.3 \times 0.3}{0.5 \times 0.3 + 0.3 \times 0.3 + 0.2 \times 0.4} \approx 0.28$$

$$P(h_3|d) = \frac{P(d|h_3)P(h_3)}{P(d)} = \frac{0.2 \times 0.4}{0.5 \times 0.3 + 0.3 \times 0.3 + 0.2 \times 0.4} = 0.25$$

那么依据 MAP 假设，$h_1$ 是最优假设，所以数据 $d$ 应该分类为正。

对于贝叶斯最优分类器，再计算分类概率为

$$\sum_{h_i \in H} P(+|h_i)P(h_i|d)$$
$$= P(+|h_1)P(h_1|d) + P(+|h_2)P(h_2|d) + P(+|h_3)P(h_3|d)$$
$$= 1 \times 0.47 + 0 \times 0.28 + 0 \times 0.25$$
$$= 0.47$$

$$\sum_{h_i \in H} P(-|h_i)P(h_i|d)$$
$$= P(-|h_1)P(h_1|d) + P(-|h_2)P(h_2|d) + P(-|h_3)P(h_3|d)$$
$$= 0 \times 0.47 + 1 \times 0.28 + 1 \times 0.25$$
$$= 0.53$$

那么依据贝叶斯最优分类器，数据 $d$ 应该分类为负。

**3. 贝叶斯学习的特点**

贝叶斯学习在机器学习中占有重要的位置。因为贝叶斯学习为衡量多个假设的置信度提供了定量的方法，可以计算每个假设的显式概率，提供了一个客观的选择标准。而且贝叶斯学习为理解其他学习算法提供了一种有效的手段，虽然那些算法不一定直接操纵概率数据。例如，用贝叶斯方法可以分析决策树的归纳偏置，选择最优决策树，使误差平方和最小化的神经网络学习结果也是符合贝叶斯法则(最大似然法则)的学习结果。

贝叶斯学习方法的特性如下。

(1) 观察到的每个训练样例可以增量地降低或升高某假设的估计概率。而其他算法会在某个假设与任何一个样例不一致时完全去掉该假设。

(2) 先验知识可以与观察数据一起决定假设的最终概率。先验知识包括每个候选假设的先验概率、每个可能假设在可观察数据上的概率分布。

(3) 贝叶斯方法允许假设做出不确定性的预测。例如，前方目标是骆驼的可能性是 90%，是马的可能性是 5%。

(4) 新的实例分类可以由多个假设一起作出预测，用它们的概率来加权。

(5) 即使在贝叶斯方法计算复杂度较高时，它也可以作为一个最优决策标准去衡量其他方法。

在实践中使用贝叶斯学习时，要注意以下几个先决条件。

(1) 被观察的量遵循某概率分布，并且可以根据这些概率及已经观察到的数据进行推理。

(2) 由一些已知假设作为候选目标，且候选假设之间彼此互斥，所有候选假设概率之和为 1。

(3) 具有先验知识。要获得先验概率,一般要做大量的统计工作。这在实践中往往有困难。此时也可以基于背景知识、预先准备好的数据以及基准分布的假设来估计这些概率。另外,一般情况下如果要计算贝叶斯最优假设,则需要计算所有可能假设的概率。这样的计算复杂度就比较高。

### 7.6.2 朴素贝叶斯方法

在机器学习中,一个实例 $x$ 往往有很多属性。一般用一个多维元组(即向量) $<a_1,a_2,\cdots,a_n>$ 来表示一个实例。其中每一维代表一个属性,该分量的数值就是所对应属性的值。此时依据 MAP 假设的贝叶斯学习就是对一个数据 $<a_1,a_2,\cdots,a_n>$,求使其满足下式的目标值 $h_{MAP}$。

$$\begin{aligned}
h_{MAP} &= \arg\max_{h_i \in H} P(h_i \mid a_1,a_2,\cdots,a_n) \\
&= \frac{\arg\max_{h_i \in H} P(a_1,a_2,\cdots,a_n \mid h_i) P(h_i)}{P(a_1,a_2,\cdots,a_n)} \\
&= \arg\max_{h_i \in H} P(a_1,a_2,\cdots,a_n \mid h_i) P(h_i)
\end{aligned} \tag{7-13}$$

式中,$H$ 为目标值集合。估计每个 $P(h_i)$ 很容易,只要计算每个目标值 $h_i$ 出现在训练数据中的频率就可以。但是如果要如此估计所有的 $P(a_1,a_2,\cdots,a_n \mid h_i)$ 项,那么必须计算 $a_1,a_2,\cdots,a_n$ 的所有可能取值组合,再乘以可能的目标值数量。假设一个实例有 10 个属性,每个属性有 3 个可能取值,而目标集合中有 5 个候选目标。那么 $P(a_1,a_2,\cdots,a_n \mid h_i)$ 项就有 $5 \times 3^{10}$ 个。对于现实系统这样显然不行。因为,首先,很难得到一个容量足够大的样本;其次,即使样本足够多,进行统计的时间复杂度也是无法忍受的。所以,贝叶斯最优假设(包括贝叶斯最优分类器)不适合高维数据。

对于贝叶斯学习有两种思路可以解决高维数据问题。一种是朴素贝叶斯方法,也称为简单贝叶斯方法;另一种是贝叶斯网络。朴素贝叶斯方法采用最简单的假设:对于目标值,数据各属性之间的相互条件独立,即 $a_1,a_2,\cdots,a_n$ 的联合概率等于每个单独属性的概率乘积,有

$$P(a_1,a_2,\cdots,a_n \mid h_i) = \prod_j P(a_j \mid h_i) \tag{7-14}$$

将其代入式(7-13)中,就得到朴素贝叶斯分类器所用的方法,即

$$h_{NB} = \arg\max_{h_i \in H} P(h_i) \prod_j P(a_j \mid h_i) \tag{7-15}$$

式中,$h_{NB}$ 为朴素贝叶斯分类器输出的目标值。仍以上段假设为例,朴素贝叶斯分类器中需要从训练数据中估计的 $P(a_j \mid h_i)$ 项的数量是 $5 \times 3 \times 10$,这显然远小于 MAP 分类中的 $P(a_1,a_2,\cdots,a_n \mid h_i)$ 项。朴素贝叶斯学习的主要过程在于计算训练样例中不同数据组合的出现频率,统计出 $P(h_i)$ 和 $P(a_j \mid h_i)$。所以,其算法比较简单,是一种很有效的机器学习方法。当各属性条件满足独立性时,朴素贝叶斯分类结果等于 MAP 分类。尽管这个假设在一定的程度上限制了朴素贝叶斯方法的适用范围,但是在实际应用中,许多领域在违背这种假设的条件下,朴素贝叶斯学习也表现出相当好的鲁棒性和高效性。

### 7.6.3 贝叶斯网络

朴素贝叶斯方法假设数据属性在给定目标值下是条件独立的。在很多情况下，这个条件独立性假设过于严格。贝叶斯网络采取了另一种思路。贝叶斯网络不要求任意两个数据属性之间都条件独立，而是只要两个属性组之间条件独立就可以了。属性组就是属性集合的子集。贝叶斯网络描述的就是属性组所遵循的概率分布，即联合概率分布。

贝叶斯网络是一个带有概率注释的有向无环图，是表示变量(属性)之间概率依赖关系的图形模式。其中，一个节点表示一个变量，有向边表示变量之间的概率依赖关系。任何一个节点的概率只受其父节点的影响，即任何一个变量在给定其父节点的条件下独立于其非后继节点。每个节点都对应着一个条件概率分布表，指明该变量与父节点之间概率依赖的数量关系。不连通的节点就表示条件独立。贝叶斯网络中对一组变量 $a_1, a_2, \cdots, a_n$ 的联合概率可以由下式计算，即

$$P(a_1, a_2, \cdots, a_n) = \prod_j P(a_j \mid \text{Parent}(a_j)) \tag{7-16}$$

式中，$\text{Parent}(a_j)$ 为网络中 $a_j$ 的父节点集合。$P(a_j \mid \text{Parent}(a_j))$ 的值等于与节点 $a_j$ 关联的条件概率表中的值。

**例 7.4** 如图 7-5 所示为一个关于年轻人(记为 $Y$)、军营(记为 $C$)、学生(记为 $P$)、战士(记为 $S$)、打工(记为 $W$)和身体棒(记为 $B$)6 个事物的贝叶斯网络拓扑。表 7-2 列出其中年轻人、军营、学生、战士节点的条件概率表，打工和身体棒节点此处省略。

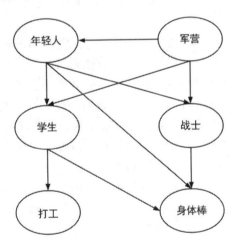

图 7-5 一个贝叶斯网络拓扑

表 7-2 贝叶斯网络中各节点的条件概率

| 军营 | | 年轻人 | | |
| --- | --- | --- | --- | --- |
| | | | $C$ | $\neg C$ |
| $C$ | 0.1 | $Y$ | 0.8 | 0.6 |
| $\neg C$ | 0.9 | $\neg Y$ | 0.2 | 0.4 |

续表

| 战士/学生 | | | | |
|---|---|---|---|---|
| | $Y, C$ | $Y, \neg C$ | $\neg Y, C$ | $\neg Y, \neg C$ |
| $S$ | 0.7 | 0.2 | 0.3 | 0.1 |
| $\neg S$ | 0.3 | 0.8 | 0.7 | 0.9 |
| $P$ | 0.2 | 0.6 | 0 | 0.1 |
| $\neg P$ | 0.8 | 0.4 | 1 | 0.9 |

这个贝叶斯网络通过式(7-13)可知，在街上碰到一个军营，看见一个人从军营里出来，并且这个人是年轻战士不是学生的联合概率 $P(\neg P, S, Y, C)$ 为

$$P(\neg P, S, Y, C) = P(\neg P | Y, C) \times P(S | Y, C) \times P(Y | C) \times P(C)$$
$$= 0.8 \times 0.7 \times 0.8 \times 0.1$$
$$= 0.0448$$

在军营里面看见一个人，并且这个人是年轻战士不是学生的联合概率 $P(\neg P, S, Y | C)$ 为

$$P(\neg P, S, Y | C) = P(\neg P | S, Y, C) \times P(S, Y | C)$$
$$= P(\neg P | S, Y, C) \times P(S | Y, C) \times P(Y | C)$$
$$= P(\neg P | Y, C) \times P(S | Y, C) \times P(Y | C)$$
$$= 0.8 \times 0.7 \times 0.8$$
$$= 0.448$$

由这个贝叶斯网络可知，在给定父节点的条件下，学生节点和战士节点是条件独立的。所以，$P(\neg P | S, Y, C) = P(\neg P | Y, C)$。

由上例可以看出，贝叶斯网络可以用于在指导某些变量的值或分布时，计算网络中另一部分变量的概率分布。但是在一般情况下，对任意贝叶斯网络的概率的确切推理已经知道是一个 NP 难题，甚至即使是贝叶斯网络中的近似推理也可能是 NP 难题。在实践中，可以使用 D 分离、图约简法、Polytree 等技术进行简化推理，其重点在于通过各种方法寻找贝叶斯网络中的条件独立性，达到减少计算量和复杂性的目的。

如何从训练数据中学习获得贝叶斯网络仍然是机器学习研究中的一个焦点问题。贝叶斯网络的学习可以简单分为结构学习和参数学习。结构学习就是通过训练数据来构造贝叶斯网络拓扑。参数学习就是在贝叶斯网络结构已知的情况下，学习变量的概率分布及参数估计，实际上就是学习各个节点的条件概率表。当网络结构已知并且所有变量可以从训练数据中完全获得时，可以运用朴素贝叶斯方法来估计条件概率表中的各个项。但是其他情况下的学习就困难多了。

贝叶斯网络实质上是一种基于概率的不确定性推理网络，提供了一种自然的表示因果信息的方法，因此也称为贝叶斯信念网络。贝叶斯网络是处理不确定信息的一种有力工具，已经在医疗诊断、统计决策、专家系统和工业控制等领域的智能化系统中得到了重要应用。

### 7.6.4 贝叶斯学习应用案例

本小节通过一个邮件分类问题来介绍贝叶斯学习方法的应用。邮件分类问题就是根据

邮件信息把邮件分为有用邮件和垃圾邮件两类,也称为垃圾邮件识别。邮件分类就是一种文本分类。能够解决文本分类的方法有很多,包括基于规则的方法、基于概率的方法、支持向量机方法以及人工神经网络方法等。常见的分类方法实际上都可以用于文本分类问题。但是不同的方法效果也不一样。通过本小节内容也可以知道解决文本分类问题的一般过程。

本小节介绍用朴素贝叶斯分类识别垃圾邮件的基本方法。贝叶斯方法纯粹根据统计学规律运作,完全可以由用户根据自己所接收的邮件历史来确定过滤设置。这样,就使垃圾邮件发送者难以猜测用户的过滤偏好。但是,贝叶斯方法受到训练数据概率分布的影响很大。所以,只有当训练数据规模比较大,其数据特征概率分布比较接近真实情况时才能获得较好的效果。

朴素贝叶斯方法的基本学习过程包括建立训练数据集、获取先验知识及生成概率表。具体学习过程如下。

(1) 收集大量垃圾邮件和非垃圾邮件,建立垃圾邮件集和非垃圾邮件集。

(2) 提取邮件主题和邮件内容中的有效字词 $w_i$,例如"内幕"和"真相"等。然后统计其出现的次数,即在该训练集上的词频 $\mathrm{TF}(w_i)$。

(3) 对垃圾邮件集和非垃圾邮件集中所有邮件执行第(2)步。

(4) 对垃圾邮件集和非垃圾邮件集分别建立 $W_{\mathrm{spam}}$ 和 $W_{\mathrm{valid}}$,存储有效字词到其词频的映射关系。

(5) 计算每个有效字词在垃圾邮件集 $W_{\mathrm{spam}}$ 上出现的概率 $P(w_i | C = \mathrm{spam})$ 和在非垃圾邮件集 $W_{\mathrm{valid}}$ 上出现的概率 $P(w_i | C = \mathrm{valid})$。

$$P(w_i | C) = \frac{\mathrm{TF}(w_i)}{\sum_{w_i \in W} \mathrm{TF}(w_i)}$$

(6) 在垃圾邮件集和非垃圾邮件集上的学习过程结束,获得在垃圾邮件集和非垃圾邮件集上每个有效字词的出现概率。

用朴素贝叶斯方法判断一封邮件的基本过程包括提取有效字词、计算后验概率及根据 MAP 假设判断。具体判断过程如下。

(1) 对于一封邮件提取其所有的有效字词 $t_1, t_2, \cdots, t_n$。

(2) 从哈希表里 $W_{\mathrm{spam}}$ 和 $W_{\mathrm{valid}}$ 中分别提取不同类别中上述有效字词的概率 $P(w_i | C = \mathrm{spam})$ 和 $P(w_i | C = \mathrm{valid})$。

(3) 依据朴素贝叶斯方法计算该邮件为垃圾邮件的概率 $P(C = \mathrm{spam} | t_1, t_2, \cdots, t_n)$ 和非垃圾邮件的概率 $P(C = \mathrm{valid} | t_1, t_2, \cdots, t_n)$。

$$P(C = \mathrm{spam} | t_1, t_2, \cdots, t_n) = \frac{P(C = \mathrm{spam}) \times P(t_1 | C = \mathrm{spam}) \times P(t_2 | C = \mathrm{spam}) \times \cdots \times P(t_n | C = \mathrm{spam})}{P(t_1, t_2, \cdots, t_n)}$$

$$P(C = \mathrm{valid} | t_1, t_2, \cdots, t_n) = \frac{P(C = \mathrm{valid}) \times P(t_1 | C = \mathrm{valid}) \times P(t_2 | C = \mathrm{valid}) \times \cdots \times P(t_n | C = \mathrm{valid})}{P(t_1, t_2, \cdots, t_n)}$$

(4) 如果 $P(C=\text{spam}\mid t_1,t_2,\cdots,t_n) > P(C=\text{valid}\mid t_1,t_2,\cdots,t_n)$，那么该邮件为垃圾邮件；否则，该邮件不是垃圾邮件。判定过程结束。

在上述过程中，$P(t_1,t_2,\cdots,t_n)$ 实际上可以不用计算，因为这个概率不影响判定。另外，这个概率值实际上很难得到准确值。$P(t_i\mid C)$ 是类条件概率(即似然度)，是由先验知识得到的。$P(C)$ 是关于垃圾邮件和非垃圾邮件的先验概率，应该根据历史邮件统计出来。在实践中，如果不做统计，那么可以假设两者相等，即

$$P(C=\text{spam}) = P(C=\text{valid})$$

此时，实际上就是按照似然度来做判定，也就是从极大后验假设蜕化成极大似然假设。

本小节介绍的用朴素贝叶斯方法过滤垃圾邮件的过程实际上也就是一个对文本进行分类的过程。不过在一般的文本分类过程中，文本类别比较多，不仅只有两类。另外，在估计似然度时，使用了词频比率代替概率。而实际上根据概率定理，只有当观察次数(即训练样例)足够大时，这个比率才趋向于概率。如果训练样例较少(例如词频太低)，那么对概率的估计较差。特别是当某个词频为 0 时，实际概率不应该为 0。由于乘法的关系，为 0 的概率估计会完全掩盖其他概率。为了避免这种问题，可以采用以下定义的 $m$ 估计方法。

$$P(w_i\mid C) = \frac{\text{TF}(w_i)+mp}{\sum_{w_i\in W}\text{TF}(w_i)+m} \tag{7-17}$$

式中，$p$ 为先验估计概率，可以根据实际情况选择，最常用的方法就是假设均匀分布的先验概率，即属性(即训练样例)有 $k$ 个可能取值，那么 $p=1/k$；$m$ 为一个表示等效样本大小的常量。式(7-17)就是把原先 $n$ 个实际观察扩大，加上 $m$ 个按照 $p$ 分布的虚拟样本。在文本分类中，$m$ 最常见的取值就是所有不同有效字词的个数，即词汇表的大小。此时若采用均匀分布的先验概率，则 $mp=1$。所以，式(7-17)变为

$$P(w_i\mid C) = \frac{\text{TF}(w_i)+1}{\sum_{w_i\in W}\text{TF}(w_i)+|M|} \tag{7-18}$$

在实践应用中，朴素贝叶斯方法简单、有效，应用很广泛。不过应用朴素贝叶斯方法的前提是各属性之间互相条件独立。而且由于朴素贝叶斯方法中对数据属性进行了过多的简化，丧失了很多对分类很有用的信息，影响分类效果，所以在实践应用中还有很多在朴素贝叶斯方法基础上进行改进的方法。

## 7.7 决策树学习

决策树学习(Decision tree learning)是一种逼近离散值函数的方法，一般用于解决分类问题，是应用最广泛的归纳推理算法之一。决策树学习方法采用自顶向下的递归方式，从一组无次序、无规则的元组中推理出树形结构的分类规则。最终学习到的函数被表示成一棵决策树，也能被表示为多个 If-Then 规则，以便提高可读性。决策树学习方法对噪声数据有很好的鲁棒性且能够学习析取表达式。决策树学习算法有很多，例如 ID3、C4.5、ASSISTANT 等。这些决策树学习方法搜索一个完整表示的假设空间，从而避免了受限假设空间的不足。决策树学习的归纳偏置是优先选择较小的树。

## 7.7.1 决策树表示法

决策树把一个实例从根节点开始不断进行划分,一直到叶子节点。最后通过与叶子节点相关联的类别来决定实例的分类。树上的每一个节点说明了对实例的某个属性的测试,并且该节点的每一个后继分枝对应于该属性的一个可能值。分类实例的方法是从这棵树的根节点开始,测试这个节点指定的属性,然后按照给定实例的属性值所对应的树枝向下移动。这个过程在以新节点为根的子树上不断重复,直到叶子节点。从决策树根节点到叶子节点的一条路径就构成一条判定规则。从树根到树叶的每一条路径对应一组属性测试的合取,树本身对应这些合取的析取。

**例 7.5** 在一个水果分类问题中,采用的特征向量为{颜色,尺寸,形状,味道}。其中,颜色属性的取值范围为{红,绿,黄},尺寸属性的取值范围为{大,中,小},味道属性的取值范围为{甜,酸},形状属性的取值范围为{圆,细}。已知样本集为一批水果,知道其特征向量及类别。那么,对于一个新的水果实例,观测到了其特征向量,就可以判定它是哪一类水果。本例中的决策树(见图 7-6)可以用下面的析取式(规则)表示,即

$V$(If 颜色=绿 ∧ 尺寸=大 Then 水果=西瓜)
$V$(If 颜色=绿 ∧ 尺寸=中 Then 水果=苹果)
$V$(If 颜色=绿 ∧ 尺寸=小 Then 水果=葡萄)
$V$(If 颜色=黄 ∧ 形状=圆 ∧ 尺寸=大 Then 水果=柚子)
$V$(If 颜色=黄 ∧ 形状=圆 ∧ 尺寸=小 Then 水果=柠檬)
$V$(If 颜色=黄 ∧ 形状=细 Then 水果=香蕉)
$V$(If 颜色=红 ∧ 尺寸=中 Then 水果=苹果)
$V$(If 颜色=红 ∧ 尺寸=小 ∧ 味道=甜 Then 水果=樱桃)
$V$(If 颜色=红 ∧ 尺寸=小 ∧ 味道=酸 Then 水果=葡萄)

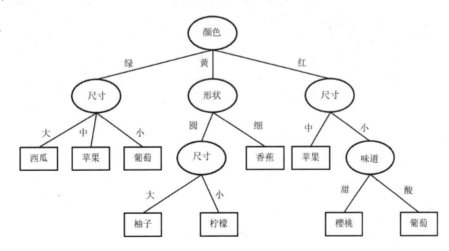

图 7-6 水果分类的决策树

决策树学习适合解决具有以下特征的问题。
(1) 实例是由"属性–值"对表示的。实例是用一系列固定的属性和它们的值来描述

的。例如，一棵被子植物由根、茎、叶、花、果实等属性描述。在简单的决策树学习中，每个属性只取离散值。例如，植物根系只取直根系和须根系两个值。但是，在扩展的决策树算法中也可以处理连续值属性。一般都是用某种方法把连续值离散化，即一个区间对应一个离散值。

(2) 目标函数具有离散的输出值。决策树在叶子节点上给每个实例赋予一个确定的类别，即其目标值域也是离散值的集合。

(3) 可能需要析取的描述。决策树很自然地代表了析取表达式，如例 7.5 所示。

(4) 训练数据可以包含错误。决策树学习对错误有很好的鲁棒性。无论是训练样例的分类错误还是属性值错误，决策树学习都可以较好地处理这些错误数据。

(5) 训练数据可以包含缺少属性值的实例。决策树甚至可以在有未知属性值的训练样例中使用。

### 7.7.2 ID3 算法

#### 1. ID3 算法思想

1986 年，奎廉(J.Ross Quinlan)在概念学习系统研究的基础上提出了 ID3 算法。ID3 算法采用自顶向下的贪婪搜索遍历可能的决策树空间，在每个节点选取能最好分类样例的属性。这个过程一直重复，直到这棵树能完美分类训练样例，或所有的属性都已经被使用过为止。

用 ID3 算法构造决策树的过程从"哪一个属性将在树的根节点被测试"这个问题开始。为了回答这个问题，使用统计测试来确定每一个实例属性单独分类训练样例的能力。分类能力最好的属性被选作树的根节点。然后，为根节点属性的每个可能值产生一个分枝，并把训练样例分配到适当的分枝(即样例属性值所对应的分枝)之下。重复整个过程，用每个分枝节点关联的训练样例来选取在该点被测试的最佳属性。这样，就形成了对合格决策树的贪婪搜索，所以 ID3 算法不回溯，不重新考虑以前做过的选择。

ID3 算法的核心问题是选取每个节点上要测试的属性。我们当然希望选择的是最有利于分类实例的属性。但是如何衡量一个属性价值的高低呢？这个问题还没有统一的答案，在机器学习中有不同的度量方法。ID3 算法根据信息增益来度量给定属性区分训练样例的能力。实际上，ID3 算法选择信息增益最大的属性作为决策树节点。

#### 2. 信息增益

**定义 7.12** 对于数据集合 $D$，若任意一个数据 $d(d \in D)$ 有 $c$ 个不同取值选项，那么数据集 $D$ 对于 $c$ 个状态的熵(Entropy)定义为

$$\text{Entropy}(D) = \sum_{i=1}^{c} -P_i \log_2 P_i \tag{7-19}$$

式中，$P_i$ 为数据集 $D$ 中取值为 $i$ (或者说属于类别 $i$)的数据比例(或者概率)。如果数据有 $c$ 种可能值，那么熵的最大可能值为 $\log_2 c$。我们定义 $0\log_2 0 = 0$。

**定义 7.13** 属性 $A$ 对于数据集 $D$ 的信息增益 $\text{Gain}(D, A)$ 就是由于使用该属性分割数据集 $D$，而导致数据集 $D$ 期望熵减少的程度，即

$$\text{Gain}(D, A) = \text{Entropy}(D) - \sum_{v \in \text{Values}(A)} \left( \frac{|D_v|}{D} \text{Entropy}(D_v) \right) \tag{7-20}$$

式中，Values($A$) 为属性 $A$ 所有可能值的集合；$D_v$ 为 $D$ 中属性 $A$ 的值为 $v$ 的子集，即 $D_v = \{d | d \in D, A(d) = v\}$；Entropy($D$) 为 $D$ 未用属性 $A$ 分割之前的熵，Entropy($D_v$) 是 $D$ 用属性 $A$ 分割之后的熵。属性 $A$ 的每一个可能取值都有一个熵，该熵的权重是取该属性值的数据在数据集 $D$ 中所占的比例。

熵刻画了数据集的纯度。熵越小，数据集越纯净，即越多的数据有相同的类别。当熵为 0 时，表示数据集中所有的数据都相等，都等于一个值。属性 $A$ 的信息增益就是当按照 $A$ 来划分数据集时，数据集可以比原来纯净多少。

### 3. ID3 算法的伪码

ID3 算法的伪码如下。

第 1 步：创建根节点。

第 2 步：根节点数据集为初始数据集。

第 3 步：根节点属性集包括全体属性。

第 4 步：当前节点指向根节点。

第 5 步：在当前节点的属性集和数据集上，计算所有属性的信息增益。

第 6 步：选择信息增益最大的属性 $A$ 作为当前节点的决策属性。

第 7 步：如果最大信息增益不大于 0，那么当前节点是叶子节点，标定其类别，并标记该节点已被处理。执行第 14 步；否则执行第 8 步。

第 8 步：对属性 $A$ 的每一个可能值生成一个新节点。

第 9 步：把当前节点作为新节点的父节点。

第 10 步：从当前节点数据集中选取属性 $A$ 等于某个值的数据，作为该值对应新节点的数据集。

第 11 步：从当前节点属性集中去除属性 $A$，然后作为新节点的属性集。

第 12 步：如果新节点数据集或者属性集为空，那么该新节点是叶子节点，标定其类别，并标记该节点已被处理。

第 13 步：标记当前节点已被处理。

第 14 步：令当前节点指向一个未处理节点。如果无未处理节点那么算法结束；否则执行第 5 步。

### 4. ID3 算法的特点

ID3 算法可以被看作在假设空间中的一个搜索过程。搜索目标就是找到一个能够拟合训练数据的假设。假设空间就是所有可能决策树的集合，也是一个关于现有属性的有限离散值函数的完整空间。所以，ID3 算法必定能够找到一个目标函数。

ID3 算法运用爬山法搜索假设空间，但是并未彻底搜索整个空间，而是当遇到第一个可接受的树时就终止了。ID3 算法实际上是用信息增益度量作为启发式规则，指导爬山搜索的。概括地讲，ID3 的搜索策略有以下特点。

(1) 优先选择较短的树，而不是较长的树。

(2) 选择那些高信息增益、高属性、更靠近根节点的树。优先选择短的树，即复杂度小的决策树，更符合奥卡姆剃刀原则，也就是优先选择更简单的假设。复杂度小的决策树(分类器)一般具有更好的泛化能力。

基本的 ID3 算法在搜索中不进行回溯，对已经做过的选择不再重新考虑。所以，ID3 算法收敛到局部最优解，而不是全局最优解。可以对 ID3 算法得到的决策树进行修剪，增加某种形式的回溯，从而得到更优解。

### 7.7.3 决策树学习的常见问题

决策树学习中常见的问题包括确定决策树增长的深度，避免过度拟合；处理连续值的属性；选择一个适当的属性筛选度量标准；处理属性值不完整的训练数据；处理不同代价的属性；提高计算效率。

针对上述问题，奎廉于 1993 年提出了 C4.5 算法，对 ID3 算法进行了以下改进，成为目前普遍使用的一种决策树算法。

(1) 用信息增益率来选择属性，避免了用信息增益选择属性时偏向选择取值多的属性。
(2) 在树的构造过程中进行剪枝。
(3) 能够完成对连续属性的离散化处理。
(4) 能够对不完整数据进行处理。

#### 1. 过度拟合问题

**定义 7.14** 给定一个假设空间 $H$ 和一个训练数据集 $D$。对于一个假设 $h(h \in H)$，如果存在其他的假设 $h'(h' \in H)$，使在训练数据集 $D$ 上 $h$ 的错误率小于 $h'$ 的错误率，但是在全体可能数据集合上 $h$ 的错误率大于 $h'$ 的错误率，那么假设 $h$ 就过度拟合了训练数据 $D$。

过度拟合是机器学习中经常碰到的一个问题。特别是当训练数据采样太少，不能完全覆盖真实分布时，过度拟合很容易发生。过度拟合会使学习模型把训练数据中的噪声信息当作有用特征记忆下来。而当模型遇到非训练数据集中的数据时，噪声就会干扰模型的判断结果，降低最终的精度。所以，过度拟合严重影响了模型的泛化能力，降低了模型的实用性能。

决策树学习中的过度拟合表现为决策树节点过多，分枝过深，对于训练数据可以完美分类，但是对于非训练数据则精度下降。解决决策树学习中的过度拟合问题有两种途径：一种是及早停止树增长，即在完美分类训练数据之前就终止学习；另一种是后修剪法，即先允许树过度拟合数据，然后对过度拟合的树进行修剪。

及早停止树增长就是要及时确定叶子节点。决策树节点划分的原则是使其子节点尽可能纯净(即使子节点的平均熵最小)。对于任意一个节点 $n$，可以出现以下 3 种情况。

(1) 节点 $n$ 中的样本属于同一类，即节点 $n$ 绝对纯净。此时节点 $n$ 不可以进一步划分。
(2) 节点 $n$ 中的样本不属于同一类，但是不存在任何一个划分可以使其子节点的平均熵低于节点 $n$。此时节点 $n$ 不以可进一步划分。
(3) 可以用一个属性对节点 $n$ 进行划分，从而使节点 $n$ 的子节点具有更低的熵。此时节点 $n$ 可以进一步划分。

在构建决策树的过程中,确定叶子节点的一个策略是,对于每一个可以进一步划分的节点都进行划分,直至得到一个不可划分的子节点,并将该子节点定为叶子节点。这样构造的决策树,其叶子节点均为不可再进一步划分的节点。这种策略可以完美分类训练数据,但是当训练数据不能覆盖真实数据分布时,就会过度拟合。

所以,在实践中决策树学习不要追求训练样本的完美划分,不要绝对追求叶子节点的纯净度。只要适度保证叶子节点的纯净度,适度保证对训练样本的正确分类能力就可以了。当然,叶子节点纯净度也不能过低,过低则是欠学习。欠学习不能充分提取样本集合中蕴含的有关样本真实分布的信息,同样不能保证对未来新样本的正确分类能力。应该在过度拟合与欠学习之间寻求合理的平衡,即在节点还可以进一步划分的时候,可根据预先设定的准则停止对其进行划分,并将其设置为叶子节点。

确定叶子节点的基本方法有测试集方法和阈值方法。

(1) 测试集方法就是将数据样本集合分为训练集与测试集。根据训练集构建决策树,决策树中的节点逐层展开。每展开一层子节点,就将其设为叶子节点,得到一棵决策树,然后采用测试集对所得决策树的分类性能进行统计。重复上述过程,可以得到决策树在测试集上的学习曲线。根据学习曲线,选择在测试集上性能最佳的决策树为最终的决策树。为了保证测试集中有足够多的具有统计意义的数据,在实践中经常取全体数据的 1/3 作为测试集,另外 2/3 作为训练集。

(2) 阈值方法就是在决策树开始训练之前,先设定一个阈值作为终止学习的条件。然后,在学习过程中如果节点满足了终止条件就停止划分,作为叶子节点。终止条件可以选择为信息增益小于某阈值或者节点中的数据占全体训练数据的比例小于某阈值等。

对决策树的修剪既可以在测试集上进行,也可以在全体数据集合上进行。修剪的一般原则是使决策树整体的精度提高,或者是使错误率降低。在实践中常用的规则后修剪方法如下。

第 1 步:从训练数据中学习决策树,允许过度拟合。

第 2 步:将决策树转化为等价的规则集合。从根节点到叶子节点的一条路径就是一条规则。

第 3 步:对每一条规则,如果删除该规则中的一个前件不会降低该规则的估计精度,那么可以删除此前件。

第 4 步:按照修剪后规则的估计精度对所有规则进行排序,最后按照此顺序应用规则进行分类。

**2. 选择属性的其他方法**

基本 ID3 算法选择信息增益最大的属性作为最优属性。但是,信息增益度量会偏向于有较多可能值的属性。特别是当某属性可能值的数目大大多于类别数目时,该属性就会有很大的信息增益。例如,天气预报的训练数据中包含日期属性。使用信息增益度量就会选择日期作为根节点决策属性,生成一个只有一层却很宽的决策树。尽管这棵决策树可以完美地分割训练数据,但是它显然不是一个好的分类器。

造成这个现象的原因是太多的可能值把训练数据分割成了非常小的空间。在每一个小空间内,数据都非常纯净,甚至数据完全一致,熵为 0。这样与未分割之前相比,信息增益必然非常大。然而这样的分割显然掩盖了其他有用信息,并未反映真实的数据分布,所以对其他数据就有非常差的分类结果。

为了避免信息增益度量的这个缺陷,可以使用增益比率度量。增益比率度量法就是在信息增益度量的基础上加上一个惩罚项来抑制可能值太多的属性(例如日期属性等)。这个惩罚项称为分裂信息,是用来衡量属性分裂数据时的广度和均匀性的。属性$A$对数据集$D$的分裂信息定义为

$$\text{SplitInformation}(D,A) = \sum_{v \in \text{Values}(A)} -\frac{|D_v|}{D} \log_2(\frac{|D_v|}{|D|}) \tag{7-21}$$

式中,$D_v$为由属性$A$在数据集$D$上划分出来的一个数据子集。分裂信息实际上就是数据集$D$关于属性$A$的熵。

增益比率度量就是用信息增益除以分裂信息,即

$$\text{GainRatio}(D,A) = \frac{\text{Gain}(D,A)}{\text{SplitInformation}(D,A)} \tag{7-22}$$

对于可能值比较多的属性,由于其分裂信息也比较大,所以最终的增益比率反而可能减小。但是当分裂信息过小,甚至趋于0时,增益比率会过大甚至无定义。例如,某个属性在数据集$D$中几乎只取一个可能值时,就会出现这种情况。为了避免选择这种属性,可以采用某种启发式规则,只对那些信息增益高过平均值的属性应用增益比率测试。

还可以选择其他的属性选择度量方法。例如,曼坦罗斯(Mantaras)提出的基于距离的度量,森卓斯卡(Cendrowska)提出的按照属性提供的分类信息选择属性。Mantaras的思想是对于数据集假设存在一个理想划分,使每一个数据都被正确分类。那么定义一个距离度量其他划分到这个理想划分之间的差距。于是距离越小的划分自然是越好的划分。Mantaras定义的距离也是以熵为基础。

令$A$表示把数据集$D$分为$n$个子集(类别)的一个划分,$B$表示把数据集$D$分为$m$个子集(类别)的一个划分,则划分$B$对于划分$A$的条件熵为

$$\text{Entropy}(B|A) = \sum_{i=1}^{n} \sum_{j=1}^{m} -P(A_i B_j) \log_2 \left( \frac{P(A_i B_j)}{P(A_i)} \right) \tag{7-23}$$

划分$A$和划分$B$的联合熵为

$$\text{Entropy}(AB) = \sum_{i=1}^{n} \sum_{j=1}^{m} -P(A_i B_j) \log_2 P(A_i B_j) \tag{7-24}$$

式中,$P(A_i B_j)$为一个数据既在划分$A$中属于$A_i$类,又在划分$B$中属于$B_j$类的概率。Mantaras定义两个划分$A$、$B$间的距离为

$$d(A,B) = \text{Entropy}(B|A) + \text{Entropy}(A|B) \tag{7-25}$$

经过归一化之后的距离为

$$d_N(A,B) = \frac{d(A,B)}{\text{Entropy}(AB)} \tag{7-26}$$

归一化的距离度量取值在[0,1]区间内。

上述两种距离定义都满足距离公理,可以证明这个距离度量不会偏向可能值较多的属性,而且也不会出现增益比率度量所有的缺陷。

## 7.7.4 决策树学习应用案例

决策树案例

下面通过一个简单的客户分类案例来说明用决策树学习解决分类问题的基本过程。客户分类就是根据客户属性和历史记录，对客户进行判断和分类。例如，把客户分类成优先考虑的客户和非优先客户，或者判断是否贷款给客户等。客户分类在电子商务、市场营销等方面有重要的应用。

假设一个投资公司需要分析客户，以便决定是否给客户投资。客户的有用属性包括{盈利状况($B$)、客户性质($K$)、资产规模($M$)、客户信用($C$)}，最终把客户分类为{投资，不投资}。盈利状况取值为{差，一般，好}。客户盈利实际上是连续值，这里需要把连续值离散化。客户性质取值为{企业，个体}。资产规模实际上也是连续值，这里离散化为{大，中，小}。客户信用取值为{优，良，中，一般，差}。表 7-3 列出了用于训练的数据。

表 7-3 某投资公司客户历史数据

| 盈利情况 | 客户性质 | 资产规模 | 客户信用 | 是否投资 |
| --- | --- | --- | --- | --- |
| 差 | 企业 | 大 | 中 | 否 |
| 一般 | 企业 | 大 | 中 | 是 |
| 差 | 企业 | 大 | 良 | 否 |
| 好 | 个体 | 小 | 中 | 是 |
| 好 | 企业 | 中 | 中 | 是 |
| 一般 | 个体 | 小 | 良 | 是 |
| 好 | 个体 | 小 | 良 | 否 |
| 差 | 企业 | 中 | 中 | 否 |
| 差 | 个体 | 小 | 中 | 是 |
| 一般 | 个体 | 大 | 中 | 是 |
| 好 | 企业 | 中 | 良 | 否 |
| 差 | 个体 | 中 | 良 | 是 |
| 一般 | 企业 | 中 | 良 | 是 |
| 好 | 企业 | 中 | 中 | 是 |

下面开始构建决策树。

(1) 创建根节点。

首先，初始数据集的熵就是根据目标类别(即是否得到投资)划分数据的熵。

$$\text{Entropy}(D) = -\frac{|D_{I=投资}|}{|D|}\log_2\frac{|D_{I=投资}|}{|D|} - \frac{|D_{I=不投资}|}{|D|}\log_2\frac{|D_{I=不投资}|}{|D|}$$

$$= -\frac{9}{14}\log_2\frac{9}{14} - \frac{5}{14}\log_2\frac{5}{14} = 0.94$$

其次，计算盈利状况的信息增益。

盈利状况差的熵为

$$\text{Entropy}(D_{B=差}) = -\frac{|D_{B=差, I=投资}|}{|D_{B=差}|}\log_2\frac{|D_{B=差, I=投资}|}{|D_{B=差}|} - \frac{|D_{B=差, I=不投资}|}{|D_{B=差}|}\log_2\frac{|D_{B=差, I=不投资}|}{|D_{B=差}|}$$

$$= -\frac{2}{5}\log_2\frac{2}{5} - \frac{3}{5}\log_2\frac{3}{5} = 0.971$$

盈利状况一般的熵为

$$\text{Entropy}(D_{B=一般}) = -\frac{|D_{B=一般, I=投资}|}{|D_{B=一般}|}\log_2\frac{|D_{B=一般, I=投资}|}{|D_{B=一般}|} - \frac{|D_{B=一般, I=不投资}|}{|D_{B=一般}|}\log_2\frac{|D_{B=一般, I=不投资}|}{|D_{B=一般}|}$$

$$= -\frac{4}{4}\log_2\frac{4}{4} - 0 = 0$$

盈利状况好的熵为

$$\text{Entropy}(D_{B=好}) = -\frac{|D_{B=好, I=投资}|}{|D_{B=好}|}\log_2\frac{|D_{B=好, I=投资}|}{|D_{B=好}|} - \frac{|D_{B=好, I=不投资}|}{|D_{B=好}|}\log_2\frac{|D_{B=好, I=不投资}|}{|D_{B=好}|}$$

$$= -\frac{3}{5}\log_2\frac{3}{5} - \frac{2}{5}\log_2\frac{2}{5} = 0.971$$

盈利状况的信息增益为

$$\text{Gain}(D, B) = \text{Entropy}(D) - \sum_{v \in \text{Values}(B)} \left(\frac{|D_v|}{D}\text{Entropy}(D_v)\right)$$

$$= 0.94 - \left(\frac{5}{14} \times 0.971 + \frac{4}{14} \times 0 + \frac{5}{14} \times 0.971\right)$$

$$= 0.246$$

同理,可以计算出客户性质、资产规模和客户信用的信息增益分别为

$$\text{Gain}(D, K) = 0.151$$
$$\text{Gain}(D, M) = 0.029$$
$$\text{Gain}(D, C) = 0.048$$

因为盈利状况的信息增益最大,所以根节点的决策属性是盈利状况。当盈利状况分别等于差、一般、好时对应生成3个新节点。

(2) 创建盈利状况差对应的节点。

此节点共有5个训练数据,分别计算客户性质、资产规模和客户信用的信息增益,得到

$$\text{Gain}(D_{B=差}, K) = 0.971$$
$$\text{Gain}(D_{B=差}, M) = 0.767$$
$$\text{Gain}(D_{B=差}, C) = 0.290$$

因为客户性质的信息增益最大,所以此节点的决策属性是客户性质。当客户性质分别等于企业和个体时,对应生成两个新节点。

(3) 创建盈利状况差的企业客户对应的节点。

此节点有3个训练数据,全部为不投资,熵为0。故此节点为叶子节点,类别为不投资。

(4) 创建盈利状况差的个体客户对应的节点。

此节点有2个训练数据,全部为投资,熵为0。故此节点为叶子节点,类别为投资。

(5) 创建盈利状况一般对应的节点。

此节点有 4 个训练数据,全部为投资,熵为 0。故此节点为叶子节点,类别为投资。

(6) 创建盈利状况好对应的节点。

此节点共有 5 个训练数据,分别计算客户性质、资产规模和客户信用的信息增益,得到

$$\text{Gain}(D_{B=好}, K) = 0.290$$
$$\text{Gain}(D_{B=好}, M) = 0.290$$
$$\text{Gain}(D_{B=好}, C) = 0.971$$

因为客户信用的信息增益最大,所以此节点的决策属性是客户信用。当客户信用分别等于优、良、中、一般、差时对应生成 5 个新节点。

(7) 创建盈利状况好且信用优对应的节点。

此节点无训练数据。对于缺失数据的情况,既可以用某种方法进行补充,也可以简单地忽略。在本例中简单地忽略缺失数据,并删除缺失数据节点。

(8) 创建盈利状况好且信用良对应的节点。

此节点有 2 个训练数据,全部为不投资,熵为 0。故此节点为叶子节点,类别为不投资。

(9) 创建盈利状况好且信用中对应的节点。

此节点有 3 个训练数据,全部为投资,熵为 0。故此节点为叶子节点,类别为投资。

(10) 创建盈利状况好且信用一般对应的节点。

此节点无训练数据,删除该节点。

(11) 创建盈利状况好且信用差对应节点。

此节点无训练数据,删除该节点。

(12) 所有节点已经处理过。决策树构建过程结束。

图 7-7 概括显示了本例客户分类决策树的生成过程。上述过程实际上建立了一棵完美划分的决策树,未使用剪枝优化策略,因此其很容易过拟合。决策树的生成与训练数据高度相关。根据本例中的决策树,投资公司对盈利状况好且信用中等的个体客户投资,却对盈利状况好但信用良好的个体客户不投资。这显然与直觉不相符。本例是由于训练数据过少,数据分布与真实分布相差过大造成较差结果。要解决这种问题,一方面需要更多、更接近真实分布的训练数据;另一方面需要对学习结果进行校验和修正。

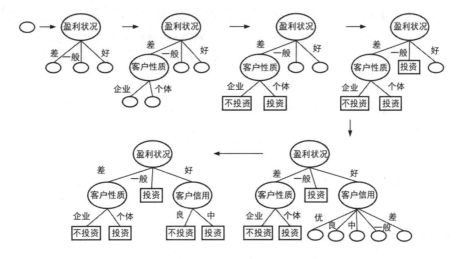

图 7-7 客户分类决策树的生成过程

## 7.8 其他学习算法

### 7.8.1 K近邻算法

K-近邻算法案例

**1. 基本思想**

K近邻(K-Nearest Neighbor，K-NN)算法是有监督机器学习中一个简单、经典的算法，它不同于基于模型的有监督学习算法，更类似于朴素贝叶斯算法，是一种用于分类的非参数统计学习方法。

K近邻算法的基本思想：距离输入对象最近的k个对象决定输入对象的未知属性，即输入数据的类别由其k个最近邻决定。有一句成语非常准确地刻画了K近邻算法思想，就是"近朱者赤，近墨者黑"。

K近邻算法也可以看作基于实例的学习，其基本思想都是一样的。K近邻算法有一点与前面介绍的各种学习模型不太一样，就是它是一种"懒惰"学习策略。也就是说，K近邻算法的学习过程和判定过程合为一体，不需要先通过训练生成模型，但是需要保存所有的训练样本。懒惰学习策略能够更好地适应数据的动态变化，即算法的适应性比较好。但是由于需要在执行过程中动态完成学习，故而其运行时间比较长，执行速度较慢。

**2. 算法学习/执行过程**

把所有的训练样本 $<x, y>$ 加入训练集中。假如要对 $x_q$ 进行分类：

(1) 从训练集合中找出距离 $x_q$ 最近的 $k$ 个训练样本 $x_1, x_2, \cdots, x_k$。

(2) 然后可由下式决定 $x_q$ 的类别 $f(x_q)$ (投票策略)，即

$$\begin{cases} f(x_q) = \arg\max_{v \in V} \sum_{i=1}^{k} \delta(v, y_i) = \arg\max_{v \in V} \sum_{i=1}^{k} \delta(v, f(x_i)) \\ \delta(a, b) = \begin{cases} 1, a = b \\ 0, a \neq b \end{cases} \end{cases} \tag{7-27}$$

式中，$V$ 为目标类别 $v$ 的集合。式(7-27)就是投票策略，适合分类问题，即目标类别就是离散数值。若对于预测问题，即目标值是实数值，则可以将式(7-27)改为求均值的方式，即

$$f(x_q) = \frac{\sum_{i=1}^{k} y_i}{k} = \frac{\sum_{i=1}^{k} f(x_i)}{k} \tag{7-28}$$

有时为了体现 $x_q$ 周围 $k$ 个样本对 $x_q$ 影响的不同，还可以采用加权策略，即

$$f(x_q) = \frac{\sum_{i=1}^{k} w_i y_i}{k} = \frac{\sum_{i=1}^{k} w_i f(x_i)}{k} \tag{7-29}$$

权重可以通过训练数据学习得到，或者由启发式给定。例如，距离 $x_q$ 越近的样本，其权重越大，则可以取距离倒数作为权重。

**3. 算法特性**

K近邻算法中的 $k$ 值是一个关键的模型参数。较大的 $k$ 值可以降低对噪声的敏感(特别

是分类噪声)；对离散类别有更好的概率估计(因为参考了更多的近似样本)。一般较大的训练集可以使用较大的 $k$ 值。但是 $k$ 值越大显然算法运行时间就越长，并且占用运算资源也越多(因为要计算更多的数据)。较小的 $k$ 值可以更好地捕获问题空间中比较精细的结构，并且运行成本也较小，但是显然更容易受噪声的干扰。训练集较小时只能用较小的 $k$ 值，那么最优 $k$ 值到底该取多大？在实践中，一般通过时延来确定。理论上，当训练集接近于无穷大，并且 $k$ 值也很大时，$K$ 近邻就会成为最优贝叶斯方法。

## 7.8.2 $K$ 均值算法

K-means 算法案例

### 1. 基本思想

$K$-均值($K$-Means)聚类是一种简单、经典的无监督、基于划分的聚类算法。

$K$-均值聚类的基本思想：计算样本点与类簇质心的距离，与类簇质心相近的样本点划分为同一类簇。$K$-均值通过样本间的距离来衡量样本之间的相似度，两个样本距离越远，则相似度越低；否则相似度越高。

### 2. 算法学习/执行过程

(1) 选取 $k$ 个类簇($k$ 需要用户进行指定)的质心，通常是随机选取。

(2) 对剩余的每个样本点，计算它们到各个质心的距离(欧氏距离或曼哈顿距离或切比雪夫距离等)，并将其归入相互间距离最小的质心所在的簇。计算各个新簇的质心。

(3) 在所有样本点都划分完毕后，根据划分情况重新计算各个簇的质心所在位置，然后迭代计算各个样本点到各簇质心的距离，对所有样本点重新进行划分。

(4) 重复第(2)步和第(3)步，直到迭代计算后，所有样本点的划分情况保持不变，此时说明 $K$-均值算法已经得到了最优解，将运行结果返回。

### 3. 算法特性

(1) $K$-均值算法原理简单，容易实现，且运行效率比较高。

(2) $K$-均值算法聚类结果容易解释，适用于高维数据的聚类。

(3) $K$-均值算法采用贪心策略，导致容易局部收敛，在大规模数据集上求解较慢。

(4) $K$-均值算法对离群点和噪声点非常敏感，少量的离群点和噪声点可能对算法求平均值产生极大影响，从而影响聚类结果。

(5) $K$-均值算法中初始聚类中心的选取也对算法结果影响很大，不同的初始中心可能会导致不同的聚类结果。

## 7.8.3 强化学习

### 1. 基本思想

强化学习也称为增强学习、加强学习或再励学习，是一种重要的机器学习方法，在智能控制机器人及分析预测等领域有许多应用。AlphaGo 围棋软件能够战胜人类冠军的一个重要因素就是使用了强化学习算法来进行训练。AlphaGo 的升级版本 AlphaZero 更是强调了强化学习的作用。所谓强化学习就是智能系统从环境到行为映射的学习，以使回报信号的函数值最大。强化学习不同于有监督学习之处在于回报信号。强化学习中由环境提供的回报信号是对产生动作的好坏作一种评价(通常为标准信号),而不是告诉强化学习系统如何去产生正确的动作。由于外部环境提供的信息很少,所以强化学习系统必须靠自身的经历进行学习。通过这种方式,强化学习系统在行动-评价的环境中获得知识,改进行动方案以便适应环境。

强化学习是从动物学习、参数扰动自适应控制等理论发展而来的。其基本思想是:如果智能体的某个行为策略导致环境正的回报(奖励),那么智能体以后产生这个行为策略的趋势便会加强。

强化学习把学习看作试探评价的过程。智能体选择一个动作作用于环境。环境接受该动作后状态发生变化,同时产生一个回报信号(奖或惩)反馈给智能体。智能体根据回报信号和环境的当前状态再选择下一个动作。选择原则是使受到正回报(奖)的概率增大。选择的动作不仅影响立即回报值,而且影响环境下一时刻的状态及最终的回报值。强化学习系统学习的目标是动态调整参数,发现最优策略,以便使期望奖励最大化。

2. Q学习

$Q$ 学习是一种基于时差策略的强化学习。它是指在给定的状态下,当执行完某个动作后期望得到的回报函数为动作-值函数。在 $Q$ 学习中动作-值函数记为 $Q(a,s)$,表示在状态 $s$ 执行动作 $a$ 后得到的立即回报值加上以后遵循最优策略的值,即

$$Q(a,s) = r(a,s) + \gamma V^*(s),\ 0 \leqslant \gamma < 1 \tag{7-30}$$

式中,$r(a,s)$ 为立即回报值;$V^*$ 为以后依据最优策略所得到的回报;$\gamma$ 为常量,表示折算因子。$Q$ 学习的重要思想就是,在缺乏关于系统回报知识时,智能体也能够选择最优动作。智能体只需要考虑当前状态 $s$ 下每个可用的动作 $a$,并选择其中使 $Q$ 值最大化的动作,即

$$V^*(s) = \max_a Q(a,s) \tag{7-31}$$

于是有

$$Q(a,s) = r(a,s) + \gamma Q(a',s') \tag{7-32}$$

式中,$s'$ 为当前状态 $s$ 执行动作 $a$ 之后形成的新状态。式(7-32)实际上描述了学习 $Q$ 函数的递归过程。在确定性回报和动作假设下的 $Q$ 学习算法如下。

第1步:对每个 $a$ 和 $s$,初始化 $Q(a,s)$ 为0。

第2步:观察当前状态 $s$。

第3步:选择并执行一个动作 $a$。

第4步:得到立即回报 $r(a,s)$。

第5步:观察新状态 $s'$。

第6步:按照式(7-32)更新 $Q(a,s)$ 的值。

第7步:更新当前状态 $s$ 为 $s'$。

第8步:如果不结束则转至第2步;否则退出。

3. 强化学习的应用

(1) 在机器人中的应用。

强化学习最适合、应用最多的领域是机器人领域。例如,Hee Rak Beem 利用模糊逻

辑和强化学习实现陆上移动机器人导航系统，可以完成避碰和到达指定目标点两种行为；Wnfriedllg 采用强化学习使六足昆虫机器人学会六条腿的协调动作。Sebastian Thurn 采用神经网络结合强化学习方式使机器人通过学习能够到达室内环境中的目标。另外，强化学习也为多机器人群体行为的研究提供了一种新的途径。

(2) 在控制系统中的应用。

强化学习在控制系统中的典型应用是倒立摆控制系统。倒立摆控制系统是一个非线性不稳定系统，许多强化学习的文章都把这个控制系统作为验证各种强化学习算法的实验系统。当倒立摆保持平衡时，得到奖励；倒立摆失败时，得到惩罚。强化学习在过程控制方面也有很多应用。采用强化学习方法不需要外部环境的数学模型，而是把控制系统的性能指标要求直接转化为一种评价指标。当系统性能指标满足要求时，所施控制动作得到奖励；否则得到惩罚。控制器通过自身的学习，最终得到最优的控制动作。

(3) 在游戏比赛中的应用。

游戏比赛都是博弈系统，是很重要的一类人工智能问题。在博弈系统中应用强化学习理论也是很自然的。我们对可能获胜的步骤给予奖励，对可能失败的步骤给予惩罚，最终得到最可能获胜的步骤。例如，Tesauro 描述的 TD-GAMMON 程序使用强化学习成为世界级的西洋双陆棋选手。AlphaGo 的成功也是强化学习的一个典型案例。实际上，开发 AlphaGo 的 DeepMind 公司也一直致力于研究用强化学习、深度学习等方法训练人工智能程序与人类进行游戏对战，并且在很多游戏中都超过了人类的一般水平。

**4. 强化学习存在的问题**

(1) 概括问题。

典型的强化学习方法，例如 $Q$ 学习，都假设状态空间是有限的，并且允许用状态-动作记录其 $Q$ 值。而许多实际问题对应的状态空间往往非常巨大，甚至状态是连续的；或者状态空间不大，但是动作很多。另外，对某些问题不同的状态可能具有某种共性，从而对应于这些状态的最优动作相同。所以，在强化学习中还需要研究状态-动作的概括表示问题。

(2) 动态和不确定环境。

强化学习通过与环境的试探性交互，获取环境状态信息和回报信号来进行学习。所以，能否准确地观察到状态信息成为影响系统学习性能的关键。然而，许多实际问题的环境往往含有大量噪声，无法准确获取环境的状态信息，也就无法使强化学习算法收敛。例如，$Q$ 值会摇摆不定。

(3) 多目标的学习。

大多数强化学习模型针对的是单目标学习问题的决策策略，难以适应多目标学习和多目标、多策略的学习需求。

(4) 动态环境下的学习。

很多问题面临动态变化的环境，其问题求解目标本身可能也会发生变化。一旦目标变化，已经学习到的策略可能就变得无用了，整个学习过程又要从头开始。

## 习 题

1. 机器学习有哪些基本问题？这些基本问题有什么区别？
2. 机器学习的一般步骤是什么？
3. 解决分类问题常用的算法有哪些？这些算法的主要思想是什么？
4. 解决聚类问题常用的算法有哪些？这些算法的主要思想是什么？
5. $K$ 近邻算法和 $K$ 均值算法属于哪类机器学习算法？分别有什么特点？
6. 什么是类比学习？其推理和学习过程为何？
7. 分类问题和聚类问题有什么区别和联系？
8. 考虑表 7-4 所示的训练样本集合。

表 7-4 训练样本集合

| 实例样本 | 分类 | 属性 1 | 属性 2 |
| --- | --- | --- | --- |
| 1 | + | 真 | 真 |
| 2 | + | 真 | 真 |
| 3 | - | 真 | 假 |
| 4 | + | 假 | 假 |
| 5 | - | 假 | 真 |
| 6 | - | 假 | 真 |

(1) 请计算这个训练样本集合关于目标函数分类的熵。
(2) 请计算属性 2 相对于这些训练样本的信息增益。

# 第8章

人工智能应用案例

人工智能技术近年来的飞速发展使医学专家系统、人工神经网络等在医学领域的开发与应用成为现实，并且取得了很大的突破。尤其随着人口老龄化社会的到来，医疗服务机器人在帮助医生完成精准的手术治疗、术后辅助康复训练、帮助残障者及老年人生活服务等方面得到了广泛应用，不仅促进了传统医学的革命，也带动了新技术、新理论的发展，取得了一些研究成果。

人工智能的应用

## 8.1 模糊技术在坐垫服务机器人中的应用

### 8.1.1 坐垫服务机器人

坐垫服务机器人在帮助下肢障碍的老年人完成生活活动方面发挥了重要作用，其使用情况如图 8-1 所示，老年人在坐垫机器人的帮助下可以完成简单的生活动作，减轻了家庭照顾人员的负担。

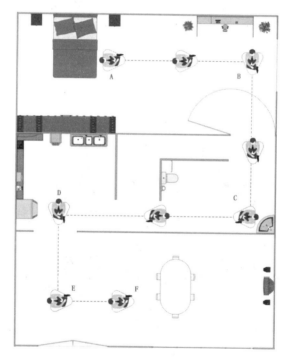

图 8-1　坐垫服务机器人

坐垫服务机器人通常应用于室内狭窄的复杂环境下，它不能由事先指定的运动路径进行导航，如果机器人能自主规划无碰撞的运动轨迹，那么可以保障人机系统安全地在室内移动。

### 8.1.2 机器人的避障角度

为了实现室内安全移动，机器人将与周围障碍物的距离和方向角度作为输入值，并要求输入移动方向离障碍物的前面($D_F$)、左面($D_L$)、右面($D_R$)的距离信息以及前进方向与目标点间的方向角($A_F$)信息；输出为机器人的舵角($A_D$)。

模糊技术用于实现机器人的安全避障角度，模糊算法的输入为具有不同值的两个距离变量，即 $F$(远)和 $N$(近)，以及方向角的 LB(左大)、LS(左小)、Z(零)、RS(右小)和 RB(右大)5 个值。距离变量定义的模糊隶属度函数如图 8-2 所示，方向角定义的隶属度函数如图 8-3 所示。模糊系统的距离和输入角度决定了机器人的舵角($A_D$)，舵角以 TLB(左大)、TLS(左小)、TZ(零)、TRS(右小)和 TRB(右大)的 5 个值形式输出(见图 8-4)。

模糊规则是由前件和后件组成的 If Then 语句。知识规则库由 $2^3 \times 5 = 40$ 条规则组成。当机器人感知到一个左(右)目标点时，它向左(右)转弯。当前方障碍物接近且目标点在障碍物后面时，机器人选择两个转弯(右转或左转)中的一个。若左侧障碍物与右侧障碍物等距或距离较远，则机器人向左转弯；否则，向右转弯。一旦避开了附近的所有障碍物，它就会直接向目标移动。例如，在图 8-5 中，将障碍物放置在坐垫服务机器人的左侧，机器人的模糊规则如下(类似的规则适用于其他障碍场景)。

Rule 1: If $D_L$ is $N$,　$D_F$ is $F$,　$D_R$ is $F$,　and $A_F$ is LB,　then $A_D$ is TZ.
Rule 2: If $D_L$ is $N$,　$D_F$ is $F$,　$D_R$ is $F$,　and $A_F$ is LS,　then $A_D$ is TZ.
Rule 3: If $D_L$ is $N$,　$D_F$ is $F$,　$D_R$ is $F$,　and $A_F$ is Z,　then $A_D$ is TZ.
Rule 4: If $D_L$ is $N$,　$D_F$ is $F$,　$D_R$ is $F$,　and $A_F$ is RS,　then $A_D$ is TRS.
Rule 5: If $D_L$ is $N$,　$D_F$ is $F$,　$D_R$ is $F$,　and $A_F$ is RB,　then $A_D$ is TRB.

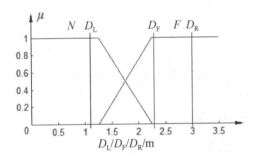

图 8-2　$D_L$、$D_F$、$D_R$ 的模糊隶属度函数

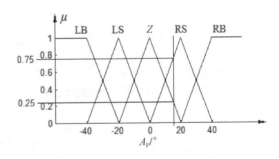

图 8-3　$A_F$ 的模糊隶属度函数

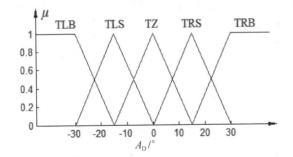

图 8-4　$A_D$ 的模糊隶属度函数

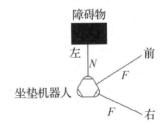

图 8-5　坐垫机器人左边障碍物

模糊推理是模糊算法的核心，坐垫服务机器人的舵角受目标方向和障碍物距离的影响。这种关系用模糊规则来描述，这里用 Mamdani 模糊推理方法来实现。为了解释模糊推

理机制，假设输入集为$\{D_L=1.1, D_F=2.3, D_R=3, A_F=15°\}$。由图 8-2 可知，实值 $D_L=1.1$、$D_F=2.3$、$D_R=3$ 分别映射到模糊子集 $N$、$F$、$F$，实值 $A_F=15°$ 映射到模糊子集 $Z$ 和 $RS$，从而模糊规则 Rule 3 和 Rule 4 被激活，如图 8-6 和图 8-7 所示。用 Mamdani 推理方法得到输出的综合结果如图 8-8 所示。

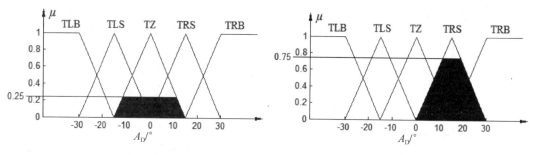

图 8-6　规则 3 的推理结果　　　　　　图 8-7　规则 4 的推理结果

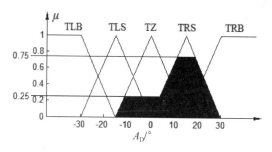

图 8-8　综合推理结果

当得到模糊综合推理结果后，通过质心法[式(8-1)]对推理结果进行解模糊化，并进行逻辑求和，得到坐垫服务机器人舵角的变化量 $\Delta\theta_d(t)$。

$$\Delta\theta_d(t) = \frac{\int_{A_D} \mu(A_D) A_D \mathrm{d}(A_D)}{\int_{A_D} \mu(A_D) \mathrm{d}(A_D)} \tag{8-1}$$

$$\theta_d(t+1) = \theta_d(t) + \Delta\theta_d(t) \tag{8-2}$$

式中，$\Delta\theta_d(t)$ 为舵角 $A_D$ 的清晰度值，将其代入式(8-2)中，得到坐垫服务机器人避障的移动角度 $\theta_d(t)$，这样便可以通过 $\theta_d(t)$ 获得规划的运动轨迹 $X_d(t)$。

### 8.1.3　模糊轨迹规划

坐垫服务机器人运动速度为 $v = 0.5$ m/s，初始位置为 $x(0) = 0$ m 和 $y(0) = 0$ m 以及 $\theta(0) = \frac{\pi}{4}$ rad。利用机器人的超声波传感器检测目标方向和障碍物距离，由此利用模糊技术规划的避障角 $\theta_d(t)$，如图 8-9 所示。机器人利用避障角度规划的运动路径并与人工势场法对比结果如图 8-10 所示。

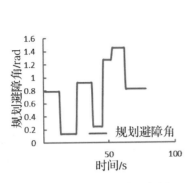
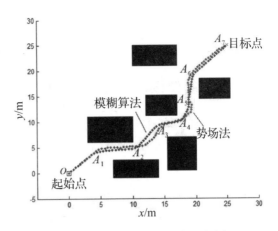

图 8-9 避障角度的规划　　　　图 8-10 坐垫服务机器人的运动路径

从起始点到目标点轨迹规划的具体过程如下。

沿轨迹 $OA_1$，从时间 $t=0$ 到 $t=t_1$ 规划的避障角度为 $\theta_1 = \dfrac{\pi}{4}$。由此得到

$$\begin{aligned}\dot{x}_d(t) &= \cos\theta_1 v \\ \dot{y}_d(t) &= \sin\theta_1 v \\ \dot{\theta}_d(t) &= 0\end{aligned} \tag{8-3}$$

将式(8-3)两边从 0 到 $t$ 同时积分，可得

$$\begin{aligned}x_d(t) &= \cos\theta_1 vt \\ y_d(t) &= \sin\theta_1 vt \\ \theta_d(t) &= \theta_1\end{aligned} \tag{8-4}$$

同理，依次规划轨迹 $OA_2$、$OA_3$ 等，于是从起始点到目标点整个避障轨迹 $OA_7$ 规划为

$$\begin{cases}\begin{cases}x_d(t) = \cos\theta_1 vt & 0 \leqslant t < t_1 \\ x_d(t) = \cos\theta_1 vt_1 + \cos\theta_2 v(t-t_1) & t_1 \leqslant t < t_2 \\ \vdots & \vdots \\ x_d(t) = \cos\theta_1 vt_1 + \cos\theta_2 v(t_2-t_1) + \cdots + \cos\theta_7 v(t-t_6) & t_6 \leqslant t \leqslant t_7\end{cases} \\ \begin{cases}y_d(t) = \sin\theta_1 vt & 0 \leqslant t < t_1 \\ y_d(t) = \sin\theta_1 vt_1 + \sin\theta_2 v(t-t_1) & t_1 \leqslant t < t_2 \\ \vdots & \vdots \\ y_d(t) = \sin\theta_1 vt_1 + \sin\theta_2 v(t_2-t_1) + \cdots + \sin\theta_7 v(t-t_6) & t_6 \leqslant t \leqslant t_7\end{cases} \\ \begin{cases}\theta_d(t) = \dfrac{\pi}{4} & 0 \leqslant t < t_1 \\ \theta_d(t) = 0.136 & t_1 \leqslant t < t_2 \\ \vdots & \vdots \\ \theta_d(t) = 0.823 & t_6 \leqslant t \leqslant t_7\end{cases}\end{cases} \tag{8-5}$$

这样，坐垫服务机器人利用模糊技术实现了室内无碰撞轨迹规划，如式(8-5)所示。

## 8.2 随机配置网络在坐垫服务机器人中的应用

### 8.2.1 具有系统偏移量的动力学模型

坐垫服务机器人有 3 个全向轮组成，并由 3 个独立的直流电机控制，其结构坐标如图 8-11 所示。

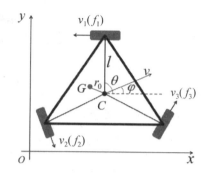

图 8-11 坐垫服务机器人的结构坐标

坐垫服务机器人的动力学模型描述为

$$\mathbf{M}_0 \ddot{\mathbf{X}}(t) = \mathbf{B}(\theta)\mathbf{u}(t) \tag{8-6}$$

其中，

$$\mathbf{M}_0 = \begin{bmatrix} M+m & 0 & 0 \\ 0 & M+m & 0 \\ 0 & 0 & I_0 + mr_0^2 \end{bmatrix}$$

$$\mathbf{u}(t) = \begin{bmatrix} f_1 \\ f_2 \\ f_3 \end{bmatrix}$$

$$\mathbf{X}(t) = \begin{bmatrix} x(t) \\ y(t) \\ \theta(t) \end{bmatrix}$$

$$\mathbf{B}(\theta) = \begin{bmatrix} -\sin\theta & -\sin(\theta + \frac{2\pi}{3}) & -\sin(\theta + \frac{4\pi}{3}) \\ \cos\theta & \cos(\theta + \frac{2\pi}{3}) & \cos(\theta + \frac{4\pi}{3}) \\ l & l & l \end{bmatrix}$$

式中，$M$ 为机器人质量；$m$ 为使用者质量；$\mathbf{M}_0$ 为系数矩阵；$\mathbf{X}(t)$ 为机器人在 $x$、$y$ 和旋转角 3 个方向的运动轨迹；$\mathbf{u}(t)$ 为机器人 3 个轮子的控制输入力；$r_0$ 为机器人的重心到中心的距离；$I_0$ 为机器人的转动惯量；$mr_0^2$ 为使用者的转动惯量；$\theta$ 为水平轴和机器人中心与第一个轮子中心连线间的夹角；$l$ 为机器人的中心到每个全向轮中心的距离。

当坐垫服务机器人迭代学习到第 $k$ 次时，系统模型式(8-6)写成

$$M_0 \ddot{X}_k(t) = B(\theta) u_k(t) \tag{8-7}$$

式中，$k \in Z^+$；$t \in [0, T]$ 为学习时间。分离模型式(8-7)中由使用者引起系统的偏移量和使用者质量信息，记 $M_0 = M_1 + \Delta M_0 + \Delta M_1$，模型式(8-7)可以化为

$$\ddot{X}_k(t) = M_1^{-1} B(\theta) u_k(t) + \xi_1(t) + \xi_2(t) \tag{8-8}$$

其中，$\xi_1(t) = -M_1^{-1} \Delta M_0 \ddot{X}_k(t)$，$\xi_2(t) = -M_1^{-1} \Delta M_1 \ddot{X}_k(t)$，且 $\xi_1(t)$、$\xi_2(t)$ 均有界。

$$M_1 = \begin{bmatrix} M & 0 & 0 \\ 0 & M & 0 \\ 0 & 0 & I_0 \end{bmatrix}, \quad \Delta M_0 = \begin{bmatrix} 0 & 0 & 0 \\ 0 & 0 & 0 \\ 0 & 0 & mr_0^2 \end{bmatrix}, \quad \Delta M_1 = \begin{bmatrix} m & 0 & 0 \\ 0 & m & 0 \\ 0 & 0 & 0 \end{bmatrix}$$

令 $x_{1,k}(t) = X_k(t)$，$x_{2,k}(t) = \dot{X}_k(t)$，由模型式(8-8)得到具有系统偏移量的坐垫服务机器人动力学模型为

$$\begin{cases} \dot{x}_{1,k}(t) = x_{2,k}(t) \\ \dot{x}_{2,k}(t) = M_1^{-1} B(\theta) u_k(t) + \xi_1(t) + \xi_2(t) \end{cases} \tag{8-9}$$

### 8.2.2 系统偏移量 SCN 辨识模型

基于随机配置网络方法(Stochastic Configuration Networks，SCN)构建系统偏移量的辨识模型，以坐垫服务机器人运动轨迹和速度 $x_k(t) = [x_{1,k}^T(t), x_{2,k}^T(t)]^T$ 作为 SCN 的网络输入，并通过权重 $\omega$ 和偏置 $b$ 与隐含层连接，利用高斯函数得到隐含层输出 $G(x_k(t))$。

其中，

$$\omega = [\omega_1, \omega_2, \cdots, \omega_Q]^T = \begin{bmatrix} \omega_{11} & \cdots & \omega_{i1} & \cdots & \omega_{61} \\ \vdots & \cdots & \vdots & \cdots & \vdots \\ \omega_{1j} & \cdots & \omega_{ij} & \cdots & \omega_{6j} \\ \vdots & \ddots & \vdots & \ddots & \vdots \\ \omega_{1Q} & \cdots & \omega_{iQ} & \cdots & \omega_{6Q} \end{bmatrix}$$

$$b = [b_1, b_2, \cdots, b_Q]^T,$$

$$G(x_k(t)) = [g_1(\omega_1 x_k(t) + b_1), \cdots, g_Q(\omega_Q x_k(t) + b_Q)]^T$$

式中，$g_j(\omega_j x_k(t) + b_j)$ 为隐含层第 $j$ 个节点的输出，$j = (1, 2, \cdots, Q)$；$\omega_{d,j}$ 为输入层第 $d$ 个节点连接隐含层第 $j$ 个节点的权值，$d = (1, 2, \cdots, 6)$；$b_j$ 为隐含层第 $j$ 个节点的偏置。

SCN 隐含层通过权值 $\hat{\beta}$ 与输出层连接，得到配置 $Q$ 个隐含层节点的系统偏移量网络输出 $\hat{\xi}_{1,Q}(t)$ 为

$$\hat{\xi}_{1,Q}(t) = \hat{\beta}^T G(x_k(t)) \tag{8-10}$$

其中，

$$\hat{\beta}^T = [\hat{\beta}_1, \hat{\beta}_2, \cdots, \hat{\beta}_Q] = \begin{bmatrix} \hat{\beta}_{11} & \cdots & \hat{\beta}_{j1} & \cdots & \hat{\beta}_{Q1} \\ \hat{\beta}_{12} & \cdots & \hat{\beta}_{j2} & \cdots & \hat{\beta}_{Q2} \\ \hat{\beta}_{13} & \cdots & \hat{\beta}_{j3} & \cdots & \hat{\beta}_{Q3} \end{bmatrix}$$

式中，$\hat{\beta}_{j\tau}$ 为第 $j$ 个隐含层节点连接第 $\tau$ 个输出节点的权值 $\tau=(1,2,3)$。

进一步，当隐含层节点数为 $Q-1$ 时，设系统偏移量误差为 $\varepsilon_{Q-1}=\xi_1(t)-\hat{\xi}_{1,Q-1}(t)$，此时随机配置第 $Q$ 个隐含层节点参数，使其满足 $\delta_Q>0$，$\delta_Q$ 表达形式为

$$\delta_Q = \frac{((\varepsilon_{Q-1})^T g_Q(\omega_L x_k(t)+b_Q))^2}{(g_Q(\omega_Q x_k(t)+b_Q))^T g_L(\omega_Q x_k(t)+b_Q)} - (1-r-\mu_Q)(\varepsilon_{Q-1})^T \varepsilon_{Q-1} \tag{8-11}$$

式中，参数 $0<r<1$；$\{\mu_Q\}$ 为非负实数序列；$\mu_Q \leqslant 1-r$，且 $\lim_{Q\to+\infty}\mu_Q=0$。

由于

$$\begin{aligned}\varepsilon_Q^T \varepsilon_Q - (r+\mu_Q)\varepsilon_{Q-1}^T \varepsilon_{Q-1} &= (\xi_1(t)-\xi_{1,Q-1}(t)+\xi_{1,Q-1}(t)-\xi_{1,Q}(t))^2 - (r+\mu_Q)\varepsilon_{Q-1}^T \varepsilon_{Q-1} \\ &= (1-r-\mu_Q)\varepsilon_{Q-1}^T \varepsilon_{Q-1} - (\xi_{1,Q}(t)-\xi_{1,Q-1}(t))^2 \\ &= (1-r-\mu_Q)\varepsilon_{Q-1}^T \varepsilon_{Q-1} - (\hat{\beta}_Q^T g_Q(\omega_Q x_k(t)+b_Q))^2\end{aligned}$$

其中，

$$\hat{\beta}_Q^T = \frac{(\varepsilon_{Q-1})^T g_Q(\omega_Q x_k(t)+b_Q)}{(g_Q(\omega_Q x_k(t)+b_Q))^T g_Q(\omega_Q x_k(t)+b_Q)}$$

于是得到

$$\begin{aligned}\varepsilon_Q^T \varepsilon_Q - (r+\mu_Q)\varepsilon_{Q-1}^T \varepsilon_{Q-1} &= (\xi_1(t)-\xi_{1,Q-1}(t)+\xi_{1,Q-1}(t)-\xi_{1,Q}(t))^2 - (r+\mu_Q)\varepsilon_{Q-1}^T \varepsilon_{Q-1} \\ &= (1-r-\mu_Q)\varepsilon_{Q-1}^T \varepsilon_{Q-1} - \frac{((\varepsilon_{Q-1})^T g_Q(\omega_Q x_k(t)+b_Q))^2}{(g_Q(\omega_Q x_k(t)+b_Q))^T g_Q(\omega_Q x_k(t)+b_Q)} \\ &= -\delta_Q\end{aligned}$$

当 $\delta_Q>0$ 时，有 $\varepsilon_Q^T \varepsilon_Q <(r+\mu_Q)\varepsilon_{Q-1}^T \varepsilon_{Q-1}$ 成立，这样随着随机配置的隐含层节点数不断增加，可以实现 $\lim_{Q\to\infty}\varepsilon_Q=0$，于是基于 SCN 方法可以得到系统偏移量估计 $\hat{\xi}_{1,Q}(t)=\xi_1(t)$。

### 8.2.3 机器人限时迭代学习跟踪控制

基于迭代学习理论，设计限时迭代学习跟踪控制器，抑制系统偏移量对坐垫服务机器人跟踪精度的影响，同时在有限学习时间内实现稳定的轨迹跟踪。根据坐垫服务机器人在第 $k$ 次学习的运动轨迹 $x_{1,k}(t)$ 和指定轨迹 $x_d(t)$，得到第 $k$ 次学习的轨迹跟踪误差和速度跟踪误差分别为

$$\begin{aligned}e_{1,k}(t) &= x_{1,k}(t) - x_d(t) \\ e_{2,k}(t) &= x_{2,k}(t) - \dot{x}_d(t)\end{aligned} \tag{8-12}$$

设计辅助变量 $z_k(t)=e_{2,k}(t)-\eta(e_{1,k}(t))$，$\eta(e_{1,k}(t))=-H_1\mathrm{Sig}(e_{1,k}(t))^\alpha$，其中 $0<\alpha<1$，$H_1=\mathrm{diag}(h_{11},h_{12},h_{13})$，$h_{1n}>0, n=1,2,3$。令 $\vartheta=e_{1,k}(t)$，定义以下公式，即

$$\mathrm{Sig}(\vartheta)^\alpha=[|\vartheta_1|^\alpha \mathrm{sgn}(\vartheta_1), \cdots, |\vartheta_\rho|^\alpha \mathrm{sgn}(\vartheta_\rho)]^T, \quad \mathrm{sgn}(\vartheta_\delta)=\begin{cases}1 & \vartheta_\delta>0 \\ 0 & \vartheta_\delta=0 \\ -1 & \vartheta_\delta<0\end{cases}, \quad \delta=1,2,\cdots,\rho$$

令系统偏移量估计 $\hat{\xi}_{1,Q}(t)$ 的权值 $\hat{\beta}$ 的最优值为 $\beta^*$，且

$$\boldsymbol{\beta}^* = [\beta_1^*, \beta_2^*, \cdots, \beta_Q^*] = \arg\min_{\boldsymbol{\beta}} \left\| \boldsymbol{\xi}_1(t) - \sum_{j=1}^{Q} \boldsymbol{\beta}_j g_j(\omega_j x_k(t) + b_j) \right\|,$$

可得权值误差 $\tilde{\boldsymbol{\beta}} = [\tilde{\beta}_1, \tilde{\beta}_2, \cdots, \tilde{\beta}_Q] = \hat{\boldsymbol{\beta}} - \boldsymbol{\beta}^*$。

设计权值自适应律为

$$\dot{\tilde{\boldsymbol{\beta}}} = [\dot{\tilde{\beta}}_1, \dot{\tilde{\beta}}_2, \cdots, \dot{\tilde{\beta}}_Q] = \dot{\hat{\boldsymbol{\beta}}} = -\boldsymbol{\Theta} \boldsymbol{G}(x_k(t)) \boldsymbol{z}_k^{\mathrm{T}}(t) - \boldsymbol{H}_2 \mathrm{Sig}(\tilde{\boldsymbol{\beta}})^{\alpha} \tag{8-13}$$

式中，$\boldsymbol{\Theta}$ 和 $\boldsymbol{H}_2$ 为自适应律参数，且 $\boldsymbol{\Theta} = \mathrm{diag}(\sigma_{11}, \sigma_{12}, \cdots, \sigma_{1Q})$，$\boldsymbol{H}_2 = \mathrm{diag}(h_{21}, h_{22}, \cdots, h_{2Q})$，$\sigma_{1j} > 0, h_{2j} > 0$。

由式(8-9)和式(8-12)可得跟踪误差系统为

$$\begin{cases} \dot{\boldsymbol{e}}_{1,k}(t) = \boldsymbol{z}_k(t) + \eta(\boldsymbol{e}_{1,k}(t)) \\ \dot{\boldsymbol{z}}_k(t) = \boldsymbol{M}_0^{-1} \boldsymbol{B}(\theta) \boldsymbol{u}_k(t) + \boldsymbol{\xi}_1(t) + \boldsymbol{\xi}_2(t) - \ddot{\boldsymbol{x}}_{\mathrm{d}}(t) - \dot{\eta}(\boldsymbol{e}_{1,k}(t)) \end{cases} \tag{8-14}$$

设计第 $k$ 次限时学习控制器为：

$$\boldsymbol{u}_k(t) = \boldsymbol{B}^{-1}(\theta) \boldsymbol{M}_0 (\ddot{\boldsymbol{x}}_{\mathrm{d}}(t) + \dot{\eta}(\boldsymbol{e}_{1,k}(t)) - \boldsymbol{e}_{1,k}(t) + \eta(\boldsymbol{z}_k(t)) - \hat{\boldsymbol{\xi}}_{2,k}(t) - \hat{\boldsymbol{\xi}}_{1,Q} - \tau \frac{\boldsymbol{z}_k(t)}{\|\boldsymbol{z}_k(t)\|}) \tag{8-15}$$

式中，$\hat{\boldsymbol{\xi}}_{2,k}(t)$ 为 $\boldsymbol{\xi}_2(t)$ 在第 $k$ 次学习时的估计值，且估计误差为 $\tilde{\boldsymbol{\xi}}_{2,k}(t) = \boldsymbol{\xi}_2(t) - \hat{\boldsymbol{\xi}}_{2,k}(t)$，$\eta(\boldsymbol{z}_k(t)) = -\boldsymbol{H}_3 \mathrm{Sig}(\boldsymbol{z}_k(t))^{\alpha}$，$\boldsymbol{H}_3 = \mathrm{diag}(h_{31}, h_{32}, h_{33})$，$h_v > 0$，$v = 1, 2, 3$。

设计第 $k$ 次学习率为

$$\hat{\boldsymbol{\xi}}_{2,k}(t) = \hat{\boldsymbol{\xi}}_{2,k-1}(t) - \gamma \boldsymbol{z}_k(t) \tag{8-16}$$

式中，$\gamma$ 为学习增益，$\hat{\boldsymbol{\xi}}_{2,-1}(t) = 0$。

建立李雅普诺夫函数为

$$V_k(t) = \frac{1}{2} \boldsymbol{e}_{1,k}^{\mathrm{T}}(t) \boldsymbol{e}_{1,k}(t) + \frac{1}{2} \boldsymbol{z}_k^{\mathrm{T}}(t) \boldsymbol{z}_k(t) + \frac{1}{2} \mathrm{tr}(\tilde{\boldsymbol{\beta}}^{\mathrm{T}} \boldsymbol{\Theta}^{-1} \tilde{\boldsymbol{\beta}}) \tag{8-17}$$

沿误差系统式(8-14)对式(8-17)求导，可得

$$\begin{aligned} \dot{V}_k(t) &= -\boldsymbol{e}_{1,k}^{\mathrm{T}}(t) \boldsymbol{H}_1 \mathrm{Sig}(\boldsymbol{e}_{1,k}(t))^{\alpha} + \boldsymbol{z}_k^{\mathrm{T}}(t) \boldsymbol{\xi}_1(t) - \boldsymbol{z}_k^{\mathrm{T}}(t) \boldsymbol{H}_3 \mathrm{Sig}(\boldsymbol{z}_k(t))^{\alpha} \\ &\quad - \boldsymbol{z}_k^{\mathrm{T}}(t) \hat{\boldsymbol{\beta}}^{\mathrm{T}} \boldsymbol{G}(x_k(t)) - \tau \|\boldsymbol{z}_k(t)\| + \boldsymbol{z}_k^{\mathrm{T}}(t) \tilde{\boldsymbol{\xi}}_{2,k}(t) + \mathrm{tr}(\tilde{\boldsymbol{\beta}}^{\mathrm{T}} \boldsymbol{\Theta}^{-1} \dot{\tilde{\boldsymbol{\beta}}}) \\ &= -\boldsymbol{e}_{1,k}^{\mathrm{T}}(t) \boldsymbol{H}_1 \mathrm{Sig}(\boldsymbol{e}_{1,k}(t))^{\alpha} - \boldsymbol{z}_k^{\mathrm{T}}(t) \boldsymbol{H}_3 \mathrm{Sig}(\boldsymbol{z}_k(t))^{\alpha} + \boldsymbol{z}_k^{\mathrm{T}}(t) \varepsilon \\ &\quad - \tau \|\boldsymbol{z}_k(t)\| + \boldsymbol{z}_k^{\mathrm{T}}(t) \tilde{\boldsymbol{\xi}}_{2,k}(t) + \mathrm{tr}(\tilde{\boldsymbol{\beta}}^{\mathrm{T}} \boldsymbol{G}(x_k(t)) \boldsymbol{z}_k(t) + \tilde{\boldsymbol{\beta}}^{\mathrm{T}} \boldsymbol{\Theta}^{-1} \dot{\tilde{\boldsymbol{\beta}}}) \end{aligned} \tag{8-18}$$

式中，$\varepsilon = \boldsymbol{\xi}_1(t) - \boldsymbol{\beta}^{*\mathrm{T}} \boldsymbol{G}(x_k(t))$，取参数 $\tau > \|\varepsilon\| + \|\tilde{\boldsymbol{\xi}}_{2,k}(t)\|$，并将权值自适应律式(8-13)代入式(8-18)，得

$$\dot{V}_k(t) \leqslant -\boldsymbol{e}_{1,k}^{\mathrm{T}}(t) \boldsymbol{H}_1 \mathrm{Sig}(\boldsymbol{e}_{1,k}(t))^{\alpha} - \boldsymbol{z}_k^{\mathrm{T}}(t) \boldsymbol{H}_3 \mathrm{Sig}(\boldsymbol{z}_k(t))^{\alpha} - \mathrm{tr}(\tilde{\boldsymbol{\beta}}^{\mathrm{T}} \boldsymbol{H}_2 \mathrm{Sig}(\tilde{\boldsymbol{\beta}})^{\alpha}) \tag{8-19}$$

其中

$$-\boldsymbol{e}_{1,k}^{\mathrm{T}}(t) \boldsymbol{H}_1 \mathrm{Sig}(\boldsymbol{e}_{1,k}(t))^{\alpha} = -\sum_{g=1}^{3} h_{1g} |e_{1g,k}(t)|^{1+\alpha} \leqslant -\bar{l}_{1\min} \left( \frac{1}{2} \sum_{g=1}^{3} e_{1g,k}^2(t) \right)^{\frac{1+\alpha}{2}} \leqslant -\bar{l}_1 \boldsymbol{e}_{1,k}^{\mathrm{T}}(t) \mathrm{Sig}(\boldsymbol{e}_{1,k}(t))^{\zeta}$$

$$-\boldsymbol{z}_k^{\mathrm{T}}(t) \boldsymbol{H}_3 \mathrm{Sig}(\boldsymbol{z}_k(t))^{\alpha} = -\sum_{g=1}^{3} h_{3g} |z_{1g,k}(t)|^{1+\alpha} \leqslant -\bar{l}_{2\min} \left( \frac{1}{2} \sum_{g=1}^{3} e_{1g,k}^2(t) \right)^{\frac{1+\alpha}{2}} \leqslant -\bar{l}_2 \boldsymbol{z}_k^{\mathrm{T}}(t) \mathrm{Sig}(\boldsymbol{z}_k(t))^{\zeta}$$

$$-\tilde{\pmb{\beta}}^{\mathrm{T}} H_2 \mathrm{Sig}(\tilde{\pmb{\beta}})^{\alpha} = -\sum_{j=1}^{L}\sum_{g=1}^{3} h_{2g}\left|\tilde{\beta}_{gj}\right|^{1+\alpha} \leqslant -\bar{l}_{3\min}\left(\frac{1}{2}\sum_{j=1}^{L}\sum_{g=1}^{3}\tilde{\beta}_{gj}^2\right)^{\frac{1+\alpha}{2}} \leqslant -\bar{l}_3 \tilde{\pmb{\beta}}^{\mathrm{T}} \mathrm{Sig}(\tilde{\pmb{\beta}})^{\zeta}$$

其中 $\zeta = \dfrac{1+\alpha}{2}$，$\dfrac{1}{2} < \zeta < 1$，$h_{1\min} = \min\{h_{1g}\}$，$h_{2\min} = \min\{h_{2g}\}$，$h_{3\min} = \min\{h_{3g}\}$，$\bar{l}_1 = 2^{\zeta} h_{1\min}$，$\bar{l}_2 = 2^{\zeta} h_{3\min}$，$\bar{l}_3 = 2^{\zeta} h_{2\min}$。

由式(8-19)可以得到 $\dot{V}_k(t) \leqslant \bar{l} V_k(t)$，$\bar{l} = \min\{\bar{l}_1, \bar{l}_2, \bar{l}_3\}$。根据有限时间稳定理论可知，坐垫服务机器人在第 $k$ 次学习时的跟踪误差系统有限时间稳定，且有限的调整时间为 $T \leqslant \dfrac{V_k^{1-\zeta}(e_{1,k}(0))}{\bar{l}(1-\zeta)}$。

经过第 $k$ 次学习后，误差系统在有限时间可以实现稳定，接下来，进一步说明随着学习次数增加，限时学习控制器能够使跟踪误差逐渐趋向于零。

建立李雅普诺夫函数，即

$$L_k(t) = V_k(t) + \frac{1}{2\gamma}\int_0^t \tilde{\xi}_{2,k}^2(t)\mathrm{d}\iota \tag{8-20}$$

由式(8-20)可知

$$\begin{aligned}
\Delta L_k(t) &= L_k(t) - L_{k-1}(t) \\
&= V_k(t) - V_{k-1}(t) + \frac{1}{2\gamma}\int_0^t \tilde{\xi}_{2,k}^2(t) - \tilde{\xi}_{2,k-1}^2(t)\mathrm{d}\iota \\
&\leqslant -V_{k-1}(t) + V_k(0) + \int_0^t -e_{1,k}^{\mathrm{T}}(t)H_1\mathrm{Sig}(e_{1,k}(t))^{\alpha} - z_k^{\mathrm{T}}(t)H_3\mathrm{Sig}(z_k(t))^{\alpha} \\
&\quad -\mathrm{tr}(\tilde{\pmb{\beta}}^{\mathrm{T}} H_2 \mathrm{Sig}(\tilde{\pmb{\beta}})^{\alpha} + z_k^{\mathrm{T}}(t)\tilde{\xi}_{2,k}(t)\mathrm{d}\iota + \frac{1}{2\gamma}\int_0^t \tilde{\xi}_{2,k}^2(t) - \tilde{\xi}_{2,k-1}^2(t)\mathrm{d}\iota
\end{aligned} \tag{8-21}$$

其中，

$$\begin{aligned}
\tilde{\xi}_{2,k}^2(t) - \tilde{\xi}_{2,k-1}^2(t) &= (\xi_2(t) - \hat{\xi}_{2,k}(t))^2 - (\xi_2(t) - \hat{\xi}_{2,k-1}(t))^2 \\
&= -(\hat{\xi}_{2,k}(t) - \hat{\xi}_{2,k-1}(t))^2 - 2\tilde{\xi}_{2,k}(t)(\hat{\xi}_{2,k}(t) - \hat{\xi}_{2,k-1}(t))
\end{aligned} \tag{8-22}$$

令 $V_k(0) = 0$，将限时学习控制器式(8-15)、学习率式(8-16)和式(8-22)代入式(8-21)，可得

$$\Delta L_k(t) = L_k(t) - L_{k-1}(t) \leqslant -V_{k-1}(t) - \int_0^t \chi(\iota)\mathrm{d}\iota < 0 \tag{8-23}$$

其中，$\chi(t) = e_{1,k}^{\mathrm{T}}(t)H_1\mathrm{Sig}(e_{1,k}(t))^{\alpha} + z_k^{\mathrm{T}}(t)H_3\mathrm{Sig}(z_k(t))^{\alpha} + \mathrm{tr}(\tilde{\pmb{\beta}}^{\mathrm{T}} H_2 \mathrm{Sig}(\tilde{\pmb{\beta}})^{\alpha})$。

根据式(8-23)，可知

$$L_k(t) - L_{k-1}(t) \leqslant -\int_0^t \chi(\iota)\mathrm{d}\iota \tag{8-24}$$

由式(8-24)可知，$L_k(t)$ 是递减函数。当 $k = 0$ 时，对式(8-20)求导，可得

$$\dot{L}_0(t) = e_{1,0}^{\mathrm{T}}(t)z_0(t) + \eta(e_{1,0}(t)) + z_0^{\mathrm{T}}(t)\dot{z}_0(t) + \mathrm{tr}(\tilde{\pmb{\beta}}^{\mathrm{T}} \Theta^{-1}\dot{\tilde{\pmb{\beta}}})\mathrm{tr}(\tilde{\pmb{\beta}}^{\mathrm{T}} H_2 \mathrm{Sig}(\tilde{\pmb{\beta}})^{\alpha}) + \frac{1}{2\gamma}\tilde{\xi}_{2,0}^2(t) \tag{8-25}$$

将误差系统式(8-14)和限时学习控制器式(8-15)、学习率式(8-16)代入式(8-25)，可得

$$\dot{L}_0(t) = -\boldsymbol{e}_{1,0}^{\mathrm{T}}(t)H_1\mathrm{Sig}(\boldsymbol{e}_{1,0}(t))^\alpha - \boldsymbol{z}_0^{\mathrm{T}}(t)H_3\mathrm{Sig}(\boldsymbol{z}_0(t))^\alpha$$

$$-\mathrm{tr}(\tilde{\boldsymbol{\beta}}^{\mathrm{T}}H_2\mathrm{Sig}(\tilde{\boldsymbol{\beta}})^\alpha) + \boldsymbol{z}_0^{\mathrm{T}}(t)(\boldsymbol{\xi}_2(t) - \gamma \boldsymbol{z}_0(t)) + \frac{1}{2\gamma}(\boldsymbol{\xi}_2(t) - \gamma \boldsymbol{z}_0(t))^2 \qquad (8\text{-}26)$$

$$\leqslant \boldsymbol{\xi}_2^2(t)$$

由式(8-26)可知 $L_0(t)$ 在 $t \in [0,T]$ 上连续且有界，进而由式(8-24)可知 $L_k(t)$ 连续且有界。进一步，根据式(8-21)，式 $L_k(t)$ 可以写成

$$L_k(t) = L_0(t) + \sum_{j=1}^{k}\Delta L_j(t) \qquad (8\text{-}27)$$

将式(8-23)代入式(8-27)可得

$$L_k(t) \leqslant L_0(t) - \sum_{j=0}^{k}V_{j-1}(t) \leqslant L_0(t) - \frac{1}{2}\sum_{j=0}^{k}\int_0^t (\boldsymbol{e}_{1,j-1}^{\mathrm{T}}(t)\boldsymbol{e}_{1,j-1}(t) + \boldsymbol{z}_{j-1}^{\mathrm{T}}(t)\boldsymbol{z}_{j-1}(t))\mathrm{d}t \qquad (8\text{-}28)$$

进一步，由式(8-28)可得

$$\sum_{j=1}^{k}\int_0^t (\boldsymbol{e}_{1,j-1}^{\mathrm{T}}(t)\boldsymbol{e}_{1,j-1}(t) + \boldsymbol{z}_{j-1}^{\mathrm{T}}(t)\boldsymbol{z}_{j-1}(t))\mathrm{d}t \leqslant 2(L_0(t) - L_k(t)) \leqslant 2L_0(t) \qquad (8\text{-}29)$$

由级数的收敛性必要条件有

$$\lim_{k \to \infty} \boldsymbol{e}_{1,k}(t) = \lim_{k \to \infty} \boldsymbol{e}_{2,k}(t) = 0$$

由上述推证过程可知，经过每次限时学习，并且随着学习次数增加，限时学习控制器能使跟踪误差趋向于零，坐垫服务机器人实现了轨迹跟踪。

## 8.3 强化学习在康复训练机器人中的应用

### 8.3.1 康复训练机器人动力学模型

康复训练机器人通常需要跟踪医生指定的运动轨迹，帮助步行障碍患者完成康复训练，如图 8-12 所示。康复训练机器人的结构坐标如图 8-13 所示。在实际应用中随着训练者步行能力逐渐增强，训练者会有主动参与训练的愿望，往往具有主动的步行速度，这样需要机器人不断调整运动速度帮助康复者训练，从而实现人机运动速度的协调。

康复训练机器人的动力学模型描述为

$$\boldsymbol{M}_0\boldsymbol{K}(\theta)\ddot{\boldsymbol{X}}(t) + \boldsymbol{M}_0\dot{\boldsymbol{K}}(\theta,\dot{\theta})\dot{\boldsymbol{X}}(t) = \boldsymbol{B}(\theta)\boldsymbol{u}(t) \qquad (8\text{-}30)$$

其中

$$\boldsymbol{M}_0 = \begin{bmatrix} M+m & 0 & 0 \\ 0 & M+m & 0 \\ 0 & 0 & I_0+mr_0^2 \end{bmatrix}, \quad \boldsymbol{K}(\theta) = \begin{bmatrix} 1 & 0 & p \\ 0 & 1 & q \\ 0 & 0 & 1 \end{bmatrix}, \quad \boldsymbol{X}(t) = \begin{bmatrix} x(t) \\ y(t) \\ \theta(t) \end{bmatrix},$$

$$\boldsymbol{B}(\theta) = \begin{bmatrix} -\sin\theta_1 & \sin\theta_2 & \sin\theta_3 & -\sin\theta_4 \\ \cos\theta_1 & -\cos\theta_2 & \cos\theta_3 & \cos\theta_4 \\ \lambda_1 & -\lambda_2 & -\lambda_3 & \lambda_4 \end{bmatrix}, \quad \boldsymbol{u}(t) = \begin{bmatrix} f_1 \\ f_2 \\ f_3 \\ f_4 \end{bmatrix},$$

$$\left.\begin{array}{l}\lambda_1 = l_1\cos(\theta_1-\varphi_1)\\ \lambda_2 = l_2\cos(\theta_2-\varphi_2)\\ \lambda_3 = l_3\cos(\theta_3-\varphi_3)\\ \lambda_4 = l_4\cos(\theta_4-\varphi_4)\end{array}\right., \quad \begin{array}{l}p = \dfrac{1}{2}[(\lambda_1-\lambda_3)\sin\theta + (\lambda_2-\lambda_4)\cos\theta]\\ q = \dfrac{1}{2}[(\lambda_2-\lambda_4)\sin\theta - (\lambda_1-\lambda_3)\cos\theta]\end{array}$$

式中，$X(t)$ 为康复训练机器人的实际运动轨迹；$u(t)$ 为广义输入力；$M$ 为机器人的质量；$m$ 为康复者的质量；$I_0$ 为转动惯量；$M_0$、$K(\theta)$、$K(\theta,\dot{\theta})$、$B(\theta)$ 为系数矩阵；$\theta$ 为水平轴和机器人中心与第一个轮子中心连线间的夹角，即 $\theta = \theta_1$，由康复训练机器人结构可知，$\theta_2 = \theta + \dfrac{\pi}{2}$，$\theta_3 = \theta + \pi$，$\theta_4 = \theta + \dfrac{3}{2}\pi$；$l_i$ 为系统重心到每个轮子中心的距离；$r_0$ 为中心到重心的距离；$\phi_i$ 为 $x'$ 轴和每个轮子对应的 $l_i$（$i=1,2,3,4$）之间的夹角。

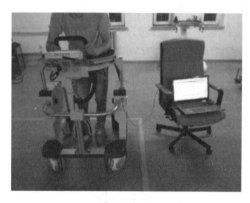

图 8-12　康复训练机器人

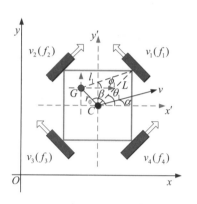

图 8-13　机器人结构坐标

### 8.3.2　机器人强化学习运动速度决策

比较康复训练机器人的当前运动速度和训练者的当前步行速度，并将比较结果的速度值大小作为速度决策的状态变量，以康复训练机器人加速、减速、匀速运动作为速度决策的动作，依据比较的速度值之差设计决策过程的奖惩值函数，实现康复训练机器人运动速度决策；其中，$v_t$ 表示机器人当前速度，$V_t$ 表示训练者当前速度，状态描述为

$$\text{state}_1 : v_t < V_t \tag{8-31}$$
$$\text{state}_2 : v_t = V_t \tag{8-32}$$
$$\text{state}_3 : v_t > V_t \tag{8-33}$$

以康复训练机器人加速、减速、匀速运动作为速度决策的动作，每次动作调整康复训练机器人速度变化值为 $\Delta v$。其中，$v_{t+1}$ 表示机器人下一时刻速度，决策动作描述为

$$\text{加速动作 } a_1 : v_{t+1} = v_t + \Delta v \tag{8-34}$$
$$\text{匀速动作 } a_2 : v_{t+1} = v_t \tag{8-35}$$
$$\text{减速动作 } a_3 : v_{t+1} = v_t - \Delta v \tag{8-36}$$

设 $\Delta V = v_t - V_t$ 表示康复训练机器人和训练者当前时刻的速度值之差，设计机器人速度决策过程的奖惩值函数 $R$ 为

$$R = \begin{cases} 100, & \Delta V = 0 \\ 0, & 0 < \Delta V < v_{t-1} - V_{t-1} \\ -10, & 0 < v_{t-1} - V_{t-1} < \Delta V \\ 0, & v_{t-1} - V_{t-1} < \Delta V < 0 \\ -10, & \Delta V < v_{t-1} - V_{t-1} < 0 \end{cases} \tag{8-37}$$

康复训练机器人运动速度决策步骤如下。

步骤1：对康复训练机器人初始速度、初始状态的行为对 $(S,A)$ 进行初始化，其中 $S$ 为康复训练机器人当前状态，$A$ 为机器人当前采取的动作；设置机器人更新状态学习速率 $\alpha$，衰减系数 $\gamma$，决策动作的选择概率 $\varepsilon$，其中 $\alpha \in [0,1]$，$\gamma \in [0,1]$，$\varepsilon \in [0,1]$。

步骤2：对康复训练机器人和训练者的当前速度值比较大小，并判断机器人在 $\text{state}_1$、$\text{state}_2$、$\text{state}_3$ 中所处的状态，将其记为 $S$，康复训练机器人以概率 $\varepsilon$ 选取 $a_1$、$a_2$、$a_3$ 中的任意一个动作，并记为 $A$，确定当前时刻的状态行为对 $(S,A)$。进一步，根据 $R$ 获得奖惩值，使康复训练机器人进入下一个状态，记为 $S'$，再利用概率 $\varepsilon$ 选择新的动作 $A'$，获得新的行为对 $(S',A')$，同时根据当前时刻 $R$ 的奖惩值对 $(S,A)$ 的价值进行更新，更新过程为

$$Q(S,A) \leftarrow Q(S,A) + \alpha[R + \gamma Q(S',A') - Q(S,A)] \tag{8-38}$$

式中，$Q(S,A)$ 为当前状态行为对 $(S,A)$ 获得的价值；$Q(S',A')$ 为下一时刻状态行为对 $(S',A')$ 的价值。这样根据式(8-38)的价值，可以完成一次动作决策。

步骤3：将 $(S',A')$ 作为当前新的状态和动作，重复步骤2，机器人不断进行动作决策，直到完成决策次数，使 $\Delta V = 0$，实现人机运动速度协调。

### 8.3.3 人机运动速度协调跟踪控制

利用决策的运动速度及康复训练机器人动力学模型建立跟踪误差系统，设机器人实际运动轨迹 $X(t)$，医生指定训练轨迹 $X_d(t)$，设系统轨迹跟踪误差 $e_1(t)$ 为

$$e_1(t) = X(t) - X_d(t) \tag{8-39}$$

速度跟踪误差 $e_2(t)$ 为

$$e_2(t) = \dot{X}(t) - \dot{X}_d(t) + ce_1(t) \tag{8-40}$$

式中，$c$ 为适应运动速度决策的待设计参数；$\dot{X}(t)$ 为机器人决策的运动速度。

根据式(8-39)和式(8-40)，得到跟踪误差系统为

$$\begin{cases} \dot{e}_1(t) = \dot{X}(t) - \dot{X}_d(t) = e_2(t) - ce_1(t) \\ \dot{e}_2(t) = \ddot{e}_1(t) + c\dot{e}_1(t) = \boldsymbol{M}_1^{-1}\boldsymbol{B}(\theta)\boldsymbol{u}(t) - \boldsymbol{M}_1^{-1}\boldsymbol{M}_2\dot{X}(t) + c\dot{e}_1(t) - \ddot{X}_d(t) \end{cases} \tag{8-41}$$

式中，$\boldsymbol{M}_1 = \boldsymbol{M}_0\boldsymbol{K}(\theta)$；$\boldsymbol{M}_2 = \boldsymbol{M}_0\boldsymbol{K}(\theta,\dot{\theta})$。

设 $\hat{c}$ 为参数 $c$ 的估计值，$c^*$ 为 $c$ 的最优估计值，估计误差 $\tilde{c} = c^* - \hat{c}$，则有

$$\dot{\hat{c}} = -\dot{\tilde{c}} \tag{8-42}$$

设计控制器 $u(t)$ 为

$$\boldsymbol{u}(t) = \boldsymbol{B}^{-1}(\theta)\boldsymbol{M}_1[\boldsymbol{M}_1^{-1}\boldsymbol{M}_2\dot{X}(t) - \hat{c}(\dot{e}_1(t) - \boldsymbol{e}_2^{\mathrm{T}}(t)\boldsymbol{e}_1^{\mathrm{T}}(t)\boldsymbol{e}_1(t)) - \boldsymbol{e}_1(t) + \ddot{X}_d(t) - \boldsymbol{K}\boldsymbol{e}_2(t)] \tag{8-43}$$

且参数 $c$ 的自适应律为

$$\dot{\hat{c}} = \boldsymbol{e}_2^{\mathrm{T}}(t)\dot{\boldsymbol{e}}_1(t) - \boldsymbol{e}_1^{\mathrm{T}}(t)\boldsymbol{e}_1(t) \tag{8-44}$$

式中，$K>0$，$\hat{e}_2^T(t)=(e_2(t)e_2^T(t))^{-1}e_2(t)$ 为 $e_2^T(t)$ 的伪逆矩阵。

设计 Lyapunov 函数 $V(x,t)$ 为

$$V(x,t)=\frac{1}{2}e_1^T(t)e_1(t)+\frac{1}{2}e_2^T(t)e_2(t)+\frac{1}{2}\tilde{c}^T\tilde{c} \tag{8-45}$$

对式(8-45)求导，得

$$\begin{aligned}\dot{V}(x,t)&=e_1^T(t)\dot{e}_1(t)+e_2^T(t)\dot{e}_2(t)+\dot{\tilde{c}}^T\tilde{c}\\&=e_1^T(t)(e_2(t)-c^*e_1(t))+e_2^T(t)(M_1^{-1}B(\theta)u(t)\\&\quad-M_1^{-1}M_2\dot{X}(t)+c^*\dot{e}_1(t)-\ddot{X}_d(t))-\dot{\tilde{c}}^T\tilde{c}\\&=e_2^T(t)[M_1^{-1}B(\theta)u(t)-M_1^{-1}M_2\dot{X}(t)+c^*(\dot{e}_1(t)\\&\quad-(e_2^T(t))^{-1}e_1^T(t)e_1(t))+e_1(t)-\ddot{X}_d(t)]-\dot{\tilde{c}}^T\tilde{c}\end{aligned} \tag{8-46}$$

将控制器 $u(t)$ 和自适应律 $\dot{\hat{c}}$ 代入式(8-46)可得

$$\dot{V}(x,t)=-Ke_2^T(t)e_2(t) \tag{8-47}$$

由式(8-47)可知，跟踪误差系统式(8-41)渐近稳定，控制器式(8-43)可以适应机器人利用强化学习方法决策的运动速度，确保人机速度协调且稳定跟踪医生指定的训练轨迹。

# 习 题

1. 查阅文献总结人工智能方法的 3 个应用案例。
2. 利用一种人工智能方法规划机器人的运动路径。
3. 给出神经网络辨识系统模型的方法。
4. 给出强化学习运动速度决策的步骤。
5. 基于人工智能方法解决一个实际问题。

# 第9章

人工智能的前沿

人工智能就是用人工的方法在机器(计算机)上实现的智能,或者说是人们使用机器模拟人类的智能。人工智能在智能助理、量子计算、自动驾驶、智慧教育、智能家居、机器学习等领域已有应用,诠释了人工智能在科技革命和产业变革中的核心驱动力量。

人工智能的前沿

## 9.1 人工智能与智能助理

通常来说,人工智能助理(Intelligent Personal Assistant,IPA)是指帮助个人完成多项任务或多项服务的虚拟助理,目前绝大多数的人工智能助理都是通过语音助手来实现的。

语音技术是语音助手的入口和出口,而语音助手只是语音技术的某个具体应用。对于语音技术,可能大部分人的理解还仅仅局限在语音识别上。事实上,典型的语音技术(见图 9-1)还包括很多实用的方向,比如语音识别、说话人识别、语种识别、语音合成、音色转换、语音增强等。

图 9-1 典型的语音技术

目前苹果、谷歌、微软、亚马逊公司已经投入大量资源,积极研发并推出了 Siri、Google Assistant、Alexa、Cortana 等具有代表性的智能助理。而国内互联网三大巨头百度公司、阿里巴巴集团、腾讯公司也通过组建实验室、招募人工智能高端人才等方式紧锣密鼓地发布了百度度秘、阿里小蜜、腾讯叮当,力图从智能助理的场景切入,完成在未来人工智能市场的布局。

### 9.1.1 智能助理的基本逻辑

智能助理也可以看作任务导向的 Chatbot(聊天机器人),实现逻辑与 Chatbot 相似,但是多了业务处理的流程,智能助理会根据对话管理返回的结果进行相关的业务处理。一个包括语音交互的 Chatbot 的架构如图 9-2 所示。

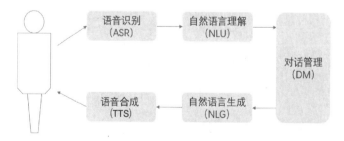

图 9-2 交互架构

一般 Chatbot 由语音识别(ASR)、自然语言理解(NLU)、对话管理(DM)、自然语言生成(NLG)、语音合成(TTS)几个模块组成。

① 语音识别：完成语音到文本的转换，将用户说话的声音转化为语音。

② 自然语言理解：完成对文本的语义解析，提取关键信息，进行意图识别与实体识别。

③ 对话管理：负责对话状态维护、数据库查询、上下文管理等。

④ 自然语言生成：生成相应的自然语言文本。

⑤ 语音合成：将生成的文本转换为语音。

通常智能助理一个完整的交互流程如下。

首先，音频被记录在设备上，经过压缩传输到云端。通常会采用降噪算法来记录音频，以便让云端"大脑"更容易地理解用户的命令。之后使用"语音到文本"平台将音频转换成文本命令，通过指定的频率对模拟信号进行采样，将模拟声波转换为数字数据，分析数字数据以便确定音素的出现位置。一旦识别出音素，就使用算法来确定对应的文本。

其次，使用自然语言理解技术来处理文本。先使用词性标注来确定哪些词是形容词、动词和名词等，之后将这种标记与统计机器学习模型结合起来，推断句子的含义。

最后，进入对话管理模块，确认用户提供的信息是否完整；否则进行多轮对话，直至得到所需的全部信息。根据得到的信息进行相应的业务处理，执行命令。同时将结果生成自然语言文本，并由语音合成模块将生成的文本转换为语音。在这些模块中，对话管理模块的首要任务是负责管理整个对话的流程。

通过对上下文的维护和解析，对话管理模块要决定用户提供的意图是否明确，以及实体槽的信息是否足够进行数据库查询或开始执行相应的任务。当对话管理模块认为用户提供的信息不全或者模棱两可时，就要维护一个多轮对话的语境，不断引导询问用户以得到更多的信息，或者提供不同的可能选项让用户选择。对话管理模块要存储和维护当前对话的状态、用户的历史行为、系统的历史行为、知识库中的可能结果等。当认为已经清楚得到了全部需要的信息后，对话管理模块就要将用户的查询变成相应的数据库查询语句去知识库中查询相应的资料，实现和完成相应的任务。

在实际实现过程中，因为对话管理模块肩负着大量任务，是跟使用需求绑定的，大部分使用规则系统，所以实现和维护都比较烦琐。使用规则的好处是准确率高，但是缺点也很明显：用户的句式千变万化，规则只能覆盖比较少的部分。而越写越多的规则也极其难以维护，经常会出现互相矛盾的规则，一个业务逻辑的改动往往会牵一发而动全身。另一个方法是维护一个庞大的问答数据库，对用户的问题通过计算句子之间的相似度来寻找数据库中已有的最相近的问题来给出相应的答案。目前任务导向 Chatbot 也在逐渐使用基于深度学习的端到端来实现架构。简要地说，就是将用户输入的内容直接映射到系统的回答上，但是这种方式也存在需要大量训练数据的问题，还不能完全取代传统规则系统。智能助理发展至今也遇到了一些瓶颈问题，人脑毕竟十分复杂，用户提出的问题有时即使是人类也需要结合多年生活经验和知识才能理解，所以这些问题对智能助理来说理解意图难度很高，知识复杂度也比较高。因此，现在不少公司的思路是做垂直领域的智能助理，场景比较小，语料库、语义相对有限，对话容易收敛。

## 9.1.2 智能助理的未来

很多迹象都指向同一个结论：移动互联的高速增长已经饱和，行业需要新的增长点。对话式服务具备新的增长点的潜质，回顾人机交互方式的变迁(见图 9-3)，基本都伴随着一个规律：核心技术的出现和整合，带来全新的人机交互方式，在此基础上大量的商业应用应运而生。

图 9-3 人机交互方式的变迁

可以看到随着技术的平民化，人机交互正不可逆转地向人的方向靠近——不需要学习的人机交互，将来越来越多的人都能更自然地通过计算设备来获得价值。下一个超级增长点的交互方式一定是更接近人的自然行为、更多人可以使用的方式，因此人工智能助理大有可为。而未来的人工智能助理发展方向就是如何解决语音识别、语义理解、操作执行等存在的问题。从技术细节角度看，希望有更好的语音识别性能，特别是在噪声环境下具有健壮的语音识别性能，能从人类随意的口语中分析出其真正的需求。从实际工程应用角度看，有两个急切的需求：一个是可穿戴设备的交互；另一个是通用的应用程序入口。

## 9.1.3 常见的几种智能助理

### 1. Siri

苹果公司的 Siri 是 Speech Interpretation & Recognition Interface 的首字母缩写。原义为语音识别接口，是苹果公司在 iPhone、iPad、iPod Touch、HomePod 等产品上应用的一个语音助手。利用 Siri，用户可以读短信、查询餐厅介绍、询问天气、语音设置闹钟等。

Siri 可以支持自然语言输入，并且可以调用系统自带的天气预报、日程安排、搜索资料等应用，还能不断学习新的声音和语调，提供对话式的应答。Siri 可以令 iPhone 4S 及以上手机、iPad 3 及以上平板电脑变身为一台智能化机器人。

### 2. Alexa

亚马逊公司于 2014 年推出智能音箱 Echo，主要功能集中在语音购物和对智能家居的控制上。随着 Echo 成为家庭的交互入口，其搭载的"大脑"Alexa 智能语音助手(见图 9-4)也开始普及。通过亚马逊 Alexa 与智能家居设备的连接，用户可以轻松控制智能家居设备，例如开关灯、开关窗帘、开关电视等。Alexa 还可以通过多个信息源播放流媒体音乐、阅读新闻、提供天气和交通等信息，甚至还可以预订比萨。

目前 Alexa 已经可以支持亚马逊语音设备(Echo、Echo Dot、Tap)和 Fire TV 机顶盒，亚马逊公司正在尝试让 Alexa 支持其他可连接设备，比如闹钟和宠物喂食器。不过因为亚马逊公司没有自己的智能手机平台，所以目前还没有实现智能家居控制和智能手机的整合。

图 9-4　Alexa 音箱

### 3. Cortana

2014 年 2 月，微软公司推出了自己的语音助手 Cortana，如图 9-5 所示，并嵌入安装于 Windows 操作系统的计算机和手机中。它是一款基于语音和文本的虚拟助手，目前已经可以支持 Windows、iOS 以及 Android 系统。借助微软自身深厚的技术功底，Cortana 实现了对语音的较高识别率和与系统功能的深度集成，给用户带来了不少便利，可以对用户的习惯和喜好进行学习，帮助用户进行一些信息的搜索和日程安排等。这个机器人信息获取的来源包括用户的使用习惯、用户行为、数据分析等。该机器人的数据来源包括图片、电子邮件、文本、视频等。

图 9-5　微软的 Cortana

### 4. 天猫精灵

天猫精灵(见图 9-6)是阿里巴巴 AI 实验室于 2017 年 7 月 5 日发布的智能产品品牌，当天同步发布了天猫精灵首款硬件产品——AI 智能语音终端设备天猫精灵 X1。天猫精灵 X1 内置 AliGenie 操作系统，AliGenie 依赖云端，能够听懂中文普通话语音指令，目前可以实现智能家居控制、语音购物、手机充值、叫外卖、音频音乐播放等功能。天猫精灵整合了市场上的内容资源、音频资源、技术资源以及自身的平台资源。接入的互联网服务内容多为阿里生态自身内容，但依靠阿里自身的布局，服务数量很可观。在家居控制方面，支持阿里以及 BroadLink 等品牌商的接入。

图 9-6　阿里天猫精灵

## 9.2　人工智能与量子计算

当前,量子计算已经被视为科技行业中的前沿领域,国内外科技巨头相继加大了在该领域的研发与商用探索的力度。

2015 年 7 月,阿里云与中国科学院共同成立"中国科学院—阿里巴巴量子计算实验室",开展量子计算的前瞻性研究。2017 年 11 月,IBM 宣布成功测试了一台承载 50 量子比特的量子计算原型机。2017 年 12 月,腾讯宣布成立量子实验室,开始网罗与量子相关的算法、通信、量子物理等方面的人才。2018 年 3 月,谷歌推出了一款承载 72 量子比特的芯片。同年 3 月,百度宣布成立量子计算研究所,开展量子计算软件和信息技术应用业务研究。

为什么这些科技企业如此热衷于量子计算领域的研究呢?

**1. 量子计算的概念**

说到量子计算首先要讲一下量子力学的概念,量子力学是研究物质世界微观粒子运动规律的物理学分支,它和相对论一起构成了现代物理学的理论基础。量子力学指出,世界的运行并不确定,最多只能预测各种结果出现的概率,一个物体可以同时处于两个相互矛盾的状态中,量子计算就是一种遵循量子力学规律调控数据的过程。

**2. 量子计算的发展将给人工智能带来巨大的提升**

通常来讲,人工智能发展的三大基石分别为大数据、算法以及计算能力。事实上,随着数据信息爆发式的发展,计算能力或将成为未来人工智能发展的最大障碍。随着全球数据总量的飞速增长,互联网时代的大数据高速积累,每天产生的数据与现有计算能力已经严重不匹配。IDC 数字宇宙报告显示,全球绝大部分信息数据产生于近几年,数据总量正在呈指数式增长。基于目前的计算能力,在如此庞大的数据面前,人工智能的训练学习过程将变得相当漫长,甚至无法实现最基本的人工智能,因为数据量已经超出了内存和处理器的承载上限,极大限制了人工智能的发展,这就需要量子计算机来帮助处理未来海量的数据。

此外,就是热耗散的问题,经典计算机器件,热耗散不可避免,而且集成度越高,热耗散越严重。但对于量子计算机来说,原理上保持可逆计算,没有热耗散,它可以在里面自循环,没有热耗散也遵循量子力学规律。

量子计算能够让人工智能加速,量子计算机将重新定义什么才是真正的超级计算能力。同时,量子计算机也将有可能解决人工智能快速发展带来的能源问题。业界普遍认为量子计算将有可能给人工智能带来革命性的变化。目前,量子计算主要被应用于机器学习提速,基于量子硬件的机器学习算法,可以加速优化算法和提高优化效果。有理由相信,在未来的五年到十年,人工智能在量子计算的作用下,将会开启一个全新的时代。

3. 量子计算机

量子计算机正在大规模商用(见图 9-7),其运行速度比传统模拟装置计算机芯片运行速度快 1 亿倍。

图 9-7　量子计算机

## 9.2.1　量子计算的概念

量子计算是一种遵循量子力学规律,调控量子信息单元进行计算的新型计算模式。与传统的通用计算机对照,其理论模型是用量子力学规律重新诠释的通用图灵机。从可计算的问题来看,量子计算机只能解决传统计算机所能解决的问题,但是从计算的效率上,由于量子力学叠加性的存在,某些已知的量子算法在处理问题时速度要快于传统的通用计算机。

量子力学态叠加原理使量子信息单元的状态可以处于多种可能性的叠加状态,从而导致量子信息处理效率比经典信息处理具有更大的潜力。普通计算机中的 2 位寄存器在某一时间仅能存储 4 个二进制数(00、01、10、11)中的一个,而量子计算机中的 2 位量子位寄存器可以同时存储这 4 种状态的叠加状态。随着量子比特数目的增加,对于 $n$ 个量子比特而言,量子信息可以处于两种可能状态的叠加,配合量子力学演化的并行性,可以展现比传统计算机更快的处理速度。

量子计算(Quantum computation)的概念最早由美国阿贡国家实验室的贝尼奥夫(P.Benioff)于 20 世纪 80 年代初期提出,他提出二能阶的量子系统可以用来仿真数字计算,稍后费曼也对这个问题产生兴趣而着手研究,并在 1981 年勾勒出以量子现象实现计算的愿景。1985 年,牛津大学的德意奇(D.Deutsch)提出量子图灵机(Quantum turing machine)的概念,量子计算才开始具备数学的基本形式。然而上述量子计算研究多半局限于探讨计算的物理本质,还停留在相当抽象的层次,尚未进一步跨入发展算法的阶段。

2016 年,欧盟宣布启动 11 亿美元的"量子旗舰"计划,德国于 2019 年 8 月宣布了

6.5 亿欧元的国家量子计划，中国、美国也在量子科学和技术上投入数十亿美元。这场竞赛旨在制造出在某些任务上的表现优于传统计算机的量子计算机。2019 年 10 月，谷歌公司宣布一款执行特定计算任务的量子处理器已经实现这种量子"霸权"。2019 年 12 月 6 日，俄罗斯副总理马克西姆·阿基莫夫提出国家量子行动计划，拟在 5 年内投资约 7.9 亿美元，打造一台实用的量子计算机，并希望在实用量子技术领域赶上其他国家。2019 年 8 月，中国量子计算研究获得重要进展，实现了高性能单光子源。

不过，对于量子计算机的控制，仍然需要通过普通计算机进行信息的输入和输出。工作人员在普通计算机上输入初始数据，数据在量子计算机控制系统中进行复杂的转换和运算，最后得到的结果则会传回工作人员的普通计算机上。

### 9.2.2 量子计算与人工智能的结合

就在量子、人工智能这些名词开始被大众所熟悉的同时，"量子人工智能"这个新的方向也开始快速发展起来。图灵奖得主姚期智院士曾经指出，量子计算和人工智能两个领域的结合，将会是未来的重大时刻。

一方面，人工智能机器学习技术可以用于解决量子信息难题，可以帮助量子物理学家处理很多复杂的量子物理数据分析，比如机器学习识别相变、神经网络实现量子态的分类、凸优化用于海水量子信道重建等；另一方面，目前同样广泛关注的方向就是如何运用量子计算技术推动人工智能的发展。量子计算科学家研究了很多基于量子计算机的算法，往往可以把原本计算复杂程度为非确定的多项式或计算复杂程度更高的问题转化为多项式复杂度，实现平方甚至指数级的加速。目前不少经典的机器学习问题，例如主元素分析、支持向量机、生成对抗网络等都有了量子算法的理论加速版本，并且有的还在专用或通用的量子计算机中进行了原理性实验演示。

量子计算和人工智能交叉学科的发展，其实并不是偶然的。在两者相遇之前，都各自经历了起起落落、螺旋式上升的发展历程。人工智能在几十年的发展过程中经历了两次衰落期，直至近年才开始在许多细分领域得到快速发展。相比之下，量子计算更加年轻。虽然量子力学作为整个 20 世纪的主角，直接促成了半导体晶体管、激光器等信息技术的发展，但是量子计算的概念是直到 20 世纪 80 年代才被提出的。这时候经典计算机的理论发展已经成熟，诺贝尔物理学奖得主费曼指出，自然中有很多量子力学现象，量子计算机会比经典计算机更擅长模拟这些量子力学现象。此后多年陆续有一些关于量子计算抽象模型、量子计算可能用处的探讨。

直到 2000 年前后，人工智能和量子计算似乎还只是两条并行的轨道，没有什么交点。但是，人工智能若想要保持旺盛冲劲，则必须克服摩尔定律限制，结合最前沿的计算机计算途径和硬件性能去突破。量子计算的很多算法可以把 AI 程序涉及的计算复杂程度变为多项式级，从根本上提升运算效率，这无疑是非常有吸引力的。目前从各国推出的量子计算白皮书以及各商业公司的量子计算研究组网站上看，都表示希望量子计算能够应用在优化问题、生物医学、化学材料、金融分析、图像处理等领域。对于人工智能，说到它的应用场景，不外乎也是这些领域。量子计算和人工智能都希望能够助力各民生行业，因此两者的结合是必然的。

量子计算目前涉足弱人工智能的各种具体任务，量子计算主要包括基于量子逻辑门线路的通用量子计算，以及直接进行哈密顿量构建及量子演化的专用量子计算。通用量子计算需要解决如何优化量子线路、减少线路长度以及如何实施量子纠错等问题。专用量子计算是费曼提出量子计算想法时就提出的途径，需要能够灵活构建符合算法需求的多维度演化空间。不管哪种途径，都需要构思怎样把人工智能算法中复杂程度较高的部分转化到量子态空间和量子演化问题中，发挥量子算法优势。

神经网络是实现人工智能的一类重要技术方法，但是神经网络在量子体系中的实现却并不容易。神经网络模型中的激活函数是一个跃迁式的非线性函数，而直接构建量子演化空间是线性的，这是矛盾的。因此，目前有人提出量子逻辑门线路，使用量子旋转门和受控非门来构建神经网络。随着神经元的增多，要求的量子门数量也大幅增长。另一种思路是，不去实现神经网络激活函数及完整的神经网络，而是实现诸如 Hopfield 神经网络中重要的"联想记忆"功能，这通过专用量子计算容易实现，而且便于带来实际的应用。从技术层面看，机器学习根据训练样本是否有标注，分为无监督型和有监督型机器学习，两者都可以通过量子算法进行改进。例如，K-means 是一种常用的无监督型机器学习方法，量子算法利用希尔伯特完备线性空间，对量子态的操作即相当于线性空间中的向量操作，利用多个量子态叠加原理的天然并行操作优势提高效率。对于最近邻算法这种有监督型算法，用量子态的概率幅表示经典向量，并通过比较量子态间距实现量子最近邻算法，还有用于数据降维的主成分分析(无监督型)、用于数据分类的支持向量机(有监督型)等常见的技术，都有了量子算法版本。

近年来，欧盟的《量子宣言》和中国的《量子计算发展白皮书》都强调了量子信息在人工智能中的应用。量子人工智能相关学术研究主要是由量子信息科学家主导开展的，他们基于量子物理，进一步学习人工智能机器学习技术，针对某项现有机器学习方法寻找量子优化算法。

另外，量子人工智能在各具体民生领域的应用落地，也需要各行业研究人员的广泛参与。比如气象预测、医药分析等都有各自特定的计算模型，需要的优化算法也各不相同。人工智能在各应用领域的探究相对量子计算更加广泛和成熟，因此量子人工智能交叉研究可以借鉴一些相关知识的积累。确信无疑的一点是，这是一个比以往任何时候都更适合量子人工智能研究的好时代，因为量子计算和人工智能两个领域都在蓬勃发展，互相交叉研究已经有一定的基础，应用前景又非常广阔并且实在。

## 9.3 人工智能与自动驾驶

为了深入贯彻落实党中央、国务院的重要部署，顺应新一轮科技革命和产业变革趋势，抓住产业智能化发展的战略机遇，加快推进智能汽车创新发展，国家发展和改革委员会等 11 个部门在 2020 年印发了《智能汽车创新发展战略》，指出当今世界正经历百年未有之大变局，新一轮科技革命和产业变革方兴未艾，智能汽车已经成为全球汽车产业发展的战略方向。智能汽车又称为智能网联汽车、自动驾驶汽车等，是指通过搭载先进传感器等装置，运用人工智能等新技术，使其具有自动驾驶功能，逐步成为智能移动空间和应用终端的新一代汽车，图 9-8 展示了百度自动驾驶汽车。

图 9-8 百度自动驾驶汽车

关于自动驾驶以及规范智能汽车道路检测方面的探索,德国、美国、日本起步较早。1939 年,美国通用汽车公司在纽约世界博览会上首次展出了 Futurama 无人驾驶概念设计,提出了一种朴素的自动化高速公路设想。直至 1984 年,卡耐基·梅隆大学研制了全球首辆真正意义上的无人驾驶车辆。进入 21 世纪后,美国国防部高级研究计划局举办的城市挑战赛是无人驾驶发展史上的里程碑事件,掀起了无人驾驶技术研发的热潮。当今,无论是车企、系统解决方案公司、互联网科技公司还是高校、科研机构,均纷纷加入自动驾驶这波浪潮之中,资本与人才亦迅速涌入。2009 年,谷歌正式启动无人驾驶汽车项目,是世界上第一家推行无人车上路测试的公司。2011 年,德国柏林自由大学顺利挑战了交通信号灯、环岛、拥堵通行等诸多项目。2012 年,谷歌无人车首次获得由美国内华达州颁发的第一张红色牌照。2016 年,Uber 公司正式于美国匹兹堡市面向公众开放无人车出行服务。2016 年 12 月,谷歌拆分无人驾驶业务成立了 Waymo 实体公司,加速了无人驾驶车辆商业化进程。

2014—2016 年,李德毅院士挂帅的"猛狮Ⅱ号"团队在中国智能车未来挑战赛上取得三连冠。2017 年 7 月,百度 CEO 李彦宏亲自试乘百度自主研发的无人车,并率先发布了百度 Apollo 计划,即开源自动驾驶平台计划。2018 年 3 月,中国正式颁发了 3 张智能网联汽车开放道路测试号牌。2018 年 8 月,百度与金龙客车联合研制的无人驾驶小型巴士实现了小规模量产,该款无人小巴革新了传统驾驶舱设计,没有开放方向盘、刹车等操控装置,主要适用于园区、景区、码头等相对封闭的道路通勤。2019 年 9 月,基于 Apollo 开放平台的自动驾驶出租车队 Robotaxi 在湖南省长沙市正式开启试运营。

自动驾驶需要多种技术的支撑,其中复杂系统体系架构、复杂环境感知、智能决策控制、人机交互及人机共驾、车路交互、网络安全等基础前瞻技术,以及新型电子电气架构、多源传感信息融合感知、新型智能终端、智能计算平台、车用无线通信网络、高精度时空基准服务和智能汽车基础地图、云控基础平台等共性交叉技术都是亟待突破的关键技术领域。实现自动驾驶技术一般需要感知系统、决策系统和控制执行系统,根据信息的流向,相应地也划分为感知层、决策层和控制执行层,3 个系统都离不开人工智能技术的基础。

## 9.3.1 感知系统

汽车行业是一个特殊的行业,因为涉及乘客的安全,任何事故都是不可接受的,所以对于安全性、可靠性有着近乎苛刻的要求。因此在研究无人驾驶的过程中,对于传感器、算法的准确性和鲁棒性有着极高的要求。另外,无人驾驶车辆是面向普通消费者的产品,所以需要控制成本。高精度的传感器有利于算法结果准确,但又非常昂贵,这种矛盾在过去一直很难解决。如今深度学习技术带来的高准确性促进了无人驾驶车辆系统在目标检测、决策、传感器应用等多个核心领域的发展。深度学习技术,例如卷积神经网络,目前广泛应用于各类图像处理中,非常适用于无人驾驶领域,其训练测试样本是从廉价的摄像机中获取的,这种使用摄像机取代雷达从而压缩成本的方法广受关注。

### 1. 行人及车辆检测

汽车行业对于行人的安全保障有着极高的要求。在自动驾驶领域,无人驾驶车辆必须具备通过车载传感器检测行人是否存在及其位置的能力,以便实现进一步的决策。一旦检测错误就会造成伤亡,后果严重,所以对于行人检测的准确性要求极高。而行人检测这个核心技术充满挑战性,例如行人姿态变化、衣着打扮各异、遮挡问题、运动随机、室外天气光线因素变化等。这些问题都会影响行人检测技术的准确性乃至可行性。

目前基于统计学的行人检测方法主要分为两类:①提取有效特征并进行分类;②建立深度学习模型进行识别分类。基于特征分类的行人检测受运动、环境影响较大。因此,不常用于自动驾驶领域。深度学习在行人检测领域的表现和潜力,显然要远远好于传统方法。因为其能对原始图像数据进行学习,通过算法提取出更好的特征。基于深度学习的行人检测方法具备极高的准确率和鲁棒性,这对于无人驾驶领域的发展有着重要意义。

### 2. 多传感器融合

常用的车载环境感知传感器包括视觉类传感器、车载雷达传感器等。对于交叉路口、坡道等存在视觉盲区的道路环境,传统的雷达、视觉方案难以突破传感器自身的局限性。而当前感知技术的检测能力、识别精度尚不足以支撑自动驾驶的快速发展,一些新兴技术也因此在不断突破,例如考虑多源异构信息融合技术、用于复杂环境感知的深度学习技术,以及近年来基于车路协同感知技术等。

深度学习的实现对传感器技术提出了更高的要求,需要采用多传感器融合技术。在无人驾驶车辆软件与硬件架构的设计中,传感器作为数据信息的来源,重要性不言而喻。目前主流的无人驾驶车辆硬件架构中,主要采用激光雷达和摄像头作为视觉传感器。但是结合深度学习的应用与实现,无论是激光雷达还是摄像头都有其自身的优点和缺点。例如,激光雷达获取距离信息十分精准,但是存在缺乏纹理、特征信息少、噪点多等问题,这非常不利于深度学习的应用;而摄像头的特点恰恰与雷达的相反,将激光雷达与摄像头等传感器融合,对于无人驾驶车辆做出准确的感知和认知具有重要的意义。

针对基于深度学习的图像数据和雷达数据融合,研究者尝试使用多种不同的组合方式融合雷达数据和图像数据来进行行人检测。其中通过采样雷达的点云信息获得密度深度图,并从中提取水平视差、距地高度、角度3种特征来从不同的角度表征3D场景,也称为 HHA (Horizontal Height Angle)特征，然后在基础的网络结构上，将图像 RGB 信息作为网络的输入层，并尝试在网络中的不同层(例如不同卷积层、全连接层)中加入雷达的 HHA 特征图，以便寻求最佳的融合网络位置。

### 3. 车路协同感知技术

车路协同感知技术将实现车辆与道路检测设备之间实时信息共享，协同感知车辆行驶周边环境，从而有效扩展车辆的超视距感知视野。该技术突破了单车感知的局限性，同时降低了数据采集、数据融合过程中的计算负荷，也降低了车载计算单元的成本与应用门槛，未来将具备大规模商业化潜质。

在智能交通系统中，运用车路协同提升交通安全水平是其研究的热点。车路协同系统为了实现车辆和公路等基础设施之间的智能协同，以便达到提升交通安全、提高运输效率的目标，采用现代无线通信技术、传感探测技术等方式，通过车与路、车与车之间的信息交互与共享获取车路信息。车路协同作为智能交通系统发展中的关键技术环节，受到了国内外的普遍关注，各个国家都进行了各有侧重点的研究。

我国正在加快 5G、数据中心等七个领域新型基础设施建设的进度。工业和信息化部发布了《工业和信息化部关于推动 5G 加快发展的通知》，国家发展和改革委员会等 11 个部委联合发布了《智能汽车创新发展战略》，促进"5G+车联网"协同发展，将车联网纳入国家新型信息基础设施建设工程，到 2025 年将实现"人－车－路－云"高度协同，支持车与车、车与行人、车与路、车与云端的全方位连接。车联网对于促进我国汽车、交通、通信产业的转型升级，实现科技革命具有极大的战略意义。

## 9.3.2 决策系统

### 1. 协同决策

决策层综合场景认知、先验知识、全局规划、车路协同、人机交互等信息，在保证行车安全的前提下，尽可能地适应实时工况，进行舒适友好、节能高效的决策。常用的决策手段有有限状态机、决策树、深度学习、强化学习等。

### 2. 人机协同控制

人机协同控制是指驾驶员和智能控制系统同时在环，协同完成驾驶任务。自动驾驶汽车是否允许人工干预，也是一个比较有争议的话题。开放的同时，意味着暗门的暴露，而完全封闭，又存在着不可控的隐患。人机共驾的核心是协同与互补，而人机并行控制时，将会带来由于冗余输入所造成的人机冲突、控制权分配问题。智能汽车人机协同控制是一种典型的人在回路中的人机协同混合增强智能系统。

人类驾驶员与智能控制系统之间存在很强的互补性，一方面，与智能控制系统的精细化感知、规范化决策、精准化控制相比，驾驶员的感知、决策与操控行为易受心理和生理状态等因素的影响，呈现随机、多样、模糊、个性化和非职业性等态势，在复杂工作情况下极易产生误操作行为；另一方面，智能控制系统对比人而言，学习和自适应能力较弱，环境理解的综合处理能力不够完善，对于未知复杂工作情况的决策能力较差。因此，借助人的智能和机器智能各自的优势，通过人机协同控制，实现人机智能的混合增强，形成双向的信息交流与控制,可以极大促进汽车智能化的发展。

目前,可以将人机协同控制大致分为 3 类,即增强驾驶员感知能力的智能驾驶辅助、基于特定场景的人机驾驶权切换和人机共驾车辆的驾驶权动态分配。同时,由于驾驶员的状态、意图和行为对于驾驶过程有着至关重要的影响,因此,在研究人机协同控制的过程中,驾驶员的状态监测、意图识别和驾驶行为建模也必不可少。

(1) 增强驾驶员感知能力的智能驾驶辅助主要是指车载智能系统经由雷达、摄像头等探测范围更广和获取信息更丰富的感知设备,获得驾驶员不能了解或了解不全面的交通信息,通过智能系统分析并对驾驶员进行视、听、触多方位的预警,达到机器增强驾驶员感知的初级"人机协同"模式。目前,增强驾驶员感知能力的智能辅助主要分为车辆行驶外部环境的增强感知及车辆本身状态的增强感知两个方面。

(2) 基于特定场景的人机驾驶权切换。由于在全部工作情况下的自动驾驶在短期内很难实现,所以在智能汽车技术的研究中引入了对于驾驶人和智能控制系统同时在环的人机驾驶权互相切换的控制方式,这方面研究主要集中在特定场景下实现人类驾驶权和机器驾驶权的切换。在某些场景下,车辆控制超出驾驶员能力之外时,智能系统获取车辆驾驶权。相反,当车辆控制超出智能系统能力范围的工作情况发生时,系统需要唤醒驾驶员并移交控制权,例如自动紧急制动系统、自适应巡航系统和自动泊车系统(见图 9-9)。

我们可以将控制权转移分为强制转移和自由转移。强制转移指驾驶员与智能系统一方不能胜任时被迫向另一方移交控制权;自由转移指双方均能胜任时控制权自行转移至能力更好的一方。图 9-10 展示了人机驾驶权的切换过程。

图 9-9 自动泊车功能

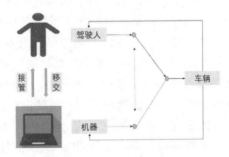

图 9-10 人机驾驶权的切换

(3) 人机共驾车辆的驾驶权动态分配。随着汽车智能化水平的不断提高,驾驶员和智能控制系统之间的关系不仅局限于提醒、警告或者人机之间互相切换,而且会形成人机并行控制的复杂动态交互关系。在全部工作情况下自动驾驶实现之前,这种关系将会一直存在。为了实现高性能人机协同控制,需要对人机交互方式、驾驶权分配和人机协同关系等因素进行深入研究。现有的人机协同控制主要是利用驾驶员的状态和操纵动作、车辆状态和交通环境等信息,以安全、舒适等性能指标实时协调人机之间的控制权。目前的驾驶权分配协同方式可以分为两类,即输入修正式协同控制和触觉交互式协同控制。

在人机共驾系统中,风格各异的驾驶员与车辆智能控制系统共同构成了对智能汽车的共驾控制,两者之间动态交互,形成相互耦合与制约关系。目前车辆驾驶任务中人机交互方式大多数只停留在感知、决策或执行等单一层面,交互方式比较简单,难以应对未来人机共驾系统多层次、多维度交互与协同的需求,且缺乏对驾驶员的状态、意图和行为以及驾驶员对智能控制系统在感知层、决策层和执行层等驾驶过程中影响的深入研究。因此，深入剖析和理解复杂车辆智能控制系统和驾驶员的驾驶机理，探索两者之间的冲突与交互机制，建立人机共驾理论体系，构建人性化、个性化的人机合作混合智能系统，搭建人机共驾系统测试验证平台，可以极大地促进汽车智能化的发展进程。

### 9.3.3 控制系统

车辆运动控制是实现汽车智能化的首要前提，控制系统的任务是控制车辆油门、制动、转向机构，在满足一定的设计需求(例如追踪性、舒适性、经济性、安全性等)的基础上，使实际轨迹收敛于决策层规划的期望轨迹。常见的应用场景包括多目标自适应巡航控制、走停巡航控制、车道保持控制、车队协同控制。典型车辆控制算法包括 PID 控制、最优控制、自适应控制、滑模变结构控制、模型预测控制、模糊逻辑控制、神经网络控制。

目前，面向复杂道路工作情况、非常态环境以及考虑驾驶行为习惯等的控制器设计依然面临着巨大挑战。此外，线控执行机构是实现自动驾驶的必备基础，例如线控油门、线控制动、线控转向等。

### 9.3.4 其他关键技术

#### 1. 高精度地图

智能高精度地图是汽车自动驾驶的关键基础设施，因此也称之为自动驾驶地图。不同级别的自动驾驶对高精度地图的需求如表 9-1 所示。L3 级实时环境感知的主体由人类驾驶员变为自动驾驶系统，高精度地图已经成为必选项，且需要车辆实时位置与高精度地图能匹配一致。L3 级系统作用域为场景比较简单的限定环境(例如高速公路、封闭园区等)，地图精度要求较低，且复杂程度高的动态目标(例如行人等)数量较少，实时传感器数据足够支撑有效的动态目标识别，地图只需要提供静态环境与动态交通(即实时路况)信息。L4 级自动驾驶能够完成限定条件下的全部任务，无须人工干预，安全性要求高，地图精度要求高，且需要地图提供动态交通和事件信息(包括实时路况与高度动态信息)，以便辅助周边环境模型构建。L5 级能够在任意环境条件下完全自动驾驶，作用域的显著扩大需要海量众包源为地图提供数据支撑，且需要地图具备高度智能性，能结合分析数据实现对环境的高度自适应。因此，未来的地图将会具备高精度、高维度和高实时性的特点。

测绘精度是智能高精度地图(见图 9-11)的核心指标。目前虽然没有强制性标准规定，但是普遍认为智能高精度地图的绝对坐标精度应该在 5～20cm，并包含道路静态与动态环境信息，能够以云端协同、车路协同等方式实现信息加载，辅助车辆感知、定位、规划与控制且具备自主学习、自主适应、自动评估能力。

智能高精度地图的基本出发点就是以用户为中心，监测、识别并自适应用户需求与场景变化，通过自我调整和自我组织提供与当前情况最为匹配的信息服务及驾驶服务。同时对自适应结果进行评估，通过对用户满意度评估标准的制定，满意度获取及结果反馈，使整个系统不断优化，实现自主学习、自主适应、自动评估的自主智能控制功能。为此需要增加用户模型层，记录、分析与应用用户个性化信息。用户模型层由驾驶记录数据集与驾驶经验数据集两个方面的内容构成：驾驶记录数据集是特定条件下用户对数据、界面、控制、感知、预测的所有操作记录；驾驶经验数据集则是对海量记录数据进行多维时空大数据挖掘、分析与处理后为用户提供的经验信息，用以辅助车辆实现在特定约束条件下的最优行驶策略。

表 9-1  不同级别的自动驾驶对高精度地图的需求

| 环境监控主体 | 分级 | 名称 | 定义 | 系统作用域 | 数据内容 | 地图精度/m | 采集方式 | 地图形态 | 主动安全 |
|---|---|---|---|---|---|---|---|---|---|
| 人类 | L0 | 无自动化 | 完全人类驾驶 | 无 | 传统地图 | 10 | | | |
| | L1 | 驾驶辅助 | 单一功能辅助，例如 ACC(Adaptive Cruise Control) | 限定 | 传统地图 | 10 | GPS轨迹+IMU | 静态地图 | 道路导航 |
| | L2 | 部分自动化 | 综合功能辅助，如 LKA(Lane Keeping Assist) | 限定 | 传统地图+ADAS数据 | 1~3 | | | 主动安全 |
| | L3 | 有条件自动化 | 特定环境实现自动驾驶，需要驾驶员介入 | 限定 | 静态高精度地图 | 0.2~0.5 | 高精度POS+图像提取 | 静态地图+动态交通信息 | |
| 系统 | L4 | 高度自动化 | 特定环境实现自动驾驶，无须驾驶员介入 | 限定 | 动态高精度地图 | 0.05~0.2 | 高精度POS+激光点法 | 静态地图+动态交通和事件信息 | 自动驾驶 |
| | L5 | 完全自动化 | 完全自动控制车辆 | 任意 | 智能高精度地图 | | 多源数据融合(专业采集+众包) | 静态地图+动态交通和事件信息+分析数据 | |

图 9-11  智能高精度地图

## 2. SLAM 技术

21 世纪以来，无人系统呈现出自主化、小型化和智能化的发展趋势，应用场景也逐渐由物资投放、战场侦察、协同作战等军事领域向自动驾驶、仓库管理、灾害救援、城市安保、资源勘探、电力巡线等民用领域扩展。这些新的场景普遍具有较高的动态性、未知性和封闭性，要求无人系统在缺乏环境先验信息和可靠的外界辅助信息源(例如 GPS、遥测系统等)的前提下，具有仅依靠自身传感器实现全自主导航定位和环境感知的能力，为后续工作提供必要的信息支撑。同步定位与建图技术(SLAM)正是解决上述问题的首选方案，SLAM 技术发展至今，经历了经典阶段、算法分析阶段和鲁棒感知阶段，如图 9-12 所示为 SLAM 机器人巡检变电站。

图 9-12　SLAM 机器人巡检变电站

## 9.4　人工智能与智慧教育

人工智能为智慧教育的实现提供了现实可能性或保障条件。同时，人工智能还催生了一些更加艰深、复杂、富有创造性和想象力的新型工作，这对从业人员提出了更高的职业要求，比如需要人类具有更强的批判意识、更敏锐的思维品质、更强的实践应用能力、更良好的组织协调能力、更高的道德修养、更稳定的情绪心态、更高雅的艺术品位等。这已经不是仅仅靠知识、技能可以解决的问题。因为它涉及人的更加全面与丰盈的智慧层次，人只有拥有更多的智慧才能应对这样的要求、变化与挑战。

在这个意义上，教育必须适应人工智能的发展需要做出相应变革，于是智慧教育呼之欲出。但反过来讲，人工智能的高速发展也会加剧人的异化和片面发展，使人更加趋向机器般机械地学习、思考与行动，导致人类世界充满技术与机器的狂欢。只有人的智慧才能破此危局，于是，旨在启迪人类智慧、培养智慧人，进而成就智慧人生的智慧教育应运而生。总之，人工智能时代呼唤智慧教育，智慧教育是人工智能时代教育变革的最佳选择。

### 9.4.1　人工智能变革教育的潜力

人工智能在未来或许会重新定义教育。人工智能改变了教育的目标，它将取代简单的重复性脑力劳动。当人工智能成为人的思维助手时，学生获取赚钱谋生知识的育人目标也不再重要。未来的教育应该更侧重于学生的爱心、批判性思维、创造力等的培养，帮助他们在新的就业体系中准确定位自己。此外，人工智能会改变校园环境和教师的角色。今后，校园环境信息化会向更高层次迈进，各种智能设备和技术无处不在。学生和教师不知不觉已经"镶嵌"到校园物理空间和虚拟数据空间中。这时将实现从环境的数据化到数据的环境化、从教学的数据化到数据的教学化的转变。校园看上去没有任何改变，却充满了人类的智慧和温度。

### 1. 人工智能助力学习方式变革

人工智能技术和传统教学结合后最直接的体现就是改变学生的学习方式。以前是学生都围绕着教师，这种方式难免效率低下。而当人工智能技术应用到教学中后，将推动学习去中心化、转变成分布式学习的方式。当智能设备运用到教学环境中后，它们拥有海量数据，有什么疑问时，这些设备就可以是"教师"。学生随时随地想学就学，不会再担忧没有教师讲解的苦恼了，这就形成了更加自由和自觉的智能学习环境。在这样一个充满激情的智能学习环境中，学生的学习模式和心态都会发生变化。他们学习的积极性和学习欲望也会被充分调动起来。通过人工智能技术算法实时调整学习环境，并计算学生个体特点和学习方式，从而制订不同的学习计划，就会提升学生的学习体验，学习兴趣自然就来了。而各种智能设备的出现会加速他们掌握知识、消化知识的效率。学生与智能主体的交互，也就成为一种新的学习方式。

### 2. 人工智能赋能教学方式变革

在我国传统的教育模式中，教师不停地讲，学生一直在听。学生缺乏实践，课本上的知识不能很好地运用到生活中，学生缺乏学习积极性，处于被动接受知识的状态。近年来，高校扩大招生数量，一堂课出现几十名甚至上百名学生同时上课，教师很难顾及所有人。教师除了给学生上课的时间以外，课后还有很多科研任务，更没有精力和时间去与学生进行学术讨论，这些都将导致教学效率偏低。

如果把人工智能技术运用到传统的课堂中，灵活运用这项技术的特点，那么传统教育行业定会得到空前的进步。人工智能可以让每个孩子拥有自己的智慧学习伙伴，只要学生对着手机拍一下、说一下，问题的解决思路和答案解析就会呈现出来。而人工智能会学习学生解答问题的常规思路，通过海量数据分析学生的水平，进而有针对性地给学生推送知识点、考点、难点。人工智能还会根据每个人的思考方式、个人性格特点等方面，为学生提供个性化的学习方式方法，激发学生的学习欲望。学生的学习欲望提上来了，更喜欢学习了，教师上课也就更有激情了。有了这个良性循环，师生之间交流多了，学习就不再是痛苦和被动地接受知识。

### 3. 人工智能推动教育供给和服务改革

现在我国城市教育资源和农村教育资源无论是师资力量还是硬件设施都是不平衡的。人工智能技术可以让这种差距得到最大限度的缩小。伴随着更多力量加入整合到人工智能技术的教育供给行列大家庭中，教育供给方式会更灵活、更多元化，功能更强大。完善人工智能与教育系统的整合程度，对我国的教育，尤其是偏远山区农村的教育有历史性的影响。

## 9.4.2 人工智能与教育的结合

"人工智能＋教育"融合的结合现状具体指人工智能赋能教育的应用场景，主要包括智能教学协助、智能教学环境构建、智能教学过程设计、智能教学评价、智能教学服务 5 个主要部分。

### 1. 智能教学协助

在传统教学方式中，教师批改作业、试卷等单调与重复的劳动占据了较多的时间，这些重复而繁重的工作严重困扰着教师的自我提升与备课时间。智能教学平台可以实现填空、选择、判断等客观题的自动阅卷，部分智能教学辅助工具甚至能够根据学生答题的关键词与核心句子，通过自然语言处理中的问题向量距离相似性技术实现主观题阅卷给分。这项工作能够在一定的程度上将教师从繁重的重复工作中解脱出来，进而将更多的精力用于提升自身知识水平、完善教学活动设计、组织个性化教学实施。

### 2. 智能教学环境构建

智能教学环境构建就是关注教育人工智能赋能教学中的学习空间构建。光线、温度、课堂氛围、湿度等要素都会影响课堂效果。目前智能教学环境构建(见图 9-13)关注学习空间规划、学习空间环境服务两个方面。现阶段教学的组织形式多样、交互性更强，因此学习空间规划应该具有开放性、灵活性与层次性。学生、教师和教学资源成为 3 个最主要的维度。此外，学习空间环境服务关注教学活动中用户体验及感受。为此，个性化照明、智能座椅调节、智能温度控制等智能家居提供了更多个性化服务。可以预见，不久的将来智能家居将逐渐普及，并广泛应用于智能教学环境中。

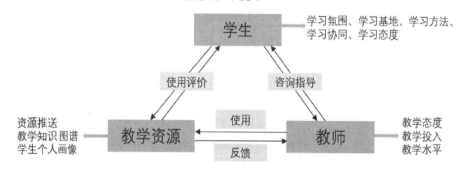

图 9-13　智能教学环境构建

### 3. 智能教学过程设计

智能教学的出现使教师角色的定位发生了改变，由传统的"知识的传播者"转向为"教学的管理者"。教师角色的转变使教师能够有针对性地对各阶段教学活动进行精心设计，鼓励学生参与教学，促进教师主体、学生主体与人工智能技术的交互，有助于提升教学质量。在智能教学形势下，教学过程设计采用以问题为导向的原则。首先，对解决的知识问题进行构想。其次，对可以解决问题的多种方案进行优劣分析，选取最佳方案。再次，通过多元化应用场景实施决策方案，并对处理结果进行评价。最后，归纳分析实施效果，对问题进行适应性反馈。

### 4. 智能教学评价

传统教学以升学率、竞赛、分数为评价指标，而智能教学时代构建的教学质量综合评价体系中更加关注学生兴趣爱好、品德、学习的交叉融合等方面的指标。学生参与课堂学习的积极性、参与性、思维引导等得到了重视。评价机制由以往的"以结果为导向"转向为"以过程为导向"。此外，智能手表等辅助终端设备将记录个人相关的学习数据，而这些数据被及时反馈到智能模型后，将针对个人提供定制化的建议服务，从而使教学相长、因材施教等理论真正得以有效实施。

#### 5. 智能教学服务

人工智能技术赋能教育，需要以各个教学平台获取的教育大数据为输入，通过大数据采集、预处理等阶段处理后才能有效地服务于人工智能算法。而文本、视频、音频、图片、心跳、脑电波等异构型多模态数据的有效转换有助于人工智能与教学工作的融合，实现教学资源的配置优化，使 AI 学习者画像、智能知识资源推送、智能学习诊断、面向教学知识点的知识图谱等服务得以有效开展。智能教学服务使教育资源匮乏的边远山区学生和教育资源丰富的城市学生拥有同样的学习平台，有助于促进教育公平，并提升教学质量。

## 9.5 人工智能与智能家居

近年来，人工智能在各个领域取得了广泛应用，智能家居就是其中一个受益较大的领域。随着人工智能技术的深入，语音识别、自然语音处理、图像识别都在准确率和实用性上有进一步提升，智能语音助手、智能家居摄像头等都逐渐进入我们的生活。

智能家居是以居住空间为载体，通过物联网、云计算等技术将家中的各种设备连接到一起，实现智能化控制的一个系统。它具有智能照明控制、智能电器控制、安防监控系统、智能背景音乐、智能音视频共享、可视对讲系统和家庭影院系统等功能。智能家居利用综合布线技术、网络通信技术、安全防范技术、自动控制技术、音视频技术，将家居生活有关的设施集成，构建高效的住宅设施与家庭日常事务的管理系统，提升家居安全性、便利性、舒适性、艺术性，并实现居住环境的环保节能。

预测到 2050 年世界将有 20% 的人口超过 60 岁，而且全世界有 6.5 亿人患有残疾，而解决这个难题最有效的方法是在这些人家中安装自动医疗报警及辅助设备，实现家居智能化。

### 9.5.1 国内外智能家居的现状

#### 1. 美国

世界首富比尔·盖茨的家位于美国西雅图的华盛顿湖畔，耗资约 1 亿美元，耗时 7 年，被称为"未来之屋"，如图 9-14 所示，堪称当今智能家居的经典之作。整个建筑分为 12 个不同的功能区，盖茨通过移动设备可以远程查看和遥控家中的系统、设备及人员，例如安排厨师准备晚餐、智能控制浴池水温等；豪宅的入口采用了掌纹识别技术的钥匙，自动采集的访客指纹等信息被作为来访资料储存到计算机；大门处的气象感知器与室内计算机相连，将室外的温度、湿度、风力等指标输入计算机，计算机根据气象数据控制室内的温度和通风；来宾须佩戴一枚有即时定位功能的特制电子胸针，这幢科技豪宅拥有神奇的"读心术"：当你踏入一个房间时，喜爱的旋律随即响起，墙壁上会投射出你熟悉的画作；当你游泳时，水下音乐系统智能开启，智能照明能在 6 英寸范围内感应和追踪足迹，实现"人来灯亮，人走灯灭"；智能灌溉系统可以监测百年老树土壤中的水环境，变身智慧园丁，实现自动浇水。

图 9-14　比尔·盖茨展示未来之屋

除了这样的超级豪宅代表外，Amazon Echo、Google Home、Apple Home Kit 也为普通家庭推出了许多智能家居软、硬件服务。

2. 英国

英国的 Laing Home 公司 2000 年就在伦敦郊区建成了"智能家居"示范街区，每栋房子都装备了智能管理系统，主人可以通过手机或网络远程控制照明、空调、通风等系统；独特设计的智能冰箱可以检查家中食物的剩余情况，及时通知主人采购以便保证充足的食物储备。

3. 日本

日本科技公司生产了老年护理机器人、劳动助力机器人等设备来缓解"超老龄社会"和"人口持续减少"的问题。日本软银的人形情感机器人 Pepper(见图 9-15)曾经在 1 分钟之内被抢光，它通过深度摄像头和语音识别系统，能读懂人类情感并做出智能反应。全球已有 1 万多个 Pepper 机器人在为家庭、游轮和餐厅工作。

图 9-15　人形情感机器人 Pepper

还有很多其他智能家居产品，比如，门外的自动门禁系统采用高清红外摄像头侦测，

1秒即可刷脸开门，解放双手。外墙上的智能储物柜可以全天候无人式接收快递，并智能选择不同的商品储存模式。智能冰箱既能冷藏食物，又有温室可用来种植蔬菜。智能橱柜会展示丰富的菜单，厨房能根据主人选定的菜单从冰箱里选取所需食材做饭。智能客厅装有如同百科全书的计算机墙壁，能掌握主人日常所需的资料。智能马桶关注健康，同时拥有座圈加热、臀部清洗、暖风烘干、自动更换薄膜、自行测血糖值和测血压等功能。

#### 4. 德国

Apartimentum 未来型公寓坐落于德国汉堡，在生活智能和网络方面远超欧洲的众多住宅。公寓中众多的物联网应用和先进技术为住户日常生活带来简洁、舒适的个性化居住体验。当业主驶入住宅车库时，公寓的电梯会自动下行。智能手机通过查看业主的日程，不仅能够实现自动叫醒、控制浴室的空调和热水，还能检查交通状况并随时根据拥堵情况提供替代路线。住户可以通过 App 控制百叶窗、灯具、空调等。每间公寓均配有专属 Lightify 入口，住户可单独编程和调用照明场景。

#### 5. 中国

2016 年，美的正式发布 M-Smart 智慧生态计划，宣布智慧生活运营服务平台开放落地，提供智慧生活整体解决方案。比如，应用图像识别和智能标签技术，智能冰箱可自动识别食物保存位置、新鲜程度。

2017 年 8 月，阿里人工智能实验室发布智能音箱"天猫精灵"，它集智能语音、智能搜索、智能购物、智能缴费、智能家居入口等多项功能于一身，已经成功应用于全国首家人工智能酒店——杭州西轩酒店，用户通过语音就可以控制酒店客房的灯光、空调、窗帘、电视、马桶等。

2018 年 4 月，由科大讯飞和美的联合生产的 Talking M 智能语音无叶风扇问世，基于科大讯飞人工智能交互系统，Talking M 具有全双工持续交互、连续识别、语义理解、多场景对话及云端连续识别等智能交互功能。随着"中国制造 2025"国家发展战略的实施，未来 3～5 年，智能家居产业发展将迎来爆发期。

### 9.5.2 智能家居的主要系统

(1) 智能家居照明系统是指利用通信传感技术、云计算和物联网技术等对室内照明设施进行综合控制，不仅可以达到舒适、节能、高效的特点，还具有灯光亮度的强弱调节、灯光软启动和定时启动或关闭控制、场景设置等功能，如图 9-16 所示。

(2) 智能家居安防报警系统是集信息技术、网络技术、传感技术、无线电技术、模糊控制技术等多种技术于一体的综合应用。利用现代的宽带信息网络和无线电网络平台，将家电控制、家庭环境控制、家庭监视、家庭安全防范、家庭信息交流服务融为一体。智能报警系统采用物理方法或电子技术，自动检测部署在监控区域内发生的入侵行为，产生报警信号，并提示相关人员对报警发生的区域进行处理。

(3) 智能环境控制系统是指通过智能设备对室内的温湿度环境和自然光环境进行控制，通常包括智能空调、智能加湿器、智能窗帘和各种温湿度传感器，可以根据使用者需求保证室内温湿度环境符合人的要求，同时满足节能环保的需求。自然光环境系统可以和智能照明系统联动,更好地为用户提供舒适自然的灯光环境。

图 9-16 楼宇智能照明

(4) 智能家庭影音系统通常由家庭影院系统、音响、AV 功放、投影仪或智能电视以及中控系统等组成。智能家庭影音系统旨在为使用者提供更高质量的影音享受。

(5) 智能家居网络系统是智能家居的重要组成部分,主要通过 Wi-Fi、蓝牙、Z-Wave、ZigBee 等技术组成,以达到万物互联的根本目的。在智能家居的联动控制和远程控制等标志性技术中发挥着决定性作用。

### 9.5.3 人工智能在智能家居中的应用

#### 1. 智能语音识别

智能家居虽然能够解放人们的双手,给家人带来更加舒适智能的家居环境,但是家人之间的日常交流会给基于语音识别的智能家居带来挑战。第一,若智能家居一直在监听家人的对话,并上传至云端识别,则会造成家人隐私的泄露,而且由于其一直在录制对话并上传云服务器接收识别结果,这无疑会增大功耗,造成能源浪费。第二,家居系统不能真正识别用户的意图,在需要家居系统工作时,系统不能及时做出反应,从而会与"智能"二字相悖,不但不能给用户带来方便,反而会造成不必要的麻烦。因此,在基于语音识别的智能家居系统中,关键词的识别显得尤其重要。关键词的识别可以让语音系统真正明白用户的意图,在需要时及时做出反应,在不需要时默默等待。因此,多数智能家居系统均设置了唤醒关键词。

(1) 离线语音识别是指系统无须借助互联网,即无须将采集到的语音指令上传至云端进行识别。离线语音指令识别的基本原理:首先将大量的语音指令经过特征提取后训练成一个指令模型,将不同的指令模型构建成一个关键词列表;然后对采集到的语音进行特征提取,匹配关键词列表中的指令模型;最后将关键词列表中得分最高的指令作为识别结果输出。

(2) 语音的离线识别虽然不使用互联网,在网络中断时,可以使系统仍然工作,但是其对语音指令的数目以及语音指令的长短有所限制,只能识别有限的语音指令。因此,语音的离线识别并不能真正代替云端识别,只能作为网络状态不佳时的备用方案。而在线识别可以识别任意长度的指令,而且用户不需要自己训练模板,只需上传规定格式的语音至云端，在云服务器中自动进行预加重、分帧加窗、端点检测、特征向量提取、模式匹配，最后将识别的结果(即文字)以一定的格式下传给用户。由于语音的在线识别准确率高，对语音的长短和数目无任何限制，而且不会消耗硬件的内存，因此是所有语音产品的首选方案。

2. 智能语音交互

一款智能家居产品的智能不仅体现在其能够识别出用户的语音指令，并正确控制相应的电气设备，还体现在其能根据环境参数自动调节电器，为用户提供一个舒适的环境。随着城镇化的推进、人口老龄化的加剧，人们的生活压力越来越大，空巢老人的数目越来越多。这些社会因素赋予了智能家居"智能"的另一层含义——成为家人的另一个伴侣。而实现这个目标最有效的途径是使智能家居能够与用户进行类似人与人之间的语言交流以及情感上的互动。

目前市面上各大语音技术提供商的语音互动功能的原理大致相同。以查询天气为例，当用户发出语音指令后，智能设备会把语音流传到云服务器平台，在云端上进行语音识别、语义理解。然后发送结构化数据给技能服务器，技能服务器处理请求后，向智能设备返回文本或可视化的结果，智能设备收到后，其语音合成服务器会处理返回的文本，将播报流发送给音箱。如果是有屏音箱，那么也可以将可视化结果在设备上进行显示。

3. 智能门锁

人工智能运用到智能门锁(见图 9-17)领域，主要是实现了人、机、系统之间的无缝连接与通信，让门锁具有基本判断能力和学习能力，从而实现智能化运用。同时，通过大数据的支撑，智能门锁可以对用户的开锁习惯、使用习惯进行分析和学习，然后再将用户习惯的分析转化为机器思维，从而为用户提供更好的使用体验。比如，具有自我学习能力的智能锁，可以在用户开锁过程中对操作进行不断地学习和更新，然后在学习过程中进一步提升开锁的准确性和速度，大幅提高指纹识别率。换句话说，智能锁会越用越快、越用越顺手。再如，智能锁可以根据家里老人和孩子平常的出门及回家时间点，每天都会做出判断和分析，除了每天向用户告知他们的进出门情况、开锁记录之外，如果他们在平时经常开关门的时间段内未按时出门或未及时回家，智能锁将通知用户，并提醒用户该确认一下他们是否安全。

4. 智能猫眼

近年来，互联网、智能电子产品得到迅猛发展，而光学猫眼的各种弊端日益显现，用户的安全需求已经从基本的"需要"转向更高层次的"想要"，智能猫眼(见图 9-18)就此诞生。智能猫眼在原有电子猫眼无线联网、远程通话、实时录像的基础上还加入了行人识别、危险模式识别、人脸识别、自动报警等功能。

5. 模式识别摄像头

模式识别摄像头能全天候自动识别家中异常情况，并做出相应的反应和提示。模式识别摄像头可以识别家中老人、小孩活动，识别摔倒、昏迷等异常行为，可以识别到警戒区域的任何移动，以实现站岗功能。模式识别摄像头还可以配合多种传感器一起使用，识别火灾、煤气泄漏和漏水等情况，并及时发出警告或自动报警。

图 9-17 智能门锁

图 9-18 智能猫眼

## 9.6 机器学习的未来

人类具有智能的一个重要标志就是人类拥有学习能力。同样，机器的智能性也可以通过机器学习来体现。作为人工智能的一个重要研究领域，机器学习就是研究如何使计算机模拟或实现人类的学习行为，以便获得新的知识或技能，从而实现自身的不断完善。

机器学习的研究与认知科学、神经心理学、逻辑学等学科都有着密切的联系，并对人工智能的其他分支，例如专家系统、自然语言理解、自动推理、智能机器人、计算机视觉、计算机听觉等方面起到重要的推动作用。

### 9.6.1 深度学习的新型网络结构

**1. 胶囊网络：模仿大脑的视觉加工能力**

胶囊网络是一种新型的深度神经网络，其处理视觉信息的方式与大脑相似，这意味着它们可以保持层次关系。这与卷积神经网络形成鲜明对比，卷积神经网络是应用最广泛的神经网络之一，它没有考虑到简单对象和复杂对象之间的重要空间层次结构，导致分类错误和错误率高。对于典型的识别任务，胶囊网络保证了更高的准确性，同时也不需要太多的数据来训练模型。

**2. 生成对抗性网络：配对神经网络促进学习和减轻处理负荷**

生成对抗性网络是一种无监督的深度学习系统，它是作为两个相互竞争的神经网络来实现的。第一个网络，即生成器，创建了与真实数据集完全相同的假数据。第二个网络，即鉴别器，接收真实和综合的数据。随着时间的推移，每个网络都在改进，使这对网络能够学习给定数据集的整个分布。生成对抗性网络为更大范围的无监督任务打开了深度学习的大门，在这些任务中，标签数据并不存在，或者获取太昂贵。它们还减少了深层神经网络所需的负载，因为这两个网络进行了分担。

**3. 混合学习模型：模型不确定性的组合方法**

不同类型的深层神经网络，例如生成对抗性网络，在性能上有很大的发展，并在不同类型的数据中得到广泛的应用。然而，深度学习模型不能像贝叶斯概率那样为不确定性的数据场景建模。混合学习模型将这两种方法结合起来，以充分利用每一种方法的优势。混合模型的一些例子有贝叶斯深度学习、贝叶斯生成对抗性网络和贝叶斯条件生成对抗性网络。混合学习模型使得将业务问题的多样性扩展到包含不确定性的深度学习成为可能。

**4. 自动机器学习：无须编程的模型创建**

开发机器学习模型需要耗费时间和专家驱动的工作流程，包括数据准备、特征选择、模式或技术选择、训练及调优。自动机器学习的目的是使用许多不同的统计和深入学习技术来实现这个工作流的自动化。自动机器学习是人工智能工具民主化的一部分，它使企业用户能够在没有深入编程背景的情况下开发机器学习模型。

## 9.6.2 强化学习

### 1. 强化学习概念

强化学习是解决智能决策，需要连续不断地做出决策才能实现最终目标的问题。比如 AlphaGo 需要根据当前的棋局状态做出该下哪个棋子的决策。强化学习更像人的学习过程：人类通过与周围环境交互，学会走路、奔跑、劳动，人与自然交互创造了现代文明。图 9-19 展示了强化学习的基本框架。

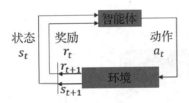

图 9-19 强化学习的基本框架

深度学习解决的是感知问题，例如图像识别和语音识别，人工智能的终极目标是通过感知进行智能决策。近年来，将深度学习技术与强化学习算法结合而产生的深度强化学习算法是人类实现人工智能终极目标的一个有前景的方法。

### 2. 强化学习仿真环境

强化学习的仿真环境近几年也得到长足发展。2016 年 4 月，OpenAI 对外开放了其 AI 训练平台 Gym。同年 12 月，该组织发布了开源测试和训练 AI 通用能力的平台 Univere，训练 AI 通过虚拟的键盘和鼠标像人类一样使用计算机玩游戏。不久后 DeepMind 团队也宣布开源其 AI 核心平台 DeepMind Lab。AirSim 是 Microsoft 发布的开源自动驾驶仿真环境，并使用 Python 程序来读取信息和控制车辆。

### 3. 深度强化学习

深度强化学习是一种通过观察、行动和奖励与环境相互作用来学习的神经网络。深度强化学习已经被用来学习游戏策略，包括著名的击败人类围棋冠军的 AlphaGo 程序。深度强化学习是所有学习技术中最通用的，因此它可以应用于大多数商业应用中，它需要比其他技术更少的数据来训练它的模型。值得注意的是，它可以通过模拟来训练，完全不需要标签化数据。鉴于这些优点，未来将诞生更多的将深度强化学习与基于智能体的仿真相结合的商业应用。

**4. 强化学习与传统学习对比**

强化学习是根据本时刻与上一个时刻的状态和动作，推断下一个时刻某动作发生的概率。深度学习是根据所有历史数据，推测将来某个事件发生的概率。深度学习是机械的、静止的，而强化学习是不断变化的、连续的过程。深度强化学习是通过上一个时刻的深度学习预测模型和本时刻的模型，推断出下一个状态采取某个动作的概率，是前面两者的结合，每次训练模型都用到了上次的模型。

### 9.6.3 3D 打印

**1. 3D 打印机的基本原理**

3D 打印即快速成型技术的一种，又称为增材制造，它是一种以数字模型文件为基础，运用粉末状金属或塑料等可黏合材料，通过逐层打印的方式来构造物体的技术。3D 打印通常是采用数字技术材料打印机来实现的，常在模具制造、工业设计等领域被用于制造模型，后来逐渐用于一些产品的直接制造，已经有使用这种技术打印而成的零部件。该技术在珠宝、鞋类、工业设计、建筑工程和施工、汽车、航空航天、牙科和医疗产业、教育、地理信息系统、土木工程、枪支以及其他领域都有所应用(见图 9-20 和图 9-21)。

图 9-20　3D 打印的手枪

图 9-21　3D 打印的房子

**2. 3D 打印机+人工智能**

3D 打印是一项创新型的新技术，它不断发展并寻找改进自身的新方法。现在，人们在 3D 打印机加入了人工智能之类的新技术。当然，此处所说的人工智能，并非神经网络、超级算法、机器学习等数据层面的概念，而是通过智能化的创意与设计，实现机器对于人工的模仿、替代与解放。

(1) 三维艺术品打印。

哥本哈根 IT 大学和怀俄明大学的计算机科学家们在 2016 年开发了一种能够创作 3D 打印艺术品的人工智能软件，能够在无人干涉的情况下使用深度学习和创新引擎来创建

3D 对象。据科学家们介绍，他们使用了图像识别技术，可以用于高级别数据抽象的建模(见图 9-22)。

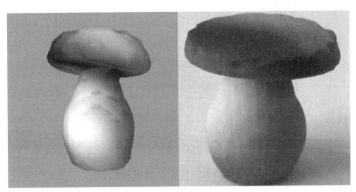

图 9-22　利用人工智能软件创建的三维艺术品

(2) 服装打印。

人工智能同样可以与三维扫描结合，对客户进行身体的三维扫描，让客户挑选服装的样式和版型，然后对花瓣的图案密度进行调整，使衣服更加合身，接着采用选择性激光烧结技术进行打印，一件精致的 3D 概念服装就成型了(见图 9-23)。

图 9-23　3D 打印的服装

(3) 类脑组织打印。

以往，只有硬一些的材料可以被 3D 打印出来，而大脑、肺等软组织，一般很难通过 3D 打印技术获得。这是因为 3D 打印过程涉及逐层建造物体，下层要能支撑不断增长的结构重量，打印非常柔软的材料，容易出现底层材料崩塌问题。

英国科学家近日使用一种新型复合水凝胶(包含水溶性合成聚乙烯醇以及植物凝胶两种成分)，打印出 3D 支架，然后用胶原蛋白包裹打印出结构，并用人类细胞进行填充，得到了类脑软组织(见图 9-24)。

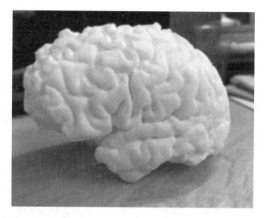

图 9-24 3D 打印的类脑软组织

### 9.6.4 VR 和 AR

随着科技的发展,仅仅通过屏幕来感受虚拟世界,已经不能满足顾客的需求,所以一部分人已经开始研究 VR(Virtual Reality)和 AR(Augmented Reality)了。

#### 1. VR 的概念

VR 是虚拟现实的简称,虚拟现实技术集计算机、电子信息及仿真技术于一体,其基本实现方式是计算机模拟虚拟环境,从而给人以环境沉浸感。现在主流的设备有 Oculus Rift 和 HTC Vive 等。虚拟现实具有一切人类所拥有的感知功能,比如听觉、视觉、触觉、味觉及嗅觉等感知系统,真正实现了人机交互,使人在操作过程中,可以随意操作并且得到环境最真实的反馈。正是虚拟现实技术的存在性、多感知性及交互性等特征使它受到了许多人的喜爱。

#### 2. AR 的概念

AR 是增强现实的简称,是一种实时地计算摄影机影像的位置及角度并加上相应图像的技术,这种技术的目标是在屏幕上把虚拟世界叠加在现实世界并进行互动。AR 是一种将真实世界信息和虚拟世界信息"无缝"集成的新技术,是把原本在现实世界的一定时间空间范围内很难体验到的实体信息(视觉、声音、味道、触觉等),通过计算机等科学技术,模拟仿真后再叠加,将虚拟信息应用到真实世界,被人类感官所感知,从而达到超越现实的感官体验。真实环境和虚拟物体实时地叠加到了同一个画面或空间同时存在。

#### 3. VR 和 AR 的区别

VR 全都是假的,假的场景、假的元素,一切都是计算机做出来的。AR 是半真半假,比如用手机镜头看真实的场景,当看到某个真实元素的时候,触发一个程序,来加强体验。

#### 4. VR 的应用

(1) 影视应用。

由于虚拟现实技术在影视业的广泛应用,以虚拟现实技术为主而建立的 9DVR 体验馆得以实现。9DVR 体验馆自建成以来，在影视娱乐市场中的影响力非常大，此体验馆可以让观影者体会到置身于真实场景中的感觉，让体验者沉浸在影片所创造的虚拟环境之中。同时，随着虚拟现实技术的不断创新，此技术在游戏领域也得到快速发展。虚拟现实技术是利用计算机产生的三维虚拟空间，而三维游戏刚好是建立在此技术之上的，三维游戏几乎包含了虚拟现实的全部技术，使游戏在保持实时性和交互性的同时，也大幅提升了游戏的真实感。

(2) 教育中的应用。

如今，虚拟现实技术已经成为促进教育发展的一种新型教育手段。传统的教育只是一味地给学生灌输知识，而现在利用虚拟现实技术可以帮助学生打造生动、逼真的学习环境，使学生通过真实感受来增强记忆。相比于被动性灌输，利用虚拟现实技术来进行自主学习更易让学生接受，这种方式更容易激发学生的学习兴趣。此外，各大院校利用虚拟现实技术还建立了与学科相关的虚拟实验室来帮助学生更好地学习。

(3) 设计领域的应用。

虚拟现实技术在设计领域小有成就，例如室内设计，人们可以利用虚拟现实技术把室内结构、房屋外形通过虚拟技术表现出来，使之变成可以看得见的物体和环境。同时，在设计初期，设计师可以将自己的想法通过虚拟现实技术模拟出来，可以在虚拟环境中预先看到室内的实际效果，这样既节省了时间又降低了成本。

(4) 医学方面的应用。

医学专家们利用计算机，在虚拟空间中模拟出人体组织和器官，让医生在其中进行模拟操作，并且能让医生感受到手术刀切入人体肌肉组织、触碰到骨头的感觉，使医生能够更快地掌握手术要领。而且，主刀医生们在手术前，也可以建立一个患者身体的虚拟模型，在虚拟空间中先进行一次手术预演，这样能够大大提高手术的成功率，让更多的患者得以痊愈。

(5) 军事方面的应用。

由于虚拟现实的立体感和真实感，在军事方面，人们将地图上的山川地貌、海洋湖泊等数据通过计算机进行编写，利用虚拟现实技术，能将原本平面的地图变成一幅三维立体地形图，再通过全息技术将其投影出来，这更有助于进行军事演习等训练。此外，现代战争是信息化战争，战争机器都朝着自动化方向发展，无人机便是信息化战争的最典型产物。无人机由于它的自动化以及便利性深受人们喜爱，在战士训练期间，可以利用虚拟现实技术去模拟无人机的飞行、射击等工作模式。虚拟现实技术能将无人机拍摄到的场景立体化，降低操作难度，提高侦察效率，战争期间，军人也可以通过眼镜、头盔等机器操控无人机执行侦察和暗杀任务，减小战争中军人的伤亡率。

(6) 航空航天方面的应用。

人们利用虚拟现实技术和计算机的统计模拟，在虚拟空间中重现了现实中的航天飞机与飞行环境，使航天员在虚拟空间中进行飞行训练和实验操作，极大地降低了实验经费和实验的危险系数。

**5. AR 的应用**

简单来说，增强现实技术是以真实世界的环境为基础，并向其中添加由计算机生成的输入内容。然后,现实世界和增强的环境可以相互作用并进行数字化操作。随着增强现实技术的成熟,以及应用程序的数量不断增长,未来增强现实技术可以影响人们的购物、娱乐、工作和生活等方方面面。

(1) 零售业。

当购买衣服、鞋、眼镜或其他任何东西时,在购买之前"试穿一下"是很自然的事情。另外,当添置家具或其他家居物品时,如果能看到这些物品在家里摆放起来会是什么样子,岂不是很棒的体验?现在,可以借助增强现实技术来实现这些目的。由于支持增强现实应用的技术和工具比以往任何时候都更加普遍,所以增强现实的增长速度会越来越快。比如,Vyking 就是一家在零售领域引领增强现实技术的公司,该公司利用自己的技术让购物者通过智能手机屏幕"试穿"一双鞋。匡威是一家知名的运动鞋公司,它同样利用沉浸式技术,让顾客能够试穿其在线产品目录中的各种商品。

通常来说,很难想象一件家具摆在自己的家里是什么样子,因此有 60%的客户在购买家具时希望使用增强现实技术也就不足为奇了。宜家和 Wayfair 就是两家系统借助增强现实技术帮助客户在家中可视化家具和产品效果的家具零售商。提供增强现实技术也能促进销售,根据一项名为"增强现实技术对零售业的影响"的研究结果显示,72%的消费者在购物时使用了增强现实技术,然后就决定购买他们之前并没有购买计划的产品。

(2) 建筑和维护。

在建筑领域,增强现实技术允许建筑师、施工人员、开发人员和客户在任何建筑开始之前,将一个拟议的设计在空间和现有条件下的样子可视化。除了可视化之外,它还可以帮助识别工作中的可构建性问题,从而允许架构师和构建人员在问题变得更加难以解决之前集思广益解决方案。

增强现实还可以支持建筑物和产品的持续维护。通过增强现实技术,可以在物理环境中显示具有交互式三维动画等指令的服务手册。增强现实技术可以帮助客户在维修或完成产品的维修过程中提供远程协助,这也是一种宝贵的培训工具,可以帮助经验不足的维修人员完成自己的任务,并在找到正确的服务和零件信息时,提供与本人在现场一样的服务。

(3) 旅游。

借助增强现实技术,旅游品牌可以为潜在的游客提供一种更身临其境的旅游体验。通过 AR 解决方案,代理商和景点目的地可以为访问者提供更多的目的地信息和路标信息。AR 应用程序可以帮助旅行者在度假景点之间进行导航,并且进一步了解目的地的兴趣点。

(4) 教育。

虽然关于增强现实技术如何支持教育还有很多需要探索的地方,但是未来的可能性是巨大的。增强现实技术可以帮助教育工作者在课堂上用动态 3D 模型、更加有趣的事实叠加以及更多关于他们正在学习的主题来吸引学生的注意力。学生可以随时随地获取信息,不需要任何特殊设备。

(5) 医疗保健。

增强现实技术可以使外科医生通过 3D 视觉获得数字图像和关键信息。外科医生不需要把目光从手术领域移开,就能获得他们可能需要的、成功实施手术的关键信息。很多初创公司正在开发与 AR 相关的技术,包括 3D 医疗成像和特定的手术在内,希望能够对数字手术提供更多的支持。

(6) 导航系统。

增强现实功能结合了智能手机的 GPS 和引导驾驶员沿虚拟路径行驶的增强现实技术，提高了导航应用程序的安全性。它适用于所有安卓和 iOS 用户，而由 Navion 提供的 True AR 是首个车载全息 AR 导航系统，系统随着汽车周围环境的变化而发展。

机器学习经过多年的发展，已经形成许多学习方法，例如监督学习、非监督学习、传授学习、机械学习、发现学习、类比学习、事例学习、连接学习、遗传学习等。而目前，人工智能领域最热门的科目之一是深度学习。深度学习已经在笔迹识别、面部识别、语音识别、自动驾驶、自然语言处理、生物信息数据分析等方面取得成功应用。AlphaGo 中也应用了深度学习，AlphaGo 的优势之一就是能够进行自我学习。也就是说，AlphaGo 能够和不同版本的"自己"进行下棋，从而每次都可以获得一点儿进步，由此，AlphaGo 获得了"思维"能力。具体来说，AlphaGo 具有一套针对围棋而设计的深度学习系统，将增强学习、深度神经网络、策略网络、快速走子、估值网络和蒙特·卡洛树搜索进行整合，同时利用 Google 强大的硬件支撑和云计算资源，依靠 CPU+GPU 运算，通过增强学习和自我博弈学习不断提高自身水平。因此，AlphaGo 也可看作机器学习的一个成功案例。

## 习 题

1. 给出人工智能在日常生活应用中的实例。
2. 人工智能有哪些主要研究领域？
3. 什么是强化学习和深度强化学习？
4. 深度学习的最大挑战是什么？
5. AR 和 VR 有什么区别？

# 参 考 文 献

[1] 修春波. 人工智能技术[M]. 北京：机械工业出版社，2018.

[2] 关景新，姜源. 人工智能导论[M]. 北京：机械工业出版社，2021.

[3] 罗先进，沈言锦. 人工智能应用基础[M]. 北京：机械工业出版社，2021.

[4] 柴玉梅，张坤丽. 人工智能[M]. 北京：机械工业出版社，2012.

[5] 蔡自兴，等. 人工智能及其应用[M]. 6 版. 北京：清华大学出版社，2020.

[6] 蔡自兴，等. 人工智能及其应用[M]. 5 版. 北京：清华大学出版社，2016.

[7] 王万良. 人工智能导论[M]. 4 版. 北京：高等教育出版社，2017.

[8] 金聪，郭京蕾. 人工智能原理与应用[M]. 北京：清华大学出版社，2013.

[9] 鲍军鹏，张选平. 人工智能导论[M]. 北京：机械工业出版社，2020.

[10] 丁世飞. 人工智能[M]. 2 版. 北京：清华大学出版社，2015.

[11] 周金海. 人工智能学习辅导与实验指导[M]. 北京：清华大学出版社，2008.

[12] Sun P, Yu Z. Tracking control for a cushion robot based on fuzzy path planning with safe angular velocity[J]. IEEE/CAA Journal of Automatica Sinica, 2017, 4(4): 610-619.

[13] Sun P, Zhang W J, Wang S Y, et al. Interaction forces identification modeling and tracking control for rehabilitative training walker[J]. Journal of Advanced Computational Intelligence and Intelligent Informatics, 2019, 23(2): 183-195.

[14] 孙平，单芮，王殿辉，等. 基于 SCN 系统偏移量辨识的坐垫机器人限时学习控制方法[P]. 发明专利申请号：202011363081.3，申请日期：2020.11.28.

[15] Zhang D, Zhang Q L, Du B Z. $L_1$ fuzzy observer design for nonlinear positive Markovian jump system[J]. Nonlinear Analysis: Hybrid Systems, 2018, 27: 271-288.

[16] Zhang D, Zhang Q L. Sliding mode control for T-S fuzzy singular semi-Markovian jump system[J]. Nonlinear Analysis: Hybrid Systems, 2018, 30:72-91.

[17] Sun P, Shan R, Wang S Y. Safety-triggered stochastic tracking control for a cushion robot by constraining velocity considering the estimated internal disturbance[J]. Applied Mathematics and Computation, 2021, DOI: 10.1016/j.amc.2021.126761.

[18] Tang F, Liu S A, Dong X Y, et al. Aircraft ground service scheduling problems and partheno-genetic algorithm with hybrid heuristic rule[J]. IEEE-Cyber, 2017：551-555.

[19] 唐非，刘树安. 机场地勤服务优化问题的双重变异单亲遗传算法[J]. 东北大学学报，2018，39(10)：1369-1374.

[20] Sun P, Shan R. Predictive control with velocity observer for cushion robot based on PSO for path planning[J]. Journal of System Science and Complex, 2020, 33(4): 988-1011.

[21] 孙平，单芮，王硕玉. 人机不确定条件下康复步行训练机器人的部分记忆迭代学习限速控制[J]. 机器人，2021，43(4)：502-512.